Illustrator 图形设计
完全自学一本通

张晓景　编著

本书从实用的角度出发，全面、系统地讲解了Illustrator CC的各项功能及使用方法，并配有多个精彩实例，操作一目了然，语言通俗易懂。

本书配套资源不但提供了案例的源文件和素材，还提供了多媒体教学视频以及"移动UI设计应用案例"和"平面设计应用案例"两章电子教程，读者可以通过扫描二维码下载并观看。让新手从零起飞，快速跨入高手行列。

本书案例丰富、讲解细致，注重激发读者兴趣和培养动手能力，可作为自学参考书，适合平面设计人员、动画制作人员、网页设计人员、大中专院校学生及图片处理爱好者等参考阅读。

图书在版编目（CIP）数据

中文版Illustrator图形设计完全自学一本通 / 张晓景编著. -- 北京：电子工业出版社，2024.3
ISBN 978-7-121-47180-3

Ⅰ.①中… Ⅱ.①张… Ⅲ.①图形软件 Ⅳ.①TP391.412

中国国家版本馆CIP数据核字(2024)第032230号

责任编辑：陈晓婕
印　　刷：天津千鹤文化传播有限公司
装　　订：天津千鹤文化传播有限公司
出版发行：电子工业出版社
　　　　　北京市海淀区万寿路173信箱　邮编：100036
开　　本：787×1092　1/16　印张：26.75　字数：684.8千字
版　　次：2024年3月第1版
印　　次：2024年3月第1次印刷
定　　价：108.00元

凡所购买电子工业出版社图书有缺损问题，请向购买书店调换。若书店售缺，请与本社发行部联系，联系及邮购电话：（010）88254888，88258888。

质量投诉请发邮件至zlts@phei.com.cn，盗版侵权举报请发邮件至dbqq@phei.com.cn。

本书咨询联系方式：（010）88254161~88254167转1897。

Illustrator是Adobe公司推出的一款优秀的矢量绘图软件，可以迅速生成用于印刷、多媒体、Web页面和移动UI的矢量图形。Illustrator一直深受世界各地设计人员的青睐，它几乎可以与所有的平面、网页、动画等设计制作软件完美结合，如InDesign、Photoshop、Dreamweaver及After Effects等，这使得Illustrator能够横跨平面、网页与多媒体等设计环境。因此不论在哪个设计领域，Illustrator都非常受欢迎！

为了帮助读者快速、系统地掌握Illustrator软件，我们特别策划并编写了本书。本书按照循序渐进、由浅入深的讲解方式，全面细致地介绍了Illustrator CC的各项功能及应用技巧，内容起点低、操作上手快，语言简洁、技术全面、资源丰富。每个知识点都配有精心挑选的实例进行分析讲解，针对性强，便于读者在边阅读、边练习的过程中逐步熟悉软件的操作方法。

本书内容

本书是初学者快速入门并精通Illustrator CC的经典教程和指南。全书从实用的角度出发，全面、系统地讲解了Illustrator CC的各项功能和使用方法，书中内容基本涵盖了Illustrator CC的全部工具及其重要功能。在介绍基础知识的同时，本书还精心安排了大量具有针对性的实例，帮助读者轻松、快速地掌握该软件的使用方法和使用技巧。

本书分为13章，第1章 熟悉Illustrator CC；第2章 Illustrator CC的优化与辅助功能；第3章 Illustrator CC的基本操作；第4章 绘图的基本操作；第5章 对象的变换与高级操作；第6章 色彩的选择与使用；第7章 绘画的基本操作；第8章 绘画的高级操作；第9章 3D对象的创建与编辑；第10章 文字的创建与编辑；第11章 创建与编辑图表；第12章 样式、效果和外观；第13章 作品的输出与打印。

本书特点

全书内容丰富、条理清晰，通过13章内容为读者全面介绍Illustrator CC 的大多数功能和知识点，采用理论知识与实战案例相结合的方式，使知识融会贯通。

- 语言通俗易懂、内容丰富、版式新颖，几乎涵盖了Illustrator的所有知识点。
- 实用性很强，采用理论知识与实战操作相结合的方式，使读者更好地理解并掌握使用Illustrator绘图和绘画的方法和技巧。
- 在知识点和案例的讲解过程中穿插了专家提示和操作技巧等栏目，可以使读者更好地对知识点进行归纳与吸收。
- 在案例的制作过程配有相关视频教程或源文件，步骤详细，使读者轻松掌握。

本书适合准备学习或者正在学习Illustrator的初、中级读者，本书充分考虑初学者可能遇到的困难，讲解全面深入，结构安排循序渐进，使读者在掌握知识要点后能够有效总结，并通过案例的制作巩固所学知识，提高学习效率。

由于时间仓促，书中难免有疏漏之处，在此敬请广大读者朋友批评、指正。

作 者

读 者 服 务

　　读者在阅读本书的过程中如果遇到问题，可以关注"有艺"公众号，通过公众号与我们取得联系。此外，通过关注"有艺"公众号，还可以获取更多的新书资讯、书单推荐、优惠活动等相关信息。

　　资源下载方法：关注"有艺"公众号，在"有艺学堂"的"资源下载"中获取下载链接。如果遇到无法下载的情况，可以通过以下 3 种方式与我们取得联系。

1. 关注"有艺"公众号，通过"读者反馈"功能提交相关信息。
2. 请发送邮件至 art@phei.com.cn，邮件标题命名方式：资源下载＋书名；
3. 读者服务热线：（010）88254161~88254167 转 1897。

投稿、团购合作：请发送邮件至 art@phei.com.cn。

扫一扫关注"有艺"

目录

第1章 熟悉Illustrator CC

Illustrator CC是Adobe公司开发的一款矢量绘图软件，使用该软件可绘制UI、插画，完成排版及多媒体制作等工作。本章将针对Illustrator CC的基础知识进行讲解，帮助读者快速了解并掌握Illustrator CC的基础知识。

1.1 位图与矢量图

计算机中的图形和图像是以数字的方式记录、处理和存储的。按照用途可以将它们分为位图和矢量图。在生活中，人们看到的图像大部分都是位图，如画报、照片和书籍等。矢量图一般应用在专业领域，如VI设计、图标设计和二维动画制作等。

位图

位图也称"点阵图"，它是由许许多多的点组成的，这些点被称为"像素"。位图图像可以表现丰富的色彩变化并产生逼真的效果，很容易在不同软件之间交换使用，但它在保存时需要记录每一个像素的色彩信息，所以占用的存储空间较大，在进行旋转或缩放时会产生锯齿。图1-1所示为位图图像及其局部放大后观察到的锯齿效果。

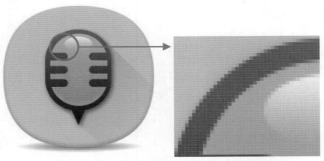

图1-1 位图图像及其局部放大后观察到的锯齿效果

 Tips

只要有足够多的像素，使用位图就可以制作出色彩丰富的图像，逼真地表现自然界中的景象。但位图在进行缩放和旋转时等操作容易失真，同时文档容量较大。

矢量图

矢量图通过数学的向量方式进行计算，使用这种方式记录的文档所占用的存储空间小。由于它与分辨率无关，所以在进行旋转、缩放等操作时，可以保持对象光滑无锯齿。图1-2所示为矢量图及其放大后的效果。

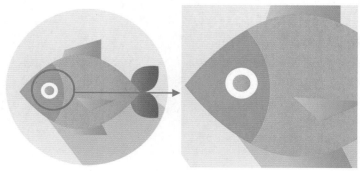

图1-2 矢量图及其放大后的效果

矢量图的缺点是图像色彩变化较少，颜色过渡不自然，并且绘制出来的图像不是很逼真。但由于矢量图具有体积小、可任意缩放等优点，使其被广泛地应用在动画制作和广告设计中。

分辨率

位图图像的清晰度与其本身的分辨率有直接关系。分辨率是指每单位长度内所包含的像素数量，一般以"像素/英寸"为单位。单位长度内像素数量越多，分辨率越高，图像的输出品质越好。

常用的分辨率有3种，分别如下。

● 图像分辨率

指位图图像中每英寸内像素的数量，常用ppi表示。高分辨率的图像比同等打印尺寸的低分辨率的图像包含的像素更多，因此像素点更小。例如，分辨率为72ppi的1英寸×1英寸的图像总共包含5184个像素（72×72=5184），而同样是1英寸×1英寸，分辨率为300ppi的图像总共包含9万个像素。图像应采用哪种分辨率，最终要由发布媒体来决定，如果图像仅用于在线显示，则图像分辨率只需匹配典型显示器的分辨率（72ppi或96ppi）；如果图像将用于印刷，分辨率太低，打印图像会导致像素化，此时的图像分辨率需要达到300ppi。

● 显示器分辨率

指显示器每单位长度内所能显示的像素或点的数目，以每英寸含多少点来计算。显示器分辨率由显示器的大小、显示器像素的设定和显卡的性能决定。一般计算机显示器的分辨率为72dpi。

● 打印机分辨率

指打印机每英寸产生的墨点数量，常用dpi表示。多数桌面激光打印机的分辨率为600dpi，而照排机的分辨率为1200dpi或更高。大多数喷墨打印机的分辨率为300~720dpi。打印机分辨率越高，打印输出的效果越好，耗墨也越多。

【1.2 Illustrator的诞生与发展

Adobe Illustrator是Adobe公司推出的矢量图形制作软件。最初是为苹果公司的麦金塔电脑设计开发的，于1987年1月发布，在此之前，它只是Adobe内部的字体开发和PostScript编辑软件。Illustrator各个版本的发布时间及特点如表1-1所示。

表1-1 Illustrator各版本发布时间及特点

版本	发布时间	特点
1.0	1986年	无缝地与Illustrator一起工作，允许打印
1.1	1987年	该版本包含一个录像带，内容是Adobe创始人约翰·沃尔诺克对软件的宣传
2.0	1988年	第一个视窗系统版本
3.0	1989年	加强了文本排版功能，包括"沿曲线排列文本"功能
4.0	1992年	第一次支持预览模式
5.0	1993年	西文的TrueType文字可以曲线化
5.5	1994年	加强了文字编辑功能，凸显AI的强大魅力
6.0	1996年	在路径编辑上进行了些许改变
7.0	1997年	界面变化太大，是最不受欢迎的版本，开始支持插件
8.0	1998年	增加了"动态混合""笔刷""渐变网络"等功能
9.0	2000年	增加了"透明效果""保存Web格式""外观"等功能
10.0	2001年	增加了"封套""符号""切片"等功能
CS	2002年	全新软件界面
CS2	2003年	新增了"动态描摹""动态上色""控制面板"和自定义工作空间等功能
CS3	2007年	新增了"动态色彩"面板和与Flash的整合等功能
CS4	2008年	新增斑点画笔工具、渐变透明效果、椭圆渐变，且支持多个画板和显示渐变等功能
CS5	2010年	可以在透视中实现精准的绘图、创建宽度可变的描边、使用逼真的画笔上色，充分利用与新的Adobe CS Live在线服务的集成
CS6	2012年	有更大的内存支持，运算能力更强
CC	2013年	新增"触控文字工具""以影像为笔刷""字体搜寻""同步设定""多个档案位置""CSS 摘取""同步色彩""区域和点状文字转换""用笔刷自动制作角位的样式""创作时自由转换"等功能
CC 2014 ~ CC 2024	2014—2024年	软件功能日益强大，逐渐涉及网页设计、UI设计和多媒体制作领域

图1-3所示为Illustrator早期版本的启动界面。

Illustrator 1.9.5

Illustrator 3.0

Illustrator 4.1

Illustrator 7.0

Illustrator CS3

Illustrator CS5

图1-3 Illustrator早期版本的启动界面

【1.3 Illustrator的应用领域】

　　作为一款矢量图形制作软件， Adobe Illustrator广泛应用于印刷出版、海报/书籍排版、专业插画绘制、多媒体图像处理和互联网页面制作等领域。

平面广告设计

　　平面广告设计是Illustrator应用最广泛的领域。无论是印刷品上的精美广告还是招贴或海报，都可以使用Illustrator软件制作完成。图1-4所示为使用Illustrator制作的平面广告。

图1-4 使用Illustrator制作的平面广告

排版设计

　　利用Illustrator的"画板"功能，可以完成多页版式设计。通过将图形与文字完美结合，可以制作出具有创意的版面效果。在编辑过程中，软件具有图片链接功能，可以轻松地在Illustrator和Photoshop之间进行切换。图1-5所示为使用Illustrator制作的六折页。

图1-5 使用Illustrator制作的六折页

插画设计

　　使用Illustrator可以轻松地绘制插画，不但可以绘制写实风格的插画、抽象风格的插画，还能绘制传统的油画、水彩画及现代潮流风格的绘画。图1-6所示为使用Illustrator制作完成的插画作品。

图1-6 使用Illustrator制作完成的插画作品

UI设计

随着互联网技术的发展，设计师可以使用Illustrator完成网页设计，还可以使用Illustrator完成移动端App UI设计与制作。Illustrator的符号及编辑功能，为App UI设计提供强大的技术支持。图1-7所示为使用Illustrator绘制的UI图标。

图1-7 使用Illustrator绘制的UI图标

包装设计

包装设计包含平面构成、色彩构成、立体构成和字体设计等诸多内容，是一种综合性较强的设计门类。通过使用Illustrator的曲线编辑功能和填充图案功能，可以轻松完成各种产品的包装设计与制作。图1-8所示为使用Illustrator制作完成的包装设计。

图1-8 使用Illustrator完成的包装设计

1.3.6 Logo设计

Illustrator作为矢量绘图软件，使用其绘制的图形可以被任意放大或缩小，而不会影响图形的显示质量。通过Illustrator提供的众多功能，设计师可以发挥想象、跟随灵感，轻松地完成Logo设计。图1-9所示为使用Illustrator绘制的企业Logo。

图1-9 使用Illustrator绘制的企业Logo

1.4 Illustrator CC的安装与启动

在使用Illustrator CC之前先要安装该软件，安装（或卸载）前应关闭系统中正在运行的Adobe相关程序。安装过程并不复杂，用户根据提示信息即可完成操作。

应用案例 安装Illustrator CC

源文件：无　　　　　　　　视频：视频\第1章\安装Illustrator CC.mp4

STEP 01 打开浏览器，在地址栏中输入www.adobe.com/cn，打开Adobe官网，官网首页如图1-10所示。单击页面顶部的"支持"菜单，选择"下载和安装"命令，如图1-11所示。

图1-10 Adobe官网首页 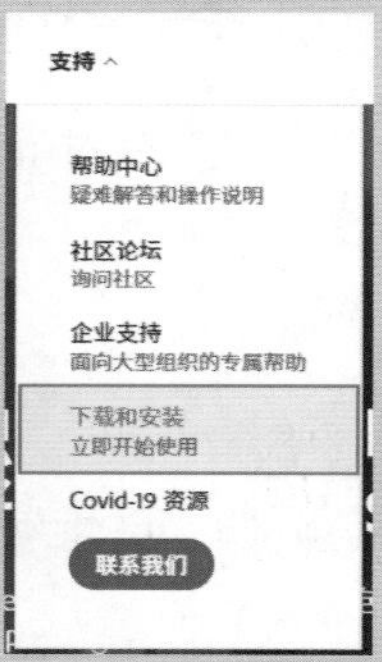　　　图1-11 选择"下载和安装"命令

STEP 02 在打开的页面中选择"Creative Cloud"选项，如图1-12所示。下载"Creative_Cloud.exe"文档并安装，安装完成后，在桌面或"开始"菜单中找到Adobe Creative Cloud 图标，启动"Creative Cloud Desktop"对话框，如图1-13所示。

图1-12 选择"Creative Cloud"选项 　　　图1-13 "Creative Cloud Desktop"对话框

STEP 03 单击Illustrator选项下面的"试用"按钮，如图1-14所示，稍等片刻即可完成Illustrator CC的安装。用户可以在"开始"菜单中找到安装完成的Adobe Illustrator CC启动程序，如图1-15所示。

图1-14 单击"试用"按钮　　　　　　　图1-15 "开始"菜单

 Tips

如果用户有产品序列号，可以在"欢迎第一次启动 Adobe Creative Cloud"时，输入 Adobe ID 和密码。Adobe ID 是 Adobe 公司提供给用户的 Adobe 账号，使用 Adobe ID 可以登录 Adobe 网站论坛和 Adobe 资源中心，可以对软件进行更新等。新用户可以通过注册，获得一个 Adobe ID。在界面中选择"安装"选项进行安装。试用版本和正式版本在功能上没有区别，但只能试用 7 天，7 天后需要输入序列号才能继续使用。

 1.4.1 使用Adobe Creative Cloud Cleaner Tool

　　如果用户没有采用正确的方式卸载软件，再次安装软件时会提示无法安装软件。用户可以登录Adobe官网下载Adobe Creative Cloud Cleaner Tool，清除错误即可再次安装。使用此工具可以删除产品预发布安装的安装记录，并且不影响产品早期版本的安装。

　　下载Adobe Creative Cloud Cleaner Tool后双击启动工具，启动工具界面如图1-16所示。按下键盘上的【E】键，再按【Enter】键，确定语言，如图1-17所示。

图1-16 启动工具界面　　　　　　　　图1-17 确定语言

　　按下键盘上的【Y】键，再按【Enter】键，选择清除的版本，如图1-18所示。按下【1】键，再按【Enter】键，选择清除的内容，如图1-19所示。

图1-18 选择清除的版本　　　　　　　图1-19 选择清除的内容

按下【3】键，再按【Enter】键；按下
【Y】键，再按【Enter】键。稍等片刻即可完成
清理操作，如图1-20所示。完成清理操作后重新
安装软件即可。

图1-20 完成清理操作

启动Illustrator CC

安装完成后，双击桌面上该软件的快捷方式，或者在"开始"菜单中选择Adobe Illustrator CC 2022启
动程序，即可进入Adobe Illustrator CC 2022的启动界面，如图1-21所示。读取完成后，即可进入该软件界
面，如图1-22所示。

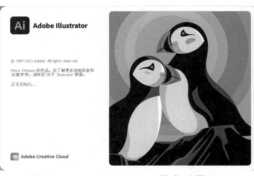

图1-21 Illustrator CC 2022的启动界面

图1-22 软件界面

【1.5 Illustrator CC的操作界面】

与以前的版本相比，Adobe Illustrator CC 2022的操作界面进行了很多改进，图像处理区域更加开阔，
文档的切换也变得更加快捷。

Adobe Illustrator CC 2022的操作界面中包含文档窗口、菜单栏、"控制"面板、标题栏、工具箱、状
态栏和面板等，如图1-23所示。

图1-23 Adobe Illustrator CC 2022的操作界面

1.5.1 菜单栏

Adobe Illustrator CC 2022的菜单栏中包含9个主菜单，如图1-24所示。其中几乎所有的命令都按照类别排列在这些菜单中，它们是Illustrator的重要组成部分。

文件(F)　编辑(E)　对象(O)　文字(T)　选择(S)　效果(C)　视图(V)　窗口(W)　帮助(H)

图1-24 菜单栏

● 使用菜单：单击其中一个菜单名即可打开该菜单，在菜单中使用分割线区分不同的功能和命令，带有▶标记的命令表示其还包含扩展菜单，如图1-25所示。

● 执行菜单中的命令：选择菜单中的一个选项即可执行该命令。

● 使用快捷键执行命令：如果命令后面带有快捷键，如图1-26所示，则按其对应的快捷键即可快速执行该命令。

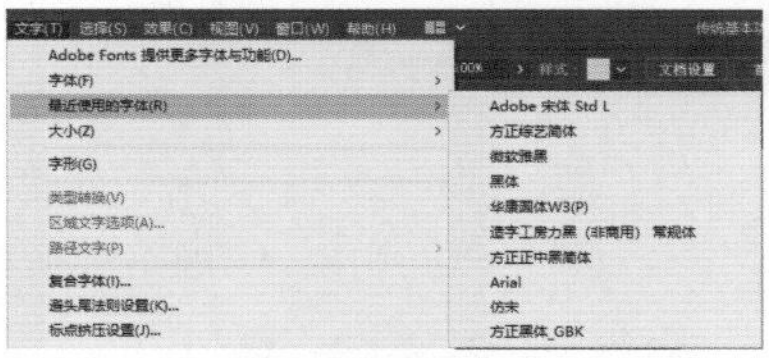

图1-25 扩展菜单

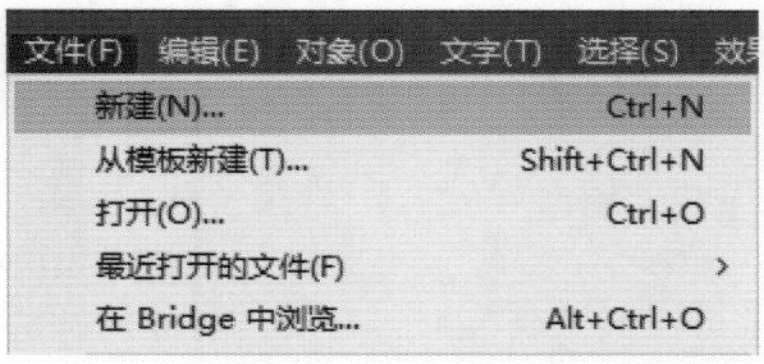

图1-26 命令后面的快捷键

● 使用右键快捷菜单：在文档窗口空白处或在对象上单击鼠标右键，即可显示快捷菜单，如图1-27所示。

 Tips

有些命令后面显示了一个带有括号的字母，表示可先按住键盘上的【Alt】键，再按括号中的字母键，即可打开该菜单，再按命令后面的字母，即可执行该命令。

 Tips

如果某一命令名称后带有…符号，表示执行该命令后，将弹出该命令的对话框，用户可以通过设置其中的各项参数，获得更多的效果。

 **为什么菜单中有些命令是灰色的？**

菜单中的很多命令只针对特殊对象使用。如果某一个菜单命令显示为灰色，则代表当前选中对象不能执行该命令。例如，选中一个图形对象，则"文字"菜单中的"路径文字"命令为灰色不可用状态。

图1-27 右键快捷菜单

1.5.2 "控制"面板

在"控制"面板中可以设置工具选项，根据所选工具的不同，"控制"面板中的内容也不同。例如，选择"矩形工具"时，其"控制"面板如图1-28所示；选择"钢笔工具"时，其"控制"面板如图1-29所示。

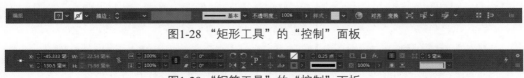

图1-28 "矩形工具"的"控制"面板

图1-29 "钢笔工具"的"控制"面板

执行"窗口＞控制"命令，可以显示或隐藏"控制"面板。单击"控制"面板最右侧的 ≣ 图标，用户可以在打开的面板中选择将"控制"面板显示在窗口顶部还是窗口底部，如图1-30所示；选择"停放到底部"选项，软件界面如图1-31所示。

✓ 停放到顶部
　 停放到底部

图1-30 选择停放选项　　　　　　　　图1-31 软件界面

1.5.3　工具箱

Adobe Illustrator CC 2022的工具箱默认位于工作区的左侧，其包含了所有用于创建和编辑图形的工具。单击工具箱顶部的双箭头，可以使工具箱在单排显示和双排显示间切换，如图1-32所示。

该工具箱提供了86种工具，其中包含了"选择""绘制""文字""上色""修改""导航"6类工具。由于工具过多，一些工具被隐藏起来，工具箱中只显示部分工具，并且按类区分。图1-33所示为Adobe Illustrator CC 2022工具箱中的所有工具。

选择		绘制			修改		上色	
选择工具	V	钢笔工具	P	符号喷枪工具 Shift+S	旋转工具	R	渐变工具	G
直接选择工具	A	添加锚点工具	+	符号移位器工具	镜像工具	O	网格工具	
编组选择工具		删除锚点工具	-	符号紧缩器工具	比例缩放工具	S	形状生成器工具 Shift+M	
魔棒工具	Y	锚点工具 Shift+C		符号缩放器工具	倾斜工具		实时上色工具	K
套索工具	Q	曲率工具 Shift+~		符号旋转器工具	整形工具		实时上色选择工具 Shift+L	
画板工具 Shift+O		直线段工具		符号着色器工具	宽度工具 Shift+W			
文字		弧形工具		符号滤色器工具	变形工具 Shift+R		**导航**	
文字工具	T	螺旋线工具		符号样式器工具	旋转扭曲工具		抓手工具	H
区域文字工具		矩形网格工具		柱形图工具 J	缩拢工具		打印拼贴工具	
路径文字工具		极坐标网格工具		堆积柱形图工具	膨胀工具		缩放工具	Z
直排文字工具		矩形工具 M		条形图工具	扇贝工具			
直排区域文字工具		圆角矩形工具		堆积条形图工具	晶格化工具			
直排路径文字工具		椭圆工具 L		折线图工具	皱褶工具			
修饰文字工具 Shift+T		多边形工具		面积图工具	操控变形工具			
		星形工具		散点图工具	自由变换工具 E			
		光晕工具		饼图工具	吸管工具 I			
		画笔工具 B		雷达图工具	度量工具			
		斑点画笔工具 Shift+B		切片工具 Shift+K	混合工具 W			
		Shaper工具 Shift+N		切片选择工具	橡皮擦工具 Shift+E			
		铅笔工具 N		透视网格工具 Shift+P	剪刀工具 C			
		平滑工具		透视选区工具 Shift+V	刻刀			
		路径橡皮擦工具						
		连接工具						

图1-32 工具箱的两种　　　　　　图1-33 Adobe Illustrator CC 2022 工具箱中的所有工具
　　　　显示方式

● 移动工具箱：启动Illustrator后，工具箱默显示在工作界面的左侧，将光标移至工具箱顶部，如图1-34所示，按住鼠标左键并拖曳，即可将工具箱移至窗口的任意位置。

● 使用工具组：单击工具箱中的一个工具按钮，即可选择该工具。工具图标右下角有三角形图标的工具，表示其是一个工具组。在该工具按钮上按住鼠标左键或者单击鼠标右键，即可显示工具组，移动光标选择对应的工具即可，如图1-35所示。

● 浮动工具组：单击工具组的右侧，如图1-36所示，即可浮动显示该工具组。

图1-34 移动工具箱

图1-35 使用工具组

图1-36 浮动显示工具组

 如何快速选择工具？

将光标停留在工具图标上稍等片刻，即可显示该工具的名称及快捷键提示。按下快捷键可以快速选择该工具，按【Shift+
工具快捷键】组合键，可以依次选择隐藏的按钮。按住【Alt】键的同时，在有隐藏工具的按钮上单击，也可以依次选择
隐藏的按钮。

单击工具箱底部的"编辑工具栏"按钮 ，用户可以在打开的面板中选择显示或隐藏"填充描边
控件""着色控件""绘图模式控件""屏幕模式控件"，4种控件如图1-37所示。

单击面板右上角的 图标，用户可以根据工作的难度，选择使用基本工具箱或高级工具箱，如图
1-38所示。在基本工具箱中只包含常用的工具，能够帮助用户完成一些基础操作。高级工具箱中包含更多
的工具，能进行更复杂的操作。用户也可以根据个人的习惯选择新建工具栏。

图1-37 4种控件

图1-38 选择使用不同的工具箱

1.5.4 面板

Adobe Illustrator CC 2022中包含了35个面板，在"窗口"菜单中可以选择需要的面板并将其打开，
如图1-39所示。在默认情况下，面板以选项卡的形式成组出现，显示在窗口的右侧，如图1-40所示。单击
"控制"面板最右侧的 图标，用户可以在打开的面板中选择快速打开或关闭面板，如图1-41所示。

图1-39 在"窗口"菜单中选择面板　图1-40 面板显示在窗口的右侧　图1-41 快速打开或关闭面板

● 选择面板：一般情况下，为了节省操作空间，常常会将多个面板组合在一起，称为"面板组"。在面板组中单击任一个面板的名称，即可将该面板设置为当前面板。

● 折叠/展开面板：单击面板组右上角的双三角按钮，可将面板折叠为图标，如图1-42所示；拖动面板边界可调整面板的宽度，单击一个图标即可显示相应的面板，如图1-43所示。

图1-42 将面板折叠为图标　　图1-43 单击图标显示相应的面板

● 调整面板的大小：移动光标到面板左下角，当出现如图1-44所示的标记时，拖动该图标可调整面板大小，如图1-45所示。

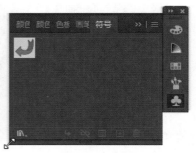

图1-44 面板上的标记　　　　　　图1-45 调整面板大小

● 移动面板：将光标放在面板名称上，按住鼠标左键并拖曳，将其拖至空白处，即可将该面板从面板组中分离出来，成为浮动面板。

● 组合面板：将光标放在一个面板名称上，按住鼠标左键并将其拖至另一个面板的名称位置，当出现蓝色横条时松开鼠标，即可将其与目标面板组合，如图1-46所示。

● 链接面板：将光标放在面板名称上，按住鼠标左键，将其拖至另一个面板的下方，当两个面板的连接处显示蓝色时松开鼠标，可以将两个面板进行链接，如图1-47所示。

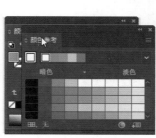

图1-46 组合面板　　　　图1-47 链接面板

● 打开面板菜单：单击面板右上角的按钮，可以打开面板菜单，如图1-48所示，面板菜单中包含了当前面板的各种命令。

● 关闭面板：在某一个面板的名称上单击鼠标右键，弹出快捷菜单，选择"关闭"命令，即可关闭该面板，如图1-49所示。选择"关闭选项卡组"命令，即可关闭该面板组。对于浮动面板，单击右上角的"关闭"按钮，即可将其关闭。

图1-48 打开面板菜单

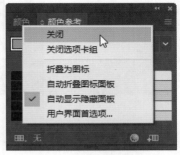

图1-49 关闭面板

为什么打开的面板会自动折叠？

执行"编辑 > 首选项 > 用户界面"命令，在弹出的对话框择选中或取消选择"自动折叠图标面板"复选框，下次启动时面板就会自动折叠或取消折叠。对于一些能够熟练操作 Illustrator 的用户来说，此设置比较便利。

文档窗口

在Illustrator CC中每新建或打开一个图形文档，便会创建一个文档窗口，当同时打开多个文档时，文档窗口就会以选项卡的形式显示，如图1-50所示。

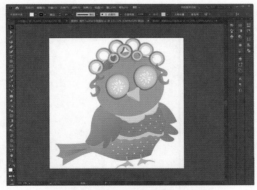

图1-50 以选项卡形式显示图像

如何在多个文档间快速切换？

除了单击选择文档，也可以使用快捷键来选择文档，按【Ctrl+Tab】组合键可以按顺序切换窗口；按【Ctrl+Shift+Tab】组合键可以按相反的顺序切换窗口。

● 选择文档：单击选项卡上任一文档的名称，即可将该文档设置为当前操作窗口。

● 调整文档名称顺序：按住鼠标左键，拖动文档的标题栏，可以调整文档在选项卡中的顺序。

● 拖动文档名称：选择一个文档的标题栏，按住鼠标左键将其从选项卡中拖出，该文档便成为可任意移动位置的浮动窗口，如图1-51所示。将鼠标放在浮动窗口的标题栏上，按住鼠标左键，拖动其至"控制"面板下，当出现蓝框时松开鼠标，该窗口就会被放在选项卡中，如图1-52所示。

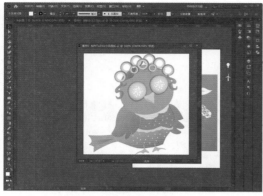

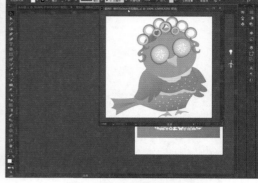

图1-51 浮动文档窗口　　　　　　　　图1-52 拖动文档的标题栏

- 调整窗口大小：拖动窗口四周的任意一角，可以调整该窗口的大小。
- 合并窗口：当有多个浮动窗口要还原到原来位置时，用户可以在标题栏处单击鼠标右键，在弹出的菜单中选择"全部合并到此处"命令，即可将所有浮动窗口合并到原来的位置，如图1-53所示。
- 关闭文档：单击标题栏右侧的"关闭"按钮，即可关闭该文档。如果要关闭所有文档，在标题栏上单击鼠标右键（标题栏任意位置），在弹出的快捷菜单中选择"关闭全部"命令即可，如图1-54所示。

图1-53 合并窗口　　　　　　　　图1-54 关闭所有文档

 Tips

当打开文档数量较多，标题栏中不能显示所有文档时，可以单击标题栏右侧的"双箭头"按钮，在弹出的菜单中选择需要的文档。

 如何同时关闭所有打开文档？

按住【Shift】键的同时单击文档右上角的"关闭"按钮，即可一次性关闭所有 Illustrator 文档。

 1.5.6 **状态栏**

　　"状态栏"位于文档的底部，用于显示缩放比例、画板导航、当前使用的工具等信息。单击缩放比例区域，用户可以在打开的下拉列表框中选择3.13%~64000%的缩放显示比例或者满画布显示，如图1-55所示。

　　Illustrator CC支持在一个文档中同时包含多个画板，用于制作多页文档。当文档中包含多个画板时，可以通过单击画板导航中的按钮，完成查看首项、末项、上一项和下一项的操作，快速查看指定的画板，如图1-56所示；单击画板导航右侧的三角形，在状态栏中会显示如图1-57所示的选项。

图1-55 缩放比例　　　图1-56 画板导航　　　　　　　图1-57 显示选项

【1.6 查看图形

使用Illustrator CC编辑图形时，常常要执行放大对象、缩小对象或移动对象等操作，以便更好地观察处理效果。Illustrator CC 提供了缩放工具、抓手工具、导航器面板和多种操作命令方便用户完成各种查看操作。

屏幕显示模式

Illustrator CC根据用户的不同制作需求提供了不同的屏幕显示模式。单击工具箱底部的"更改屏幕模式"按钮 ，可以选择4种不同的显示模式，如图1-58所示。

图1-58 4种不同的显示模式

● 演示文稿模式：当需要查看多个画板的效果时，可以使用该模式。在该模式下画板将填充整个屏幕，应用程序菜单、面板、参考线、网格和所有选定内容都不显示。这是一种不可编辑的模式，仅显示画板上的图稿，此模式适用于演示设计构思。

● 正常屏幕模式：默认状态下的屏幕显示模式，可显示菜单栏、标题栏、滚动条和其他屏幕元素。

● 带有菜单栏的全屏模式：显示有菜单栏和50% 灰色背景、无标题栏和滚动条的全屏窗口。

● 全屏模式：该模式又被称为"专家模式"，只显示黑色背景的全屏窗口，不显示标题栏、菜单栏和滚动条。

 Tips

按【F】键可以在3 种模式下快速切换。在全屏模式下可以通过按【F】键或【Esc】键退出全屏模式；按【Tab】键可以隐藏 /显示工具箱、面板和"控制"面板；按【Shift+Tab】组合键可以隐藏 /显示面板。

在多窗口中查看图像

在Illustrator CC中同时打开多个文档时，为了更好地观察比较，可以执行"窗口＞排列"命令，然后选择相应的子菜单命令来控制各个文档在窗口中的排列方式，如图1-59所示。

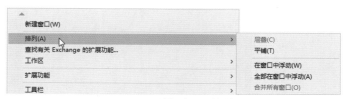

图1-59 "排列"子菜单

● 层叠：从屏幕的左上角到右下角以一层一层的方式堆叠文档，要想使用该功能，当前的文档都必须为浮动状态。

● 平铺：按照文档的多少在窗口中平铺显示，图片的大小会根据文档的多少自动调整，如图1-60所示。

● 在窗口中浮动：图像自由浮动在窗口上，并可以随意拖动标题栏移动其位置。

● 全部在窗口中浮动：使所有文档都浮动在窗口上，并能随意拖动，如图1-61所示。

图1-60 平铺窗口　　　　　　　　　图1-61 全部在窗口中浮动

● 合并所有窗口：将所有浮动窗口合并层叠显示。

1.6.3　使用"缩放工具"

Illustrator CC提供了"缩放工具"帮助用户完成放大或缩小窗口的操作，以便更加准确地查看图形。

单击工具箱中的"缩放工具"按钮或按【Z】键，将光标移到窗口中并单击，即可放大图像；按住【Alt】键的同时在窗口中单击，即可缩小图像。

应用案例

放大和缩小窗口

源文件：无　　　　　视频：视频\第1章\放大和缩小窗口.mp4

STEP 01 执行"视图>放大"命令或按【Ctrl++】组合键可以快速放大窗口，如图1-62所示。执行"视图>缩小"命令或按【Ctlr+-】组合键可以快速缩小窗口。

STEP 02 执行"视图>画板适合窗口大小"命令或按【Ctrl+0】组合键可以在Illustrator中最大化显示画板，效果如图1-63所示。

图1-62 执行"放大"命令　　　图1-63 执行"画板适合窗口大小"命令的效果

使用"缩放工具"或按快捷键进行放大或缩小操作时，Illustrator CC 会将选定文档置于视图的中心。如果选定图稿具有锚点或路径，Illustrator CC 还会在放大或缩小时将这些锚点或路径置于视图的中心。

1.6.4 使用"抓手工具"

在绘制或编辑图形的过程中，如果图形较大或放大显示图形不能在窗口中完全显示时，可以使用"抓手工具"移动画布，以查看图形的不同区域。单击工具箱中的"抓手工具"按钮，在画布中按住鼠标左键并拖曳即可移动画布。

在使用"抓手工具"时，按住【Ctrl】键，可快速启用"选择工具"。松开【Ctrl】键，即可继续使用"抓手工具"。

 在绘制过程中如何快速使用"抓手工具"移动图像？

在使用 Illustrator CC 的任何工具操作时，按住空格键不放，即可快速启用"抓手工具"进行移动操作，松开空格键，即可继续使用原来使用的工具。

 Tips

双击工具箱中的"抓手工具"图标，将在窗口中最大化显示图形。双击工具箱中的"缩放工具"图标，将在窗口中100% 显示图形。

1.6.5 使用"导航器"面板

执行"窗口 > 导航器"命令，打开"导航器"面板，如图1-64所示。用户可以使用"导航器"面板快速查看文档视图。"导航器"面板中的彩色框（称为"代理查看区域"）与文档窗口中当前可查看的区域相对应。

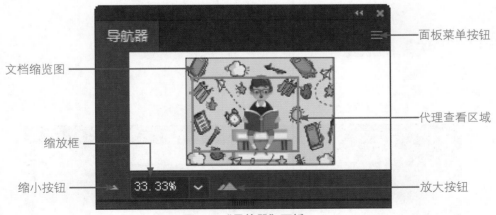

图1-64 "导航器"面板

 Tips

在"导航器"面板中可以缩放文档，也可以移动查看画板。在需要按照一定的缩放比例工作时，如果画板中无法完整显示图像，可通过该面板查看文档。

单击面板右上角的面板菜单按钮，在打开的菜单中选择"仅查看画板内容"命令。"导航器"面板中将只显示画板边界内的内容，如图1-65所示。取消选择"仅查看画板内容"命令，"导航器"面板中将显示画板边界以外的内容，如图1-66所示。

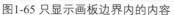

图1-65 只显示画板边界内的内容　　　　　图1-66 显示画板边界外的内容

要更改代理查看区域的颜色，可在面板菜单中选择"面板选项"命令。从"颜色"菜单中选择一种预设的颜色，或者双击颜色框选择一种自定的颜色。

要在"导航器"面板中将文档中的虚线显示为实线，可在面板菜单中选择"面板选项"命令，然后在弹出的对话框中选择"将虚线绘制为实线"复选框。

单击面板右上角的面板菜单按钮，在打开的菜单中选择"面板选项"命令，如图1-67所示。用户可以在弹出的"面板选项"对话框中设置"视图框颜色""假字显示阈值""将虚线绘制为实线"等选项，如图1-68所示。

图1-67 选择"面板菜单"命令　　　　　　图1-68 "面板选项"对话框

1.6.6　按轮廓预览

默认情况下，Illustrator CC以彩色模式预览文档，如图1-69所示。在处理较为复杂的文档时，用户可以选择只显示文档轮廓。执行"视图 > 轮廓"命令或按【Ctrl+Y】组合键，即可以轮廓模式预览文档，如图1-70所示。使用轮廓模式可以有效减少重绘屏幕的时间，提高制作效率。

图1-69 以彩色模式预览文档　　　　　　图1-70 以轮廓模式预览文档

当文档以轮廓模式显示时，执行"视图 > 预览"命令或按【Ctrl+Y】组合键，即可以彩色模式预览文档。

用户可以在分辨率大于2000px的屏幕上，使用GPU预览模式预览文稿。执行"视图＞使用GPU查看"命令，如图1-71所示，即可使用GPU预览模式预览文稿。在GPU预览模式下，文档路径会显得更平滑，显示速度更快。

执行"视图＞使用CPU查看"命令，如图1-72所示，即可返回CPU预览模式预览文稿。

图1-71 执行"使用GPU查看"命令　　　　图1-72 执行"使用CPU查看"命令

1.6.7　多个窗口和视图

用户可以同时打开单个文档的多个窗口。每个窗口可以具有不同的视图设置。例如，可以设置一个高度放大的窗口以对某些对象进行特写，并创建另一个稍小的窗口以在页面上布置这些对象。

执行"窗口＞新建窗口"命令，即可在当前窗口创建一个新窗口，更改排列方式并放大文档，效果如图1-73所示。

创建多个窗口虽然方便浏览观察，但过多的窗口会造成混乱。通过创建多个视图的方法可以替代创建窗口。执行"视图＞新建视图"命令，在弹出的"新建视图"对话框中输入视图的名称，如图1-74所示。单击"确定"按钮，即可完成新建视图的操作。

执行"视图＞编辑视图"命令，弹出"编辑视图"对话框，如图1-75所示。选中一个或多个视图，单击"删除"按钮，即可删除视图。选中一个视图，修改"名称"文本框中的名称，单击"确定"按钮，即可完成视图重命名操作。

图1-73 新建一个窗口　　　图1-74 输入视图名称　　图1-75 "编辑视图"对话框

应用案例　创建使用多视图

源文件：无　　　　　　　视频：视频\第1章\创建使用多视图.mp4

STEP 01 打开一个图形文档，最大化显示文档，效果如图1-76所示。执行"视图＞新建视图"命令，在弹出的"新建视图"对话框中输入视图的名称，如图1-77所示。单击"确定"按钮，完成新视图的创建。

图1-76 最大化显示文档　　　图1-77 输入视图名称

STEP 02 使用"缩放工具"放大文档,效果如图1-78所示。执行"视图>新建视图"命令,新建一个名为"头部"的新视图,如图1-79所示,单击"确定"按钮。

STEP 03 使用相同的方法,创建多个视图,在"视图"菜单底部可以看到所有新建的视图,如图1-80所示。执行"视图>铅笔"命令,即可快速查看"铅笔"视图,如图1-81所示。

图1-78 放大文档效果

图1-79 新建"头部"视图

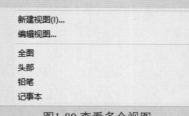

图1-80 查看多个视图

图1-81 快速查看"铅笔"视图

 Tips

在一个文档中最多可以创建 25 个视图,用户可以在不同的窗口中使用不同的视图,还可以将多个视图随文档一起保存。

 1.6.8 输入媒体中预览

在"视图"菜单下,Illustrator CC为用户提供了"叠印预览""像素预览""裁切视图"3种模式,在Web或移动设备上预览,打印或查看文档各个方面的显示效果。

⬤ 叠印预览:提供"油墨预览",它可以模拟混合、透明和叠印在分色输出中的显示效果。

⬤ 像素预览:模拟文档经过栅格化后在 Web浏览器中查看的显示效果。

⬤ 裁切视图:裁切视图以适应文档的边界。在此模式下,画布上所有非打印对象都是隐藏的,如网格、参考线和延伸到画板边缘之外的元素。画板之外的任何对象都将被剪切,如图1-82所示。用户可以在这种屏幕模式下继续创建和编辑图稿。此模式对预览海报等文档非常有用。

图1-82 "裁切视图"效果

【1.7 使用预设工作区】

Illustrator CC的应用领域非常广泛，不同的行业对Illustrator CC中各项功能的使用频率也不同。针对这种情况，Illustrator CC提供了几种常用的预设工作区，以供用户选择。

执行"窗口 > 工作区"命令，用户可以根据工作的内容选择不同工作区。默认情况下，Illustrator CC为用户提供了"Web""上色""传统基本功能""基本功能""打印和校样""排版规则""描摹""版面""自动"9种工作区，如图1-83所示。利用恰当的工作区能够帮助用户更方便地使用Illustrator的各种功能，提高工作效率。

用户也可以单击菜单栏右侧的选择工作区图标，在打开的下拉菜单中快速选择需要的工作区，如图1-84所示。

用户可以通过执行"窗口 > 工作区 > 重置传统基本功能"命令，将杂乱的工作区恢复为默认的基本功能工作区。

用户可以通过执行"窗口 > 工作区 > 新建工作区"命令，将当前工作区保存为一个新的工作区。

用户可以通过执行"窗口 > 工作区 > 管理工作区"命令，弹出"管理工作区"对话框，在该对话框中可以重命名工作区、新建工作区和删除工作区，如图1-85所示。

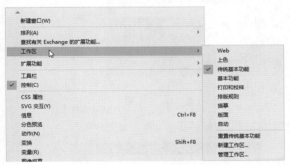  

图1-83 选择工作区　　图1-84 快速选择工作区　图1-85 "管理工作区"对话框

应用案例　自定义快捷键

源文件：无　　　　　　　　视频：视频\第1章\自定义快捷键.mp4

STEP 01 执行"编辑 > 键盘快捷键"命令，弹出"键盘快捷键"对话框，如图1-86所示。单击"编组选择"选项，按键盘上的任意键为其指定快捷键，下方提示设置冲突，如图1-87所示。

图1-86 "键盘快捷键"对话框　图1-87 为"编组选择"工具设置快捷键

STEP 02 再次按键盘上的任意键，重新为其指定快捷键，完成为工具指定快捷键的操作，如图1-88所示。选择"菜单命令"选项，单击"文件"菜单下的"新建"选项，如图1-89所示。

图1-88 为工具指定快捷键　　　　图1-89 单击"新建"选项

STEP 03 单击"清除"按钮，将原有的快捷键删除，再按键盘上的任意组合键，如图1-90所示。单击"确定"按钮，弹出"存储键集文件"对话框，输入名称并单击"确定"按钮，如图1-91所示，即可完成为"新建"命令指定快捷键的操作。

图1-90 为菜单命令指定快捷键　　　　图1-91 "存储键集文件"对话框

STEP 04 再次打开"键盘快捷键"对话框，在"键集"选项右侧的下拉列表框中选择"Illustrator 默认值"选项，如图1-92所示。单击"确定"按钮，即可将软件快捷键恢复到默认设置，如图1-93所示。

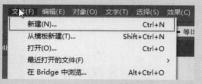

图1-92 选择键集　　　　图1-93 将软件快捷键恢复到默认设置

1.8 使用Adobe帮助资源

在学习Illustrator CC软件时，可以通过使用"帮助"菜单获得Adobe提供的各种帮助资源和技术支持，如图1-94所示。

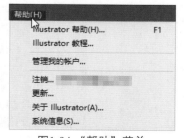

图1-94 "帮助"菜单

- Illustrator帮助：执行该命令可以联机到Adobe网站帮助社区查看帮助文档，可以在线查看，也可以下载到本地使用。Adobe公司的所有帮助文档都是PDF格式的，下载后用户需要利用Adobe Reader等软件才能阅读。
- Illustrator教程：Illustrator支持中心是服务社区，社区内提供了大量视频教程的链接地址。单击链接地址，可以在线观看由Adobe专家录制的Illustrator各种功能的演示视频。
- 管理我的账户：执行该命令，可以进入个人账户页面。在该页面中，用户可以查看个人资料、我的计划和常见任务等内容。
- 注销：执行该命令，可将当前登录账户注销。注销后，将停用此设备上的所有Adobe应用程序。此应用程序和任何其他打开的Adobe应用程序可能要求退出。此操作不会卸载任何应用程序。
- 更新：执行该命令，可以从Adobe公司的官方网站上下载最新的Illustrator更新程序。
- 关于Illustrator：执行该命令，会打开Illustrator的启动画面，画面中显示了Illustrator研发小组成员的名单和一些其他与Illustrator有关的信息。
- 系统信息：执行该命令，可以打开“系统信息”对话框，查看当前操作系统的各种信息，如显卡、内存及Illustrator版本、占用系统的内存、安装的序列号等。

1.9 专家支招

在开始学习Illustrator CC的各项功能前，首先要了解Illustrator CC的功能和应用范围，然后根据个人的需求，有目的地加以学习，才能事半功倍。

Illustrator的同类软件

在矢量绘图软件中，Illustrator的地位毋庸置疑，但是在其他领域中也有很多其他优秀的软件。使用Adobe Photoshop位图处理软件、Adobe Indesign矢量排版软件与Illustrator软件可以完成排版、UI设计、广告设计和插画绘制等工作。Adobe Indesign是专业的排版软件，主要用于排版页码较多的文件。此外，Corel公司的CorelDRAW集图像处理和版式排版于一身，也是一款十分优秀的设计软件。

如何获得Adobe Illustrator CC软件

Adobe公司在其官方网站（www.adobe.com）上提供了全套的Adobe Illustrator CC软件试用版，用户可以登录网站进行下载。试用版只允许用户使用7天，7天后需要付费购买才能继续正常使用。

1.10 总结扩展

Illustrator是一款矢量绘图软件，主要用于处理矢量图像，广泛应用于很多行业，与Photoshop等软件综合运用，可以完成复杂的平面设计、网页设计和影视编辑等工作。

本章小结

本章主要讲解了Illustrator CC的应用领域、软件的安装与启动、操作界面的组成、查看图形的方法与技巧和使用预设工作区等内容。通过本章的学习，读者初步了解了Illustrator CC软件的基础知识，为后面章节的学习打下扎实的基础。

举一反三——卸载Illustrator CC

源 文 件：	无
视　　频：	视频\第1章\卸载Illustrator CC.mp4
难易程度：	★☆☆☆☆
学习时间：	5分钟

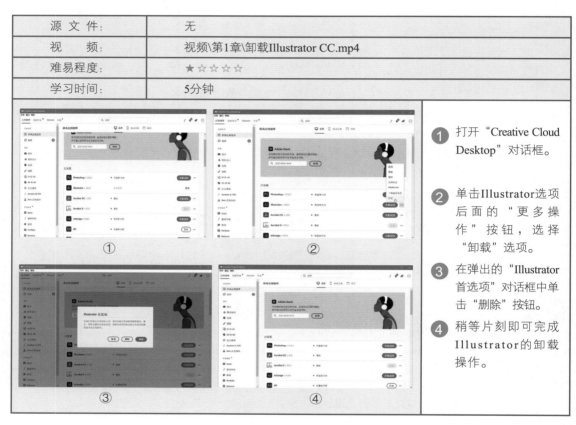

1 打开"Creative Cloud Desktop"对话框。

2 单击Illustrator选项后面的"更多操作"按钮，选择"卸载"选项。

3 在弹出的"Illustrator首选项"对话框中单击"删除"按钮。

4 稍等片刻即可完成Illustrator的卸载操作。

读书
笔记

第2章 Illustrator CC的优化与辅助功能

本章主要讲解Illustrator CC系统设置与优化的方法。通过本章的学习，读者应掌握优化个人工作环境的方法和技巧，并可以根据系统提示解决一些常见的问题。同时，了解常用的辅助工具和额外内容，并能应用到实际操作中。

2.1 Illustrator CC的系统优化

Illustrator首选项文件管理着Illustrator中的命令和面板设置。打开Illustrator时，面板和命令的位置存储在Illustrator首选项文件中。此外，许多程序设置都存储在首选项文件中，包括常规显示选项、文件存储选项、性能选项、文字选项及增效工具和暂存盘选项。

执行"编辑 > 首选项"命令下的菜单命令，如图2-1所示，将弹出"首选项"对话框。图2-2所示为执行"常规"命令后弹出的"首选项"对话框。

图2-1 执行菜单命令　　　　图2-2 常规"首选项"对话框

在未选中任何对象的情况下，单击"控制"面板中的"首选项"按钮，可以快速打开"首选项"对话框，如图2-3所示。

图2-3 "控制"面板上的"首选项"按钮

Tips

Illustrator 只有在退出时才会存储首选项。选项后面如果显示一个感叹号图标，则表示当前选项需要重新启动软件后才能生效。

2.1.1 "常规"设置

执行"编辑 > 首选项 > 常规"命令或按【Ctrl+K】组合键，弹出"首选项"对话框，如图2-4所示。对话框的左侧显示首选项的项目，右侧显示当前项目的设置内容。

图2-4 "首选项"对话框

● 键盘增量：用于设置按方向键移动对象时的距离，键盘增量的单位取决于"单位"和"性能"首选项中设置的单位。

● 约束角度：用于设置创建时对象的角度，默认情况下该值为0°，可根据需求修改角度。

● 圆角半径：设置圆角矩形的圆角半径。

● 停用自动添加/删除：未选择该复选框时，使用"钢笔工具"在路径上单击即可自动添加锚点或删除锚点。选择该复选框后，则停用此功能。

● 使用精确光标：选择复选框后，使用"钢笔工具""铅笔工具""画笔工具"时，光标显示为各项工具的标准形状。在使用"钢笔工具""铅笔工具""画笔工具"时，按【CapsLock】键也可以转换光标形状。

● 显示工具提示：选择该复选框，将光标放在工具箱中的工具按钮位置时，会显示工具的名称和快捷键的提示，未选择该复选框，则不会显示提示。

● 在所有文档中显示/隐藏标尺：选择该复选框，Illustrator中所有的文档都将在其顶部和左侧显示标尺。未选择该复选框，默认隐藏标尺。

● 清除锯齿图稿：选择该复选框，可以消除图稿的锯齿，使矢量对象呈现光滑外观。

● 选择相同色调百分比：选择该复选框，可以选择与线稿对象具有相同色彩百分比的对象。

● 未打开任何文档时显示主屏幕：选择该复选框，Illustrator在没有打开文档时，软件界面将显示为如图2-5所示的屏幕。

● 使用旧版"新建文档"界面：选择该复选框，执行"文件 > 新建"命令，将弹出Illustrator CC 2016以前版本的"新建文档"对话框，如图2-6所示。

图2-5 显示主屏幕

图2-6 旧版"新建文档"界面

● 使用预览边界：选择该复选框，Illustrator在进行对齐等操作时，会将边界计算在内。未选择该复选框，将不会考虑边界。

● 以100%缩放比例显示打印大小：选择该复选框，在打印文档时，默认以文档的实际尺寸进行打印。

● 打开旧版文件时追加[转换]：选择该复选框，打开以前版本的Illustrator文件时，系统会自动在文件名称后追加"转换"两个字。

● 强制在触控板上启用捏合缩放：选择该复选框，当在平板电脑等设备上使用Illustrator时，将自动启用手指捏合缩放画板的操作。

● 双击以隔离：选择该复选框，双击对象时可以将一组或一个子图层与文档中的所有其他对象快速隔离。

● 使用日式裁剪标记：选择该复选框，可以使用日式裁剪标记，日式裁剪标记使用双实线，默认出血值为3mm。

● 变换图案拼贴：选择该复选框，在使用图案填充的对象进行旋转、缩放等操作时，填充图案会随形状自动调整。未选择该复选框，则不会随形状调整。

● 缩放圆角：选择该复选框后，在执行缩放操作时，对象的圆角会随形状自动调整，未选择该复选框，则不会随形状调整。

● 缩放描边和效果：选择该复选框，在执行缩放操作时，对象描边的宽度和效果会随形状自动调整。未选择该复选框，则不会随形状调整。

● 重置所有警告对话框：单击"重置所有警告对话框"按钮，弹出"Adobe Illustrator"对话框，如图2-7所示。单击"确定"按钮，可以启动所有警告对话框。单击"重置首选项"按钮，可以将"首选项"对话框中的数值恢复为默认数值。

图2-7 "Adoeb Illustrator"对话框

"选择和锚点显示"设置

执行"编辑 > 首选项 > 选择和锚点显示"命令或者在"首选项"对话框左侧列表中选择"选择和锚点显示"选项，弹出如图2-8所示的对话框。

图2-8 选择和锚点显示"首选项"对话框

- 容差：用于指定选择锚点的像素范围。

- 仅按路径选择对象：选择该复选框，只能通过选择路径选中对象。

- 对齐点：选择该复选框，可以将对象对齐到锚点和参考线。在该选项后面的文本框中可以指定对齐时对象与锚点或参考线之间的距离。

- 按住Ctrl键单击选择下方的对象：选择该复选框，当多个对象重叠时，按住【Ctrl】键的同时单击对象，将选中对象下方的对象。

- 在段整形时约束路径拖移：选中择该复选框，在整形对象时约束方向手柄。

- 在选择工具和形状工具中显示锚点：选择该复选框，使用选择工具和形状工具编辑路径时，将显示锚点。

- 缩放至选区：选择该复选框，在使用缩放工具

或其他方式进行放大或缩小操作时，不再将选定图稿置于视图的中心。如果选定图稿具有锚点或路径，也不会在放大或缩小时将这些锚点或路径置于视图的中心。

- 移动锁定和隐藏的带面板的图稿：选择该复选框，可以将锁定或隐藏的图稿随画板一同移动。取消选择该复选框，移动包含锁定或隐藏的图稿的画板时，将会弹出如图2-9所示的对话框。

图2-9 无法移动画板中任何隐藏或锁定的对象

- 锚点、手柄和定界框显示：用户可以通过拖动滑块，为锚点、手柄和定界框选择不同大小的显示效果。此选项对于使用高分辨率显示屏工作或创建复杂图稿非常有用。

- 手柄样式：用户可以选择两种控制柄的样式。

- 鼠标移过时突出显示锚点：选择该复选框，当光标滑过对象时，将显示对象的路径锚点。

- 选择多个锚点时显示手柄：选择该复选框，当使用"直接选择工具"或"编组选择工具"选择多个锚点时，所有锚点将同时显示控制柄。

- 隐藏边角构件，若角度大于：选择该复选框，当角度大于设定角度后，将自动隐藏边角构件。

用户可以选择启用"钢笔工具""曲率工具"的橡皮筋功能，从而绘制出更加准确的图形效果。

"文字"设置

执行"编辑 > 首选项 > 文字"命令或者在"首选项"对话框左侧列表中选择"文字"选项，弹出如图2-10所示的对话框。

图2-10 文字"首选项"对话框

● 大小/行距、字距调整、基线偏移："大小/行距""字距调整""基线偏移"选项都用于设置字符与字符之间的属性，与"字符"面板中相应选项的作用相同。

● 语言选项：用户可以选择使用东亚文字选项或印度语文字选项。

● 仅按路径选择文字对象：选择该复选框，必须直接单击文字路径才能选择文字。未选择该复选框，则单击文字边框中的任何位置，都可以选择文字。

● 以英文显示字体名称：选择该复选框，所有字体的名称都以英文显示。未选择该复选框，则以原字体名称显示。

● 自动调整新区域文字大小：选择该复选框，当用户添加、删除或编辑文本时，文字框会自动重新调整大小，不必担心文字框溢流。

● 启用菜单内字体预览：选择该复选框，在选择字体的下拉列表预览时，以各字体来显示各字体名称。未选择该复选框，则默认显示所有字体名称。

● 最近使用的字体数目：用于设置在"文字 > 最近使用的字体"下拉菜单中显示的字体数量。

● 在"查找更多"中启用日语字体预览：选择该复选框，在使用Adobe Fonts"查找更多"字体时，启用日语预览字体。

● 启用丢失字形保护：选择该复选框，将自动替换缺失字形。

● 对于非拉丁文本使用内联输入：选择该复选框，所有非拉丁文本只能使用内联的方式输入。

● 突出显示替代的字体：选择该复选框，在执行"查找字体"操作时，将突出显示被替换的字体。

● 用占位符文本填充新文字对象：选择该复选框，用户使用文本工具创建点文本或段落文本时，将会使用占位符文本填充。

● 显示字符替代字：选择该复选框，在进行"拼写检查"操作时，将突出显示替代字符。

2.1.4　"单位"设置

执行"编辑 > 首选项 > 单位"命令或者在"首选项"对话框左侧列表中选择"单位"选项，弹出如图2-11所示的对话框。

图2-11 单位"首选项"对话框

● 常规、描边、文字、东亚文字：可以修改Illustrator中的常规度量、描边和文字的单位。

● 对象识别依据：用于设置"变量"面板中对象名称的显示方式，包括"对象名称""XML ID"两个选项。

2.1.5　"参考线和网格"设置

执行"编辑 > 首选项 > 参考线和网格"命令或者在"首选项"对话框左侧列表中选择"参考线和网格"选项，弹出如图2-12所示的对话框。

图2-12 参考线和网格"首选项"对话框

● 参考线：用户可以在"颜色""样式"下拉列表框中为参考线设置不同的颜色和样式。

● 网格：用户可以在"颜色""样式"下拉列表框中为网格设置不同的颜色和样式，还可以在"网格线间隔"文本框和"次分隔线"文本框中分别设置网格间隔距离和次分隔线数量。选择"网格置后"复选框，网格将显示在所有对象的底层。选择"显示像素网格"复选框，当文档放大到600%以上时，即可显示像素网格。

 2.1.6 "智能参考线"设置

执行"编辑 > 首选项 > 智能参考线"命令或者在"首选项"对话框左侧列表中选择"智能参考线"选项，弹出如图2-13所示的对话框。

图2-13 智能参考线"首选项"对话框

● 颜色：用户可以在"颜色"下拉列表框中设置智能参考线的颜色。

● 对齐参考线：沿着几何对象、画板和出血的中心和边缘生成的参考线。当移动对象或者执行绘制形状、使用钢笔工具及变换对象等操作时，生成参考线。

● 锚点/路径标签：在路径相交或路径居中对齐锚点时显示信息。

● 对象突出显示：在对象周围拖曳时突出显示指针下的对象。突出显示颜色与对象图层的颜色一样。

● 度量标签：当用户将光标移至某个锚点上时，显示光标当前位置的信息。创建、选择、移动

或变换对象时，显示相对于对象原始位置的x轴和y轴的偏移量。如果在绘图工具选定时按住【Shift】键，将显示起始位置。

● 变换工具：比例缩放、旋转和倾斜对象时显示信息。

● 间距参考线：当拖曳对象时，显示与相邻对象的参考线。

● 结构参考线：指定锚点绘制参考线的角度。用户最多可以设置6个角度。可以在选中的角度文本框中输入角度，也可以从下拉列表框中选择一组角度或者从弹出菜单中选择一组角度。

● 对齐容差：从另一对象指定指针必须具有的点数，从而让"智能参考线"生效。

2.1.7 "切片"设置

执行"编辑 > 首选项 > 切片"命令或者在"首选项"对话框左侧列表中选择"切片"选项，弹出如图2-14所示的对话框。

- 显示切片编号：选择该复选框，将在切片中自动显示文件中切片的编号。
- 线条颜色：指定切片线条的颜色。

图2-14 切片"首选项"对话框

2.1.8 "连字"设置

执行"编辑 > 首选项 > 连字"命令或者在"首选项"对话框左侧列表中选择"连字"选项，弹出如图2-15所示的对话框。

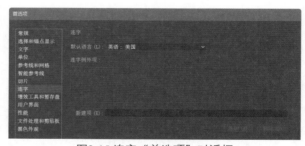

图2-15 连字"首选项"对话框

- 默认语言：用户可以在"默认语言"下拉列表框中选择一种应用连字的语言。
- 连字例外项：在该列表框中显示不需要连字的单词。用户可以在"新建项"文本框中输入不需要连字的单词，单击"添加"按钮，即可将其添加到"连字例外项"列表框中。选择"连字例外项"列表框中的选项，单击"删除"按钮，即可删除该选项。

2.1.9 "增效工具和暂存盘"设置

执行"编辑 > 首选项 > 增效工具和暂存盘"命令或者在"首选项"对话框左侧列表中选择"增效工具和暂存盘"选项，弹出如图2-16所示对话框。

图2-16 增效工具和暂存盘"首选项"对话框

● 其他增效工具文件夹：默认情况下，Illustrator的增效工具存放在其软件安装目录中。选择该复选框后，单击"选取"按钮，用户可以添加增效工具文件夹的位置。

● 暂存盘：如果系统没有足够的内存来执行操作，Illustrator将使用一种专用的虚拟内存技术（又称"暂存盘"）。默认情况下，Illustrator将安装了操作系统的硬盘驱动器用作主暂存盘，用户可以根据个人硬盘驱动器的使用情况，设置主要和次要暂存盘。

2.1.10 "用户界面"设置

执行"编辑 > 首选项 > 用户界面"命令或者在"首选项"对话框左侧列表中选择"用户界面"选项，弹出如图2-17所示的对话框。

图2-17 用户界面"首选项"对话框

● 亮度：Illustrator 为用户提供了深色、中等深色、中等浅色和浅色4种界面亮度。用户可以根据不同的使用环境选择不同的亮度。

● 画布颜色：用户可以选择"与用户界面亮度匹配""白色"两种画布颜色。

● 自动折叠图标面板：选择该复选框，软件的面板在不使用后将自动折叠放置。

● 以选项卡方式打开文档：选中该选项，打开多个文档时，将以选项卡的方式排列在软件界面顶部。

● 大选项卡：选选择该复选框，将以较大尺寸的选项卡形式进行显示。

● UI缩放：用户可以通过拖曳滑块为Illustrator设置适配不同分辨率显示设备的UI大小。在调整过程中，用户可以在右侧"预览"面板中查看缩放效果。

● 按比例缩放光标：选选择该复选框，在执行UI缩放操作时，将等比例缩放光标。

● 滚动按钮：用户可以为滚动按钮设置"在两端""一起"两种方式。

2.1.11 "性能"设置

执行"编辑 > 首选项 > 性能"命令或者在"首选项"对话框左侧列表中"性能"选项，弹出如图2-18所示的对话框。

图2-18 性能"首选项"对话框

● 性能：选择"GPU性能"复选框，再选择"动画缩放"复选框，在操作软件时，将获得更加流畅的交互效果。

● GPU详细信息：该选项将显示设备显卡的供应商、设备、版本和内存总量。单击"显示系统信息"按钮，将弹出"系统信息"对话框。

● 还原计数：默认情况下，Illustrator允许用户撤销100步操作。用户可以在"还原计数"后面的下拉列表框中选择撤销50步或200步。

● 实时绘图和编辑：选择该复选框，将会实时绘图和编辑对象。绘图时如果发生延迟，则绘图和编辑体验将变为非实时。

"文件处理和剪贴板"设置

执行"编辑 > 首选项 > 文件处理和剪贴板"命令或者在"首选项"对话框左侧列表中选择"文件处理和剪贴板"选项,弹出如图2-19所示的对话框。

图2-19 文件处理和剪贴板"首选项"对话框

 数据恢复:用户可以设置"自动存储恢复数据

的时间间隔",可以指定存储恢复数据的位置并关闭复杂文档的数据恢复操作。

● 文件:用户可以设置最近使用的文件数,优化缓慢网络上的打开和存储文件的时间,使用低分辨率的替代文件替代链接的EPS文件。在"像素预览"中将位图显示为消除了锯齿的图像,并能将更新方法设置为自动更新链接、手动更新链接和更新链接时提问。

● 在后台存储/在后台导出:选择该复选框,存储/导出文件都将在后台进行。

● 剪贴板:在将对象复制到剪贴板时,可以选择是否包含SVG代码。退出时,可以选择PDF或AICB,或者两者全选。如果选AICB,则请选中"保留路径"单选按钮以放弃拷贝图稿中的透明度,或选择"保留外观和叠印"单选按钮以拼合透明度、保持拷贝图稿的外观并保留叠印对象。

"黑色外观"设置

执行"编辑 > 首选项 > 黑色外观"命令或者在"首选项"对话框的左侧列表中选择"黑色外观"选项,弹出如图2-20所示的对话框。

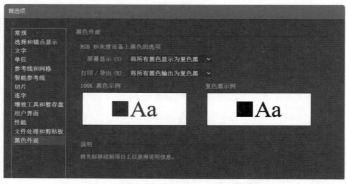

图2-20 黑色外观"首选项"对话框

● 屏幕显示:在RGB或灰度设备屏幕上,可以将所有黑色显示设置为"将所有黑色显示为复色黑"或"精确显示所有黑色"。

● 打印/导出:在RGB或灰度设备上打印或导出时,可以将所有黑色设置为"将所有黑色输出为复色黑"或"精确输出所有黑色"。

 Tips

精确显示所有黑色:将所有黑色显示为纯黑(K=100)。将所有黑色显示为复色黑:将所有黑色显示为混合了CMYK值的黑色。复色黑比纯黑要更黑一些。

使用标尺

使用标尺可以帮助用户准确定位和度量文档窗口或者画板中的对象。Illustrator为文档和画板提供了全局标尺和画板标尺，这两种标尺不能同时出现。

- 全局标尺：显示在文档窗口的顶部和左侧。默认全局标尺原点位于插图窗口的左上角。
- 画板标尺：显示在现用画板的顶部和左侧。默认画板标尺原点位于画板的左上角。

画板标尺与全局标尺的区别在于，如果选择画板标尺，原点将根据画板的活动而变化。此外，不同的画板标尺可以有不同的原点。如果更改画板标尺的原点，填充在画板对象上的图案将不受影响。

Tips

全局标尺的默认原点位于第一个画板的左上角，画板标尺的默认原点位于各个画板的左上角。

显示/隐藏标尺

执行"视图 > 标尺 > 显示标尺"命令或者按【Ctrl+R】组合键，如图2-21所示，即可在窗口的顶部和左侧显示标尺，效果如图2-22所示。执行"视图 > 标尺 > 隐藏标尺"命令或者按【Ctrl+R】组合键，即可隐藏标尺。

图2-21 执行"显示标尺"命令　　　　　　　图2-22 显示标尺效果

默认情况下，执行"显示标尺"命令创建的标尺为画板标尺。执行"视图 > 标尺 > 更改为全局标尺"命令或者按【Alt+Ctrl+R】组合键，即可在画板标尺和全局标尺之间转换。

视频标尺

Illustrator经常用于辅助完成一些视频包装的工作。使用"视频标尺"可以更好地帮助用户定位对象，优化画面结构。

执行"视图 > 标尺 > 显示视频标尺"命令，如图2-23所示，即可在画板的顶部和左侧显示视频标尺，效果如图2-24所示。执行"视图 > 标尺 > 隐藏视频标尺"命令，即可隐藏视频标尺。

图2-23 执行"显示视频标尺"命令　　　　　　图2-24 视频标尺效果

应用案例 | 使用标尺辅助定位
源文件：无 | 视频：视频\第2章\使用标尺辅助定位.mp4

STEP 01 执行"文件＞打开"命令，将"素材\第2章\2.2.1.ai"文件打开，如图2-25所示。执行"视图＞标尺＞显示标尺"命令，标尺效果如图2-26所示。此时移动鼠标光标，标尺内将显示光标的精确位置。

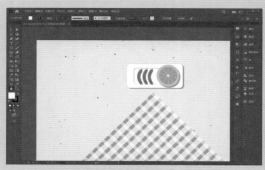
图2-25 打开文件

图2-26 标尺效果

STEP 02 将光标移至窗口左上角位置，按住鼠标左键并向下拖曳，调整标尺的原点位置，也就是（0，0）位置，如图2-27所示。通过标尺可以清楚地看到图形的高度和宽度，如图2-28所示。

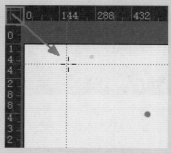
图2-27 调整原点位置

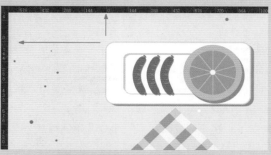
图2-28 查看图形的高度和宽度

STEP 03 双击窗口左上角标尺位置，即可将原点位置恢复至原始位置，也就是画板的左上角位置，如图2-29所示。单击工具箱中的"选择工具"按钮 ，移动图形的位置使其与左上角对齐，能够通过标尺确定图形的尺寸，如图2-30所示。

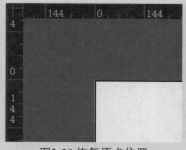
图2-29 恢复原点位置

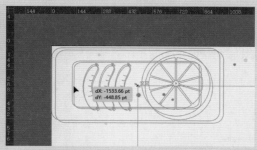
图2-30 移动图形对齐原点

如何更改标尺的单位？

为了满足不同的需求，常常需要选择不同的测量单位。在标尺上单击鼠标右键，弹出测量单位选择菜单，选择单位后，即可完成标尺单位的转换。

【2.3 使用参考线

使用参考线可以帮助用户对齐文档中的文本对象和图形对象。显示标尺后，将光标移至标尺上，向下或向右拖曳，即可创建参考线，如图2-31所示。

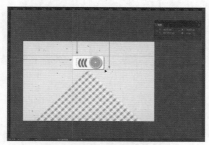

图2-31 拖曳创建参考线

Tips
用户可以创建"点""线"两种参考线，并且可以自定义参考线的颜色。默认情况下，参考线不会被锁定，用户可以移动、修改、删除或恢复参考线。

显示/隐藏/锁定参考线

拖曳创建参考线后，执行"视图 > 参考线 > 隐藏参考线"命令或者按【Ctrl+;】组合键，如图2-32所示，即可隐藏文档中的参考线。执行"视图 > 参考线 > 显示参考线"命令或者再次按【Ctrl+;】组合键，即可将隐藏的参考线显示出来。

参考线(U)	►	隐藏参考线(U)	Ctrl+;
显示网格(G)	Ctrl+"	锁定参考线(K)	Alt+Ctrl+;
对齐网格	Shift+Ctrl+"	建立参考线(M)	Ctrl+5
对齐像素(S)		释放参考线(L)	Alt+Ctrl+5
✓ 对齐点(N)	Alt+Ctrl+"	清除参考线(C)	

图2-32 执行"隐藏参考线"命令

将光标移至参考线上，按住鼠标左键并拖曳，可以移动参考线的位置。在实际操作中，为了避免误操作移动参考线，可以将参考线锁定。

执行"视图 > 参考线 > 锁定参考线"命令或者按【Alt+Ctrl+;】组合键，即可锁定文档中所有的参考线。执行"视图 > 参考线 > 解锁参考线"命令或者再次按【Alt+Ctrl+;】组合键，即可解锁参考线。

选中文档中的一条路径，执行"视图 > 参考线 > 建立参考线"命令或者按【Ctrl+5】组合键，在默认情况下，路径将被转换为蓝色的参考线。执行"视图 > 参考线 > 释放参考线"命令或者按【Alt+Ctrl+5】组合键，即可释放建立的参考线，参考线将转换为普通路径。

执行"视图 > 参考线 > 清除参考线"命令，即可删除当前文档中的所有参考线。

 使用参考线定义边距

源文件：源文件\第2章\2-3-1.ai　　　视频：视频\第2章\使用参考线定义边距.mp4

STEP 01 执行"文件 > 新建"命令，在弹出的"新建文档"对话框中单击顶部的"图稿和插图"选项，在"空白文档预设"中选择"明信片"选项，如图2-33所示。单击"创建"按钮，软件界面如图2-34所示。

图2-33 选择"明信片"选项

图2-34 软件界面

STEP 02 执行"视图＞标尺＞显示标尺"命令，将标尺显示出来，如图2-35所示。将光标移至顶部标尺上，按住鼠标左键并向下拖曳，创建距离画板顶部边距为10mm的辅助线，如图2-36所示。

图2-35 显示标尺

图2-36 创建辅助线

STEP 03 继续使用相同的方法，创建距离画板底部边距为10mm的辅助线，如图2-37所示。将光标移至左侧标尺上，按住鼠标左键并向右拖曳，创建距离画板左侧边距为10mm的辅助线，如图2-38所示。

STEP 04 继续使用相同的方法，创建距离画板右侧边距为10mm的辅助线，如图2-39所示。

图2-37 创建底部辅助线

图2-38 创建左侧辅助线

图2-39 创建右侧辅助线

2.3.2 使用智能参考线

　　智能参考线是创建或操作对象/画板时显示的临时对齐参考线。通过对齐和显示坐标位置和偏移值，智能参考线可以帮助用户参照其他对象或画板来对齐、编辑和变换对象或画板。

　　执行"视图＞智能参考线"命令或者按【Ctrl+U】组合键，可以打开或者关闭智能参考线。

 Tips

用户如果选择了"对齐网格"或"像素预览"命令，在操作时将无法使用智能参考线。

应用案例

使用智能参考线

源文件：源文件\第2章\2-3-2.ai　　视频：视频\第2章\使用参智能参考线.mp4

STEP 01 执行"文件 > 打开"命令，将"素材\第2章\2.3.2.ai"文件打开，如图2-40所示。执行"视图 > 显示 > 智能参考线"命令，确认打开智能参考线，如图2-41所示。

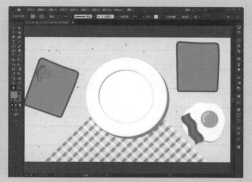

图2-40 打开文件　　　　　　图2-41 执行"智能参考线"命令

STEP 02 单击工具箱中的"选择工具"按钮，选中右侧的面包片，向盘子中心拖曳，智能参考线效果如图2-42所示。松开鼠标左键，效果如图2-43所示。

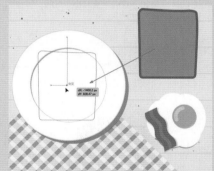

图2-42 智能参考线效果　　　　　　图2-43 拖曳效果

STEP 03 选择左侧的面包片并向盘子中心拖曳，智能参考线效果如图2-44所示。使用相同的方法，拖曳右侧的鸡蛋图形，完成后的效果如图2-45所示。

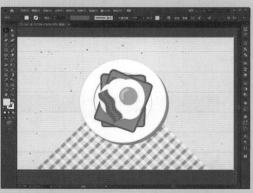

图2-44 智能参考线效果　　　　　　图2-45 完成效果

[2.4 网格与对齐

默认情况下，网格显示在文档窗口所有对象的底层，而且不能被打印。使用网格可以帮助完成元素的定位和对齐。

执行"视图 > 显示网格"命令或者按【Ctrl+"】组合键，如图2-46所示，即可显示网格，如图2-47所示。执行"视图 > 隐藏网格"命令或者再次按【Ctrl+"】组合键，即可隐藏网格。

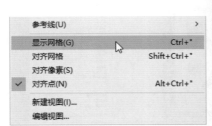

图2-46 执行"显示网格"命令

图2-47 显示网格

 Tips

网格的颜色、样式、网格线间隔和子网格的数量都可以在参考线和网格"首选项"对话框中设置，请参考本书 2.1.5 节内容。

Illustrator CC 提供了很多辅助功能帮助用户工作。用户在操作过程中，可以使用"对齐网格""对齐像素""对齐点"等命令，进行更为精确的操作。

执行"视图 > 对齐网格"命令或者按【Shift+Ctrl+"】组合键，使其处于勾选状态，如图2-48所示。执行"对齐网格"命令后，移动对象时，对象将自动对齐网格线，如图2-49所示。对齐网格只能吸附在网格的边或点上，当对象的边界在网格线的2个像素之内时，将对齐到点。

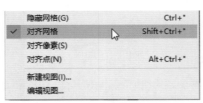

图2-48 执行"对齐网格"命令

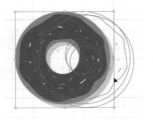

图2-49 自动对齐网格线

"对齐像素"是针对像素预览使用的，用户可以在印刷前通过"像素预览"快速查看构图效果。如果作品不用于印刷，则可以忽略该功能。

执行"视图 > 像素预览"命令或者按【Alt+Ctrl+Y】组合键，进入像素预览模式，如图2-50所示。执行"视图 > 对齐像素"命令，即可启用对齐像素功能，如图2-51所示。

图2-50 执行"像素预览"命令　　　　图2-51 执行"对齐像素"命令

Tips

在"像素预览"模式下，开启"对齐像素"的图形比没有开启"对齐像素"的图形的边缘更加平直、清晰。

执行"视图＞对齐点"命令或者按【Alt+Ctrl+"】组合键，即可启用对齐点功能。"对齐点"的功能包含在"智能参考线"功能中，开启该功能后，操作时将自动吸附到某个点上。

【2.5 使用插件管理器】

Adobe公司的系列软件大多能够使用外部插件，为了方便管理这些插件，Adobe推出一款专门针对插件管理的小软件Adobe Extension Manager。

随着Illustrator CC的发布，该软件也升级为Adobe Extension Manager CC。用户可以在Adobe Creative Cloud中安装该软件，如图2-52所示。单击"打开"按钮，Adobe Extension Manager CC界面如图2-53所示。

图2-52 Adobe Creative Cloud界面　　　图2-53 Adobe Extension Manager CC界面

 Tips

Adobe Extension Manager CC 仅支持 ZXP 格式的插件文件，且不同版本的插件支持的软件版本也不同。也就是说，低版本的插件不能在高版本的软件上使用。

【2.6 专家支招】

在开始使用Illustrator CC 之前，首先要熟悉软件的操作设置和各种优化操作，只有这样才能在以后的操作中方便、快捷地使用软件。

提高Illustrator的工作效率

Illustrator在运行时会占用大量的系统资源，因此在使用Illustrator时，尽量不要打开其他占用资源较多的程序。同时在"编辑＞首选项＞增效工具和暂存盘"中为Illustrator指定较高的内存占有率，将"暂存盘"指定给除C盘以外的其他所有盘符。另外，定期清理历史记录也是一个很好的习惯。

创建精准的参考线

执行"窗口＞信息"命令或者按【Ctrl+F8】组合键，打开"信息"面板，在创建辅助线时，可以通过观察"信息"面板上的X和Y值，创建更加精准的辅助线。在未锁定辅助线的前提下，按住【Alt】键并使用"选择工具"拖曳，可以复制辅助线。

【2.7 总结扩展

本章针对优化Illustrator CC的工作环境进行了详细介绍，使用首选项中的各项命令可以对Illustrator CC中的各项内容进行优化设置，包括"常规"设置、"选择和锚点显示"设置等。同时，还学习了标尺、参考线、网格的使用方法和技巧，加深读者对Illustrator CC的了解，为学习更复杂的操作打下基础。

2.7.1 本章小结

本章讲解了Illustrator CC的首选项设置和各种辅助功能的使用。通过本章的学习，读者了解了使用辅助功能的方法和技巧，同时掌握了如何通过设置首选项中的各项参数获得更好的操作环境。

2.7.2 举一反三——创建iOS系统UI布局

源 文 件：	源文件\第2章\2-7-2.ai
视 频：	视频\第2章\创建iOS系统UI布局.mp4
难易程度：	★ ☆ ☆ ☆ ☆
学习时间：	3分钟

① ②

❶ 执行"文件 > 新建"命令，新建一个iPhone8/7/6的文档。

❷ 将标尺显示出来，拖曳创建距顶部40px的辅助线，定义状态栏的位置。

③ ④

❸ 继续拖曳创建距状态栏88px的辅助线，定义导航栏的位置。

❹ 使用相同的方法创建距底部147px的辅助线，定义标签栏的位置。

第3章 Illustrator CC的基本操作

要真正掌握和使用一款图像处理软件，首先要从基本的操作开始学习，逐步深入地掌握该软件的各项功能。本章将介绍Illustrator CC的一些基本操作，如新建、打开、存储、置入文件，使用画板和导出文件等操作。

3.1 使用主页

主页是Illustrator CC启动后首先展示给用户的界面，如图3-1所示。用户可以在主页中完成新建文件、打开文件、查看新增功能和最近使用项等操作。选择左侧的"学习"选项，将进入官方指定的教程界面，如图3-2所示。

图3-1 主页界面

图3-2 教程界面

单击左侧底部的"新增功能"按钮，将显示Illustrator CC的新增功能界面，如图3-3所示。Illustrator CC共新增了"邀请参与编辑""重复对象""对齐字形"3种功能，单击"了解详情"按钮，将打开Adobe网站，即可详细学习该新增功能，如图3-4所示。

图3-3 "新增功能"界面

图3-4 Adobe网站

用户在使用Illustrator CC进行操作时，随时可以通过单击"控制"面板最左侧的"主页"图标，返回主页界面，如图3-5所示。此时主页界面左上角显示了一个Ai图标，单击该图标，即可返回当前操作界面，如图3-6所示。

图3-5 返回主页　　　　图3-6 返回当前操作界面

3.2 新建和设置文档

在开始绘画之前，首先要准备好画纸。同样的道理，在使用Illustrator CC绘制图形之前，也应先新建画板。

 ## 新建文档

启动Illustrator CC软件后，执行"文件 > 新建"命令或按下【Ctrl+N】组合键，弹出"新建文档"对话框，如图3-7所示。

图3-7 "新建文档"对话框

"新建文档"对话框分为左右两部分，左侧为方便用户操作提供了最近使用项和不同行业的模板文件，右侧为预设详细信息。使用Illustrator CC提供的预设功能，很容易创建常用尺寸的文件，减少不必要的麻烦，提高工作效率。

- 最近使用项：在该选项下展示用户最近使用的文件列表，默认展示20个文件。用户可以在"文件处理和剪贴板"首选项中修改展示的文件数量。

- 已保存：在该选项下展示用户存储的预设文件列表。

- 移动设备：在该选项下展示移动端UI设计常用的模板文件列表。

- Web：在该选项下展示网页设计行业常用的模板文件列表。

- 打印：在该选项下展示平面广告和印刷常用的模板文件列表。

- 胶片和视频：在该选项下展示视频剪辑常用的模板文件列表。

- 图稿和插图：在该选项下展示插图和插画绘制常用的模板文件列表。

- 预设详细信息：在该选项下可以完成对新建文档详细参数的设置。

- 名称：用于输入新文件的名称。若不输入，则默认以"未标题-1"命名；如果连续新建多个文件，则按顺序"未标题-2""未标题-3"……进行命名。

- 宽度/高度：用于设定画板的宽度和高度，可在其文本框中输入具体数值。在设定前需要确定画板尺寸的单位，即在其后面的下拉列表框中选择点、派卡、英寸、毫米、厘米、像素或者Ha。

> **Tips**
> Ha，是英文 Hectare 的缩写，意思为"公顷"。公顷是面积的公制单位，1 公顷 =15 亩 =10000 平方米。

- 方向：单击相应按钮，用户可以将画板设置为纵向或横向。
- 画板：用户可以在文本框中输入数值或单击上下箭头设置新建画板的数量。
- 出血：用户可以分别在"上""下""左""右"文本框中输入数值或单击上下箭头设置画板出血的数值。当 🔗 按钮为激活状态时，4个方向的出血值将保持一致。如果想为画板的四边设置不同的出血值，可以取消激活按钮。

Tips

这里所说的出血，是指印刷时为保留画面有效内容预留出的方便裁切的部分。出血是一个常用的印刷术语，印刷中的出血是指加大产品外尺寸的图案，在裁切位置加一些图案的延伸，专门给各生产工序在其工艺公差范围内使用，以避免裁切后的成品露白边或裁到内容。

- 高级选项：用户可以在展开的面板中设置"颜色模式""光栅效果""预览模式"。
- 颜色模式：指定文档的颜色模式——RGB或CMYK。更改颜色模式会将选定的新文档配置文件的默认内容（色板、画笔、符号和图形样式）转换为新的颜色模式，从而使颜色发生变化。

参数设置完成后，单击"创建"按钮，即可完成新文档的创建，如图3-8所示。单击"新建文档"对话框中的"更多设置"按钮，将弹出"更多设置"对话框，如图3-9所示。

用户可以在"更多设置"对话框中设置画板的排列方式、间距和列数，如图3-10所示。单击"模板"按钮或者执行"文件 > 从模板新建"命令，可以在弹出

- 光栅效果：指定文档中栅格效果的分辨率。准备以较高分辨率输出到高端打印机时，将此选项设置为"高"尤为重要。默认情况下，打印配置文件会将此选项设置为"高"。
- 预览模式：设置文档的默认预览模式。共有"默认值""像素""叠印"3种预览模式供用户选择。"默认值"预览模式是指在矢量视图中以完全色彩显示在文档中创建的图稿。放大/缩小时将保持曲线的平滑度。"像素"预览模式是指显示具有栅格化（像素化）外观的图稿。它不会对实际内容进行栅格化，而是显示模拟的预览，就像内容是栅格一样。"叠印"预览模式提供"油墨"预览，它模拟混合、透明和叠印在分色输出中的显示效果。

Tips

完成文档的创建后，用户可以执行"视图"菜单下的命令随时更改预览模式。

画板与画布的区别

除了操作方法略有不同，一个文档中只能存在一个画布，但却可以同时存在多个画板，并且每个画板都是独立存在的，可以进行不同的编辑操作。

图3-8 完成新文档的创建

图3-9 "更多设置"对话框

的对话框中选择使用外部模板文件，如图3-11所示。单击"新建"按钮，即可通过模板新建文件。

图3-10 设置画板的各项参数

图3-11 使用外部模板文件

中文版Illustrator图形设计
完全自学一本通

应用案例

新建一个海报设计文档

源文件：无　　　　　　　视频：视频\第3章\新建一个海报设计文档.mp4

STEP 01 执行"文件＞新建"命令，弹出"新建文档"对话框，如图3-12所示。选择"图稿和插图"选项，选择下方模板文件列表中的"海报"模板，如图3-13所示。

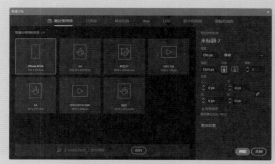

图3-12 "新建文档"对话框

图3-13 选择模板文件

STEP 02 在右侧顶部文本框中设置文档名称为"海报"，如图3-14所示。单击"创建"按钮，完成海报设计文档的创建，如图3-15所示。

图3-14 修改文档名称

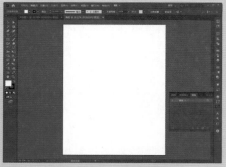

图3-15 完成海报设计文档的创建

 Tips

用户如果想使用旧版的"新建"对话框，可以在"常规"首选项中选择使用旧版'新建文档'界面"复选框。

 3.2.2

设置文档

　　新建文档后，用户可以通过执行"文件＞文档设置"命令，在弹出的"文档设置"对话框中修改文档的各项参数，如图3-16所示。

　　用户可以在"文档设置"对话框中设置当前文档的单位、出血、网格的大小和颜色。单击"编辑画板"按钮，可以通过拖曳的方式调整画板的大小。用户还可以选择是否"以轮廓模式显示图像"和"突出显示替代的字形"。

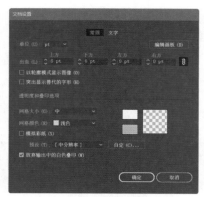

图3-16 "文档设置"对话框

● 模拟彩纸：选择该复选框，再单击右侧的顶部色块，在弹出"颜色"对话框中选择颜色，如图3-17所示。单击"确定"按钮，即可将当前文档的画板底色设置为所选颜色，如图3-18所示。

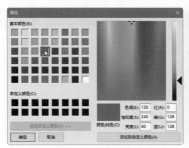

图3-17 选择颜色

图3-18 设置画板底色

● 放弃输出中的白色叠印：选择该复选框，在输出文件时将会放弃使用白色制作的叠印，避免出现无效叠印。

 Tips

"模拟彩纸"设置的画板底色只在屏幕上显示，方便观察绘图效果，实际的画板上并不存在这个颜色。在导出图片时，其显示的颜色将不会被导出。如果导出图片时需要底色，可以通过绘制矩形色块的方式设置图稿底色。

【3.3 使用画板

画板是一个区域，表示可打印或可导出图稿的区域，可以帮助用户简化设计过程。用户可以在该区域内摆放适合不同设备和屏幕的设计。创建画板时，用户可以通过从各种预设大小中选取来创建画板，也可以自定画板大小。

 Tips

用户可以在创建文档时指定文档的画板数，并且在处理文档的过程中，可以随时添加和删除画板。Illustrator 允许在一个文档中最多创建 1000 个画板，具体数量取决于画板的大小。

创建和选择画板

执行"文件 > 新建"命令，在弹出的"新建文档"对话框中的"画板"文本框中输入数值，设置新建文档中画板的数量，如图3-19所示。

如果想在一个已经包含画板的文档中新建画板，可以单击工具箱中的"画板"按钮，将光标移至工作区域内，按住鼠标左键并拖曳，即可创建一个画板，如图3-20所示。按住【Alt】键的同时使用"画板"工具，可拖曳复制当前画板。

图3-19 设置画板的数量

图3-20 创建画板

选中"画板"工具，"控制"面板中将显示与"画板"有关的参数，如图3-21所示。

图3-21 画板的"控制"面板

- 预设：Illustrator CC将常用的画板尺寸存储为预设，供用户快速选择使用。创建画板后，用户可以在顶部"控制"面板左侧的下拉列表框中选择任一画板预设，将当前画板尺寸转换为预设画板尺寸，如图3-22所示。

图3-22 使用画板预设

- 方向：用户可以通过单击"纵向"或"横向"按钮，实现创建纵向或者横向画板的操作。

- 新建画板：单击该按钮，将新建一个与当前画板一样的新画板。

- 删除画板：单击该按钮，将删除当前所选画板。

- 名称：用户可以在文本框中设置画板的名称。

- 移动/复制带画板的图稿：单击该按钮，移动/复制画板时，画板中的内容将随画板一起移动。

- 画板选项：单击该按钮，将弹出"画板选项"对话框。关于"画板选项"对话框的使用将在本书3.3.6节中详细讲解。

- 画板坐标：用户可以在"X""Y"文本框中输入数值，控制画板在画布中的位置。

- 画板尺寸：用户可以在"宽""高"文本框中输入数值，控制画板的尺寸。

- 约束宽度和高度比例：单击该按钮，设置画板尺寸时，将保持比例。

- 全部重新排列：单击该按钮，将弹出"重新排列所有画板"对话框，关于"重新排列所有画板"对话框的使用将在本书3.3.5节中详细讲解。

　　按【Ctrl+A】组合键或者按住【Shift】键依次单击可选择多个画板。按住【Shift】键的同时按下鼠标左键，可通过选框的方式选择多个画板。

3.3.2 查看画板

　　每个画板都由实线定界，表示最大可打印区域。执行"视图>隐藏画板"命令，可将画板边界隐藏。使用"画板"工具单击画板、使用其他工具单击画板或者在画板上绘画，即可将其激活，变为活动状态，如图3-23所示，左侧画板为现用画板，右侧画板为非现用画板。

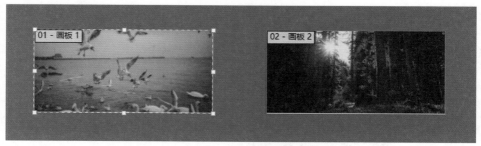

图3-23 现用画板和非现用画板

　　画布是画板外部的区域，它可以扩展到220英寸正方形窗口的边缘，如图3-24所示。画布是指在将图稿的元素移至画板之前，可以在其中创建、编辑和存储这些元素的空间。放置在画布上的对象在屏幕上是可见的，但不会将它们打印出来。

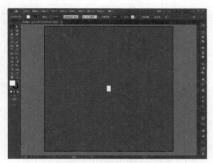
图3-24 画布区域

单击Illustrator CC 操作界面底部状态栏中的画板编号，如图3-25所示，可以快速居中画板并将其缩放至适合屏幕的大小，如图3-26所示。

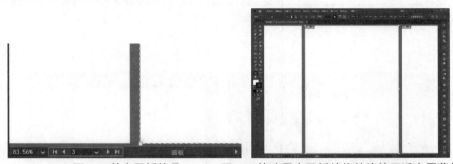
图3-25 单击画板编号　　　图3-26 快速居中画板并将其缩放至适合屏幕的大小

执行"视图>显示打印拼贴"命令，可以显示打印拼贴来查看与画板相关的页面边界，如图3-27所示。当打印拼贴开启时，将由窗口最外边缘和页面可打印区域之间的实线和虚线来表示可打印和非打印区域，如图3-28所示。

图3-27 执行"显示打印拼贴"命令　　　图3-28 可打印和非打印区域

3.3.3　编辑画板

可以为一个文档创建多个画板，但每次只能有一个画板处于现用状态。创建了多个画板后，可以使用"画板工具"查看这些画板。每个画板都进行了编号以便于引用。用户可以随时编辑或删除画板，并且可以在每次打印或导出时指定不同的画板。

应用案例 制作App多页面画板

源文件：无　　　　　　　　视频：视频\第3章\制作App多页面画板.mp4

STEP 01 执行"文件＞新建"命令，在弹出的"新建文档"对话框设置各项参数，如图3-29所示。单击"创建"按钮，新建一个文档，该文档中包含一个画板，如图3-30所示。

图3-29 在"新建文档"对话框中设置参数

图3-30 新建文档

STEP 02 执行"窗口＞画板"命令，打开"画板"面板，双击将"画板1"的名称修改为"首页"，如图3-31所示。单击"新建画板"按钮，新建一个名为"注册页"的画板，如图3-32所示。

图3-31 修改画板名称

图3-32 新建画板

 Tips

选中想要修改名称的画板，用户可以在"属性"面板的"名称"文本框中修改画板的名称。

STEP 03 单击工具箱中的"画板"工具按钮，按住【Alt】键的同时，拖曳复制画板，修改复制画板的名称为"新闻页"，如图3-33所示。

STEP 04 执行"编辑＞复制"命令或者按【Ctrl+C】组合键复制画板，执行"编辑＞粘贴"命令或者按【Ctrl+V】组合键粘贴画板，修改复制画板的名称为"购物页"，如图3-34所示。

图3-33 拖曳复制画板

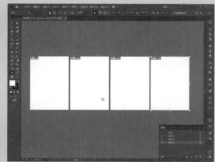
图3-34 复制粘贴画板

STEP 05 使用"画板"工具分别拖曳调整画布中画板的位置，如图3-35所示。选中"新闻页"画板，单击"画板"面板中的"删除画板"按钮或者按【Delete】键，将其删除，如图3-36所示。

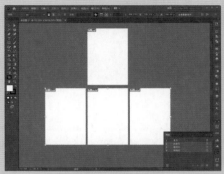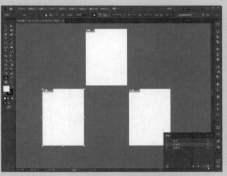

图3-35 拖曳调整画板的位置　　　　　　　　图3-36 删除画板

3.3.4 删除画板

选中或者单击"画板"面板中想要删除的画板，按【Delete】键或者单击"画板"面板底部的"删除画板"按钮，即可删除当前画板，如图3-37所示。也可以选中画板，单击"画板"面板右上角的 ▤ 图标，在打开的下拉菜单中选择"删除画板"命令，即可删除选中画板，如图3-38所示。

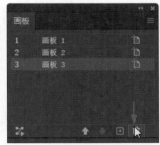

图3-37 单击"删除画板"按钮　　　　　　图3-38 选择"删除画板"命令

3.3.5 使用"画板"面板

执行"窗口 > 画板"命令，打开"画板"面板，如图3-39所示。单击画板名称即可激活当前画板。双击画板名称，输入新的名称，即可完成画板重命名的操作。

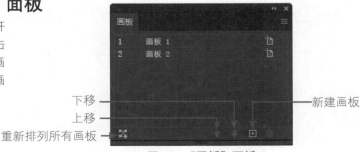

图3-39 "画板"面板

单击画板名称后面的图标，弹出"画板选项"对话框。单击"上移"按钮，选中的画板将向上移动一层；单击"下移"按钮，选中的画板将向下移动一层；单击"新建画板"按钮，将在当前选中画板下新建一个画板。

单击"重新排列所有画板"按钮，弹出"重新排列所有画板"对话框，用户可以在该对话框中设置画板的版面、版面顺序、列数和间距等参数，如图3-40所示。

图3-40 "重新排列所有画板"对话框

- 画板数：显示当前文档中包含的画板数量。
- 版面：Illustrator为用户提供4种画板排列方式，分别是按行设置网格、按列设置网格、按行排列和按列排列。选择任意排列方式，设置行数和间距，可以实现更丰富的画板排列方式。
- 按行设置网格：在指定数目的行中排列多个画板，在"列数"文本框中指定列数。如果采用默认值，则会使用指定数目的画板创建尽可能方正的外观，如图3-41所示。
- 按列设置网格：在指定数目的列中排列多个画板，在"行数"文本框中选择列数。如果采用默认值，则会使用指定数目的画板创建尽可能方正的外观，如图3-42所示。
- 按行排列：将所有画板排成一行，如图3-43所示。

3.3.6 设置"画板选项"

双击工具箱中的"画板"工具或单击"属性"面板中的"画板选项"按钮，在弹出的"画板选项"对话框中设置画板的各项参数，如图3-47所示。

- 名称：设置画板的名称。
- 预设：选择任一选项，指定画板的尺寸。
- 宽度/高度：设置画板的大小。
- X/Y：根据Illustrator工作区标尺指定画板的位置。

- 按列排列：将所有画板排成一列，如图3-44所示。

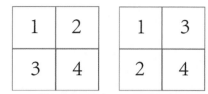

图3-41 按行设置网格　图3-42 按列设置网格

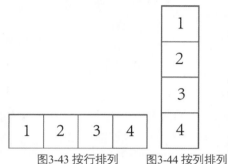

图3-43 按行排列　　　图3-44 按列排列

- 版面顺序：单击←按钮，将画板的排列方式更改为从右至左排列，如图3-45所示。单击→按钮，将画板的排列方式更改为从左至右排列，如图3-46所示。
- 随画板移动图稿：选择该复选框，当移动画板时，画板中的图稿将一起被移动。

图3-45 从右至左排列　　图3-46 从左至右排列

Tips

用户可以将画板作为裁剪区域使用，以供打印或导出内容。可以使用多个画板来创建多种内容，例如，多页 PDF、大小或元素不同的打印页面、网站的独立元素、视频故事板或者组成 Adobe Animate 或 After Effects 中的动画的各个项目。

图3-47 "画板选项"对话框

- 方向：指定横向或纵向的页面方向。
- 约束比例：选择该复选框，在手动拖动调整画板大小时，将保持画板长宽比不变。
- 显示中心标记：在画板中心显示一个点。
- 显示十字线：显示通过画板每条边中心的十字线。
- 显示视频安全区域：显示参考线，这些参考线表示可查看的视频区域。用户需要将要查看的所有文本和图稿都放在视频安全区域内。

- 视频标尺像素长宽比：设置视频标尺的像素长宽比。
- 渐隐面板之外的区域：当画板工具处于现用状态时，画板之外的区域显得比画板内的区域暗。
- 拖动时更新：在拖动画板调整其大小时，使画板之外的区域变暗。如果未选择该复选框，则在调整画板大小时，画板外部区域与内部区域显示的颜色相同。
- 画板：显示存在的画板数。
- 删除：单击该按钮，将删除当前选中画板。

【3.4 打开文件】

可以通过执行"打开"命令将Illustrator CC外部的多种格式的图像文件打开，用于编辑处理。也可以将未完成的Illustrator CC文件打开，继续进行各种操作处理。

3.4.1 常规的打开方法

启动Illustrator CC后，单击主页左侧的"打开"按钮或执行"文件 > 打开"命令或按【Ctrl+O】组合键，弹出"打开"对话框，如图3-48所示。选择要打开的文件，单击"打开"按钮或直接双击要打开的文件，即可将文件打开，如图3-49所示。

图3-48 "打开"对话框

图3-49 打开文件

如何同时打开多个文件？

要打开连续的文件，可以选择第1个文件，然后按住【Shift】键再选择需要选中的最后一个文件，单击"打开"按钮即可。要打开不连续的文件，按住【Ctrl】键，依次单击选中要打开的不连续文件，再单击"打开"按钮即可。

3.4.2 在Bridge中打开文件

执行"文件 > 在Bridge中浏览"命令，即可启动Bridge，在Bridge中选中想要打开的文件，双击即可打开，如图3-50所示。

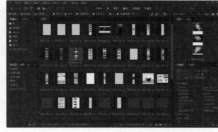

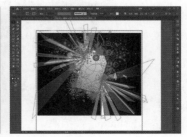

图3-50 在Brdige中浏览并打开文件

Tips

在 Illustrator CC 中打开文件的数量是有限的，打开的数量取决于使用的计算机的内存和空间的大小。内存和空间越大，能打开的文件的数目也就越多，此外，还与文件的大小有密切关系。

打开最近打开过的文件

当在Illustrator CC中进行了保存文件或打开文件操作时，执行"文件＞最近打开的文件"命令，在子菜单中可以看到以前编辑过的20个图像文件，如图3-51所示。通过"最近打开的文件"子菜单中的文件列表，可以快速打开最近使用过的文件。

图3-51 执行"最近打开的文件"命令

同时打开多个文件后，所有打开的文件将以选项卡的形式显示在"控制"面板下方，每一个选项卡上会显示当前文件的名称、显示比例和模式。用户可以选择不同的选项卡，激活不同的文件进行编辑，如图3-52所示。

图3-52 同时打开多个文件

将光标移至任一选项卡上，按住鼠标左键不放并拖曳，即可调整文件的显示顺序，如图3-53所示。在任一选项卡上单击鼠标右键，在弹出的快捷菜单中选择"新建文档"或"打开文档"命令，可以快速完成新建或打开文档操作，如图3-54所示。

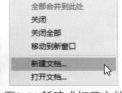

图3-53 拖曳调整文件的显示顺序　　　　图3-54 新建或打开文档

3.5 置入文件

在Illustrator CC中可以将照片、图像或矢量格式的文件作为智能对象置入文档中，并对其进行编辑。执行"文件＞置入"命令，弹出"置入"对话框，如图3-55所示。选中要置入的文件，单击"置入"按钮，在画板中单击或拖曳鼠标，即可将文件置入，如图3-56所示。

图3-55 "置入"对话框　　　　　　　　图3-56 置入文件

　　置入的文件采用的是链接的方式，执行"窗口 > 链接"命令，用户可以在"链接"面板中识别、选择、监控和更新文件，"链接"面板如图3-57所示。采用"链接"方式置入画板的文件，不会增加文档的大小；移动文件时，要将链接文件一起移动，否则将无法正常显示。

　　单击软件界面顶部"控制"面板中的"嵌入"按钮，如图3-58所示，可将链接文件嵌入Illustrator CC文档中。嵌入的文件会增加文档的大小。当"链接"面板文件后面出现 图标时，表示文件已被嵌入，如图3-59所示。

图3-57 "链接"面板　　　　　　图3-58 单击"嵌入"按钮　　　　　　图3-59 嵌入链接文件

　　单击"取消嵌入"按钮，弹出"取消嵌入"对话框，为文件重新指定"文件名""保存类型"，单击"保存"按钮，即可取消文件的嵌入。取消嵌入时，只能将文件保存为PSD格式或TIF格式。

 Tips

如果要置入包含多个页面的 PDF 文件，可以选择置入的页面及裁剪图稿的方式。如果要嵌入 PSD 格式文件，可选择转换图层的方式。如果文件中包含复合图层，还可以选择要导入的图像版本。

应用案例　　**置入PDF文件**
源文件：源文件\第3章\3-5-1.ai　　　视频：视频\第3章\置入PDF文件.mp4

STEP 01 执行"文件 > 打开"命令，将"素材\第3章\3-5-1.ai"文件打开，如图3-60所示，执行"文件 > 置入"命令，弹出"置入"对话框，如图3-61所示。

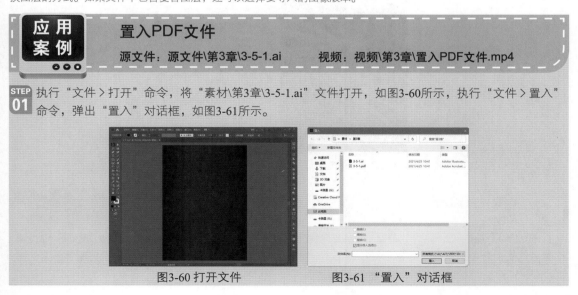

图3-60 打开文件　　　　　　　　图3-61 "置入"对话框

STEP 02 选择"素材\第3章\3-5-1.pdf"文件，并选择"显示导入选项"复选框，如图3-62所示。单击"置入"按钮，弹出"置入PDF"对话框，如图3-63所示。

图3-62 选择"显示导入选项"复选框 图3-63 "置入PDF"对话框

STEP 03 单击右侧的三角形，选择第3个画板，如图3-64所示。单击"确定"按钮，在画板左上角位置单击，即可置入PDF文件中的一页，效果如图3-65所示。

图3-64 选择第3个画板　　　　　　　图3-65 置入效果

STEP 04 单击"控制"面板中的"嵌入"按钮，将置入文件嵌入文档，效果如图3-66所示。执行"文件 > 存储"命令或按【Ctrl+S】组合键，将文件保存，如图3-67所示。

图3-66 嵌入效果　　　图3-67 执行"存储"命令

【3.6 还原与恢复文件

　　在绘制过程中，通常会出现操作失误或对操作效果不满意的情况，这时就可以使用"还原"命令将图像还原到操作前的状态。如果已经执行了多个操作步骤，可以使用"恢复"命令直接将图像恢复到最近保存的状态。

3.6.1 还原和重做文件

执行"编辑 > 还原"命令或者按【Ctrl+Z】组合键，即可撤回最近的一次操作。连续多次执行"还原"命令或者按【Ctrl+Z】组合键，可以逐步撤回到以前的操作。

即使执行了"存储"操作，也可以进行还原操作。但是，如果关闭了文件又重新打开，将无法再还原。当"还原"命令显示为灰色时，表示当前操作不能"还原"，如图3-68所示。

执行"编辑 > 重做"命令或者按【Shift+Ctrl+Z】组合键，即可再次执行最近一次被还原等操作。连续多次执行"重做"命令或者按【Shift+Ctrl+Z】组合键，可以逐步重做还原的操作，直至回到最后一次操作，"重做"命令将变为灰色，如图3-69所示。

图3-68 "还原"命令不可用

图3-69 "重做"命令不可用

 Tips

Illustrator CC 不限制"还原"操作的次数，能够还原的次数与计算机的内存大小有关。

3.6.2 恢复文件

执行"文件 > 恢复"命令或按【F12】键，如图3-70所示，可以将文件恢复至上一次存储的版本。关闭文件后再将其重新打开，将无法执行"恢复"操作。

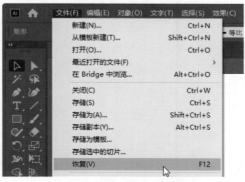

图3-70 执行"恢复"命令

【3.7 添加版权信息】

为完成的作品添加简介，说明文件的创作者、创作说明等信息，能起到版权保护的作用。

执行"文件 > 文件信息"命令，弹出以当前文件名命名的对话框，在该对话框中显示了当前文件的版权信息。用户可以在该对话框中输入文档标题、作者、作者头衔、分级、关键字、版权状态和版权公告等信息，进一步完善文件的版权信息，如图3-71所示。

除了可以输入基本信息，还可以查看摄像机数据、原点、IPTC、IPTC扩展、GPS数据、音频数据、视频数据、Photoshop、DICOM、AEM属性和原始数据信息。图片原始数据信息如图3-72所示。

图3-71 版权信息

图3-72 图片原始信息

3.8 存储文件

无论是新文件的创建，还是打开以前的文件进行编辑，在操作完成之后通常都要将其保存，以便再次使用或编辑。

3.8.1 使用"存储""存储为"命令

在Illustrator CC中打开文件，编辑完成后，执行"文件 > 存储"命令或者按【Ctrl+S】组合键，文件将以打开文件的名称和类型进行保存。

 如何判断图像是否存储完毕？

保存一些复杂、尺寸较大的文件时，Illustrator CC 会在软件界面底部显示存储的进度，以便用户随时查看。

在Illustrator CC中新建文件并完成图形的绘制与编辑后，执行"文件 > 存储"命令或者按【Ctrl+S】组合键，弹出"存储为"对话框，如图3-73所示。设置好"文件名"和"保存类型"后，如图3-74所示，单击"保存"按钮，即可将文件保存。

图3-73 "存储为"对话框

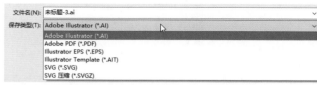

图3-74 设置文件保存类型

 Tips

用户可以在"文件处理和剪贴板"首选项下设置 Illustrator CC 自动保存的时间。尽量避免发生由于忘记保存而造成数据丢失的情况。

3.8.2 存储为副本和模板

执行"文件 > 存储副本"命令，可以基于当前文件保存一个同样的副本，副本文件名称的后面会添加"复制"两个字，单击"保存"按钮，即可将文件存储，如图3-75所示。

执行"文件 > 存储为模板"命令，弹出"存储为"对话框，选择文件的保存位置，输入文件名，单击"保存"按钮，即可将当前文件保存为一个AIT类型的模板文件，如图3-76所示。

图3-75 存储为副本　　　　　图3-76 存储为模板

存储选中的切片

选中画板中的切片，执行"文件 > 存储选中的切片"命令，弹出"将优化结果存储为"对话框，设置"文件"名和"保存类型"，即可将切片存储为单个文件，如图3-77所示。

切片文件的类型取决于用户在"存储为Web所用格式"对话框中优化文件时所设置的格式，对话框如图3-78所示。

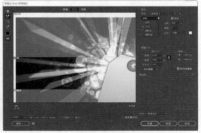

图3-77 设置文件名和保存类型　　　图3-78 "存储为Web所用格式"对话框

了解存储格式

默认情况下，在Illustrator CC中，用户可以选择将文件保存为AI、PDF、EPS、AIT和SVG共5种格式，这些格式称为"本机格式"，它们可以保留文件的所有数据，包括多个画板。用户还可以导出多种文件格式的图稿，供在Illustrator以外使用，这些格式称为"非本机格式"。

Tips

对于 PDF 和 SVG 格式，必须选择"保留 Illustrator 编辑功能"选项，才能保留所有 Illustrator 的数据。

- **AI格式**：AI格式是Illustrator默认保存的文件格式，它能保存Illustrator制作文件的所有信息且只能使用Illustrator打开编辑，一般作为备份文件。

- **PDF格式**：PDF格式是由Adobe公司推出的主要用于网络出版的文件格式，可包含矢量图形、位图图像及多页信息，并支持超链接。由于具有良好的信息保存功能和传输能力，PDF格式已成为网络传输的重要文件格式。

- **EPS格式**：EPS格式是为了在打印机上输出图像而开发的文件格式，几乎所有的图形、图表和页面排版程序都支持该格式。EPS格式可以同时包含矢量图形和位图图像，支持RGB、CMYK、位图、双色调、灰度、索引和Lab模式，但不支持Alpha通道。它的最大优点是可以在排版软件中以低分辨率预览，而在打印时以高分辨率输出，做到工作效率与图像输出质量两不误。

- **AIT格式**：AIT格式是Illustrator的模板文件。

- **SVG格式**：SVG 格式是一种可产生高质量交互式Web图形的矢量格式。SVG格式有两种版本：SVG和压缩SVG（SVGZ）。SVGZ可将文件大小减小50%～80%，但是不能使用文本编辑器编辑SVGZ文件。

哪种图片格式支持透底效果？

在广告制作、动画制作或视频编辑时，常常需要使用透底的图像。在众多图片格式中，只有PNG、GIF、TIF和TGA格式支持透底效果。

【3.9 导出文件】

在Illustrator CC中，可以通过执行"文件 > 导出"命令，选择子菜单中的相关命令，将文件导出为不同的文件类型，如图3-79所示。

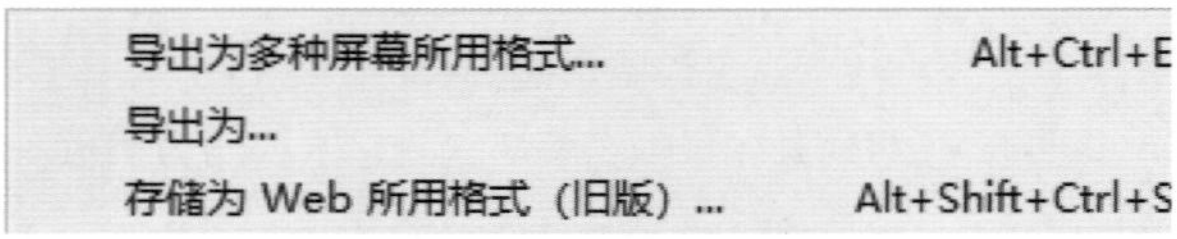

导出为多种屏幕所用格式...	Alt+Ctrl+E
导出为...	
存储为 Web 所用格式（旧版）...	Alt+Shift+Ctrl+S

图3-79 "导出"子菜单

3.9.1 导出为多种屏幕所用格式

执行"文件 > 导出 > 导出为多种屏幕所用格式"命令或者按【Alt+Ctrl+E】组合键，弹出"导出为多种屏幕所用格式"对话框，如图3-80所示。

图3-80 "导出为多种屏幕所用格式"对话框

● 画板

单击对话框左侧顶部的"画板"选项卡，将显示当前文档中包含的所有画板，如图3-81所示。如果画板数量过多，用户可以单击左下角的"小缩览图视图"按钮，使用小缩览图显示画板，如图3-82所示。单击"清除选区"按钮，即可取消选择所有画板。

图3-81 单击"画板"选项卡

图3-82 使用小缩览图显示画板

用户可以在右侧的"选择"选项下选择导出"全部"画板或者导出个别画板；选择"包含出血"复选框，在导出画板时包含出血，如图3-83所示；选中"整篇文档"单选按钮，整个文档将会导出为一个文件。

用户可以在"导出至"选项下设置导出文件存放的位置。选中"导出后打开位置"复选框，将在导出完成后，自动打开导出位置的文件夹；选择"创建子文件夹"复选框，将继续以缩放的倍率创建文件夹，如图3-84所示。

图3-83 "选择"选项　　图3-84 "导出至"选项

用户可以在"格式"选项下设置导出对象的"缩放""后缀""格式"，如图3-85所示。用户还可以在"缩放"下拉列表框中为导出对象设置不同的缩放比例、尺寸和分辨率，如图3-86所示。

图3-85 "格式"选项　　图3-86 "缩放"下拉列表框

默认情况下，导出的对象以画板名称或对象的名称命名，用户可以通过在"后缀"文本框中输入内容，为导出对象的名称结尾处添加文本，添加后缀的效果可在如图3-87所示的位置看到预览效果。

用户可以在"格式"下拉列表框中选择一种导出格式，Illustrator CC提供了4种格式供用户选择使用，如图3-88所示。

图3-87 添加后缀　　　图3-88 "格式"下拉列表框

单击"格式"选项右侧的 ⚙ 图标，弹出"格式设置"对话框，如图3-89所示。用户可以按照需求设置每一种格式的参数。设置完成后，单击"存储设置"按钮，关闭"格式设置"对话框，此时"格式"下拉列表框中的格式将使用新设置的参数。

单击"添加缩放"按钮，即可为导出对象添加其他缩放比例或文件格式，如图3-90所示。当包含两种以上的缩放比例时，单击 ✕ 按钮，即可删除当前缩放比例。

图3-89 "格式设置"对话框　　图3-90 添加缩放比例或文件格式

用户可以在"前缀"文本框中输入文本，在导出对象文件名前添加文本，如图3-91所示。保留空白即不添加前缀。

如果要导出移动UI对象，可以分别单击"格式"右侧的"iOS"按钮或者"Android"按钮，选择使用iOS设备预设或者Android设备预设，如图3-92所示。

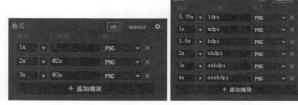

图3-91 添加前缀　　　　图3-92 iOS设备预设和Android设备预设

 Tips

iOS 系统只要输出 3 种倍率就可以满足所有设备的适配。Android 系统设备种类较多，需要输出 6 种不同倍率的图像。

观察对话框底部的"选定数量"和"导出总数"的数值是否正确，单击"导出画板"按钮，即可将当前选中的画板导出。

● 资产

执行"窗口＞资源导出"命令，打开"资源导出"面板，如图3-93所示。选中文档中需要导出的元素并将其拖至"资源导出"面板中，如图3-94所示。在弹出的"导出为多种屏幕所用格式"对话框中选择"资产"选项卡，如图3-95所示，用户可以选择要导出的元素。

图3-93 "资源导出"面板　图3-94 需要导出的元素　　　　图3-95 "资产"选项卡

其他设置与导出画板相同，单击"导出资源"按钮，即可将选中的元素导出。

 Tips

利用"导出为多种屏幕所用格式"功能，可以生成不同大小和文件格式的资源。使用快速导出功能可以更加简单快捷地生成图像作品（图标、徽标、图像和模型等），常用来导出 Web UI 和移动 UI 设计元素。

选中要导出的对象，执行"文件＞导出所选项目"命令或单击鼠标右键，在弹出的快捷菜单中选择"导出所选项目"命令，如图3-96所示。在弹出的"导出为多种屏幕所用格式"对话框中设置各项参数后，单击"导出资源"按钮，即可完成对象的导出，如图3-97所示。

图3-96 选择"导出所选项目"命令　　　图3-97 导出对象

拖曳选中想要导出的多个对象，单击鼠标右键，在弹出的快捷菜单中选择"作为单个资源"命令，所选对象将作为一个元素被添加到"资源导出"面板中，所有选中对象将作为一个资源导出，如图3-98所示。选择"作为多个资源"命令，所选对象将被单独添加到"资源导出"面板中，其将被导出为单个对象，如图3-99所示。

图3-98 导出为一个资源　　图3-99 导出为多个资源

单击"资源导出"面板中的"从选区生成单个资源"按钮 ，即可将"资源导出"面板中的对象生成一个单独资源，如图3-100所示。选中单独资源对象，单击"从选区生成多个资源"按钮 ，即可将一个单独资源拆分为多个资源，如图3-101所示。

图3-100 生成单个资源　　图3-101 生成多个资源

用户如果需要进行更详细的设置，单击"资源导出"对话框底部的"启动'导出为多种屏幕所用格式'对话框"按钮，即可启动"导出为多种屏幕所用格式"对话框。

3.9.2 导出为

执行"文件 > 导出 > 导出为"命令，弹出"导出"对话框，如图3-102所示。用户可以在"保存类型"下拉列表框中选择导出的文件格式，Illustrator CC为用户提供了15种文件格式，如图3-103所示。

 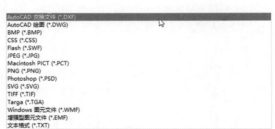

图3-102 "导出"对话框　　　　　　图3-103 导出文件格式

● DWG/DXF

DWG格式是存储Auto CAD中创建的矢量图形的标准文件格式。DXF是用于导出 Auto CAD绘图或从其他应用程序导入绘图的绘图交换格式。

Tips

默认情况下，Illustrator CC 文档中的白色描边或填色在导出为 DWG 格式时将变为黑色描边或填色；而 Illustrator CC 中的黑色描边或填色在导出为 DWG 格式时将变为白色描边或填色。

● BMP

标准Windows图像格式。用户可以指定颜色模型、分辨率和设置消除锯齿用于栅格化图稿，以及格式和位深度用于确定图像可包含的颜色总数（或灰色阴影数）。对于使用Windows格式的4位和8位图像，还可以指定RLE压缩。

● CSS

样式表文件格式。使用Illustrator CC设计制作网页时，可以将选中对象导出为CSS文件，供后期网页开发参考使用。

● SWF

基于矢量的图形格式，用于交互动画Web图形。用户可以将文档导出为SWF格式以便在动画制作中使用。也可以使用"存储 为Web和设备所用格式"命令将图像存储为SWF文件，并可以将文本导出为Flash动态文本或输入文本。

● JPEG

常用于存储照片，其保留图像中的所有颜色信息，但通过有选择地扔掉数据来压缩文件大小。JPEG是在因特网上显示图像的标准格式。

● PCT

与Mac OS图形和页面布局应用程序结合使用以便在应用程序间传输图像。PICT在压缩包含大面积纯色区域的图像时特别有效。

● PNG

用于无损压缩和因特网上的图像显示。与GIF不同，PNG支持24位图像并产生无锯齿状边缘的背景透明度。

● PSD

标准Photoshop格式。如果文档中包含不能导出为Photoshop格式的数据，Illustrator CC可通过合并文档中的图层或栅格化图稿，保留图稿的外观。图层、子图层、复合形状和可编辑文本将无法在Photoshop文件中存储。

● SVG

是一种开放标准的矢量图形语言，可以设计制作高分辨率的因特网图形页面。用户可以直接用代码来描绘图像，可以用任何文字处理工具打开SVG图像，通过改变部分代码来使图像具有交互功能，并可以随时插入到HTML中通过浏览器来观看。

● TIFF（标记图像文件格式）

用于在应用程序和计算机平台间交换文件。TIFF是一种灵活的位图图像格式，绝大多数绘图、图像编辑和页面排版应用程序都支持这种格式。大部分扫描仪都可生成TIFF文件。

● Targa（TGA）

设计以在使用Truevision视频板的系统上使用。可以指定颜色模型、分辨率和设置消除锯齿用于栅格化图稿，以及位深度用于确定图像中可包含的颜色总数（或灰色阴影数）。

● Windows 图元文件 （WMF）

16位Windows应用程序的中间交换格式，几乎所有Windows绘图和排版程序都支持WMF格式。但是，它支持有限的矢量图形，在可行的情况下应以EMF代替WMF格式。

● 增强型图元文件 （EMF）

广泛用作导出矢量图形数据的交换格式。Illustrator CC将图稿导出为EMF格式时可栅格化一些矢量数据。

● 文本格式 （TXT）

用于将插图中的文本导出到文本文件。

3.9.3 存储为Web所用格式（旧版）

执行"文件 > 导出 > 存储为Web所用格式（旧版）"命令或者按【Alt+Shift+Ctrl+S】组合键，弹出"存储为Web所用格式"对话框，如图3-104所示。

图3-104 "存储为Web所用格式"对话框

3.10 打包

使用打包命令可以将文件中使用过的字体（汉语、韩语和日语除外）和链接图形收集起来，轻松实现传送。用户可以根据需要选择创建包含Illustrator CC文档，必要的字体、链接图形及打包报告的文件夹。

将文件存储后，执行"文件 > 打包"命令，弹出"打包"对话框，如图3-105所示。设置打包文件保存的"位置"和"文件夹名称"，在"选项"下选择需要打包的内容后，单击"打包"按钮，即可将文件中的内容打包存储到指定文件夹中。

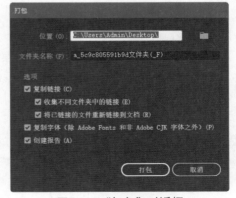

图3-105 "打包"对话框

【3.11 关闭文件】

完成文件的编辑后，需要关闭文件以结束当前的操作。执行"文件 > 关闭"命令或按【Ctrl+W】组合键或者单击文档窗口右上角的"关闭"按钮 ，即可关闭当前文件，如图3-106所示。

如果在Illustrator CC中同时打开了多个文件，按住【Shift】键的同时单击文档窗口右上角的"关闭"按钮，即可关闭全部文件。

执行"文件 > 退出"命令或按【Ctrl+Q】组合键，或者单击Illustrator CC窗口右上角的"关闭"按钮 ，即可退出Illustratror CC，如图3-107所示。

图3-106 执行"关闭"命令　图3-107 执行"退出"命令

在文件标题栏上单击鼠标右键，弹出如图3-108所示的快捷菜单。使用该菜单可以完成"关闭"和"关闭全部"操作，同时还能完成合并标题栏、移动到新窗口、新建文档和打开文档操作。

图3-108 快捷菜单

【3.12 专家支招】

熟练掌握Illustrator CC的基本操作有利于读者学习更多关于Illustrator CC的绘制技巧，并掌握Illustrator CC在不同行业的应用方法和技巧。

3.12.1 如何选择不同的颜色模式

Illustrator CC可以新建"移动设备""Web""打印""胶片和视频""图稿和插图"等类型的文档。如果新建的文档将来需要使用印刷机大量印刷，就要将文档的"颜色模式"设置为CMYK，以确保获得最佳的印刷效果。其他类型的文档，可以选择RGB模式，也可以通过执行"文件 > 文档颜色模式"命令，将CMYK颜色与RGB颜色进行转换。

3.12.2 为什么关闭文件再打开后无法还原和恢复

通常情况下，计算机会将软件的各种操作以临时文件的形式保存在内存中。关闭文件后，计算机会删除这些临时文件。

【3.13 总结扩展】

在开始学习Illustrator CC的各种功能前，首先要掌握软件的基本操作，熟悉文件的创建与保存方法，才能更好地完成各种复杂的绘制操作。

3.13.1 本章小结

本章主要讲解了Illustrator CC的基本操作，包括使用主页、新建和设置文档、使用画板、打开文件、置入文件、还原与恢复文件等内容。通过本章的学习，读者能理解并掌握Illustrator CC的各种基本操作方法和命令。

3.13.2 举一反三——新建一个海报文件

源　文　件：	源文件\第3章\3-13-2.ai
视　　　频：	视频\第3章\新建一个海报文件.mp4
难易程度：	★☆☆☆☆
学习时间：	5分钟

①

②

③

④

① 执行"文件 > 新建"命令，弹出"新建文档"对话框。

② 单击"新建文档"对话框顶部的"打印"选项。

③ 在"新建文档"对话框右侧设置文档的各项参数。

④ 单击"创建"按钮，完成海报文件的创建。

第4章 绘图的基本操作

　　Illustrator CC具有强大的图形绘制功能。本章将针对Illustrator CC的基本绘图功能进行讲解，帮助读者理解路径功能的同时，掌握各种绘图工具的使用方法和技巧，并掌握使用Illustrator CC编辑图形的方法。

本章学习重点

第 72 页
绘制铅笔图形

第 78 页
使用"椭圆工具"
绘制红樱桃

第82页
绘制卡通星形图标

第106页
绘制扁平风格图标

4.1 认识路径

　　在使用Illustrator CC绘制图形之前，先要了解路径的概念。只有了解了路径的特点和使用方法，才能方便、快捷地在Illustrator CC中进行绘制，从而设计出制作绚丽多彩、具有艺术感的图形。

4.1.1 路径的组成

　　在Illustrator CC 中，使用绘图工具绘制的图形所产生的线条称为"路径"。一段路径是由两个锚点和一个线段组成的，如图4-1所示。通过编辑路径上的锚点，可以改变路径的形状，如图4-2所示。根据路径的这个特点，可以将路径分为直线路径和曲线路径。

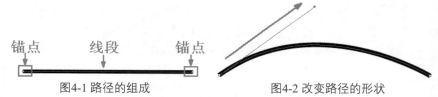

图4-1 路径的组成　　　　　　　图4-2 改变路径的形状

Tips

用户可以使用工具箱中的"选择工具""直接选择工具"分别选中绘制的图形，观察路径上锚点的效果。

如何在较高分辨率的屏幕上显示锚点、手柄和定界框？

执行"编辑＞首选项＞选择和锚点显示"命令，调整"锚点、手柄和定界框显示"区域中的选项，从而调整锚点、手柄和定界框的显示大小和手柄样式。

　　使用"直接选择工具"选择曲线路径上的锚点（或选择线段本身）。曲线锚点会显示由方向线（终于方向点）构成的方向手柄，如图4-3所示。方向线的角度和长度决定了曲线段的形状，拖曳手柄移动方向能够改变曲线的形状，如图4-4所示。

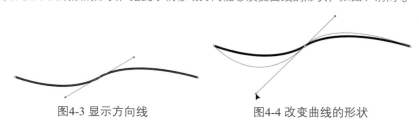

图4-3 显示方向线　　　　　　　图4-4 改变曲线的形状

Tips

方向线始终与锚点的曲线相切（与半径垂直）。每条方向线的角度决定曲线的斜度，每条方向线的长度决定曲线的高度或深度。方向线只是帮助用户调整曲线的形状，不会出现在最终的输出文件中。

始终有两条方向线且这两条方向线作为一个直线单元一起移动的锚点被称为"平滑点"。当在平滑点上移动方向线时，将同时调整该锚点两侧的曲线段，以保持该锚点处曲线的连续，如图4-5所示。

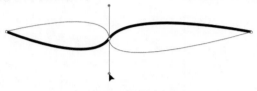

图4-5 平滑点

有两条、一条或者没有方向线且每个方向线都可以单独移动的锚点被称为"角点"。角点方向线通过使用不同角度来保持拐角。当移动角点上的方向线时，只调整与该方向线同侧的曲线，如图4-6所示。

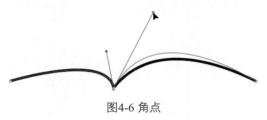

图4-6 角点

 Tips

执行"视图>显示边缘"命令或"视图>隐藏边缘"命令，或者按【Ctrl+H】组合键，可以显示或者隐藏锚点和方向线。

4.1.2 路径的分类

路径分为开放路径和闭合路径两种。开放路径的起点和终点互不连接，具有两个端点，如图4-7所示。常见的直线、弧线和螺旋线等路径都属于开放路径。

闭合路径是连续的，没有端点存在，如多边形、椭圆形和矩形等路径都属于闭合路径，如图4-8所示。

图4-7 开放路径　　图4-8 闭合路径

【4.2 绘制像素级优化的图稿

使用Illustrator CC可以创建像素级优化的图稿，采用不同的笔触宽度和对齐选项时，这些图稿会在屏幕上显得明晰锐利，如图4-9所示。单击即可选择将现有对象与像素网格对齐，如图4-10所示。也可以在绘制新对象时对齐对象，在变换对象时，保留像素对齐而不会扭曲图稿。像素对齐适用于包含单个路径段和锚点的对象。

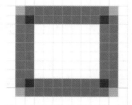 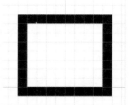

图4-9 对象未与像素网格对齐　　图4-10 将对象与像素网格对齐

使用"选择工具"选择要与像素网格对齐的对象或者使用"直接选择工具"选择对象的水平路径段或者垂直路径段，单击"控制"面板右侧的"将选中的图稿与像素网格对齐"按钮 或者执行"对象 > 设为像素级优化"命令，如图4-11所示。也可以在选中对象或路径段上单击鼠标右键，在弹出的快捷菜单中选择"设为像素级优化"命令，如图4-12所示。

图4-11 执行"设为像素级优化"命令　　图4-12 快捷菜单

没有垂直路径段或者水平路径段的对象不能修改成与像素网格对齐，如果选中的对象已经设置了与像素网格对齐，则Illustrator CC会显示提示信息，如图4-13所示。

如果选定的图稿无法与像素网格对齐，Illustrator CC也会显示提示信息，如图4-14所示，选定的图稿没有垂直段或水平段。

 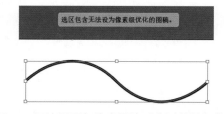

图4-13 已经设置了与像素网格对齐的提示信息　　图4-14 无法设置与像素网格对齐时的提示信息

 Tips

可以在现有的图稿中选中对象或对象段，将它们与像素网格对齐。当从其他文档中复制并粘贴不与像素网格对齐的对象时，可以使用此功能。

 4.2.1　**"对齐像素选项"对话框**

在创建或变换对象时，单击"控制"面板右侧的"创建和变换时将贴图对齐到像素网格"按钮 或者执行"视图 > 对齐像素"命令，可以确保它们与像素网格对齐，从而精确定位边缘和路径。默认情况下，通过Web和移动文档配置文件创建的文档已启用此选项。

单击"创建和变换时将贴图对齐到像素网格"按钮右侧的✓图标，弹出"对齐像素选项"对话框，如图4-15所示。

图4-15 "对齐像素选项"对话框

🔘 绘制时对齐像素：选择该复选框，在绘制路径时将路径与距离最近的像素网格对齐，以绘制出尖锐的线段，如图4-16所示。

🔘 移动时对齐像素：选择该复选框，在移动选中的图稿时，将其与距离最近的像素对齐。可以选择路径、区段和锚点作为移动时对齐像素的对象，如图4-17所示。

🔘 缩放时对齐像素：选择该复选框，定界框的边缘将在缩放时对齐像素网格，如图4-18所示。

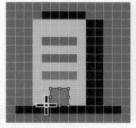 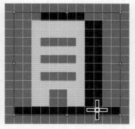 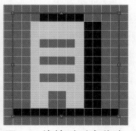

图4-16 绘制时对齐像素　　图4-17 移动时对齐像素　　图4-18 缩放时对齐像素

 ## 4.2.2　查看像素网格

执行"视图＞像素预览"命令或者按【Alt+Ctrl+Y】组合键，如图4-19所示。使用"工具放大"或者按【Ctrl++】组合键将画板放大到600%以上，即可看到像素网格，如图4-20所示。

 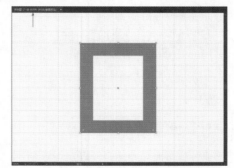

图4-19 执行"像素预览"命令　　　　图4-20 放大以查看像素网格

Tips

执行"编辑>首选项>参考线和网格"命令，取消选择对话框底部的"显示像素网格（放大600%以上）"复选框，用户将不能在"像素预览"模式下查看像素网格。

【4.3 绘图模式】

Illustrator CC为用户提供了"正常绘图""背面绘图""内部绘图"3种绘图模式。用户可以单击工具箱中对应的按钮，选择不同的绘图模式，或者按【Shift+D】组合键在绘图模式间转换，如图4-21所示。

图4-21 选择绘图模式

● "背面绘图"模式

"背面绘图"模式允许用户在没有选择画板的情况下，在所选图层上的所有画板背面绘图。如果选择了画板，将直接在所选对象下面绘制新对象，效果如图4-22所示。

● "内部绘图"模式

"内部绘图"模式仅在选择单一对象（路径、混合路径或文本）时启用。当对象启用"内部绘图"模式后，对象四周将出现开放虚线矩形，如图4-23所示。"内部绘图"模式允许用户在选中对象的内部绘图，效果如图4-24所示。

图4-22 "背面绘图"模式效果

图4-23 出现开放虚线矩形

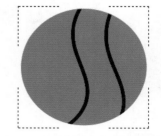

图4-24 "内部绘图"模式效果

【4.4 使用绘图工具】

Illustrator CC为用户提供了多种绘图工具，帮助用户完成各种图形的绘制，接下来逐一进行介绍。

4.4.1

直线段工具

单击工具箱中的"直线段工具"按钮 ／ 或者按【\】键，在画板中按住鼠标左键并拖曳，如图4-25所示，释放鼠标键，即可在画板中绘制一条直线段，如图4-26所示。

图4-25 拖曳绘制直线段　　　　　　　　图4-26 绘制完成的直线段

用户可以在"控制"面板中设置直线段的颜色和描边宽度，如图4-27所示。设置完成后的直线段效果如图4-28所示。

图4-27 设置直线段的颜色和描边宽度　　　　　　图4-28 直线段效果

按住【Shift】键的同时使用"直线段工具"绘制直线段，可以绘制出45°整数倍角度的直线段。绘制时，按空格键，可以平移调整绘制直线段的位置。按住【Alt】键的同时绘制直线段，将以开始位置为中心点向两侧延伸绘制。

在绘制直线段时，按【~】键的同时拖曳，可以绘制多条直线段，如图4-29所示。使用"直线段工具"在画板上任意位置单击或者双击工具箱中的"直线段工具"按钮，弹出"直线段工具选项"对话框，如图4-30所示。

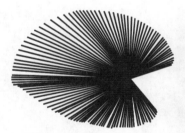

图4-29 绘制多条直线段　　　图4-30 "直线段工具选项"对话框

- ● 长度：在此文本框中输入数值，可以精确地控制所绘制直线段的长度。
- ● 角度：在此文本框中设置不同的角度，可以按照设置的角度在页面中绘制直线段。
- ● 线段填色：选择此复选框，将以当前填充颜色对线段进行填色。

执行"窗口 > 变换"命令或者按【Shift+F8】组合键，打开"变换"面板，如图4-31所示。用户可以通过修改"直线属性"选项下的"直线长度"和"直线角度"，准确控制直线段的效果。

执行"窗口 > 属性"命令，打开"属性"面板，单击"变换"选项组右下角的"更多选项"按钮，如图4-32所示；或者单击"控制"面板中的"形状属性"按钮，如图4-33所示，用户可以在打开的面板中设置工具的选项。以上操作也适用于其他绘图工具，由于篇幅所限，后面将不再复述。

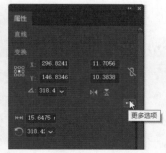

图4-31 "变换"面板　　图4-32 单击"更多选项"按钮　　图4-33 单击"形状属性"按钮

绘制铅笔图形

源文件：源文件\第4章\4-4-1.ai　　　　　视频：视频\第4章\绘制铅笔图形.mp4

STEP 01 新建一个Illustrator文件，单击工具箱中的"直线段工具"按钮，在画板中拖曳创建一条直线段。在"控制"面板中设置其填色为RGB（70、180、255），描边宽度为20pt，如图4-34所示。直线段效果如图4-35所示。

图4-34 设置直线段的填色和宽度描边　　　　　图4-35 直线段效果

STEP 02 按住【Alt】键的同时，使用"选择工具"拖曳复制一条直线段，修改填色为RGB（70、141、255），如图4-36所示。继续复制直线段并修改填色为RGB（35、96、255），完成笔杆的绘制，如图4-37所示。

图4-36 复制直线段并修改填色　　　　　图4-37 完成笔杆的绘制

STEP 03 单击工具箱中的"多边形工具"按钮，在画板中单击，弹出"多边形"对话框，设置参数如图4-38所示，单击"确定"按钮，新建一个三角形并修改其填色为RGB（160、100、7），如图4-39所示。

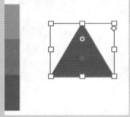

图4-38 设置参数　　　　　图4-39 新建一个三角形

STEP 04 使用"选择工具"调整三角形的角度和大小，如图4-40所示。继续使用相同的方法，绘制一个黑色的三角形，铅笔效果如图4-41所示。

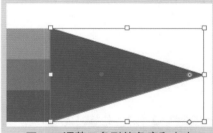

图4-40 调整三角形的角度和大小　　　　　图4-41 铅笔效果

4.4.2 弧形工具

单击工具箱中的"弧形工具"按钮 ，将光标移至画板中，按住鼠标左键并拖曳，如图4-42所示。当达到想要终止的位置时，释放鼠标键，即可在画板中绘制一个弧形，效果如图4-43所示。

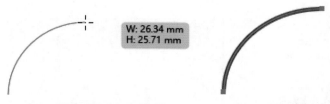

图4-42 按住鼠标左键并拖曳　　　　图4-43 弧形效果

使用"弧形工具"绘制时,可以使用键盘上的【↑】键或【↓】键调整弧线的弧度和方向。在释放鼠标之前,按住【Shift】键,可以绘制在垂直方向或水平方向长度比例相等的弧形。

　　在绘制弧形时,按住【F】键可以改变弧线的方向,按住【C】键可以封闭绘制的弧形,如图4-44所示。

　　使用"弧形工具"在画板上任意位置单击或者双击工具箱中的"弧形工具"图标,即可弹出"弧线段工具选项"对话框,如图4-45所示。单击参考点定位器█上的一个顶点以确定绘制弧线的参考点。然后设置下列任一选项,并单击"确定"按钮,即可绘制一个弧形。

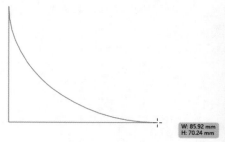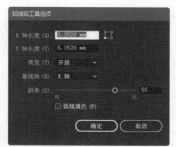

图4-44 封闭绘制的弧形　　　　图4-45 "弧线段工具选项"对话框

🔵 X 轴长度:指定弧线的宽度。

🔵 Y 轴长度:指定弧线的高度。

🔵 类型:指定希望对象为开放路径还是封闭路径。

🔵 基线轴:指定弧线的方向。根据希望沿"水平(x)轴"还是"垂直(y)轴"绘制弧线基

线,来选择X轴还是Y轴。

🔵 斜率:指定弧线斜率的方向。对凹入(向内)斜率输入负值。对凸起(向外)斜率输入正值。斜率为0将创建直线。

🔵 弧线填色:选择该复选框,将使用当前填充颜色填充绘制的弧线图形。

4.4.3 螺旋线工具

　　单击工具箱中的"螺旋线工具"按钮🌀,将光标移至画板中,按住鼠标左键并拖曳,如图4-46所示。当达到合适的大小时,释放鼠标键,即可在画板中绘制一条螺旋线,如图4-47所示。

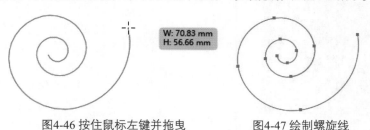

图4-46 按住鼠标左键并拖曳　　　　图4-47 绘制螺旋线

使用"螺旋线工具"绘制时,可以通过使用键盘上的【↑】键或【↓】键调整螺旋线的段数。在释放鼠标之前,按住【Shift】键,可以绘制长度比例相等的螺旋线。

使用"螺旋线工具"在画板上任意位置单击或者双击工具箱中的"螺旋线工具"按钮,弹出"螺旋线"对话框,如图4-48所示。

图4-48 "螺旋线"对话框

- 半径:指定从中心到螺旋线最外点的距离。
- 衰减:指定螺旋线的每一螺旋相对于上一螺旋应减少的量。
- 段数:指定螺旋线具有的线段数。螺旋线的每一个完整螺旋由4条线段组成。
- 样式:指定螺旋线的方向。

4.4.4 矩形网格工具

使用"矩形网格工具"可以创建具有指定大小和指定分隔线数目的矩形网格。单击工具箱中的"矩形网格工具"按钮 ⊞,将光标移至画板中,按住鼠标左键并拖曳,如图4-49所示。当达到合适的大小时,释放鼠标键,即可在画板中绘制一个矩形网格,效果如图4-50所示。

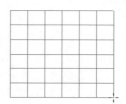

图4-49 按住鼠标并拖曳　　　　图4-50 矩形网格效果

使用"矩形网格工具"绘制时,可以使用键盘上的方向键调整网格分割线在水平和垂直方向上的数量。在释放鼠标之前,按住【Shift】键,可以绘制长度比例相等的矩形网格。

使用"矩形网格工具"在画板上任意位置单击或者双击工具箱中的"矩形网格工具"按钮,即可弹出"矩形网格工具选项"对话框,如图4-51所示。单击参考点定位器上的一个点以确定绘制矩形网格的参考点。然后设置下列相应选项,单击"确定"按钮,创建一个矩形网格。

图4-51 "矩形网格工具选项"对话框

- 默认大小:指定整个网格的"宽度"和"高度"。
- 水平分隔线:指定希望在网格顶部和底部之间出现的水平分隔线数量。"倾斜"参数决定水平分隔线倾向网格顶部或底部的程度。
- 垂直分隔线:指定希望在网格左侧和右侧之间出现的分隔线数量。"倾斜"决定垂直分隔线倾向于左侧或右侧的方式。
- 使用外部矩形作为框架:以单独矩形对象替换顶部、底部、左侧和右侧线段。
- 填色网格:以当前填充颜色填色网格(否则,填色设置为无)。

4.4.5 极坐标网格工具

使用"极坐标网格工具"可以创建具有指定大小和指定分隔线数目的同心圆。单击工具箱中的"极坐标网格工具"按钮，将光标移至画板中，按鼠标左键并拖曳，如图4-52所示。当达到合适的大小时，释放鼠标键，即可在画板中绘制出一个极坐标网格，效果如图4-53所示。

W: 58.19 mm
H: 57.73 mm

图4-52 按住鼠标左键并拖曳　　图4-53 极坐标网格效果

 Tips

使用"极坐标网格工具"绘制时，可以使用键盘上的方向键调整极坐标网格的同心圆分割线和径向分割线。按住【Shift】键，可以绘制长度比例相等的极坐标网格。

使用"极坐标网格工具"在画板上任意位置单击或者双击工具箱中的"极坐标网格工具"按钮，弹出"极坐标网格工具选项"对话框，如图4-54所示。单击参考点定位器上的一个顶点以确定绘制矩形网格的参考点。然后设置相关选项，单击"确定"按钮，创建一个极坐标网格。

图4-54 "极坐标网格工具选项"对话框

● 默认大小：指定整个网格的"宽度""高度"。

● 同心圆分隔线：指定希望出现在网格中的圆形同心圆分隔线数量。"倾斜"参数决定同心圆分隔线倾向于网格内侧或外侧。

● 径向分隔线：指定希望在网格中心和外围之间出现的径向分隔线数量。"倾斜"决定径向分隔线倾向于逆时针或顺时针网格。

● 从椭圆形创建复合路径：将同心圆转换为独立复合路径并每隔一个圆填色。

● 填色网格：以当前填充颜色填色网格（否则，填色设置为无）。

4.4.6 矩形工具和圆角矩形工具

使用"矩形工具"可以绘制矩形和正方形。单击工具箱中的"矩形工具"按钮██或者按【M】键，将光标移至画板中，按住鼠标左键向对角线方向拖曳，如图4-55所示。达到所需大小后，释放鼠标键，即可完成矩形的绘制，效果如图4-56所示。

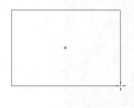

W: 59.27 mm
H: 42.96 mm

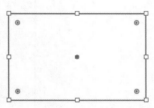

图4-55 向对角线拖曳　　　　　图4-56 矩形效果

使用"矩形工具"在画板上任意位置单击，弹出"矩形"对话框，如图4-57所示。分别输入"宽度""高度"值后，单击"确定"按钮，即可创建一个指定大小的矩形。

图4-57 "矩形"对话框

 Tips

使用"矩形工具"绘制时，按住【Shift】键，可以绘制正方形。激活"矩形"对话框中的"约束宽度和高度比例"按钮，单击"确定"按钮，也可以创建正方形。

将光标移至矩形图像边角内的控制点上，按住鼠标左键并拖曳，如图4-58所示。光标右侧显示边角的度数，即可将矩形图像调整为圆角矩形，如图4-59所示。

 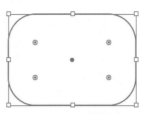

图4-58 拖曳调整矩形顶点　　　图4-59 调整为圆角矩形

单击工具箱中的"圆角矩形工具"按钮 ，将光标移至画板中，按住鼠标左键向对角线方向拖曳，如图4-60所示。达到所需大小后，释放鼠标键，即可完成圆角矩形的绘制，效果如图4-61所示。拖曳圆角矩形顶点内部的控制点，可以调整圆角的角度。

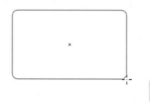 

图4-60 向对角线方向拖曳　　　图4-61 圆角矩形效果

 Tips

圆角矩形默认的圆角半径值可以在"编辑 > 首选项 > 常规"中进行设置。在绘制圆角矩形的过程中，可以使用键盘上的【↑】键或【↓】键调整圆角半径，按【→】键，创建方形圆角，按【←】键，创建圆角。

用户可以在"变换"面板中设置矩形和圆角矩形的宽度、高度和角度，如图4-62所示。取消激活"链接圆角半径值"按钮，可以分别设置矩形和圆角矩形4个顶点的圆角半径值，获得更丰富的图形效果，如图4-63所示。

  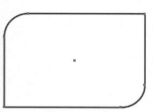

图4-62 设置宽度、高度和角度　　　图4-63 分别设置圆角半径值

4.4.7 椭圆工具

单击工具箱中的"椭圆工具"按钮 或者【L】键，将光标移至画板中，按住鼠标左键拖曳进行绘制，如图4-64所示。达到所需大小后，释放鼠标键，即可完成椭圆形的绘制，效果如图4-65所示。

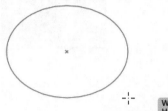

图4-64 拖曳绘制椭圆形

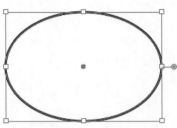

图4-65 椭圆形效果

使用"椭圆工具"在画板上任意位置单击，弹出"椭圆"对话框，如图4-66所示。分别输入"宽度""高度"值后，单击"确定"按钮，即可创建一个指定大小的椭圆形。用户可以在"变换"面板中设置椭圆形的宽度、高度和角度，"变换"面板如图4-67所示。

图4-66 "椭圆"对话框

图4-67 "变换"面板

 Tips

使用"椭圆工具"绘制时，按住【Shift】键，可以绘制正圆形。激活"椭圆"对话框中的"约束宽度和高度比例"按钮，单击"确定"按钮，也可以创建正圆形。

选中刚才绘制的椭圆形，将光标移至定界框右侧的控制点上，如图4-68所示。按住鼠标左键并上下拖曳，可以将椭圆调整为饼状图，如图4-69所示。

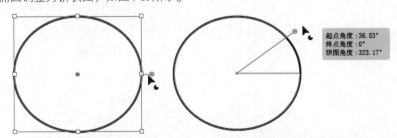

图4-68 移动光标位置　　　　图4-69 将椭圆调整为饼状图

饼状图包括两条控制轴，分别控制饼图起点角度和饼图终点角度，如图4-70所示。除了可以通过拖曳调整饼图角度，也可以在"变换"面板中输入数值，准确控制饼图起点和终点的角度，"变换"面板如图4-71所示。

完全自学一本通

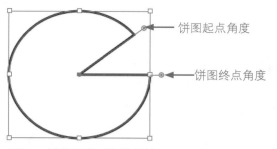

图4-70 饼状图的两条控制轴

图4-71 "变换"面板

单击激活"约束饼图角度"按钮，在"变换"面板中修改数值时，将保持饼图起点和饼图终点角度之间的差异，效果如图4-72所示。

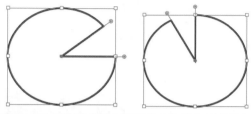

图4-72 单击激活"约束饼图角度"按钮后的效果

单击"反转饼图"按钮，可以快速互换饼图起点和饼图终点角度，使用此功能可以生成"切片"图形，效果如图4-73所示。

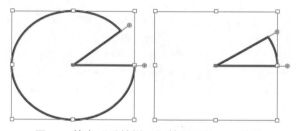

图4-73 单击"反转饼图"按钮后的图形效果

应用案例

使用"椭圆工具"绘制红樱桃

源文件：源文件\第4章\4-4-7.ai　视频：视频\第4章\使用"椭圆工具"绘制红樱桃.mp4

STEP 01 新建一个Illustrator文件，使用"椭圆工具"在画板中绘制一个填色为RGB（255、0、0），描边为无的圆形，如图4-74所示。继续使用"椭圆工具"绘制一个填色为RGB（255、95、95）的圆形，如图4-75所示。

图4-74 绘制圆形

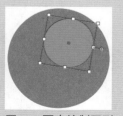

图4-75 再次绘制圆形

STEP 02 继续使用"椭圆工具"绘制一个白色的圆形，如图4-76所示。使用"弧形工具"在画板中绘制一条黑色的弧线，如图4-77所示。

图4-76 绘制白色圆形　　　　图4-77 绘制弧线

STEP 03 在"控制"面板中设置"描边"宽度和画笔类型，如图4-78所示。弧线效果如图4-79所示。

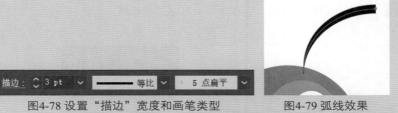

图4-78 设置"描边"宽度和画笔类型　　　　图4-79 弧线效果

STEP 04 使用"椭圆工具"绘制一个填色为RGB（50、150、0），描边为无的椭圆，如图4-80所示。单击工具箱中的"锚点工具"按钮，将光标移至椭圆的一个顶点上并单击，如图4-81所示。

STEP 05 使用"选择工具"旋转椭圆并调整其位置如图4-82所示。使用"弧形工具"绘制一条弧线，完成樱桃的绘制，效果如图4-83所示。

图4-80 绘制椭圆　图4-81 转换顶点　　图4-82 调整椭圆位置　　　　图4-83 樱桃效果

4.4.8 　多边形工具

单击工具箱中的"多边形工具"按钮，将光标移至画板中，按住鼠标左键并拖曳，如图4-84所示。达到所需大小后，释放鼠标键，即可完成多边形的绘制，效果如图4-85所示。

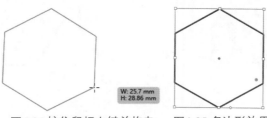

图4-84 按住鼠标左键并拖曳　图4-85 多边形效果

将光标移至多边形图形内部的控制点上，如图4-86所示，按住鼠标左键并拖曳，可改变多边形的圆角半径，如图4-87所示。

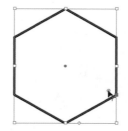 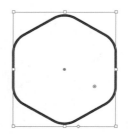

图4-86 将光标移至控制点上　　图4-87 拖曳调整圆角半径

使用"多边形工具"在画板上任意位置单击，弹出"多边形"对话框，如图4-88所示。输入"半径""边数"值后，单击"确定"按钮，即可创建一个指定大小和边数的多边形。

绘制完成后，用户可以在"变换"面板中修改多边形的边数、角度、半径、圆角半径和多边形边长，"变换"面板如图4-89所示。

图4-88 "多边形"对话框　　图4-89 "变换"面板

 Tips

使用"多边形工具"绘制时，按住【Shift】键，可以绘制正多边形。使用键盘上的【↑】键或【↓】键可以修改多边形的边数。

Illustrator CC为多边形提供了圆角、反向圆角和倒角3种边角类型，用户可以在选中多边形后，单击"变换"面板中"圆角半径"文本框前面的图标，在打开的面板中选择想要使用的类型，如图4-90所示。图4-91所示为应用反向圆角和倒角的效果。

 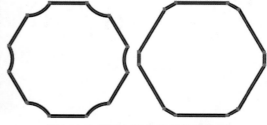

图4-90 选择边角类型　　　　图4-91 应用反向圆角和倒角的效果

使用"多边形工具"创建如图4-92所示的多边形。单击工具箱中的"选择工具"按钮，将光标移至多边形内部的控制点上，按住鼠标左键并拖曳，可以将多边形的边角调整为圆角，如图4-93所示。

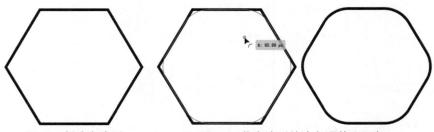

图4-92 创建多边形   图4-93 将多边形的边角调整为圆角

单击工具箱中的"直接选择工具"按钮 ，单击路径上的任意锚点将其选中，如图4-94所示。将光标移至旁边的控制点上，按住鼠标左键并拖曳，即可将当前选中锚点转换为圆角锚点，如图4-95所示。可以同时选中多个锚点，拖曳调整边角，如图4-96所示。

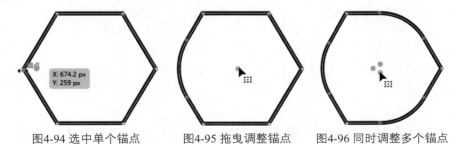

图4-94 选中单个锚点 图4-95 拖曳调整锚点 图4-96 同时调整多个锚点

4.4.9　星形工具

单击工具箱中的"星形工具"按钮 ，将光标移至画板中，按住鼠标左键并拖曳，如图4-97所示。达到所需大小后，释放鼠标键，即可完成星形图形的绘制，效果如图4-98所示。

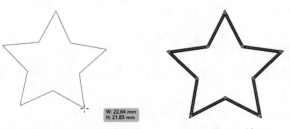

图4-97 按住鼠标左键并拖曳 图4-98 星形效果

使用"星形工具"在画板中任意位置单击，弹出"星形"对话框，如图4-99所示。输入"半径1""半径2""角点数"值后，单击"确定"按钮，即可创建一个指定大小和角数的星形，如图4-100所示。

图4-99 "星形"对话框 图4-100 创建一个指定大小和角数的星形

Tips

使用"星形工具"绘制时，按住【Shift】键，可以绘制正星形。使用键盘上的【↑】键或【↓】键可以增加或减少星形的角点数。

使用"星形工具"创建如图4-101所示的星形。单击工具箱中的"直接选择工具"按钮，将光标移至多边形内部的任一控制点上，按住鼠标左键并拖曳，可以将多边形的边角调整为圆角，如图4-102所示。

图4-101 创建星形　　　　图4-102 拖曳调整锚点

使用"直接选择工具"选择任一锚点，将光标移至锚点旁边的控制点上，按住鼠标左键并拖曳，即可将当前选中锚点转换为圆角锚点，如图4-103所示。可以同时选中多个锚点，拖曳调整边角，如图4-104所示。

图4-103 转换为圆角锚点　　　图4-104 拖曳调整多个锚点

应用案例

绘制卡通星形图标

源文件：源文件\第4章\4-4-9.ai　　　视频：视频\第4章\绘制卡通星形图标.mp4

STEP 01 新建一个Illustrator文件，使用"星形工具"在画板上单击，弹出"星形"对话框，设置参数如图4-105所示。

STEP 02 单击"确定"按钮，设置星形的填色为RGB（247、232、47），描边颜色为RGB（106、57、6），创建的星形如图4-106所示。使用"直接选择工具"拖曳调整星形边角，如图4-107所示。

图4-105 设置参数　　　图4-106 创建星形　　　图4-107 拖曳调整星形边角

STEP 03 使用"椭圆工具"在星形上绘制一个填色为RGB（0、105、52）的圆形，如图4-108所示。按住【Alt】键的同时，使用"选择工具"拖曳复制一个圆形，如图4-109所示。

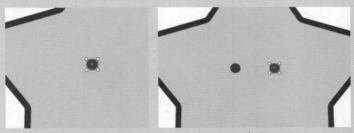

图4-108 绘制圆形 　　　　　　　　图4-109 复制圆形

STEP 04 继续使用"椭圆工具"绘制并复制一个填色为RGB（255、159、63）的椭圆，如图4-110所示。使用"直线工具"绘制一条描边色为RGB（0、105、52）的直线，如图4-111所示。

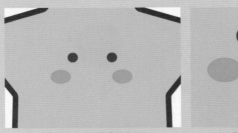

图4-110 绘制椭圆 　　　　　　　　图4-111 绘制直线

STEP 05 单击工具箱中的"整形工具"按钮，拖曳调整直线，如图4-112所示。修改星形的填充颜色，完成多个星形图标的绘制，效果如图4-113所示。

图4-112 拖曳调整直线 　　　　　　图4-113 绘制多个星形图标

4.4.10　光晕工具

　　使用"光晕工具"可以创建光晕效果。单击工具箱中的"光晕工具"按钮，将光标移至画板中，按住【Alt】键的同时在希望出现光晕中心手柄的位置单击，即可快速创建光晕，如图4-114所示。

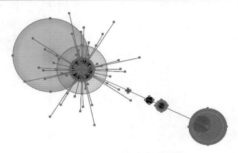

图4-114 快速创建光晕

将光标移至画板中，按住鼠标左键并拖曳，如图4-115所示，当达到所需大小后，释放鼠标键，光晕效果如图4-116所示。

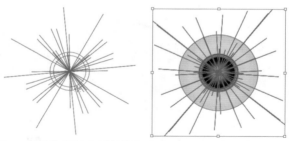

图4-115 按住鼠标左键并拖曳　　图4-116 光晕效果

将光标移至其他位置单击，即可完成光晕的绘制，绘制完成的光晕包括中央手柄、末端手柄、射线（为清晰起见显示为黑色）、光晕和光环，如图4-117所示。

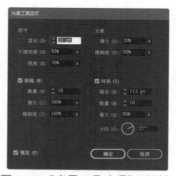

图4-117 光晕组件

Tips

使用"光晕工具"绘制时，按住【Shift】键，可以将射线限制在设置角度；使用键盘上的【↑】键或【↓】键可以添加或减去射线；按住【Ctrl】键可以保持光晕中心位置不变。

使用"光晕工具"在画板任意位置单击，弹出"光晕工具选项"对话框，如图4-118所示。输入"居中""光晕""射线""环形"各项参数，单击"确定"按钮，即可创建一个光晕。

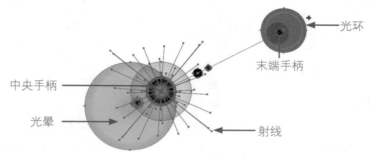

图4-118 "光晕工具选项"对话框

选中光晕，双击工具箱中的"光晕工具"按钮，弹出"光晕工具选项"对话框，可重新设置光晕的各项参数。按下【Alt】键，"取消"按钮将变换为"重置"按钮，单击"重置"按钮，即可将光晕参数重置，如图4-119所示。

选中光晕，单击工具箱中的"光晕工具"按钮，将光标移至光晕的中央手柄或末端手柄处，按住鼠标左键并拖曳，即可更改光晕的长度和方向，如图4-120所示。

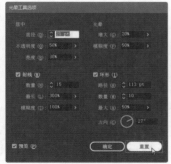

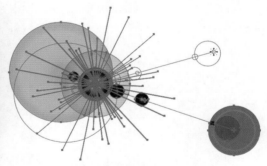

图4-119 重置光晕参数　　　　　　图4-120 拖曳更改光晕的长度和方向

选中光晕，执行"对象>扩展"命令，弹出"扩展"对话框，如图4-121所示，单击"确定"按钮，将光晕扩展为可以编辑的元素。执行"对象>取消编组"命令，即可对光晕组件进行编辑，如图4-122所示。

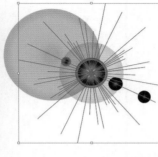

图4-121 "扩展"对话框　　　　　　图4-122 对光晕组件进行编辑

【4.5　使用钢笔工具、曲率工具和铅笔工具

用户可以使用"钢笔工具""曲率工具""铅笔工具"创建各种自定义路径。

4.5.1　使用"钢笔工具"绘制

使用"钢笔工具"可以创建直线路径和曲线路径两种路径。

● 绘制直线路径

使用"钢笔工具"创建两个锚点，可以绘制简单的直线路径，继续单击可创建由角点连接的直线段组成的路径。

单击工具箱中的"钢笔工具"按钮，将光标移至绘制路径的起点单击，确定第一个锚点（不要拖曳），如图4-123所示。将光标移至希望路径结束的位置再次单击创建一个锚点，完成一段直线路径的创建，如图4-124所示。在创建结束锚点前，按【Shift】键，可以将路径的角度限制为45°的倍数。

图4-123 确定第一个锚点　　　　　　图4-124 完成直线路径的创建

继续单击可以继续创建路径，最后添加的锚点总显示为实心方形，表示已被选中，如图4-125所示。当添加更多锚点时，以前定义的锚点将变成空心并被取消选择，如图4-126所示。

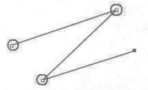

图4-125 最后添加的锚点为实心方形　　图4-126 以前定义的锚点为空心

 Tips

在按下鼠标左键创建锚点时，不要释放鼠标，按下空格键，可以移动锚点的位置。

将光标移至第一个锚点上，当光标变成 🖊。时，按下鼠标左键即可完成闭合路径的创建，如图4-127所示。按住【Ctrl】键的同时在路径之外的位置单击，即可创建开放路径，如图4-128所示。

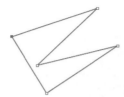

图4-127 闭合路径　　　图4-128 创建开放路径

选择其他工具，或者执行"选择 > 取消选择"命令，按下【Enter】键或【Return】键都可以创建开放路径。

● 绘制曲线路径

单击工具箱中的"钢笔工具"按钮，将光标移至绘制曲线路径的起点位置，按住鼠标左键并拖曳，设置曲线路径的斜度，如图4-129所示。将光标移至希望曲线路径结束的位置，按住鼠标左键并拖曳，即可完成曲线路径的创建，如图4-130所示。

图4-129 设置曲线路径的斜度　　图4-130 创建曲线路径

 Tips

通常将方向线向计划绘制的下一个锚点延长约三分之一的距离。按住【Shift】键的同时可以将工具限制为45°的倍数。

向前一条方向线的相反方向拖动，即可创建"C"形曲线，如图4-131所示。然后松开鼠标，向前一条方向线相同的方向拖动，即可创建"S"形曲线，如图4-132所示。

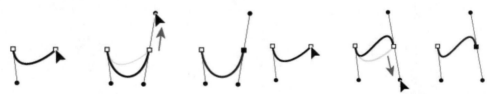

图4-131 创建"C"形曲线　　　　图4-132 创建"S"形曲线

继续在不同的位置拖曳，创建一系列曲线路径，如图4-133所示。将光标移至第一个锚点上，当光标变成 🖊 时，按下鼠标左键即可完成闭合曲线路径的创建，如图4-134所示。

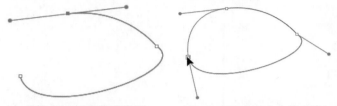

图4-133 创建曲线路径　　图4-134 创建闭合曲线路径

 Tips

应将锚点放置在每条曲线的开头和结尾，而不是曲线的顶点。按住【Alt】键并单击锚点，可删除一条方向线。

● 绘制带有曲线的直线路径

使用"钢笔工具"依次单击两个位置创建直线路径。将光标移至连接曲线的锚点上，当光标变成 🖊 时，按下鼠标左键拖曳出方向线，如图4-135所示。将光标移至下一个锚点的位置，单击或按下鼠标左键拖曳，即可完成一段曲线路径的绘制，如图4-136所示。

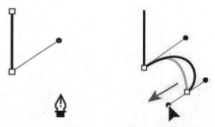

图4-135 拖曳出方向线　图4-136 绘制一段曲线路径

● 绘制带有直线的曲线路径

使用"钢笔工具"在画板中单击并拖曳创建一个曲线锚点，将光标移至另一处单击并拖曳，完成曲线路径的绘制，如图4-137所示。将光标移至连接直线的锚点上，单击将锚点转换为直线锚点，如图4-138所示。将光标移至下一个位置并单击，即可完成直线路径的绘制，如图4-139所示。

图4-137 绘制曲线路径　图4-138 转换为直线锚点　图4-139 绘制直线路径

 Tips

默认情况下，使用"钢笔工具"绘制路径时会显示橡皮筋预览。用户可以通过执行"编辑 > 首选项 > 选择和锚点显示"命令，在弹出的对话框中选择启用或者关闭橡皮筋预览功能。

 4.5.2 使用"曲率工具"绘制

使用"曲率工具"可简化路径创建，使绘图变得简单、直观。使用此工具，用户可以创建、切换、编辑、添加或删除平滑点或角点，无须在不同的工具之间来回切换即可快速、准确地处理路径。

单击工具箱中的"曲率工具"按钮 ✏ 或者按【Shift+~】组合键，依次单击两次，在画板上创建两个锚点，查看橡皮筋预览，如图4-140所示。将光标移至某一个位置，单击即可创建平滑锚点，如图4-141所示。双击曲线路径最后一个锚点，将光标移至另一个位置，再次单击，即可创建直线锚点，如图4-142所示。

图4-140 查看橡皮筋预览　图4-141 创建平滑锚点　图4-142 创建直线锚点

在绘制路径时，按住【Alt】键的同时单击路径，可向路径添加锚点；双击锚点可以使其在平滑点和角点之间切换；拖曳锚点可将其移动；单击选中锚点后按【Delete】键可将其删除；按【Esc】键可停止绘制。

📶 如何接着一条开放路径继续绘制？

将光标移至断开路径一端的锚点上，单击即可创建连接，将光标移至其他位置单击继续绘制即可。

应用案例　使用"曲率工具"绘制小鸟图形

源文件：源文件\第4章\4-5-2.ai 视频：视频\第4章\使用"曲率工具"绘制小鸟图形.mp4

STEP 01 新建一个Illustrator文件，使用"矩形工具"在画板拖曳绘制一个矩形，如图4-143所示。拖曳矩形内角的控制点，将矩形调整为圆角矩形，如图4-144所示。

图4-143 绘制矩形　图4-144 调整矩形为圆角矩形

STEP 02 使用"曲率工具"在画板上依次单击，绘制路径如图4-145所示。继续使用"曲率工具"绘制路径，如图4-146所示。将光标与起点重合后单击，完成封闭路径的绘制，如图4-147所示。

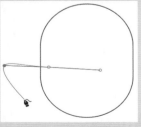  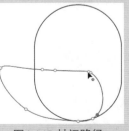

图4-145 绘制路径　　　图4-146 继续绘制路径　　　图4-147 封闭路径

STEP 03 拖曳选中两条路径，单击工具箱中的"形状生成器工具"按钮，将光标移至绘制的图形上，如图4-148所示。按住鼠标左键并拖曳，如图4-149所示，完成的图形效果如图4-150所示。

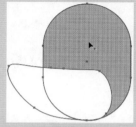 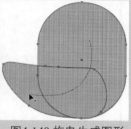 

图4-148 将光标移至图形上　图4-149 拖曳生成图形　图4-150 图形效果

STEP 04 继续使用"曲率工具"绘制小鸟的翅膀，如图4-151所示。使用"曲率工具"再绘制小鸟的嘴巴，如图4-152所示。使用"直线工具"在画板中绘制一条直线，如图4-153所示。

  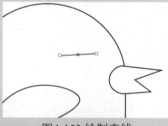

图4-151 绘制小鸟的翅膀　　图4-152 绘制小鸟的嘴巴　　图4-153 绘制直线

 Tips

使用"曲率工具"绘制时，将光标移至锚点上双击，可将当前锚点在直线锚点和曲线锚点之间进行转换。双击锚点后再创建的将是直线路径。

STEP 05 继续使用"曲率工具"绘制小鸟的眼睛，如图4-154所示。选中小鸟的翅膀，按【Ctrl+C】组合键，再按【Ctrl+V】组合键，缩放调整其到如图4-155所示的位置，完成小鸟图形的绘制。

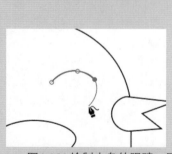 

图4-154 绘制小鸟的眼睛　图4-155 复制粘贴翅膀制作小鸟的脚

4.5.3 使用"铅笔工具"绘制

　　"铅笔工具"可用于绘制开放路径和闭合路径，就像用铅笔在纸上绘图一样，这对于快速素描或创建手绘外观非常有用。

　　使用"铅笔工具"绘制时会自动产生锚点，路径绘制完成后可以再次调整。锚点数量由路径的长度和复杂程度，以及"铅笔工具首选项"对话框中的容差决定。这些设置控制着铅笔工具对鼠标或画图板光笔移动的敏感程度。

单击工具箱中的"铅笔工具"按钮 或者按键盘上的【N】键，将光标移至画板中希望路径开始的位置，按住鼠标左键并拖曳即可绘制路径，如图4-156所示。

🎧 *Tips*

在拖曳过程中，一条点线将跟随指针出现，锚点出现在路径的两端和路径上的各点。路径采用当前的描边和填色属性，并且在默认情况下处于选中状态。

按住【Shift】键，可以绘制限制为0°、45°和90°的直线路径。按住【Alt】键并拖曳，将绘制不受控的直线段，如图4-157所示。

图4-156 拖曳绘制路径　　　　　图4-157 拖曳绘制直线段路径

双击工具箱中的"铅笔工具"按钮，弹出"铅笔工具选项"对话框，如图4-158所示。

图4-158 "铅笔工具选项"对话框

🔘 **保真度**：控制将鼠标移动多大距离才会向路径添加新锚点。"保真度"最左侧的滑块预设（精确）用于绘制最精确的路径。最右侧的滑块预设（平滑）用于创建最平滑的路径。

🔘 **填充新铅笔描边**：选择该复选框后，将对绘制

● 绘制闭合路径

的铅笔描边应用填充，但不对现有铅笔描边应用填充。

🔘 **保持选定**：选择该复选框，绘制和编辑路径后，路径将处于被选中状态。

🔘 **Alt键切换到平滑工具**：选择该复选框后，使用铅笔工具或画笔工具时，可以按住【Alt】键切换到平滑工具。

🔘 **当终端在此范围内时闭合路径**：选择该复选框，如果所绘制路径的端点极为贴近，并且彼此距离在一定的预定义像素数之内，则会显示路径关闭光标。松开鼠标后，此类路径会自动闭合。用户可以使用此选项设置预定义像素数。

🔘 **编辑所选路径**：确定与选定路径相距一定距离时，是否可以更改或合并选定路径。

🔘 **范围**：决定鼠标与现有路径达到多近距离，才能使用铅笔工具编辑路径。此选项仅在选择了"编辑所选路径"复选框后才可用。

在绘制过程中，将光标移至路径开始的位置，"铅笔工具"光标右下角将显示一个圆圈，如图4-159所示。单击即可完成封闭路径的创建，如图4-160所示。

图4-159 光标右下角显示圆圈　图4-160 创建封闭路径

● 继续绘制路径

选择现有的路径，将"铅笔工具"光标的笔尖位置定位到路径端点，按住鼠标左键并拖曳，即可继续绘制路径。

● 连接路径

选中两条路径，将"铅笔工具"光标定位到希望从一条路径开始的位置，如图4-161所示。按住鼠标左键向另一条路径拖动，拖曳到另一条路径的端点上，如图4-162所示。松开鼠标，即可实现两条路径的连接，如图4-163所示。

图4-161 定位到开始位置　图4-162 拖曳到另一条路径的端点上　　　图4-163 连接路径

● 修改路径形状

选择要修改的路径，将"铅笔工具"光标移至要修改路径的起始锚点上，按住鼠标左键并拖曳到需要修改路径的结束锚点上，如图4-164所示，即可改变路径的形状，如图4-165所示。

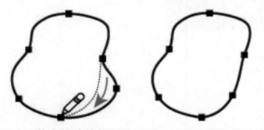

图4-164 拖曳修改路径形状　图4-165 改变路径的形状

【4.6　简化路径】

在编辑具有许多锚点的复杂图稿时，使用"简化路径"功能可以帮助用户删除不必要的锚点，并将复杂图稿生成最佳简化的路径，而不会对原始路径形状进行大的更改。使用"简化路径"功能能够简化路径编辑工作，提高编辑的准确性，同时减小文件的大小，便于更快地显示和打印文件。

简化命令

选择需要简化路径的对象或特定路径区域，执行"对象 > 路径 > 简化"命令，弹出简化路径面板，如图4-166所示。向左拖曳滑块，即可减少锚点数；向右拖曳滑块，即可增加锚点数。

最少锚点数　　　　最大锚点数　自动简化

更多选项

图4-166 简化路径面板

● 最少锚点数：当滑块接近或等于最小值时，锚点数较少，但修改后的路径曲线与原始路径会有一些细微偏差。

● 最大锚点数：当滑块接近或等于最大值时，修改后的路径曲线将具有更多锚点，并且更接近原始曲线。

● 自动简化：默认情况下，该按钮为激活状态。Illustrator CC会自动简化选中的对象或特定路径区域。

● 更多选项：单击该按钮，将弹出"简化"对话框，如图4-167所示。

比较原始路径和简化路径

图4-167 "简化"对话框

● 简化曲线：拖动滑块可以减少或还原路径锚点。

● 角点角度阈值：向左拖动滑块可以提高平滑度，向右拖动滑块可以提高锐度。

● 比较原始路径和简化路径：更改锚点或边角阈值时，Illustrator CC在此处会自动计算和显示原始锚点和新锚点的数量。

● 转换为直线：选择该复选框，将在对象的原始锚点之间创建直线。

● 显示原始路径：选择该复选框，在进行简化操作时，将显示原始路径。

● 保留我的最新设置并直接打开此对话框：选择该复选框，将在下次打开该对话框时使用当前设置。

> *Tips*
> 如果希望在锚点数量较少时快速获得平滑的边角，可以在同步过程中搭配使用"角点角度阈值"滑块和"简化曲线"滑块。

> 想减少锚点，但不想更改角点，如何设置？
> 当临界值大于自动计算的默认阈值（90°）时，角点保持不变。

使用"平滑工具"

减少锚点的数量后，可以使用"平滑工具"删除游离点，以获得更加平滑的路径效果。选中对象或目标路径，如图4-168所示。单击工具箱中的"平滑工具"按钮，沿着想要平滑的路径线段拖曳，如图4-169所示。直到锚点或路径达到所需的平滑度，效果如图4-170所示。

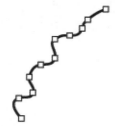

图4-168 选中对象或目标路径　　图4-169 使用"平滑工具"拖曳　　图4-170 平滑效果

双击工具箱中的"平滑工具"按钮，弹出"平滑工具选项"对话框，如图4-171所示。

图4-171 "平滑工具选项"对话框

"保真度"的范围在0.5~20像素之间：值越大，路径越平滑，复杂程度越小。"保真度"的数值是多少，Illustrator CC才会向路径添加新的锚点？例如，"保真度"值为2.5，表示小于2.5像素的工具移动将不会生成锚点。

 Tips

用户也可以在按住【Alt】键的同时使用"锚点工具"单击不平滑路径上锚点的任意一个手柄，使其与反向手柄成对，使路径平滑。

【4.7 调整路径段】

在不同的Adobe应用程序中，编辑路径段的方式类似，用户可以随时编辑路径段，但是编辑现有路径段与绘制路径段之间存在一些差异。

 移动和删除路径段

单击工具箱中的"直接选择工具"按钮，单击或拖曳选中要调整的路径段，如图4-172所示。按住鼠标左键并拖曳，即可移动路径段的位置，如图4-173所示。

图4-172 选中要调整的路径段　图4-173 移动路径段的位置

选中要删除的路径段后，按【Backspace】键或【Delete】键即可删除所选路径段，如图4-174所示。再次按【Backspace】键或【Delete】键即可删除其余路径，如图4-175所示。

图4-174 删除所选路径段　　　图4-175 删除其余路径

 调整路径段的位置和形状

单击工具箱中的"直线选择工具"按钮，单击或拖曳选中路径段上的一个锚点，按住鼠标左键并拖曳即可调整锚点的位置，按住键盘上【Shift】键的同时可以将其调整为45°的倍数。

使用"直接选择工具"选择一条曲线段或曲线段任一端点上的锚点，如图4-176所示。按住鼠标左键并拖曳，即可调整路径段的位置，如图4-177所示。

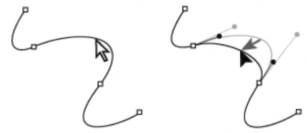

图4-176 选择曲线段或锚点　　图4-177 拖曳调整路径段的位置

如果要调整所选锚点任意一侧路径的形状，拖曳此锚点即可，如图4-178所示。也可以拖曳方向线实现对路径形状的调整，如图4-179所示。

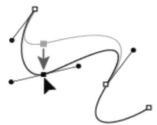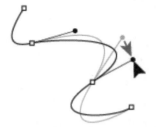

图4-178 拖曳锚点调整路径　　图4-179 拖曳方向线调整路径

 ### 连接路径

拖曳或者按住【Shift】键依次单击，选中开放路径的两端锚点，如图4-180所示。单击"控制"面板中的"链接所选端点"按钮，即可连接两个锚点，如图4-181所示。

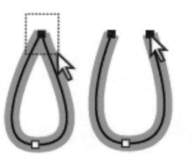

图4-180 选中两端锚点　　　　图4-181 连接两个锚点

Illustrator CC还提供了连接两个或更多开放路径的功能。

使用"选择工具"选中要连接的开放路径，执行"对象 > 路径 > 连接"命令或者按【Ctrl+J】组合键，即可连接开放路径。如果连接路径的锚点未重合，Illustrator CC将添加一个直线段来连接要连接的路径。

连接两个以上路径时，Illustrator CC会首先查找并连接端点间最近的路径。此过程将重复进行，直至连接完所有路径。如果只选择连接一条路径，它将转换成封闭路径。

 Tips

无论选择锚点连接还是整个路径连接，连接选项都只生成角连接。当锚点重合时，按【Ctrl+Shift+Alt+J】组合键，用户可以在弹出的"连接"对话框中选择创建边角连接或平衡连接。

4.7.4　使用"整形工具"

使用"整形工具"可以帮助用户延伸路径的一部分，而不扭曲其整体形状。

选择整个路径，单击工具箱中的"整形工具"按钮，将光标移至要作为焦点（即拉伸所选路径线段的点）的锚点或路径线段上方，如图4-182所示。单击并拖曳路径线段，移动路径线段的同时，将添加一个周围带有方框的锚点到路径线段上，如图4-183所示。

图4-182 将光标移至锚点或路径线段上方　　图4-183 移动路径线段

【4.8　分割与复合路径

在Illustrator CC中绘制复杂图形时，为了获得丰富的图形效果，经常要对图形进行分割、剪切与复合。Illustrator CC提供了多种方法帮助用户完成对图形的剪切、分割和裁切等操作，接下来针对不同的操作方法进行学习。

4.8.1　剪切路径

在Illustrator CC中，可以单击"剪刀工具""美工刀工具""在所选锚点处剪切路径"按钮完成对路径的剪切操作。

● "剪刀工具"按钮

单击工具箱中的"剪刀工具"按钮，在想要剪切的路径位置单击，即可将一条路径分割为两条路径。剪切完成后，可对两条路径进行任意的编辑操作，如图4-184所示。

图4-184 剪切开放路径

如果想要将闭合路径剪切为两个开放路径，使用"剪刀工具"在路径上的两个位置分别单击完成分割，如图4-185所示。如果只在闭合路径上的一个位置单击，将获得一个包含间隙的路径，如图4-186所示。

图4-185 单击两个位置　　　　　　　　图4-186 单击一个位置

　　使用"剪刀工具"分割路径时，在路径上单击后，新路径上的端点将与原始路径上的端点重合。一般情况下，新路径上的端点位于原始路径端点的上方。

Tips

除了"描边对齐方式"参数，由分割操作生成的任何路径都将继承原始路径的路径设置。经过剪切的路径，其"描边对齐方式"会自动重置为"居中"。

● "美工刀工具"按钮

　　单击工具箱中的"美工刀工具"按钮 ，在想要剪切的位置单击并向任意方向拖曳，释放鼠标键后被分割对象上出现裁剪描边，如图4-187所示。选中分割后的对象可对其进行任意的编辑操作，如图4-188所示。

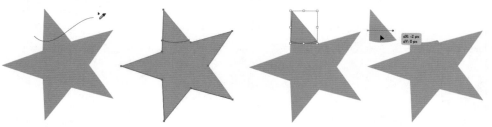

图4-187 使用"美工刀工具"裁切路径　　　　图4-188 编辑裁切路径

 Tips

无论是闭合路径还是开放式路径,都可以使用"美工刀工具"完成分割操作,前提是路径具有填充色。如果想要切割线段,可以按住【Alt】键的同时拖曳"美工刀工具"完成分割操作。

● "在所选锚点处剪切路径"按钮

　　使用"直接选择工具"选择要分割对象路径上的锚点，单击"控制"面板中的"在所选锚点处剪切路径"按钮 ，即可完成分割操作。分割完成后，新锚点将出现在原始锚点的顶部，并会选中一个锚点。

　　当剪切路径是闭合路径并选中一个锚点时，使用"在所选锚点处剪切路径"按钮完成剪切操作后将获得一个包含间隙的路径，如图4-189所示。当剪切路径为闭合路径且选中至少两个锚点，剪切后可得到不同数量的开放式路径，如图4-190所示。

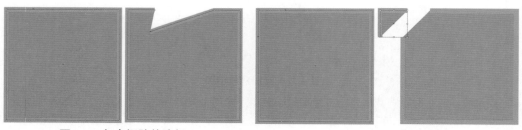

图4-189 包含间隙的路径　　　　　　图4-190 开放式路径

4.8.2 分割下方对象

在Illustrator CC中，除了使用"剪刀工具""美工刀工具""在所选锚点处剪切路径"按钮，还可以使用"分割下方对象"命令完成对路径的分割操作。

绘制两个图形并将图形位置调整为重叠状态，选中上方的图形对象，如图4-191所示。执行"对象 > 路径 > 分割下方对象"命令，分割效果如图4-192所示。

完成分割操作后，选定的对象切穿下方对象，同时丢弃原来所选的对象。下方对象将会删除与上方对象重叠的内容，如图4-193所示。

图4-191 选中上方的图形对象　图4-192 分割效果　　　　图4-193 删除重叠内容

 4.8.3 分割为网格

Illustrator CC中的"分割为网格"命令允许用户将一个或多个对象分割为多个按行和按列排列的矩形对象。

选中一个或多个对象，如图4-194所示。执行"对象 > 路径 > 分割为网格"命令，弹出"分割为网格"对话框，用户可在该对话框中设置分割的大小、数量和间距等参数，如图4-195所示。设置完成后单击"确定"按钮，得到按规则排列的多个矩形，如图4-196所示。

图4-194 选中对象　　　　　图4-195 设置参数　　　　　图4-196 得到多个矩形

- 行/列：用户可以在该选项下完成对分割网格行和列的详细参数设置。

- 数量：在文本框中输入数字，设置分割网格的行数/列数。

- 高度：在文本框中输入数值，设置分割网格中每行/每列矩形的高度。

- 栏间距/间距：在文本框中输入数值，设置分割网格中相邻矩形的间隔距离。图4-197所示为在"分割为网格"对话框中设置了"栏间距"参

数后，分割网格的效果。

- 总计：在文本框中输入数值，设置分割网格的总体宽度/高度。

图4-197 设置"栏间距"后分割网格的效果

● 添加参考线：选中该复选框，将为分割的每个矩形沿水平和垂直方向添加参考线，如图4-198所示。

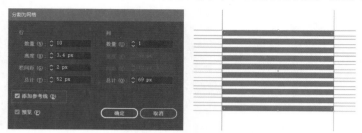

图4-198 添加参考线

● 预览：选中该复选框，可以在打开对话框的情况下预览分割网格的效果。

 Tips

用户选择分割多个对象时，分割完成后，按规则排列的多个矩形都将应用分割顶层（排列顺序）对象的外观属性。

应用案例

使用"分割为网格"命令制作照片墙

源文件：源文件\第4章\4-8-3.ai　视频：视频\第4章\使用"分割为网格"制作照片墙.mp4

STEP 01 新建一个Illustrator文件，使用"矩形工具"绘制一个与画板大小一样的矩形，如图4-199所示。选中矩形，执行"对象＞路径＞分割为网格"命令，弹出"分割为网格"对话框，设置参数如图4-200所示。

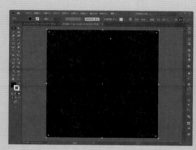 

图4-199 绘制矩形　　　　　　　　图4-200 设置参数

STEP 02 单击"确定"按钮，分割后的矩形效果如图4-201所示。选中所有被分割的图形，执行"对象＞复合路径＞建立"命令，将所有图形转换为复合路径。

STEP 03 执行"文件＞置入"命令，将"4-8-3.jpg"文件置入画板中，按【Ctrl+Shift+[】组合键,如图4-202所示。拖曳选中图像和复合路径，执行"对象＞剪切蒙版＞建立"命令，效果如图4-203所示。

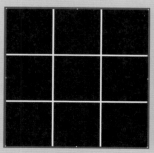  

图4-201 分割后的矩形效果　　　图4-202 置入素材图像　　　　图4-203 剪切蒙版效果

4.8.4 创建复合路径

使用Illustrator CC中的"复合路径"命令可以将两个或两个以上的开放或闭合路径（必须包含填色）组合到一起。将多个路径定义为复合路径后，复合路径中的重叠部分将被挖空，呈现出孔洞，而且路径中的所有对象都将应用堆栈顺序中底层对象的外观属性。

绘制或选中两个或两个以上的开放或闭合路径，将所有对象的摆放位置调整为重叠状态，执行"对象 > 复合路径 > 建立"命令或按【Ctrl+8】组合键，如图4-204所示。图4-205所示为建立复合路径前后的对象效果。

图4-204 执行"建立"命令　　图4-205 建立复合路径前后的对象效果

选中多个对象后单击鼠标右键，在弹出的快捷菜单中选择"建立复合路径"命令，如图4-206所示，即可对选中对象执行创建复合路径的操作。图4-207所示为建立复合路径前后的对象效果。

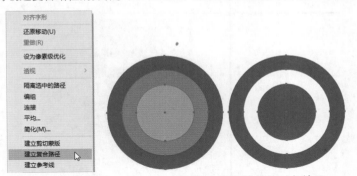

图4-206 选择选项　　图4-207 建立复合路径前后的对象效果

复合路径与编组类似，都是将多个路径组合到一起。组合完成后，将复合路径当作编组对象对其进行操作。例如，使用"直接选择工具"或"编组选择工具"选择复合路径的一部分，再对其形状进行编辑，如图4-208所示。但是无法更改选中部分的外观属性、图形样式和效果。

由于在"图层"面板中的复合路径显示为"<复合路径>"整体项，因此无法在"图层"面板中单独处理某一部分，如图4-209所示。

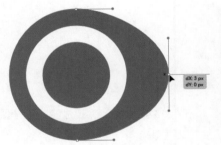

图4-208 编辑形状

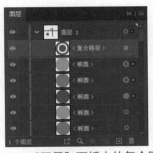

图4-209 "图层"面板中的复合路径

如果想要组合的对象包含文本，需要将文本转换为路径后才能创建复合路径。选中文本对象，执行"文字 > 创建轮廓"命令，将文字转换为路径，如图4-210所示。将文字路径和图形选中，执行"对象 > 复合路径 > 建立"命令，如图4-211所示。

图4-210 将文字转换为路径　　　　　　　　　图4-211 建立复合路径

如果想要将复合路径恢复为原始对象，需要使用"选择工具"单击或者在"图层"面板中选中复合路径，执行"对象 > 复合路径 > 释放"命令或者按【Alt+Shift+Ctrl+8】组合键即可。也可以选中复合路径后，单击"属性"面板底部的"释放"按钮，完成释放复合路径的操作。

应用案例　使用"复合路径"命令制作色环

源文件：源文件\第4章\4-8-4.ai　　视频：视频\第4章\使用"复合路径"命令制作色环.mp4

STEP 01 新建一个Illustrator文件，使用"直线段工具"在画板中拖曳绘制一条线段，设置其描边颜色为红色，如图4-212所示。按住【Alt】键的同时使用"旋转工具"单击线段的底部，弹出"旋转"对话框，如图4-213所示。

图4-212 绘制线段　　　　图4-213 "旋转"对话框

STEP 02 设置"角度"为51°，单击"复制"按钮，复制线段如图4-214所示。按【Ctrl+D】组合键，复制5条线段，如图4-215所示。按照红、橙、黄、绿、青、蓝、紫的顺序修改线段的描边颜色，如图4-216所示。

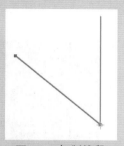 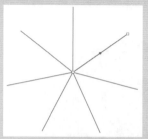 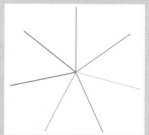

图4-214 复制线段　　　图4-215 复制五个线段　　　图4-216 修改线段的描边颜色

STEP 03 双击工具箱中的"混合工具"按钮，在弹出的"混合选项"对话框中设置各项参数，如图4-217所示。单击"确定"按钮，使用"混合工具"逐一单击线段，混合效果如图4-218所示。

图4-217 设置"混合选项"对话框中的各项参数　　　　图4-218 混合效果

STEP 04 使用"椭圆工具"创建两个圆形，如图4-219所示。选中两个圆形，执行"对象 > 复合路径 > 建立"命令，如图4-220所示。

STEP 05 拖曳选中复合路径和混合对象，执行"对象 > 剪切蒙版 > 建立"命令，即可得到一个色环的图形，效果如图4-221所示。

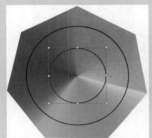 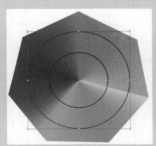 

图4-219 创建两个圆形　　　　图4-220 创建复合路径　　　　图4-221 色环效果

【4.9 创建新形状】

在Illustrator CC中，用户可以使用"Shaper工具""形状生成器工具"将已有的多个对象创建为新形状。

4.9.1 Shaper工具

使用"Shaper工具"绘制和堆积各种形状，再简单地将堆积在一起的形状进行组合、合并、删除或移动，即可创建出复杂而美观的新形状，极大地提高了设计师的工作效率。

● 使用"Shaper工具"绘制形状

单击工具箱中的"Shaper工具"按钮 或者按【Shift+N】组合键，在画板上单击并向任意方向拖曳，如图4-222所示。释放鼠标键后，用户绘制的线条会转换为标准的几何形状，如图4-223所示。

图4-222 在画板上单击并拖曳　　　　图4-223 转换为几何形状

利用"Shaper工具"能够绘制线段、矩形、圆形、椭圆形、三角形及各种多边形，而且使用"Shaper工具"绘制的形状都是实时的。也就说是，使用"Shaper工具"绘制的任何形状都是可编辑的。图4-224所示为利用"Shaper工具"绘制的形状。

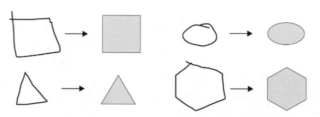

图4-224 利用"Shaper工具"绘制的形状

● 使用"Shaper工具"创建形状

　　绘制多个重叠形状或将现有的多个形状进行重叠摆放，再使用"选择工具"单击画板的空白处，重叠形状如图4-225所示。单击工具箱中的"Shaper工具"按钮 或按【Shift+N】组合键，将光标移至重叠形状上方，重叠形状轮廓以黑色虚线显示时，代表重叠形状可以被合并、删除或切出，如图4-226所示。

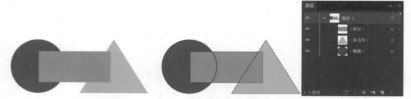

图4-225 重叠形状　　　　　图4-226 重叠形状可以被合并、删除或切出

　　使用"Shaper工具"在需要合并、删除或切出的区域或黑色虚线上单击并拖曳鼠标，涂抹区域如图4-227所示。释放鼠标键后即可得到想要的新形状，新形状在"图层"面板中显示为"Shaper Group"，如图4-228所示。

图4-227 涂抹区域　　　　　图4-228 得到的新形状

　　使用"Shaper工具"创建新形状时，如果是在一个单独的形状内进行涂抹，那么该形状区域会被切出，如图4-229所示。如果是在两个或更多形状的相交区域之间进行涂抹，则相交区域会被切出，如图4-230所示。

图4-229 切出单独形状

图4-230 切出相交区域

　　使用"Shaper工具"从顶层形状的非重叠区域涂抹到重叠区域，顶层形状将被切出，如图4-231所示；使用"Shaper工具"从顶层形状的重叠区域涂抹到非重叠区域，形状将被合并，且合并区域的填色调整为涂抹原点的颜色，如图4-232所示。

图4-231 切出顶层形状

图4-232 合并顶层形状

使用"Shaper工具"从底层形状的非重叠区域涂抹到重叠区域，形状将被合并，且合并区域的填色调整为涂抹原点的颜色，如图4-233所示。

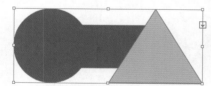

图4-233 合并底层形状

● 选择Shaper Group 中的形状

Shaper Group中的所有形状均为可编辑的状态，即使形状的某些部分已被切出或合并也是如此，当用户想要选择单个形状或组时，可以执行以下操作。

（1）表面选择模式

使用"Shaper工具"单击任一Shaper Group，此时Shaper Group会显示定界框及向下的箭头构件⊡，代表Shaper Group当前为表面选择模式，如图4-234所示。

在表面选择模式下，单击Shaper Group中的单个形状或整个形状（如果存在单个形状），被选中的形状将变得暗淡，如图4-235所示。此时，用户可以更改选中形状的填色。

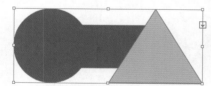

图4-234 表面选择模式　　　　图4-235 选中形状

（2）构建模式

选中一个Shaper Group后，单击箭头构件使其方向变为向上⬆状态，此时Shaper Group为构建模式，如图4-236所示。

选择Shaper Group后，双击Shaper Group或者单击形状的描边，不仅可以将Shaper Group调整为构建模式，并且可以选中Shaper Group中的单个形状，如图4-237所示。选择Shaper Group中的任一形状后，可以修改该形状的属性或外观。

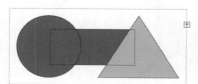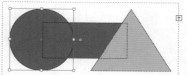

图4-236 构建模式　　　　图4-237 选中单个形状

● 删除Shaper Group中的形状

　　如果想要删除Shaper Group中的形状，首先要将Shaper Group调整为构建模式，然后单击想要删除的形状，将形状拖曳到定界框之外，如图4-238所示。释放鼠标键后，该形状被移出Shaper Group，如图4-239所示。

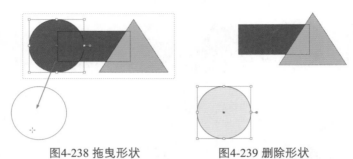

　　　　　　图4-238 拖曳形状　　　　　　　图4-239 删除形状

4.9.2　形状生成器工具

　　"形状生成器工具"是一个通过合并或擦除简单形状，从而创建复杂形状的交互式工具。因此，利用该工具可以很好地完成简单复合路径的创建。

● "形状生成器工具"按钮

　　选中两个或两个以上的重叠对象，单击工具箱中的"形状生成器工具"按钮，将"形状生成器工具"移至所选对象上，所选对象中可合并为新形状的选区将高亮显示，如4-240所示。当所选对象中拥有多个可合并的选区时，光标位于哪个选区，该区域就会单独高亮显示。默认情况下，该工具处于合并模式状态，合并模式下光标显示为，此时允许用户合并路径或选区，如图4-241所示。

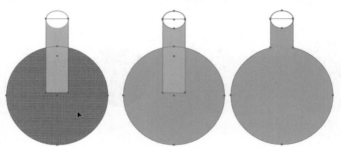

　　　　图4-240 高亮显示　　　　　图4-241 允许合并路径或选区

　　使用"形状生成器工具"创建新形状时，按住【Alt】键不放可将其切换到抹除模式，在抹除模式下光标显示为，此时允许用户删除多余的路径或选区，如图4-242所示。

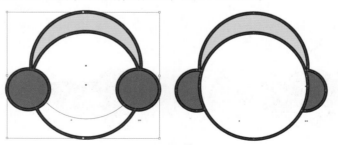

　　　　　　　　图4-242 允许删除路径或选区

● 使用"形状生成器工具"创建形状

创建形状或使用"选择工具"选中多个对象，如图4-243所示。单击工具箱中的"形状生成器工具"按钮🖐️或按【Shift+M】组合键，确定想要合并的选区并沿选区拖曳，释放鼠标键后选区将合并为一个新形状，如图4-244所示。

图4-243 创建或选中对象

图4-244 选区合并为一个新形状

创建形状或使用"选择工具"选中多个对象，如图4-245所示。使用"形状生成器工具"的同时按住【Alt】键不放，将"形状生成器工具"切换到抹除模式。在抹除模式下，沿想要删除的选区拖曳并释放鼠标键，即可删除光标经过的选区，如图4-246所示。

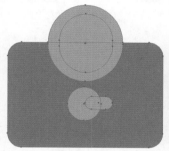

图4-245 创建或选中多个对象

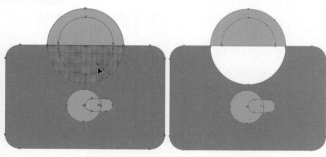

图4-246 删除光标经过的选区

在抹除模式下，如果想要删除的多个选区在对象中的位置不相邻，使用"形状生成器工具"逐一单击不相邻的闭合选区即可将其删除，如图4-247所示。使用"形状生成器工具"可以将多个对象创建为独立的新形状，如图4-248所示。

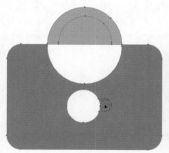

图4-247 删除选区

图4-248 使用"形状生成器工具"创建新形状

 Tips

如果要删除的某个选区由多个对象共同构成，则需要将选中的选区部分从各个对象中逐一删除。在抹除模式下，可以删除对象或选区的边缘。

● "形状生成器工具选项"对话框

双击工具箱中的"形状生成器工具"按钮，弹出"形状生成器工具选项"对话框，如图4-249所示。用户可在该对话框中设置各项参数，完成后单击"确定"按钮。

图4-249 "形状生成器工具选项"对话框

指父路径中除第一个路径以外的剩余部分。

- 拾色来源：设置选区颜色，包含"图稿""颜色色板"两个选项。选择"图稿"选项，创建的新形状将从现有图稿中选择颜色并为选区填色；选择"颜色色板"选项，可以从"颜色色板"中选择颜色为选区填色。

- 光标色板预览：选择"颜色色板"选项，该复选框为启用状态。选择该复选框，合并形状时光标右上方显示当前填充颜色，如图4-251所示。而且该复选框允许使用方向键循环选择"色板"面板中的颜色。

- 间隙检测：选择该复选框，可以设置间隙长度。单击"间隙长度"下拉按钮，打开包含小、中、大和自定的选项列表，如图4-250所示。如果想要得到精确的间隙长度，可以选择"自定"选项，在选项后面的文本框中输入精确的数值即可。

图4-250 4个选项　　图4-251 光标色板预览

- 将开放的填色路径视为闭合：选择该复选框，则会为开放路径创建一段不可见的边缘，用以生成一个选区。单击选区内部时，则会创建一个形状。

- 填充：该选项默认为选中。选择该复选框后，当用户的光标滑过所选路径时，可以合并的路径或选区将以灰色形式突出显示。如果未选中该复选框，光标经过所选选区或路径时，选区外观将是正常状态。

- 在合并模式中单击"描边分割路径"：选择该复选框，在合并模式中单击描边即可分割路径使用。此选项允许将父路径拆分为两个路径，第一个路径是从单击的边缘开始创建，第二个路径是

- 可编辑时突出显示描边：选择该复选框，Illustrator CC将突出显示可编辑的笔触。可编辑的笔触将以用户从"颜色"下拉列表框中选择的颜色进行显示。

应用案例　　**绘制扁平风格图标**

源文件：源文件\第4章\4-9-2.ai　　视频：视频\第4章\绘制扁平风格图标.mp4

STEP 01 新建一个Illustrator文件，使用"椭圆工具"在画板上单击，新建一个200mm×200mm的圆形，如图4-252所示。继续使用"椭圆工具"绘制一个大小为50mm×50mm的圆形，如图4-253所示。

STEP 02 执行"窗口＞对齐"命令，打开"对齐"面板。选中两个圆形，单击"对齐"面板中的"水平居中对齐"和"垂直居中对齐"按钮，如图4-254所示。

STEP 03 使用"椭圆工具"绘制一个大小为125mm×125mm的圆形，并将其与大圆一起选中，单击"对齐"面板中的"水平左对齐"按钮，效果如图4-255所示。

图4-252 绘制圆形　　图4-253 继续绘制圆形

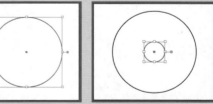  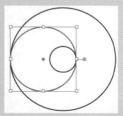

图4-254 对齐圆形　　图4-255 绘制并对齐圆形

STEP 04 按住【Alt】键的同时拖曳复制圆形，并调整其位置，如图4-256所示。单击工具箱中的"形状生成器工具"按钮，拖曳创建形状，如图4-257所示。

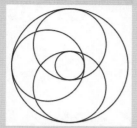
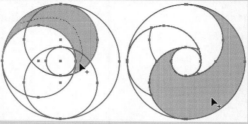

图4-256 复制图形并调整其位置　　　　图4-257 拖曳创建形状

STEP 05 继续使用"形状生成器工具"创建形状，完成的图形效果如图4-258所示。依次选中图形，为其指定填充色，将描边颜色设置为无，效果如图4-259所示。

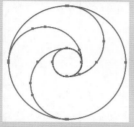

图4-258 完成的图形效果　　　图4-259 形状效果

【4.10 专家支招】

在Illustrator CC中，熟练掌握各种绘图工具，有利于创作出效果丰富的图形。

4.10.1 路径上的锚点越多越好，还是越少越好

在绘制曲线路径时，锚点越多，变化越大，而且，过多的锚点会增加路径的调整难度。因此，同样效果的路径，锚点越少越好。

4.10.2 什么是"隔离模式"

使用"隔离模式"可隔离对象，以便用户能够轻松选择和编辑特定对象或对象的某些部分。当"隔离模式"处于活动状态时，隔离的对象将以全色显示，而图稿的其余部分则会变成灰色，如图4-260所示。隔离对象的名称和位置会显示在"隔离模式"边框中，而"图层"面板仅显示隔离的子图层或组中的图稿。当退出"隔离模式"后，其他图层和组将重新显示在"图层"面板中，如图4-261所示。

图4-260 进入"隔离模式"　　　　图4-261 退出"隔离模式"

【4.11 总结扩展】

使用Illustrator CC中的各种绘图工具可以绘制出多种图像效果，通过对绘制路径进行编辑和优化，可以得到更加丰富的图像效果。

4.11.1 本章小结

本章主要讲解了Illustrator CC的基本绘图功能，包括矢量绘图的基本结构及绘图模式，基本绘图工具，以及钢笔、曲率和铅笔工具的使用，并讲解了简化路径、调整路径段和分割与复合路径等编辑路径的方法，帮助读者快速掌握使用Illustrator CC绘图的方法和技巧。

4.11.2 举一反三——使用"复合路径"制作阴阳文字

源 文 件：	源文件\第4章\4-11-2.ai
视 频：	视频\第4章\使用"复合路径"制作阴阳文字.mp4
难易程度：	★★☆☆☆
学习时间：	6分钟

① ②

③ ④

❶ 使用"文字工具"在画板中单击并输入文字。

❷ 使用"矩形工具"在画板中绘制矩形。

❸ 选中文字，执行"文字＞创建轮廓"命令，将文字转为路径。

❹ 拖曳选中所有路径，执行"对象＞复合路径＞建立"命令，完成阴阳文字的制作。

第5章 对象的变换与高级操作

通过前面章节的学习，读者已经掌握了一些绘制图形的基本方法和技巧。如果想要完成更为复杂的图形效果，则需要掌握更多的操作方法。本章将对Illustrator CC中对象的一些高级操作进行讲解，包括使用全局编辑、变换对象、复制和删除对象、使用蒙版、使用封套扭曲变形对象、混合对象使用"路径查找器"面板、使用图层等功能。

[5.1 使用全局编辑]

在工作中，常常会将同一个图形应用到不同的地方，例如，企业Logo会以不同的尺寸、不同的透明度出现在不同的设计稿中。如果要修改这些图形，将是一个巨大而烦琐的工作。使用"全局编辑模式"可以同时编辑修改多个对象的副本，而不用逐个进行编辑。

选中要编辑的对象，单击"属性"面板中"启动全局编辑"按钮旁边的"全局编辑选项"按钮 ，在打开的下拉列表框中选择要匹配的部分，如图5-1所示。

- 匹配：选择"外观"复选框，查找具有相同外观的对象，如填充、描边。选择"大小"复选框，可以查找大小相同的对象。

图5-1 "全局编辑选项"下拉列表

- 选择：指定是在所有画板中还是在具有特定方向的画板中查找类似对象。
- 范围：指定一系列用于查找类似对象的画板，范围可以指定为1、2、3或4~7。
- 包含画布上的对象：查找画板内部和外部的类似对象，此复选框默认为选中状态。取消选择该复选框可将搜索仅限制在画板中。

 Tips

单击"控制"面板"选择类似的对象"按钮右侧的"全局编辑选项"按钮 ，用户可以在打开的下拉列表框中选择类似的对象。执行"选择 > 启动全局编辑"命令，也可进入"全局编辑模式"。

 使用"全局编辑"编辑画册标志

源文件：源文件\第5章\5-1-1.ai
视频：视频\第5章\使用"全局编辑"编辑画册标志.mp4

STEP 01 执行"文件 > 打开"命令，将文件"5.1.1.ai"打开，如图5-2所示。选中画板中右侧顶部的Logo，执行"选择 > 启动全局编辑"命令，如图5-3所示。

图5-2 打开文件

图5-3 执行"启动全局编辑"命令

STEP 02 确认选中Logo对象，单击工具箱中的"互换调色和描边"图标，如图5-4所示，图像效果如图5-5所示。

图5-4 单击"互换调色和描边"图标　　图5-5 图像效果

STEP 03 画板中的所有Logo都同时发生了变化，效果如图5-6所示。单击"属性"面板中的"停止全局编辑"按钮，退出全局编辑模式，如图5-7所示。

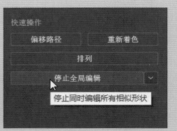

图5-6 全局编辑效果　　　　　　图5-7 单击"停止全局编辑"按钮

 Tips

图像、文本对象、剪切蒙版、链接对象和第三方增效工具不支持全局编辑。而且选择多个对象时，全局编辑不起作用。

 全局编辑对象的作用是什么？

在使用全局编辑时，对选定对象所做的所有更改都会根据其大小传播到其他类似对象。例如，如果将所选对象的高度减半，则所有相似对象的高度都会减半。如果所选对象的高度为 100 点，将其高度降低到 50 点（减半），其他类似对象的高度（如 20 点）也将减半，即降低到 10 点。

【5.2 变换对象】

变换对象是指对对象进行移动、缩放、旋转、镜像和倾斜等操作。可以使用"变换"面板、"对象＞变换"命令，以及专用工具来变换对象，还可以通过拖动选区的定界框来完成各种变换操作。

5.2.1 选择和移动对象

要修改某个对象，要先将其与周围的对象区分开来。只要选中了对象或者对象的某一部分，即可对其进行编辑。

● 选择对象

单击工具箱中的"选择工具"按钮 ▷，单击画板中的对象将其选中，被选中的对象四周将出现一个定界框，如图5-8所示。按住【Shift】键的同时，依次单击多个对象，可将这些对象同时选中，如图5-9所示。

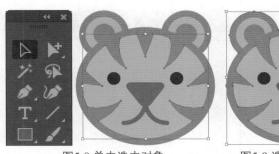

图5-8 单击选中对象　　　　　　图5-9 选中多个对象

　　按住鼠标左键不放，使用"选择工具"在画板中拖曳，创建一个如图5-10所示的选框。选框内的对象都将被选中，如图5-11所示。

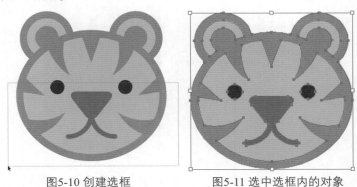

图5-10 创建选框　　　　　　图5-11 选中选框内的对象

　　单击工具箱中的"编组选择工具"按钮 ，如图5-12所示。将光标移至编组对象上，单击即可选中组中的单个对象、多个组中的单个组，如图5-13所示。每多单击一次，就会添加层次结构内下一组中的所有对象。

图5-12 单击"编组选择工具"按钮　　图5-13 选中组中的单个对象

Tips

执行"视图>隐藏定界框"命令，可隐藏选中对象的定界框；执行"视图>显示定界框"命令，可将隐藏的定界框显示出来。单击"控制"面板中的"隐藏形状构件"按钮 ，也可以实现显示或隐藏定界框的操作。执行"对象>变换>重置定界框"命令，可重置旋转后的定界框。

● 移动对象

　　使用"选择工具"选中对象后，按住鼠标左键并拖曳，即可移动对象，也可以使用键盘上的方向键移动对象。还可以通过在"控制"面板的"X""Y"文本框中输入数值，精确移动对象的位置，如图5-14所示。

不透明度：100% 　样式： 　 X：286.6577　Y：309.9088　宽：45.6694 n　高：42.4971 n

图5-14 精确移动对象的位置

Tips

按一次方向键，对象将向对应的方向移动一个单位。按住【Shift】键的同时使用方向键，将一次向对应的方向移动10个单位。

在移动对象时，按住【Shift】键，可以限制选中对象在垂直方向或者水平方向上移动。

在对象上单击鼠标右键，在弹出的快捷菜单中选择"变换 > 移动"命令或者按【Shift+Ctrl+M】组合键，如图5-15所示，弹出"移动"对话框，如图5-16所示。

图5-15 选择"移动"命令

图5-16 "移动"对话框

- 水平：在文本框中输入一个负数值（向左移）或正数值（向右移）。

- 垂直：在文本框中输入一个负数值（向上移）或正数值（向下移）。

- 距离/角度：如果要让对象按照与"X"轴的夹角移动，可以在"距离"文本框或"角度"文本框中输入一个正角度（逆时针移动）或负角度（顺时针移动），还可以输入180°~360°的角度值，这些值会被转换为与之对应的负角度值（例如，270°会被转换为−90°）。

- 变换对象/变换图案：如果对象包含图案填充，选择"变换图案"复选框，以确保在移动对象时同时移动图案。取消选择"变换对象"复选框后，在移动对象时将只会移动图案。

- 预览：选择该复选框，可以预览移动效果。

- 复制：单击该按钮，将退出"移动"对话框。移动复制出一个新对象，源对象不变。

Tips

执行"对象 > 变换 > 移动"命令或者直接双击工具箱中的"移动工具"，也可以打开"移动"对话框。

5.2.2　缩放和旋转对象

选中对象后，其四周会出现一个有8个控制点的矩形定界框。用户可以通过调整定界框，实现对对象的缩放和旋转操作。

- **缩放对象**

在"选择工具"被激活的状态下，将光标移至对象定界框4个边角的任意一个控制点上，光标显示为 状态，按住鼠标左键并拖曳，即可完成放大或缩小对象的操作，如图5-17所示。在光标的右侧会显示缩放对象的宽度和高度，如图5-18所示。

图5-17 缩放对象

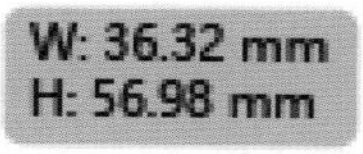

W: 36.32 mm
H: 56.98 mm

图5-18 显示缩放对象的宽度和高度

将光标移至对象垂直定界框中间的任一控制点上，光标显示为 ↔ 状态，按住鼠标左键并左右拖曳，即可沿水平方向放大或缩小对象，如图5-19所示。

将光标移至对象水平定界框中间的任一控制点上，光标显示为 ↕ 状态，按住鼠标左键并上下拖曳，即可沿垂直方向放大或缩小对象，如图5-20所示。

图5-19 沿水平方向放大或缩小对象　图5-20 沿垂直方向放大或缩小对象

 Tips

按住【Shift】键的同时缩放对象，可实现等比例缩放对象；按住【Alt】键的同时缩放对象，可实现以对象中心点为中心的缩放操作。按【Shift+Alt】组合键的同时缩放对象，可实现以对象中心点为中心的等比例缩放对象的操作。

在对象上单击鼠标右键，在弹出的快捷菜单中选择"变换＞缩放"命令，如图5-21所示，弹出"比例缩放"对话框，如图5-22所示。

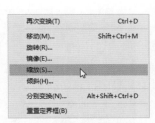

图5-21 选择"缩放"命令　图5-22 "比例缩放"对话框

● 等比：在文本框中输入百分比，将按比例缩放对象。

● 不等比：在"水平""垂直"文本框中输入不同的百分比，可以分别缩放对象的宽度和高度。

● 缩放圆角：对象如果有圆角设置，选择该复选框，圆角将随缩放操作一起缩放。

● 比例缩放描边和效果：选择该复选框，对象的描边路径和应用的相关效果将随缩放操作同时缩放。

 Tips

执行"对象＞变换＞缩放"命令或者直接双击工具箱中的"比例缩放工具"按钮，也可以打开"比例缩放"对话框。

单击工具箱中的"比例缩放工具"按钮，在选中对象上单击并拖曳鼠标，可以实现缩放对象的操作，如图5-23所示。按住【Alt】键的同时在画板上单击，可将缩放中心的位置调整到单击处，如图5-24所示，并弹出"比例缩放"对话框。

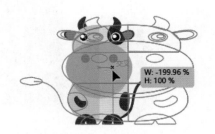

图5-23 使用"比例缩放工具"缩放对象　图5-24 调整缩放中心点

● 旋转对象

将光标移至对象定界框4个边角的任一控制点附近，当光标显示为↰状态时，按住鼠标左键并拖曳，即可实现旋转对象的操作，如图5-25所示。在光标右侧会显示旋转对象的角度，如图5-26所示。

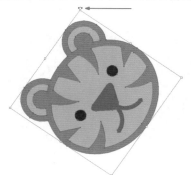

351.6°

图5-25 旋转对象　　　　图5-26 显示旋转对象的角度

Tips

用户可以在按住【Shift】键的同时旋转对象，实现以 45° 角的倍数旋转对象。

在对象上单击鼠标右键，在弹出的快捷菜单中选择"变换＞旋转"命令，如图5-27所示，弹出"旋转"对话框，如图5-28所示。

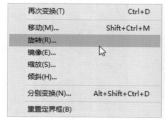

图5-27 选择"旋转"命令　　　图5-28 "旋转"对话框

在"角度"文本框中输入旋转角度后，单击"确定"按钮，即可旋转对象。输入负角度可顺时针旋转对象，输入正角度可逆时针旋转对象。单击"复制"按钮，将旋转对象的副本。

Tips

执行"对象＞变换＞旋转"命令或者直接双击工具箱中的"旋转工具"按钮，也可以打开"旋转"对话框。

单击工具箱中的"旋转工具" 按钮，按住鼠标左键并在画布上拖曳，即可旋转对象，如图5-29所示。默认情况下，是以对象中心点为中心进行旋转。按住【Alt】键的同时，在画板上想要作为旋转中心点的位置单击，弹出"旋转"对话框，即可将单击的位置设置为旋转中心点，如图5-30所示。

图5-29 旋转对象　　　　　　图5-30 更改旋转中心点

旋转复制图形

源文件：源文件\第5章\5-2-2.ai　　　视频：视频\第5章\旋转复制图形.mp4

STEP 01 执行"文件＞打开"命令，将文件"素材\第5章\5-2-2.ai"打开，如图5-31所示。使用"选择工具"选中如图5-32所示的对象。

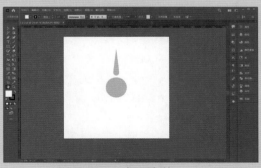

图5-31 打开文件　　　　　　图5-32 选中对象

STEP 02 单击工具箱中的"旋转工具"按钮，按住【Alt】键的同时，在圆形中心位置单击，弹出"旋转"对话框，设置参数如图5-33所示。单击"复制"按钮，旋转复制效果如图5-34所示。

图5-33 设置参数　　　　图5-34 旋转复制效果

STEP 03 多次执行"对象＞变换＞再次变换"命令或按【Ctrl+D】组合键，如图5-35所示。复制多个图形，如图5-36所示。

图5-35 执行"再次变换"命令　　　　图5-36 复制多个图形

 5.2.3　镜像、倾斜和扭曲对象

在Illustrator CC中，可以对对象进行镜像、倾斜和扭曲操作，以实现更丰富的绘制效果。

● 镜像对象

在选中的对象上单击鼠标右键，在弹出的快捷菜单中选择“变换＞镜像”命令，如图5-37所示，弹出“镜像”对话框，如图5-38所示。

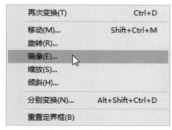

再次变换(T) Ctrl+D
移动(M)... Shift+Ctrl+M
旋转(R)...
镜像(E)...
缩放(S)...
倾斜(H)...
分别变换(N)... Alt+Shift+Ctrl+D
重置定界框(B)

图5-37 选择“镜像”命令

镜像
轴
水平 (H)
垂直 (V)
角度 (A):
90°
选项
预览 (P)
复制 (C)
确定
取消

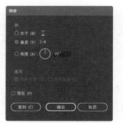

图5-38 “镜像”对话框

- 水平：选择在水平方向镜像。
- 垂直：选择在垂直方向镜像。
- 角度：拖曳或在文本框中输入角度，实现某种角度的镜像。

单击“确定”按钮，即可将对象沿设置好的轴镜像，如图5-39所示。单击“复制”按钮，将沿设置的轴复制一个对象副本，如图5-40所示。

单击工具箱中的“镜像工具”按钮，将光标移至画布中并单击，即可重新设置镜像中心点的位置，如图5-41所示。再按住鼠标左键并拖曳，即可实现对象的镜像，如图5-42所示。

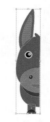

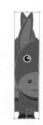

图5-39 镜像对象

图5-40 镜像复制对象

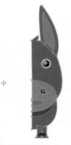

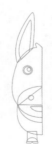

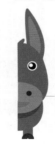

图5-41 重新设置镜像中心点位置

图5-42 拖曳镜像对象

按住【Alt】键的同时，在画板上想要作为镜像轴的位置单击，即可将单击的位置设置为镜像轴，如图5-43所示。在弹出的“镜像”对话框中设置参数，如图5-44所示。单击“复制”按钮，即可完成镜像复制对象的操作，如图5-45所示。

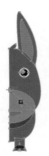

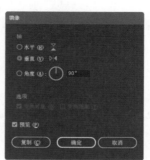

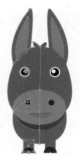

图5-43 设置镜像轴

镜像
轴
水平 (H)
垂直 (V)
角度 (A):
90°
选项
预览 (P)
复制 (C)
确定
取消

图5-44 设置“镜像”对话框中的参数

图5-45 镜像复制对象

Tips

执行“对象＞变换＞镜像”命令或直接双击工具箱中的“镜像工具”按钮，可以打开“镜像”对话框。

● 倾斜对象

在选中对象上单击鼠标右键，在弹出的快捷菜单中选择"变换＞倾斜"选项，如图5-46所示。弹出"倾斜"对话框，如图5-47所示。

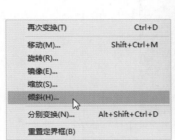

图5-46 选择"倾斜"选项　　图5-47 "倾斜"对话框

在"倾斜角度"文本框中，输入一个－359°～359°的角度值，单击"确定"按钮，即可完成倾斜对象的操作，如图5-48所示。倾斜角度是指沿顺时针方向应用于对象的相对于倾斜轴（一条垂线）的倾斜量。单击"复制"按钮，得到一个倾斜的对象副本，如图5-49所示。

图5-48 倾斜对象　　　　　　图5-49 得到倾斜副本

单击工具箱中的"倾斜工具"按钮，将光标移至画布任意位置单击，即可重新设置倾斜参考点的位置，如图5-50所示。再按下鼠标左键拖曳，即可实现对象倾斜的效果，如图5-51所示。

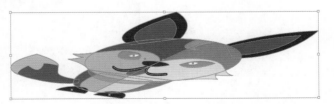

图5-50 重新设置倾斜参考点　　　　图5-51 实现对象倾斜的效果

按住键盘上【Alt】键的同时，在画板上想要作为倾斜参考点的位置单击，即可将单击的位置设置为倾斜参考点，同时弹出"倾斜"对话框。

 Tips

执行"对象＞变换＞倾斜"命令或者直接双击工具箱中的"倾斜工具"按钮，打开"倾斜"对话框。

● 扭曲对象

选中要扭曲的对象，单击工具箱中的"自由变换工具"按钮 ![img], 打开"自由变换工具"面板，如图5-52所示。

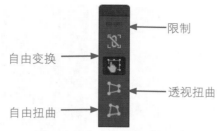

图5-52 "自由变换工具"面板

🔘 限制：单击激活该按钮，在使用"自由变换工具"扭曲对象时将保持原对象的比例。

🔘 自由变换：该按钮为激活状态时，将光标移至定界框四周的顶点上，按住鼠标左键并拖曳，按住【Ctrl】键，即可进行扭曲对象的操作，如图5-53所示，扭曲效果如图5-54所示。

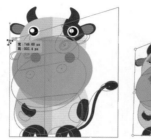 

图5-53 扭曲对象   图5-54 扭曲效果

在扭曲对象时，按住【Ctrl+Shift+Alt】组合键，即可进行透视扭曲对象的操作，如图5-55所示。透视扭曲效果如图5-56所示。

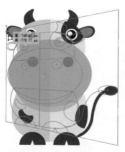 

图5-55 透视扭曲操作   图5-56 透视扭曲效果

🔘 透视扭曲：单击激活该按钮，即可对对象进行透视扭曲操作。

🔘 自由扭曲：单击激活该按钮，即可对对象进行自由扭曲操作。

缩放和旋转对象

执行"窗口 > 变换"命令，如图5-57所示，或者按【Shift+F8】组合键，打开"变换"面板，如图5-58所示。该面板中会显示一个或多个选中对象的位置、大小和方向等信息。通过在文本框中输入数值，可以修改选中对象的各项信息，还可以更改变换参考点，以及锁定对象比例。

图5-57 执行"变换"命令

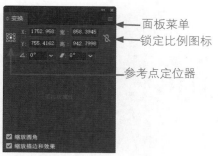

面板菜单
锁定比例图标
参考点定位器

图5-58 "变换"面板

● 参考点定位器：单击参考点定位器上的锚点，可以将对象参考点设置在定界框的不同位置。

● 锁定比例图标：激活该按钮，在修改对象的宽和高时，将保持等比例变化。

● 面板菜单：单击该按钮，将打开一个下拉菜单，如图5-59所示。

图5-59 "变换"面板菜单

● 显示/隐藏选项：此命令用于显示或隐藏"变

换"面板底部的"缩放圆角""缩放描边和效果"复选框。

● 创建形状时显示：选择该命令，当使用绘图工具绘制形状时，将自动打开"变换"面板。

● 水平翻转：以Y轴为中心轴翻转对象。

● 垂直翻转：以X轴为中心轴翻转对象。

● 使用符号的套版色点：选择该命令，当选择符号实例时，套版色点的坐标将在"变换"面板中可见。所有符号实例的变换都与符号定义图稿的套版色点对应。

用户可以单击"控制"面板中的"变换"按钮，如图5-60所示，在打开的下拉"变换面板"中设置对象的变换数值，如图5-61所示。

图5-60 单击"变换"按钮

图5-61 下拉"变换面板"

5.2.5 分别变换对象

如果想对一个对象同时执行多种变换操作或者想分别变换多个对象，可以在选中一个或多个对象后，单击鼠标右键，在弹出的快捷菜单中选择"变换 > 分别变换"命令或者按【Alt+Shift+Ctrl+D】组合键，如图5-62所示，弹出"分别变换"对话框，如图5-63所示。

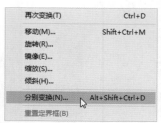

图5-62 选择"分别变换"命令　图5-63 "分别变换"对话框

执行"对象 > 变换 > 分别变换"命令，也可以打开"分别变换"对话框，用户可以在该对话框中完成缩放、移动和旋转对象等操作。

应用案例

绘制星形彩带图形

源文件：源文件\第5章\5-2-5.ai　　　视频：视频\第5章\绘制星形彩带图形.mp4

STEP 01 新建一个Illustrator文件，单击工具箱中的"星形工具"按钮，在画板中拖曳绘制一个填色为无的五角星，如图5-64所示。执行"窗口 > 色板库 > 渐变 > 色谱"命令，打开"色谱"面板，如图5-65所示。

图5-64 绘制五角星

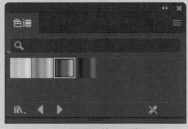

图5-65 "色谱"面板

STEP 02 在"色谱"面板中选择"色谱"色板，指定星形的描边，如图5-66所示。使用"直接选择工具"拖曳调整星形为圆角星形，如图5-67所示。

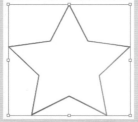

图5-66 指定星形的描边

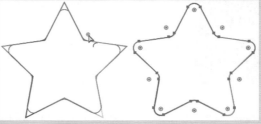

图5-67 调整星形为圆角星形

STEP 03 继续使用"直接选择工具"选择星形右上角的路径并删除，如图5-68所示。单击鼠标右键，在弹出的快捷菜单中选择"变换 > 分别变换"命令，弹出"分别变换"对话框，设置旋转"角度"为18°，如图5-69所示。单击"复制"按钮，效果如图5-70所示。

图5-68 删除路径

图5-69 设置角度

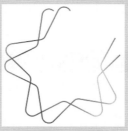

图5-70 复制效果

STEP 04 双击工具箱中的"混合工具"按钮，弹出"混合选项"对话框，设置参数如图5-71所示。单击"确定"按钮，使用"混合工具"依次单击两条路径，得到的星形彩带图形效果如图5-72所示。

图5-71 设置参数

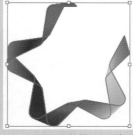

图5-72 星形彩带图形效果

5.3 复制和删除对象

在Illustrator CC中，用户可以通过使用"复制""粘贴"命令，快速完成多个相同对象的绘制。通过使用"剪切""清除"命令，删除不需要的对象。

5.3.1 复制和粘贴对象

选中想要复制的对象，执行"编辑>复制"命令或者按【Ctrl+C】组合键，如图5-73所示，即可将所选对象复制到剪贴板中。执行"编辑>粘贴"命令或者按【Ctrl+V】组合键，如图5-74所示，即可将剪贴板中的对象粘贴到画板中。

图5-73 执行"复制"命令　　图5-74 执行"粘贴"命令

选中想要复制的对象，按住【Alt】键不放，使用"选择工具"进行拖曳，如图5-75所示，即可快速完成复制对象的操作，如图5-76所示。

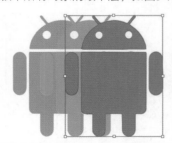

图5-75 拖曳复制对象　　　　　　图5-76 快速复制对象

执行"编辑>贴在前面"命令或者按【Ctrl+F】组合键，即可将复制的对象粘贴在当前画板中所有对象的最上层，如图5-77所示。执行"编辑>贴在后面"命令或者按【Ctrl+B】组合键，即可将复制的对象粘贴在当前画板中所有对象的最下层，如图5-78所示。

图5-77 将复制的对象粘贴在最上层　　图5-78 将复制的对象粘贴在最下层

默认情况下，执行"编辑>粘贴"命令，会将剪贴板中的对象粘贴到当前窗口的中心位置。执行"编辑>就地粘贴"命令或者按【Shift+Ctrl+V】组合键，如图5-79所示，可将剪贴板中的对象粘贴到其原始位置的前面。

中文版Illustrator图形设计
完全自学一本通

当一个文件中包含多个画板时，执行"编辑＞在所有画板上粘贴"命令，如图5-80所示，即可将对象一次性粘贴到文件的所有画板中。

图5-79 执行"就地粘贴"命令　　图5-80 执行"在所有画板上粘贴"命令

应用案例　在所有画板上粘贴图形

源文件：源文件\第5章\5-3-1.ai　　视频：视频\第5章\在所有画板上粘贴图形.mp4

STEP 01 执行"文件＞新建"命令，弹出"新建文档"对话框，单击其顶部的"移动设备"选项卡，如图5-81所示，选择"iPhone 8/7/6 Plus"选项，设置"画板"数量为4，如图5-82所示。

图5-81 单击"移动设备"选项卡　　图5-82 设置"画板"数量

STEP 02 单击"创建"按钮，创建一个包含4个画板的文件，如图5-83所示。执行"文件＞打开"命令，将文件"素材\第5章\在线课程App.ai"打开，如图5-84所示。

图5-83 创建文件　　图5-84 打开素材文件

STEP 03 使用"选择工具"拖曳选中顶部对象，执行"编辑＞复制"命令，如图5-85所示。返回新建文档，执行"编辑＞在所有画板上粘贴"命令，复制的内容将粘贴到所有画板上，如图5-86所示。

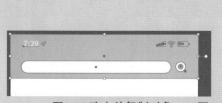

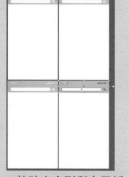

图5-85 选中并复制对象　　图5-86 粘贴内容到所有画板上

5.3.2 剪切与清除对象

使用"复制"命令可以将源图像中选中的部分复制到剪贴板中，其不会影响原图。如果想要在复制选中对象后，将其从原图中删除，可以执行"剪切"命令。

选中要剪切的对象，执行"编辑 > 剪切"命令或者按【Ctrl+X】组合键，即可将对象剪切到剪贴板中，如图5-87所示。接下来可以使用"粘贴"命令，将剪切的对象粘贴到其他文档中。

 Tips

当用户再次执行"剪切"命令后，上一次保存在剪贴板中的对象将被覆盖。

选中想要删除的对象，执行"编辑 > 清除"命令或者按【Delete】键，即可将选中的对象删除，如图5-88所示。

图5-87 执行"剪切"命令　　　图5-88 执行"清除"命令

如果要清除一个图层或多个图层内的所有对象，可以在"图层"面板中选中这些图层，单击面板右下角的"删除所选图层"按钮 🗑，如图5-89所示，弹出"Adobe Illustrator"对话框，单击"是"按钮，如图5-90所示，即可删除当前图层及图层上的所有对象。

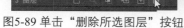

图5-89 单击"删除所选图层"按钮　　　图5-90 单击"是"按钮

5.4 使用蒙版

蒙版是指用于遮挡其形状以外的图形，使用蒙版可以控制对象在视图中的显示范围，被蒙版对象只有在蒙版形状以内的部分才能打印和显示。在Illustrator CC中，只有一种蒙版类型，即剪切蒙版。

5.4.1 创建剪切蒙版

用户可以通过"剪切蒙版"遮盖不需要的图形，即在创建剪切蒙版后，只能看见位于蒙版形状内的部分对象。从效果上来看，就是将显示图像剪切为蒙版形状。

在Illustrator CC中，剪切蒙版和被遮盖的对象称为"剪切组合"，在"图层"面板中显示为"<剪切

组>"，如图5-91所示。只有矢量对象才可以作为剪切蒙版，但是任何图形都可以作为被遮盖的对象。

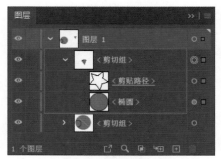

图5-91 "图层"面板中的"剪切组"

● 剪切蒙版

选中作为剪切蒙版的路径和被遮盖的对象或图像，如图5-92所示。执行"对象 > 剪切蒙版 > 建立"命令或按【Ctrl+7】组合键，即可创建剪切蒙版，如图5-93所示。也可以在选中作为剪切蒙版的路径和被遮盖的对象或图像后，单击鼠标右键，在弹出的快捷菜单中选择"建立剪贴蒙版"命令，完成创建剪切蒙版的操作。

图5-92 选中对象或图像

图5-93 创建剪切蒙版

对象级剪切组合与图层级剪切组合的区别是什么？

如果创建图层级（被遮盖对象为素材图形或图像）剪切组合，那么图层顶部的对象会剪切下面的所有对象。对对象级（被遮盖对象为矢量对象）剪切组合执行的所有操作（如变换和对齐等操作）都基于剪切蒙版的边界，而不是未遮盖的边界。在创建对象级剪切蒙版后，用户只能通过单击"图层"面板、"直接选择工具"或"属性"面板底部的"隔离蒙版"按钮来选择剪切的内容。

● 内部绘图

Illustrator CC为用户提供了3种绘图模式，分别是"正常绘图""背面绘图""内部绘图"，如图5-94所示。其中，"内部绘图"模式的功能与剪切蒙版的功能非常相似。

图5-94 3种绘图模式

在"内部绘图"模式下，用户只可以在所选对象的内部绘图，并且只有当用户选择单一路径、混合路径或文本时，"内部绘图"模式才会启用。

使用"内部绘图"模式绘图前，首先要选中想要在其中绘图的路径，再单击工具箱底部的"内部绘图"模式按钮 或按【Shift+D】组合键，切换到"内部绘图"模式，此时选中的路径将显示为如图5-95所示效果。

在"内部绘图"模式下，所选路径将剪切后续绘制的路径，如图5-96所示。再次将绘图模式切换为"正常绘图"模式后，剪切停止。

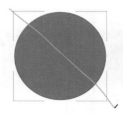

图5-95 "内部绘图"选中路径效果　　　图5-96 剪切后续绘制的路径

 Tips

在Illustrator CC中,按【Shift+D】组合键可以切换绘图模式。由于该组合键对3种绘图模式都起作用,并且是按"正常绘图""背面绘图""内部绘图"模式的顺序进行切换,所以有时需要连续按两次该组合键才能够切换到自己想要的绘图模式。

5.4.2 编辑剪切蒙版

创建剪切蒙版后,剪切路径和被遮盖的图形都是可以编辑的。使用"编组选择工具"可以选择并移动剪切路径或被遮盖的图形,使用"直接选择工具"可以调整图形的路径和锚点。

应用案例 **使用并编辑剪切蒙版**
源文件:源文件\第5章\5-4-2.ai　　　视频:视频\第5章\使用并编辑剪切蒙版.mp4

STEP 01 执行"文件 > 打开"命令,将文件"5-4-2.ai"打开,选中画板中的剪切组合,执行"对象 > 剪切蒙版 > 编辑内容"命令,可以使用"选择工具"调整被遮罩对象的大小,如图5-97所示。

STEP 02 在被遮罩对象处于选中状态时,执行"对象 > 剪切蒙版 > 编辑蒙版"命令,可以将剪切蒙版切换为编辑状态;或者使用"直接选择工具"选中剪切蒙版,也可以将剪切蒙版切换为编辑状态,如图5-98所示。

图5-97 调整被遮罩对象的大小　　　　图5-98 将剪切蒙版切换为编辑状态

STEP 03 剪切蒙版处于编辑状态时,使用"直接选择工具""添加锚点工具""锚点工具"调整蒙版路径,包括改变剪切蒙版的轮廓、大小、填色和描边等。调整剪切蒙版的路径后,蒙版效果如图5-99所示。

图5-99 调整剪切蒙版路径后的蒙版效果

在 Illustrator CC 中，用户可以将文档中的其他对象添加到被蒙版图稿的编组中，从而改变蒙版对象的外观。

5.4.3 释放剪切蒙版

如果想要从剪切蒙版中释放对象，需要选中包含释放对象的剪切蒙版，执行"对象 > 剪切蒙版 > 释放"命令或按【Alt+Ctrl+7】组合键，如图5-100所示，完成后即可释放剪切蒙版。

选中剪切蒙版，单击鼠标右键，在弹出的快捷菜单中选择"释放剪切蒙版"命令，如图5-101所示，也可以完成释放剪切蒙版的操作。

图5-100 执行"释放"命令

图5-101 选择"释放剪切蒙版"命令

5.5 使用封套扭曲变形对象

由于所选图形可以按照封套的形状进行变形，因而封套扭曲是Illustrator CC中最灵活的变形功能。所选对象根据哪个对象进行扭曲，该对象被称为"封套"，被扭曲的对象则是"封套内容"。应用了封套扭曲之后，还可以继续编辑封套的形状和内容，或者删除/扩展封套。

5.5.1 创建封套

封套扭曲变形是指将选择的图形放在某一个形状中，或者使用系统提供的各种扭曲变形效果，依照形状外观或设定的扭曲效果进行变形。封套扭曲变形可以应用在Illustrator CC中的大部分对象上，包括符号、渐变网格、文字和以嵌入方式置入的图像等。

执行"对象 > 封套扭曲"命令，打开如图5-102所示的子菜单，该子菜单包含了3个创建封套扭曲变形的命令。

● 用变形建立

绘制或选中一个对象，执行"对象 > 封套扭曲 > 用变形建立"命令或按【Alt+Shift+Ctrl+W】组合键，弹出"变形选项"对话框，如图5-103所示。在该对话框中设置各项参数，单击"确定"按钮，即可完成扭曲变形操作，效果如图5-104所示。

图5-102 "封套扭曲"子菜单

图5-103 "变形选项"对话框

图5-104 变形效果

● 样式：单击"样式"选项，弹出封套扭曲样式下拉列表框，如图5-105所示。其中包含15种样式，每种样式的效果不同，但设置的参数选项相同。

● 弯曲：在文本框中输入数值或拖曳滑块，可以设置弯曲程度。当数值为正数时，增强所选对象的左边变形程度；当数值为负数时，增强所选对象的右边变形程度。

● 水平/垂直：设置所选对象的变形方向。

图5-106所示为设置了各项参数后的变形效果。

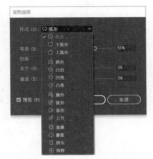

图5-105 封套扭曲样式下拉列表框　　　　　图5-106 变形效果

Tips

如果用户想在设置参数的过程中查看变形效果，可以选择"变形选项"对话框中的"预览"复选框，选中对象会按照当前参数显示扭曲变形效果。

● 用网格建立

使用"用网格建立"命令将直接在所选对象上建立封套网格，此时，用户可以通过调整封套网格上的锚点，来完成扭曲变形操作。相对于"用变形建立"命令中预设好的各种扭曲样式，此封套扭曲变形方式更加自由和灵活。

绘制或者选中一个对象，执行"对象 > 封套扭曲 > 用网格建立"命令或按【Alt+Ctrl+M】组合键，弹出"封套网格"对话框，如图5-107所示。在该对话框中为封套网格设置"行数""列数"，单击"确定"按钮，所选对象上建立起设定好的封套网格，如图5-108所示。

建立起封套网格后，可以使用"直接选择工具""网格工具"对封套网格上的锚点或方向线进行调整；也可以使用这两种工具在网格上单击为其添加锚点；还可以使用这两种工具选中封套网格上的锚点，按【Delete】键删除。调整锚点或方向线后，对象会随封套网格的改变而改变，如图5-109所示。

图5-107 "封套网格"对话框　　　图5-108 封套网格　　　图5-109 调整锚点或方向线

● 用顶层对象建立

为了使用户充分发挥个人想象力，从而得到自己想要的变形效果，Illustrator CC为用户提供了一种预设变形与网格变形相结合的封套扭曲变形方式。

在需要变形的对象（形状、图形、图像或文字）上绘制一个路径，使用"选择工具"选中想要变形的对象和路径，如图5-110所示。执行"对象 > 封套扭曲 > 用顶层对象建立"命令或按【Alt+Ctrl+C】组合键，想要被封套变形的对象就会按照绘制的路径轮廓进行变形，变形效果如图5-111所示。

图5-110 选中对象和路径

图5-111 变形效果

5.5.2 编辑封套

为对象应用封套扭曲变形后，用户仍然可以对封套的外形和被封套对象进行编辑，从而获得更满意的变形效果。

● 编辑封套外形

为对象应用封套扭曲变形后，如果还想二次编辑封套的外形，可以使用"直接选择工具""网格工具"完成操作。

当封套外形处于未选中状态时，使用"直接选择工具"完成编辑操作前，需要单击封套外形将其选中后才能开始编辑操作；而使用"网格工具"时，只需将"网格工具"移至封套外形上，显示网格后即可对封套外形开始编辑操作，如图5-112所示。编辑完成后整个封套效果会随之改变，如图5-113所示。

图5-112 显示网格

图5-113 二次编辑后的变形效果

● 编辑封套内容

完成封套变形后的对象将自动与封套组合在一起。直接选择变形后的对象，只能看到封套外形路径，此时被封套对象的路径处于隐藏状态。

如果想要编辑被封套对象，执行"对象 > 封套扭曲 > 编辑内容"命令，系统会将被封套对象的路径转为可见状态，而封套外形则被隐藏，如图5-114所示。此时可以对被封套对象进行编辑处理，编辑完成后，执行"对象 > 封套扭曲 > 编辑封套"命令，如图5-115所示，回到显示封套外形的状态。

图5-114 显示被封套对象的路径

图5-115 执行"编辑封套"命令

Tips

当被封套对象的路径为可见状态时，执行"对象＞封套扭曲"命令，其子菜单中才会出现"编辑封套"命令。

- 扩展封套变形

如果想要删除封套外形同时保留封套变形的效果，可以执行"对象＞封套扭曲＞扩展"命令，如图5-116所示。完成后封套变形的效果将会应用到对象上，而封套外形将会被删除，如图5-117所示。

图5-116 执行"扩展"命令　　　图5-117 扩展封套变形

- 释放封套变形

如果想要删除封套，执行"对象＞封套扭曲＞释放"命令，如图5-118所示。完成后被封套对象将恢复到封套变形前的效果，而封套外形将以灰色的路径或网格形式出现在画板中，如图5-119所示。

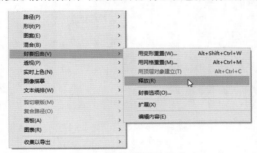

图5-118 执行"释放"命令　　　图5-119 释放封套变形

- 封套选项

执行"对象＞封套扭曲＞封套选项"命令，弹出"封套选项"对话框，如图5-120所示，在该对话框中可以对封套扭曲变形的各项属性进行设置。

图5-120 "封套选项"对话框

- 消除锯齿：对被封套对象进行栅格化处理后，选择此复选框可以得到比较平滑的扭曲变形效果。
- 剪切蒙版：选择该单选按钮，将以剪切蒙版的方式保留栅格化图形的封套变形效果。
- 透明度：选择该单选按钮，将以透明度来保留封套形状。
- 保真度：用以设置被封套对象与以封套进行变形的对象之间的相似程度。数值越大，封套外形上的节点就越多，封套内的对象也就更加接近封套形状。图5-121所示为选择不同保真度下封套扭曲的变形效果。

保真度：20　　　　　　保真度：100

图5-121 不同保真度下封套扭曲的变形效果

● 扭曲外观：如果封套内的对象应用了外观属

性，则选择此复选框后，外观属性也会随封套
变形而变形。

● 扭曲线性渐变填充：如果封套内的对象填充了
线性渐变，选择此复选框后，填充的线性渐变
也会随封套变形。

● 扭曲图案填充：如果封套内的对象填充了图
案，选择此复选框后，填充的图案也会随封套
变形而变形。

应用案例　使用"封套扭曲"命令制作文字嵌入效果

源文件：源文件第5章5-5-2.ai 视频：视频第5章使用"封套扭曲"命令制作文字嵌入效果.mp4

STEP 01 执行"文件＞打开"命令，将文件"5-5-2.ai"打开，如图5-122所示。单击工具箱中的"文字工具"
按钮，在画板中按住鼠标左键并拖曳，创建文本段落，如图5-123所示。

图5-122 打开素材文件

图5-123 创建文本段落

STEP 02 单击鼠标右键，在弹出的快捷菜单中选择"排列＞置于底层"命令，如图5-124所示。拖曳选中文字
和图形，执行"对象＞封套扭曲＞用顶层对象建立"命令，文字嵌入效果如图5-125所示。

图5-124 选择"置于底层"命令 　　　　图5-125 文字嵌入效果

5.6　混合对象

在Illustrator CC中，用户可以通过创建混合对象达到创建复杂图形的目的。混合对象是指在两个或两
个以上的对象之间平均分布形状、创建平滑的过渡或创建颜色过渡，最终组合颜色和对象，从而形成新
的图形。

5.6.1 创建混合

用户可以通过使用"混合工具对象"命令或者执行"对象 > 混合 > 建立"命令完成混合对象的创建，其本质是在选中的两个或多个对象之间添加一系列的中间对象或颜色。

● 使用"混合工具"创建混合对象

单击工具箱中的"混合工具"按钮 ，画板中的光标变为 状态。将光标移至第一个对象上，当光标变为 状态时，单击该对象的填色或描边，如图5-126所示。再将光标移至第二个对象上，当光标变为 状态时，单击该对象的填色或描边，即可将两个对象创建为混合对象，如图5-127所示。

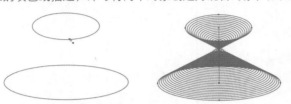

图5-126 单击对象的填色或描边　图5-127 创建混合对象

将光标移至对象的某个锚点上，当光标变为 状态时单击该锚点，如图5-128所示。将光标移至下一个对象的相应锚点上，当光标变为 状态时单击该锚点，创建一个不包含旋转并且按顺序混合的对象，如图5-129所示。

如果将光标移至下一个对象上，在光标变为 状态时单击该对象的填充或描边，可以创建包含旋转的混合对象，如图5-130所示。

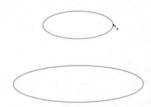

图5-128 单击锚点　　图5-129 不包含旋转的混合对象　图5-130 包含旋转的混合对象

混合对象的一般使用规则有哪些？

用户不能在网格对象之间执行"混合"命令。

如果用户在使用印刷色和使用专色的对象之间执行"混合"命令，则混合生成的形状会以混合的印刷色进行填色。如果在两个不同的专色之间执行"混合"命令，则会使用印刷色为中间步骤上色。而如果在相同专色的色调之间执行"混合"命令，则所有步骤将按照该专色的百分比进行填色。

如果用户在两个图案化对象之间执行"混合"命令，则混合步骤只使用顶层图层中对象的填色。

如果在两个设置了混合模式的对象之间执行"混合"命令，则混合步骤使用上面对象的混合模式。

如果在具有多个外观属性的对象之间执行"混合"命令，Illustrator CC 会试图混合其选项。

如果在两个相同符号的实例之间执行"混合"命令，则混合步骤将为符号实例。但是，如果在两个不同符号的实例之间执行"混合"命令，则混合步骤不是符号实例。

默认情况下，混合会作为挖空透明组创建对象，因此如果步骤由叠印的透明对象组成，则这些对象不会透过其他对象显示出来。用户可以通过选中混合并取消选择"透明度"面板中的"挖空组"复选框，完成更改此设置的操作。

● 使用"混合"命令创建混合对象

使用"选择工具"选中两个或两个以上的对象，如图5-131所示。执行"对象 > 混合 > 建立"命令或者按【Alt+Ctrl+B】组合键，释放鼠标键后，即可完成混合对象的创建，效果如图5-132所示。

图5-131 选中对象

图5-132 混合对象效果

 Tips

默认情况下，Illustrator CC 会为创建的混合对象计算出所需的适宜步骤数。如果要控制步骤数或步骤之间的距离，可以设置混合选项。

 混合选项

双击工具箱中的"混合工具"按钮或者执行"对象 > 混合 > 混合选项"命令，弹出"混合选项"对话框。

选中混合对象后，单击"属性"面板中"快速操作"选项组下方的"混合选项"按钮，也会弹出"混合选项"对话框，如图5-133所示。用户可以在该对话框中设置混合选项，完成后单击"确定"按钮。

图5-133 "混合选项"对话框

● 间距：单击该选项，打开包含下述3个选项的下拉列表框，选择其中一个选项，用以指定混合时选中对象之间使用颜色或线条进行连接，以及连接的步数和间隔距离。

● 平滑颜色：选择该选项，Illustrator CC会自动计算混合的步骤数。如果选中对象的填色或描边参数不同，则计算出的步骤数是实现平滑颜色过渡的最佳步骤数。如果对象包含相同的颜色、渐变或图案，则会根据两个对象定界框边缘之间的最长距离进行计算，从而得出步骤数。

● 指定的步数：选择该选项，可在选项后面的文本框中输入数值，用于控制混合开始与混合结束之间的步骤数。

● 指定的距离：选择该选项，可在选项后面的文本框中输入数值，用于控制混合步骤之间的距离。指定的距离是指从一个对象边缘起到下一个对象对应边缘之间的距离。

● 取向：用以确定混合对象的对齐方向。

● 对齐页面 ▐▐▐▐ ：选择该选项，使混合对象垂直于X轴，如图5-134所示。

● 对齐路径 ▚▚▚ ：选择该选项，使混合对象垂直于路径，如图5-135所示。

图5-134 对齐页面　　　　图5-135 对齐路径

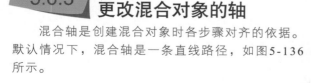 **更改混合对象的轴**

混合轴是创建混合对象时各步骤对齐的依据。默认情况下，混合轴是一条直线路径，如图5-136所示。

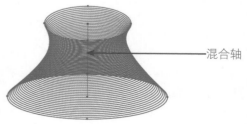

混合轴

图5-136 混合轴

使用"直接选择工具"拖曳调整混合轴上锚点的位置，或者使用"锚点工具"拖曳调整混合轴的曲率，即可改变混合轴的形状，混合对象的排列方式也随之改变，如图5-137所示。

图5-137 调整混合轴的形状

使用绘图工具绘制一个对象，作为新的混合轴。同时选中混合轴对象和混合对象，如图5-138所示，执行"对象 > 混合 > 替换混合轴"命令，即可使用新的路径替换混合对象中的原始混合轴，混合对象中的排列方式也会随之改变，如图5-139所示。

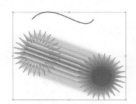

图5-138 选中对象　　图5-139 替换混合轴

使用"选择工具"选中混合对象，执行"对象 > 混合 > 反向混合轴"命令，即可反向混合轴上的排列顺序，如图5-140所示。

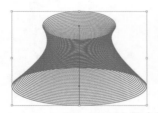

图5-140 反向混合轴上的排列顺序

STEP 01 新建一个Illustrator文件，使用"文字工具"在画板中单击并输入文字，如图5-141所示。继续使用相同的方法创建文本，如图5-142所示。

图5-141 输入文字　图5-142 创建文本

STEP 02 拖曳选中两个文本，执行"文字 > 创建轮廓"命令，如图5-143所示。设置图像填充色为无，描边颜色分别为洋红色和黄色，如图5-144所示。双击工具箱中的"混合工具"按钮，弹出"混合选项"对话框，设置参数如图5-145所示。

图5-143 执行"创建轮廓"命令 图5-144 设置描边色　　　　图5-145 设置参数

STEP 03 单击"确定"按钮，选中两个图形，按【Ctrl+Alt+B】组合键创建混合，效果如图5-146所示。单击工具箱中的"曲率工具"按钮，在画板中绘制一条路径，如图5-147所示。

STEP 04 拖曳选中混合对象和路径，执行"对象＞混合＞替换混合轴"命令，效果如图5-148所示。

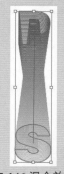
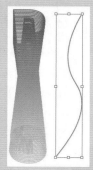

图5-146 混合效果　　　　图5-147 绘制路径　　图5-148 替换混合轴效果

5.6.4 反向堆叠混合对象

　　使用"选择工具"选中混合对象，如图5-149所示。执行"对象＞混合＞反向堆叠"命令，混合对象中的堆叠内容会按照从左到右或从前到后调换顺序，完成的混合对象效果如图5-150所示。

图5-149 选中混合对象　　　　　　图5-150 混合对象效果

5.6.5 释放或扩展混合对象

　　选中混合对象后，执行"对象＞混合＞释放"命令或按【Alt+Shift+Ctrl+B】组合键，即可将选中的混合对象恢复为原始对象。

　　选中混合对象后，执行"对象＞混合＞扩展"命令，即可将混合对象扩展为由多个单独对象组成的编组对象，用户仍然可以对其进行编辑，但是编组对象不再具有混合对象的特性，也无法为其应用任何混合操作。

应用案例

绘制盛开的牡丹花

源文件：源文件\第5章\5-6-5.ai　　　视频：视频\第5章\绘制盛开的牡丹花.mp4

STEP 01 新建一个Illustrator文件，单击工具箱中的"星形工具"按钮，使用"星形工具"在画板中单击，弹出"星形"对话框，设置参数如图5-151所示。

STEP 02 单击"确定"按钮，双击工具箱中的"渐变工具"按钮，打开"渐变"面板，设置径向渐变的参数，创建的图形效果如图5-152所示。

图5-151 设置参数　　　　　　图5-152 创建的图形效果

STEP 03 按住【Alt】键不放，使用"选择工具"将图形向任意方向拖曳复制图形，完成后等比例缩放图形并调整图形的渐变颜色，如图5-153所示。

STEP 04 使用"选择工具"拖曳选中两个图形，分别单击"控制"面板中的"水平居中对齐""垂直居中对齐"按钮，效果如图5-154所示。

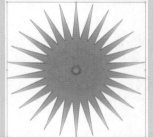

图5-153 复制图形并调整图形的颜色　　　　图5-154 图形效果

STEP 05 执行"对象＞混合＞建立"命令，创建的混合对象如图5-155所示。执行"效果＞扭曲和变换＞扭拧"命令，弹出"扭拧"对话框，设置参数如图5-156所示。单击"确定"按钮，图形效果如图5-157所示。

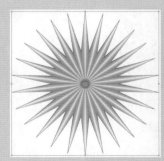

图5-155 创建混合对象　　　　图5-156 设置参数　　　　图5-157 图形效果

[5.7 使用 "路径查找器" 面板

在绘制复杂的图形时，经常需要对多个对象执行裁剪和合并等操作，或者利用图形的重叠部分创建新的图形。使用 "路径查找器" 面板可以轻松地实现各种组合操作，提高制作复杂图形的速度。

了解 "路径查找器" 面板

执行 "窗口＞路径查找器" 命令或按【Shift+Ctrl+F9】组合键，打开 "路径查找器" 面板，如图5-158所示。根据不同的作用和功能， "路径查找器" 面板上的按钮分为 "形状模式" "路径查找器" 两个选项组。必须先选中两个或两个以上的对象， "路径查找器" 面板中的按钮才能起作用，否则将弹出 "Adobe Illustrator" 警告框，如图5-159所示。

图5-158 "路径查找器" 面板

图5-159 警告框

● 形状模式：使用该选项组中的按钮可将两个或多个路径对象组合在一起，这些按钮可以将一些简单的图形组合成新的复杂图形。

● 联集：单击该按钮，可以将两个或两个以上的对象合并为一个新的图形。新图形的填色和描边参数将沿用原始选中对象中顶层对象的填色和描边参数，效果如图5-160所示。

● 减去顶层：单击该按钮，可以使下方对象按照顶层对象的形状进行剪裁，保留不重叠部分的同时删除相交部分，以此得到新图形。新图形的填色和描边参数与原始选中对象中底层对象的填色和描边参数相同，效果如图5-161所示。

● 交集：单击该按钮，将只保留所有对象之间的重叠部分，未重叠部分将被删除。新图形的填色和描边参数与原始选中对象中顶层对象的填色和描边参数相同，效果如图5-162所示。

● 差集：单击该按钮，将删除选中对象之间的重叠部分，而未重叠部分将被保留。新图形的填色和描边参数与原始选中对象中顶层对象的填色和描边参数相同，效果如图5-163所示。

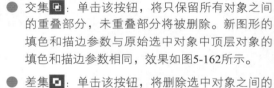

图5-162 "交集" 效果

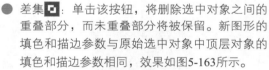

图5-163 "差集" 效果

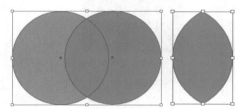

● 扩展　扩展：单击该按钮，可以将使用 "联集" "减去顶层" "交集" "差集" 功能组合在一起的路径扩展为复合路径。

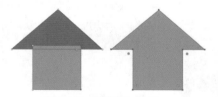

图5-160 "联集" 效果

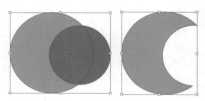

图5-161 "减去顶层" 效果

选中两个对象并按住【Alt】键不放，如图5-164所示。单击"路径查找器"面板中"形状模式"选项组下的任一按钮，组合完成的新图形将保留原始路径，如图5-165所示。并且在"图层"面板中显示为"复合形状"图层，如图5-166所示。

图5-164 选中对象　　　　图5-165 组合图形　　　图5-166 "复合形状"图层

 Tips

复合形状是可编辑的路径，由两个或多个对象组成。由于用户可以精确地操控复合形状中每一个路径的堆栈顺序、位置和外观，其简化了复杂图形的创建过程。

此时，"路径查找器"面板中的"扩展"按钮将被启用，如图5-167所示。单击"扩展"按钮，可以将组合在一起的复合形状转化为复合路径，如图5-168所示。复合路径在"图层"面板中显示为单一图层，如图5-169所示。

图5-167 "扩展"按钮将被启用 图5-168 转化为复合路径　　　图5-169 单一图层

 Tips

用户单独使用"路径查找器"面板中"形状模式"下的组合功能按钮时，组合完成的路径将直接转化为复合路径。

- 🔵 路径查找器：在该选项组中，可以对选中的多个路径进行"分割""修边""合并""裁剪""轮廓""减去后方对象"操作。执行操作后，新创建的图形将自动编组，执行"对象＞取消编组"命令或按【Shift+Ctrl+G】组合键，编组中的多个图形将独立显示。

- 🔵 分割 ⬚：选择两个或两个以上的重叠对象，单击该按钮可以将所选对象以相交线为分界线分割成多个不同的闭合路径，效果如图5-170所示。

图5-170 "分割"效果

- 🔵 修边 ⬚：单击该按钮，所选对象中的下方对象与上面对象的重叠部分被删除，上方对象保持不变。所选对象的填色不影响最终切割效果，同时所有对象的描边将变成无，效果如图5-171所示。

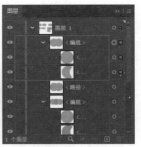

图5-171 "修边"效果

- 合并 ▣：单击该按钮，如果所选对象具有相同的填色，则所选对象中的重叠部分被删除且合并为一个整体，效果如图5-172所示。如果所选对象具有不同的填色，将得到与应用了"修边"功能一样效果的多个路径，同时对象的描边都变成无，效果如图5-173所示。

图5-172 相同颜色的"合并"效果　　图5-173 不同颜色的"合并"效果

- 裁剪 ▣：选择两个或两个以上的重叠对象，单击该按钮，底层对象只保留重叠部分，但是填色不变且删除描边，顶层对象将删除重叠部分并设置填色和描边为无，效果如图5-174所示。

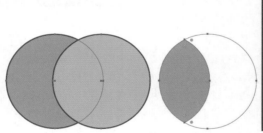
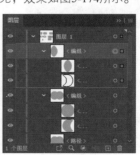

图5-174 "裁剪"效果

- 轮廓 ▣：单击该按钮，所选对象将会按照对象中各个轮廓相交点，将所有对象切割为多个独立的开放路径。转换后的路径只显示描边颜色且描边与原始对象的填色相同，效果如图5-175所示。

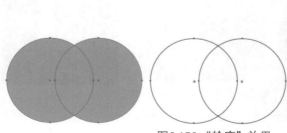
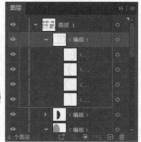

图5-175 "轮廓"效果

● 减去后方对象 ：选择两个或两个以上的重叠对象，单击该按钮，将从顶层对象中减去底层对象，其余参数不变。完成操作的路径在"图层"面板中显示为单一图层，效果如图5-176所示。

图5-176 "减去后方对象"效果

应用案例

绘制卡通灯泡图形

源文件：源文件\第5章\5-7-1.ai　　　视频：视频\第5章\绘制卡通灯泡图形.mp4

STEP 01 新建一个Illustrator文件，使用"椭圆工具"在画板中绘制一个填色为RGB（255、158、0）的椭圆，如图5-177所示。继续使用"矩形工具"绘制一个矩形，如图5-178所示。

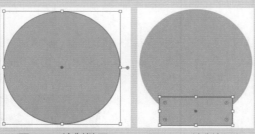

图5-177 绘制椭圆　　　　图5-178 绘制矩形

STEP 02 使用"选择工具"拖曳选中椭圆和矩形，执行"窗口 > 路径查找器"命令，在打开的"路径查找器"面板中单击"联集"按钮，如图5-179所示，效果如图5-180所示。

图5-179 单击"联集"按钮　　　图5-180 联集效果

STEP 03 使用"直接选择工具"拖曳选中如图5-181所示的两个锚点。拖曳锚点边上的控制点，得到的圆角效果如图5-182所示。

图5-181 选中两个锚点　　　　　图5-182 圆角效果

STEP 04 使用"圆角矩形工具"绘制一个填色为RGB（180、180、180）的圆角矩形，如图5-183所示。继续使用"矩形工具"创建一个填色为黑色的矩形，如图5-184所示。

STEP 05 使用"直接选择工具"拖曳选中底部的两个锚点，拖曳调整为圆角，如图5-185所示。绘制的卡通灯泡图形效果如图5-186所示。

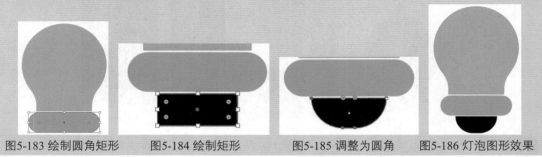

图5-183 绘制圆角矩形　　　　图5-184 绘制矩形　　　　图5-185 调整为圆角　　　　图5-186 灯泡图形效果

5.7.2　"路径查找器"面板菜单

单击"路径查找器"面板右上角的"显示/隐藏面板菜单"按钮，打开面板菜单，如图5-187所示。选择相应的命令，即可完成相应的操作。

● 陷印

使用"陷印"功能可以很好地弥补印刷机存在的缺陷。选择需要设置陷印的对象，在打开的"路径查找器"面板菜单中选择"陷印"命令，弹出"路径查找器陷印"对话框，如图5-188所示。在该对话框中可根据需要设置各项参数，完成后单击"确定"按钮。

图5-187 面板菜单

图5-188 "路径查找器陷印"对话框

🔘 粗细：用于设置路径描边的厚度，取值范围为0.01~5000pt。

🔘 高度/宽度：用于将水平线上的陷印指定为垂直线上的陷印。通过指定不同的水平和垂直陷印值，用户可以补偿印刷过程中出现的异常情况。默认值为100%，此时水平线和垂直线上的陷印宽度相同。图5-189所示为"高度/宽度"值为50%与200%的对比图。

🔘 色调减淡：减小被陷印后较浅颜色的色调值，较深的颜色参数会保持在100%。该选项在陷印两个浅色对象时很有用，基于此种情况，陷印线会透过两种颜色中比较深的部分显示出来，形成非

常不美观的深色边框。图5-190所示为"色调减淡"值为100%与50%的对比图。

图5-189 "高度/宽度"值为50%与200%的对比图

图5-190 "色调减淡"值为100%与50%的对比图

● 印刷色陷印：选择此复选框，所选对象无论是印刷色还是特别色，陷印所产生的颜色都将转换为等值的印刷色（即CMYK模式）。

● 反向陷印：选择此复选框，可以将较深的颜色陷印到较浅的颜色中。

● 重复

选择面板菜单中的"重复"命令，将会再次执行上一次的操作。每一次不同的操作，都会让该命令的名称发生改变。

例如，对两个对象执行"裁切"操作，则"路径查找器"面板菜单中"重复"选项名称相应变为"重复裁切"，如图5-191所示。对两个对象执行"减去顶层"操作，那么"路径查找器"面板菜单中的"重复"命令的名称相应变为"重复相减"，如图5-192所示。

图5-191 "重复裁切"选项　　图5-192 "重复相减"选项

● 路径查找器选项

选择面板菜单中的"路径查找器选项"命令，弹出"路径查找器选项"对话框，如图5-193所示。设置各项参数，完成后单击"确定"按钮。

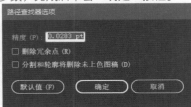

图5-193 "路径查找器选项"对话框

● 精度：用于设置路径被分割和裁剪时的精确

度，输入的数值越小，精确度越高。

● 删除冗余点：选择此复选框，在单击"路径查找器"面板中的"修边"按钮后，所选对象多余的锚点将被删除。

● 分割和轮廓将删除未上色图稿：选择此复选框，在单击"路径查找器"面板中的"分割""轮廓"按钮后，没有填充颜色的对象将被删除。

● 复合形状

创建复合形状后，"路径查找器"面板菜单中的"释放复合形状""扩展复合形状"命令将被启用，用户可以根据自己的需要选择相应的选项。

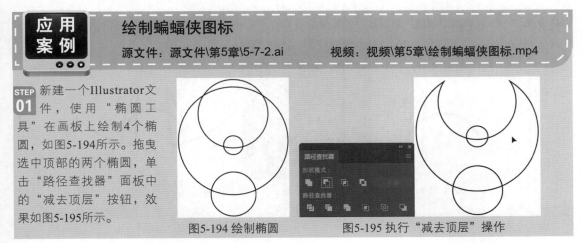

应用案例

绘制蝙蝠侠图标

源文件：源文件\第5章\5-7-2.ai　　　视频：视频\第5章\绘制蝙蝠侠图标.mp4

STEP 01 新建一个Illustrator文件，使用"椭圆工具"在画板上绘制4个椭圆，如图5-194所示。拖曳选中顶部的两个椭圆，单击"路径查找器"面板中的"减去顶层"按钮，效果如图5-195所示。

图5-194 绘制椭圆　　　图5-195 执行"减去顶层"操作

STEP 02 拖曳选中减去顶层的图形和底部的椭圆，再次单击"减去顶层"按钮，效果如图5-196所示。拖曳选中所有图形，单击"联集"按钮，效果如图5-197所示。

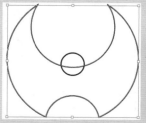

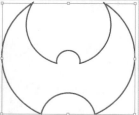

图5-196 减去顶层效果　　　　　　　　　图5-197 联集效果

STEP 03 使用"多边形工具"在画板中绘制三角形，并调整其大小和位置，如图5-198所示。拖曳选中3个图形，单击"路径查找器"面板中的"减去顶层"按钮，效果如图5-199所示。

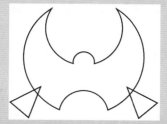
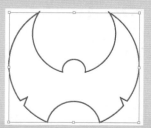

图5-198 绘制三角形并调整大小位置　　　图5-199 减去顶层效果

STEP 04 使用"钢笔工具"绘制一个菱形，如图5-200所示。拖曳选中所有图形，单击"路径查找器"面板中的"联集"按钮，效果如图5-201所示。

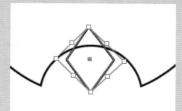
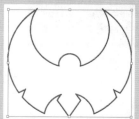

图5-200 绘制菱形　　　　　　　　图5-201 联集效果

STEP 05 使用"曲率工具"绘制如图5-202所示的图形。使用"镜像工具"移动中心点，按住【Alt】键的同时单击中心点，弹出"镜像"对话框，设置参数后单击"复制"按钮，如图5-203所示。

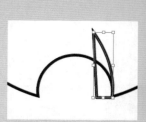
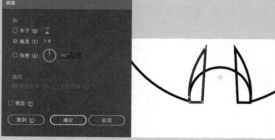

图5-202 绘制图形　　　　　　　　图5-203 镜像复制图形

STEP 06 拖曳选中所有图形，单击"联集"按钮，效果如图5-204所示。使用"椭圆工具"绘制两个椭圆，如图5-205所示。

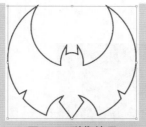

图5-204 联集效果　　　　　　　　图5-205 绘制椭圆

STEP 07 拖曳选中所有图形，单击"减去顶层"按钮，效果如图5-206所示。设置图形的填色为RGB（76、6、11），描边为无，完成后的蝙蝠侠图标效果如图5-207所示。

图5-206 减去顶层效果　　　　　　　图5-207 蝙蝠侠图标效果

5.8 使用图层

创建复杂图稿时，由于一个图稿拥有很多对象和组，使得用户想要确切跟踪文档窗口中的所有对象是比较困难的。尤其是一些隐藏在大图形下的较小图形，更增加了精确选中对象的难度。Illustrator CC中的图层功能为用户提供了一种有效方式，可以管理组成图稿的所有对象。

5.8.1 图层概述

用户可以将图层当作包含对象的文件夹，使用其能够清晰地整理文档结构。如果重新安排文件夹的顺序，就会更改图稿中对象的堆叠顺序。用户可以在文件夹之间移动对象，也可以在文件夹中创建子文件夹。

文档中的图层结构可以很简单，也可以很复杂，这一切由用户自己决定。默认情况下，所有对象都被组织到一个单一的父图层中。用户也可以创建新的图层，并将对象移至这些新建图层中，或随时将对象从一个图层移至另一个图层中。

Illustrator CC中的"图层"面板为用户提供了一种简单易行的方法，使用户可以对图稿的外观属性进行选择、隐藏、锁定和编辑。甚至可以将轮廓图层创建为模板图层，这些模板图层可用于描摹图稿，以及与Photoshop交换图层。

5.8.2 使用"图层"面板

使用"图层"面板可以列出、组织和编辑文档中的对象。默认情况下，每个新建的文档都包含一个图层，而每个创建的对象都位于该图层下。用户也可以创建新的图层，并根据需求调整各个图层的顺序。

执行"窗口＞图层"命令，打开"图层"面板，如图5-208所示。当面板中的单个图层包含其他对象时，图层名称的左侧显示三角图标，单击三角图标可显示或隐藏该图层的内容。如果图层名称左侧没有三角图标，则表示该图层中没有内容。

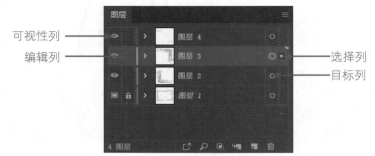

图5-208 "图层"面板

● 可视性列：指示项目的可见性状态。图层或图层中的对象显示为 ◉ 状态，其为可见；显示为空白状态时，则图层或对象被隐藏。同时还可指示图层类型，如果是模板图层，显示 ■ 图标；如果是轮廓图层，则显示 ◉ 图标。

● 编辑列：指示项目的编辑状态。如果显示锁状图标 🔒，则代表项目为锁定状态，不可编辑；如果显示为空白，则代表项目是非锁定状态，可以进行编辑。

● 目标列：指示是否选定项目，以及选定的项目是否应用"外观"面板中的效果和编辑属性。当目标按钮显示为 ◉ 或 ◉ 状态时，表示项目已被选定；而按钮显示为 ○ 或 ◉ 状态时，表示未选定项目。

● 选择列：指示是否已选定图层、组或对象。当选定图层或对象时，将显示一个颜色框。如果一个图层或组包含已选定的对象，以及其他一些未选定的对象，则父图层旁将显示一个较小的颜色框，如图5-209所示。如果父图层中的所有对象均被选中，则选定对象与其余对象的颜色框大小相同，如图5-210所示。

图5-209 较小的颜色框　　图5-210 大小相同的颜色框

在Illustrator CC中，系统会为"图层"面板中的每个图层指定唯一的颜色（最多9种颜色），该颜色会显示在面板中图层名称的旁边。选中图层中的一些对象或整个图层后，文档窗口中该对象的定界框、路径、锚点及中心点会显示与此相同的颜色，如图5-211所示。用户可以使用该颜色功能在"图层"面板中快速定位对象的相应图层，并根据需要更改图层的颜色。

图5-211 选中对象的定界框颜色

● 图层面板选项

打开"图层"面板，单击面板右上角的"面板菜单"按钮，打开如图5-212所示的面板列表。选择"面板选项"命令，弹出"图层面板选项"对话框，如图5-213所示。

图5-212 面板菜单 图5-213 "图层面板选项"对话框

- 仅显示图层：选中该复选框，即可隐藏"图层"面板中的路径、组和元素集。

- 行大小："小""中""大"或"其他"单选按钮用以指定图层的行高度。如果选中"其他"单选按钮，可在后面的文本框中输入行高的具体数值，范围为12~100像素。图5-214所示为具有不同行高的缩览图显示。

- 缩览图：选中一个、两个或全部复选框，选中项将以缩览图的预览形式进行显示。

 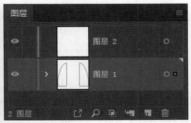

图5-214 具有不同行高的缩览图显示

- 图层选项

保持"图层"面板为打开状态，双击图层名称，名称变为文本框且名称为选中状态，如图5-215所示。输入指定的名称，单击面板空白处确认重命名操作，如图5-216所示。

双击"图层"面板中的图层缩览图，弹出"图层选项"对话框。选中图层后，从"图层"面板菜单中选择"<图层名称>的选项"命令，或者选择"新建图层"/"新建子图层"命令，都可以打开"图层选项"对话框，如图5-217所示。在该对话框中为选中图层设置相关选项，完成后单击"确定"按钮。

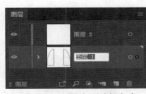  

图5-215 图层名称被选中　　图5-216 重命名操作　　图5-217 "图层选项"对话框

- 名称：在文本框中输入文本，用以指定选中图层在面板中的显示名称。

- 颜色：可以在下拉列表框中选择一种颜色，用以指定图层的颜色。选择"自定"选项或单击选项后面的颜色块，弹出"颜色"对话框，如图5-218所示，也可以在该对话框中自定义图层颜色。

● 模板：选择该复选框，选中图层由轮廓图层变为模板图层。模板图层默认为锁定状态，且图层名称显示为斜体，如图5-219所示。

图5-218 "颜色"对话框

图5-219 模板图层

● 锁定：选择该复选框，将锁定选中图层，图层锁定后将无法对其进行编辑。

● 显示：选择该复选框，将在画板上显示该图层包含的所有图稿。

● 打印：选择该复选框，使选中图层包含的所有

图稿都能够打印。

● 预览：选择该复选框，选中图层包含的所有图稿将使用颜色显示在画板中；取消选择该复选框，选中图层包含的所有图稿将以黑色轮廓显示在画板中，且图层的可见性图标也显示为轮廓样式，如图5-220所示。

● 变暗图像至：选则该复选框，可在文本框中输入百分比，用以将图层中所包含的链接图像和位图图像的强度降低到指定百分比。

图5-220 取消选择"预览"复选框后的效果

5.8.3 创建图层

在"图层"面板中，选中某个图层，如图5-221所示。单击面板底部的"创建新图层"按钮 ，新创建的图层的排列顺序位于该图层上方，如图5-222所示。单击面板底部的"创建新子图层"按钮 ，新创建的图层位于选中图层内部，如图5-223所示。

图5-221 选中图层

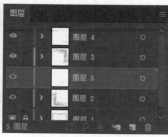

图5-222 创建新图层

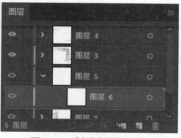

图5-223 创建新子图层

 Tips

如果用户想在创建新图层时设置相关选项，应该从"图层"面板菜单中选择"新建图层"或"新建子图层"命令。

如果当前为"背面绘图"模式，选中图层并创建图形后，该图形所在图层位于所选图层内部的底层，如图5-224所示。未选中图层后创建图形，该图形所在图层位于上次选中图层的底层，如图5-225所示。

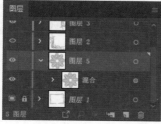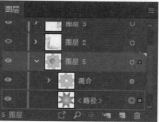

图5-224 位于所选图层内部的底层　　　图5-225 位于上次选中图层的底层

5.8.4 移动对象到图层

使用"编组选择工具"选中画板中的一个或多个对象，单击"图层"面板中所需的图层，如图5-226所示。执行"对象 > 排列 > 发送至当前图层"命令，选中对象将被移至当前的选中图层内，如图5-227所示。

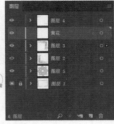
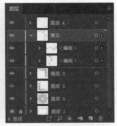

图5-226 选中对象和所需图层　　　　　　图5-227 移动图层位置

选中一个对象或组，如图5-228所示。在"图层"面板中所选对象或组的图层右侧会出现选择颜色框，将选择颜色框拖至所需图层上，如图5-229所示。释放鼠标键后，所选对象或组将移至所需图层内，如图5-230所示。

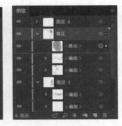

图5-228 选中对象或组　　图5-229 拖曳颜色框 图5-230 移动图层位置

Tips

选中对象或图层后，再从"图层"面板菜单中选择"收集到新图层中"命令，可将选中对象或图层移至新建的图层中。

5.8.5 释放项目到图层

使用Illustrator CC中的"释放到图层"命令，可以将选中图层中的所有项目重新分配到各图层中，并根据对象的堆叠顺序在每个图层中构建新的对象。

在"图层"面板中，单击图层或组将其选中，如图5-231所示。在"图层"面板菜单中选择"释放到图层（顺序）"命令，所选图层的每个子图层都将被释放到新图层中，如图5-232所示。

而在"图层"面板菜单中选择"释放到图层（累积）"命令，则所选图层中的每个子图层将被释放到图层并复制对象，用以创建图层的累积顺序，如图5-233所示。使用该命令，底部对象将出现在每个新建的图层中，顶部对象仅出现在最上方的图层中。

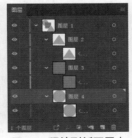
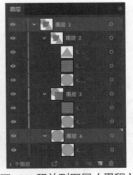

图5-231 选中图层　　图5-232 释放到新图层中　　图5-233 释放到图层（累积）

5.8.6 合并图层组

在Illustrator CC中，图层的合并功能与拼合功能类似，二者都可以将对象、组和子图层合并到同一图层或组中。

按住【Ctrl】键并单击要合并的图层或组，或者按住【Shift】键的同时逐个单击图层或组，将这些图层或组选中，再在"图层"面板菜单中选中"合并所选图层"命令，图层将被合并到最后选定的图层或组中。

Tips

选中图层只能与"图层"面板中相同层级的其他图层合并，该方法同样适用于子图层，而对象无法与其他对象合并。

在"图层"面板中选中其一图层，再在"图层"面板菜单中选中"拼合图稿"命令，所有图层将被拼合到一个图层中，该图层以选中图层的名称进行命名。

合并图层与拼合图层的区别？

使用合并功能，用户可以选择想要合并的对象、组或图层；而使用拼合功能，则图稿中的所有可见图层都被合并到同一图层中。无论使用哪种功能，图稿的堆叠顺序都将保持不变，但其他的图层级属性会被删除。

5.8.7 在"图层"面板中定位项目

用户在文档窗口中选择对象或组时，可以使用"图层"面板菜单中的"定位对象"命令，在"图层"面板中快速定位相应的对象或组。

使用"编组选择工具"在画板中单击选中一个对象，在"图层"面板菜单中选择"定位对象"命令，"图层"面板中的相应图层变为选中状态；如果选择了多个对象或组，将会定位堆叠顺序中最前面的对象，如图5-234所示。

如果"图层面板选项"对话框中的"仅显示图层"复选框为选中状态，则面板菜单中的"定位对象"命令更改为"定位图层"命令，如图5-235所示。

图5-234 定位对象

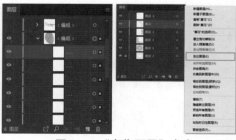

图5-235 "定位图层"命令

5.9 专家支招

熟练掌握Illustrator CC中对象的变换操作，有利于读者制作出更多符合要求的图形，同时也有利于读者熟练掌握Illustrator CC的绘图技巧。

5.9.1 在平面设计中图层有哪些应用

在平面设计中，可以将同类型的对象放在一个图层中，这样便于管理和操作，例如，将专色、UV、烫金等工艺放在一个图层中；将包装设计的辅助线、裁切线放在同一图层中。

5.9.2 复合路径与复合形状有哪些区别

执行"对象 > 复合路径 > 建立"命令，即可将选中的路径转换为复合路径。按住【Alt】键的同时单击"路径查找器"面板中的按钮创建的路径为"复合形状"。

两种路径的效果基本相同，都可以通过双击进入隔离模式再次编辑路径。不同之处在于，复合路径可以通过"释放"命令退出复合路径模式；而复合形状一旦生成，就只能通过"还原"命令撤销操作。单击"路径查找器"面板中的"扩展"按钮，复合形状将转换为普通路径，不能再隔离编辑。

【5.10 总结扩展】

通过对对象进行各种变换操作，可以快速创建符合要求的图形。使用蒙版、封套、混合对象和"路径查找器"对话框，使绘制更复杂的图形成为可能。

5.10.1 本章小结

通过本章的学习，用户熟练掌握了Illustrator CC中对象的高级操作，即创建和编辑复杂图形的一些方法和技巧，包括使用全局编辑、变换对象、复制和删除对象、使用蒙版、使用封套扭曲变形对象、混合对象和使用"路径查找器"面板等功能。

5.10.2 举一反三——使用"混合"命令制作立体透视效果

源 文 件：	源文件\第5章\5-10-2.ai
视 频：	视频\第5章\使用"混合"命令制作立体透视效果.mp4
难易程度：	★☆☆☆☆
学习时间：	3分钟

① ②

③ ④

1️⃣ 使用矩形工具在画板中绘制一个矩形。

2️⃣ 执行"分割为网格"命令，并将分割后的图形编组。

3️⃣ 复制粘贴图形，调整其大小和颜色并排列到底部。

4️⃣ 按【Ctrl+Alt+B】组合键创建混合，完成制作。

第6章 色彩的选择与使用

要想使绘制的图形产生好的视觉感受，色彩是必不可少的元素之一。Illustrator CC为用户提供了强大的色彩功能，帮助用户快速设计出符合客户要求的作品。本章将针对Illustrator CC中的颜色选择和使用进行讲解，帮助读者快速掌握颜色的使用方法和技巧。

本章学习重点

第 159 页
添加图稿颜色到"色板"面板

第 165 页
为图形创建多个颜色组

第169页
使用"实时上色工具"为卡通小猫上色

第174页
使用"实时上色工具"为松树上色

6.1 关于颜色

当对图稿应用颜色时，应考虑图稿应用的最终媒体，以便能够正确使用颜色模型等。利用Illustrator中的"色板"面板、"颜色参考"面板和"重新着色图稿"对话框，可以轻松地应用颜色。

6.1.1 颜色模型

颜色模型用于描述在数字图形中看到的和用到的各种颜色。每种颜色模型（如RGB、CMYK或HSB）分别表示用于描述颜色及对颜色进行分类的不同方法。颜色模型用数值来表示可见色谱。色彩空间是另一种形式的颜色模型，它有特定的色域（范围）。

● RGB颜色模型

绝大多数可视光谱都可表示为红、绿、蓝（R、G、B）三色光在不同比例和强度上的混合。这些颜色若发生重叠，则产生青、洋红和黄。

RGB颜色称为"加成色"，因为将R、G和B添加在一起（即所有光线反射回眼睛）可产生白色，如图6-1所示。加成色用于照明光、电视和计算机显示器，例如，显示器通过红色、绿色和蓝色荧光粉发射光线产生颜色。

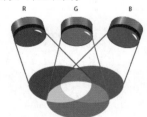

图6-1 加成色

用户可以使用基于RGB颜色模型的RGB模式处理颜色值。在RGB模式下，每种RGB成分都可使用0（黑色）~255（白色）的值，例如，亮红色使用R值246、G值20和B值50。当3种成分值相等时，产生灰色阴影。当所有成分的值均为255时，产生纯白色；当值均为0时，产生纯黑色。

Tips

Illustrator 还包括一种被称为 Web 安全 RGB 的颜色模式，是通过修改 RGB 模式得到的一种新模式，也被称为"网页安全色"。

● CMYK颜色模型

CMYK颜色模型基于纸张上打印的油墨的光吸收特性：当白色光线照射到半透明的油墨上时，油墨将吸收一部分光谱，没有吸收的颜色会反射回眼睛。这与RGB

颜色模式中光源的产生颜色不同。

混合青色（C）、洋红色（M）和黄色（Y）色素可通过相互吸收产生黑色，或通过相减产生所有颜色，因此这些颜色称为"减色"，如图6-2所示。添加黑色（K）油墨则是为了能够更好地实现阴影密度。我们将这些油墨混合重现颜色的过程称为"四色印刷"。

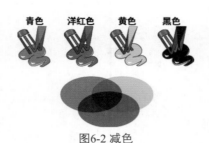

青色　洋红色　黄色　黑色

图6-2 减色

用户可以通过使用基于CMYK颜色模型的CMYK模式处理颜色值。在CMYK模式下，每种CMYK四色油墨可使用0～100%的值。为最亮颜色指定的印刷色油墨颜色百分比较低，而为较暗颜色指定的百分比较高，例如，亮红色可能包含2%青色、93%洋红、90%黄色和0%黑色。在CMYK模式下，低油墨百分比更接近白色，高油墨百分比更接近黑色。

● HSB颜色模型

HSB颜色模型以人类对颜色的感觉为基础，描述了颜色的色相、饱和度和亮度3种基本特性，如图6-3所示。

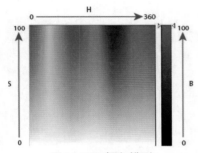

图6-3 HSB颜色模型

● 色相：在0°～360°的标准色轮上，按位置度量色相。在平常使用中，色相是指颜色的名称，如红色、橙色或绿色。

● 饱和度：指颜色的强度或纯度（有时称为"色度"）。饱和度表示色相中灰色分量所占的比例，它使用0%（灰色）～100%（完全饱和）的百分比来度量。在标准色轮上，饱和度从中心到边缘递增。

● 亮度：亮度是颜色的相对明暗程度，通常使用0%（黑色）～100%（白色）的百分比来度量。

● Lab颜色模型

Lab颜色模型中的数值描述了正常视力的人能够看到的所有颜色。因为Lab颜色模型描述的是颜色的显示方式，而不是设备（如显示器、桌面打印机或数码相机）生成颜色所需的特定色料的数量，所以Lab颜色模型被视为与设备无关的颜色模型。色彩管理系统使用Lab作为色标，将颜色从一个色彩空间转换到另一个色彩空间。

● 灰度颜色模型

灰度颜色模型使用黑色调表示物体。每个灰度对象都具有0%（白色）～100%（黑色）的亮度值。使用黑白或灰度扫描仪生成的图像通常以灰度显示，如图6-4所示。

图6-4 灰度

使用灰度颜色模型还可以将彩色图稿转换为高质量的黑白图稿。在这种情况下，Illustrator CC放弃原始图稿中的所有颜色信息；转换对象的灰色级别（阴影）表示原始对象的明度。

6.1.2 色彩空间和色域

色彩空间是指可见光谱中的颜色范围，色彩空间也可以是另一种形式的颜色模型。Adobe RGB、Apple RGB 和sRGB色彩空间是基于同一个颜色模型的不同色彩空间示例。

色彩空间包含的颜色范围称为"色域"。整个工作流程内用到的各种不同设备（计算机显示器、扫描仪、桌面打印机、印刷机、数码相机）都在不同的色彩空间内运行，它们的色域各不相同，如图6-5所示。某些颜色位于计算机显示器的色域内，但不在喷墨打印机的色域内；某些颜色位于喷墨打印机的色域内，但不在计算机显示器的色域内。无法在设备上生成的颜色被视为超出该设备的色彩空间，该颜色超出色域。

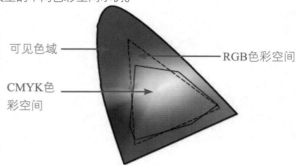

图6-5 不同颜色空间的色域

6.1.3 专色与印刷色

可以将颜色类型指定为专色或印刷色，这两种颜色类型与商业印刷中使用的两种主要的油墨类型相对应。对路径和框架应用颜色时，要先确定该图稿应用的最终媒介，以便使用合适的颜色模式应用颜色。执行"窗口>色板库>默认色板"命令，可以看到Illustrator CC为用户提供的针对不用媒介的色板库，如图6-6所示。

● 使用专色

专色是一种预先混合的特殊油墨，用于替代印刷油墨或为其提供补充，它在印刷时需要使用专门的印版。当指定少量颜色并且颜色准确度要求很高时请使用专色。专色油墨可以准确重现印刷色域以外的颜色。但是，印刷专色的确切外观由印刷商所混合的油墨和所用纸张共同决定，而不是由用户指定的颜色值或色彩管理决定的。指定专色值时，用户描述的仅是显示器和彩色打印机的颜色模拟外观（取决于这些设备的色域限制）。指定专色时，请记住下列几个原则。

● 要在打印的文档中实现最佳效果，最好选择使用印刷商所支持的颜色匹配系统中的专色。执行"窗口>色板库>色标簿"命令，可以看到Illustrator CC为用户提供的一些颜色匹配系统库，如图6-7所示。

● 每个专色都将生成额外的专色印版，从而增加打印成本。如果需要4种以上专色，建议使用印刷色打印文档。

● 如果某个对象包含专色并与另一个包含透明度的对象重叠，在导出EPS格式时，使用"打印"对话框将专色转换为印刷色时，或者在Illustrator以外的应用程序中创建分色时，可能会得到不希望出现的结果。要获得最佳效果，在打印之前使用"拼合预览"或"分色预览"对拼合透明度的效果进行软校样。

● 可以使用专色印版在印刷色任务区上应用上光色。在这种情况下，印刷任务将使用5种油墨（4种印刷色油墨和1种专色上光色）。

图6-6 针对不同媒介的色板库　图6-7 颜色匹配系统库

● 使用印刷色

印刷色使用4种标准印刷油墨的组合进行打印：青色（C）、洋红色（M）、黄色（Y）和黑色（K）。当需要的颜色较多且使用单独的专色油墨成本很高或者不可行时（如印刷彩色照片时），需要使用印刷色。指定印刷色时，请记住以下几个原则。

● 参考印刷在四色色谱中的CMYK值来设定颜色，使高品质印刷文档呈现最佳的效果。

● 由于印刷色的最终颜色值是由它的CMYK值决定的，因此，如果使用RGB指定印刷色，在进行分色打印时，系统会将这些颜色值转换为CMYK值。

● 除非确信已正确设置了颜色管理系统，并且了解它在颜色预览方面的限制，否则，不要根据显示器上的显示来指定印刷色。

● 因为CMYK的色域比普通显示器的色域小，所以应避免在只供联机查看的文档中使用印刷色。

● 在Illustrator中，保持全局印刷色与"色板"面板中色板的链接，这样，如果修改某个全局印刷色的色板，则会更新所有使用该颜色的对象。编辑颜色时，文档中的非全局印刷色不会自动更新。默认情况下，印刷色为非全局色。

6.2 颜色的选择

用户可以通过使用Illustrator CC中的各种工具、面板和对话框为图稿选择颜色，如何选择颜色取决于图稿的要求。例如，如果希望使用公司认可的特定颜色，则可以从公司认可的色板库中选择颜色。如果希望颜色与其他图稿中的颜色匹配，则可以使用吸管或拾色器或输入准确的颜色值。

6.2.1 使用"拾色器"对话框

在"拾色器"对话框中通过选择色域和色谱、定义颜色值或单击色板的方式，为选择的对象填充颜色或描边颜色。双击工具箱底部的"填色"或"描边"边框，即可弹出"拾色器"对话框，如图6-8所示。

图6-8 "拾色器"对话框

用户可以通过执行下列任一操作选择颜色。

● 单击或在"拾色器"对话框左侧的色域中拖曳，圆形标记指示色谱中颜色的位置。

● 沿颜色滑块拖动三角形或单击色谱中的任意位置。

● 在任意一个文本框中输入数值。

● 单击"颜色色板"按钮，选择一个色板。

Tips

双击"颜色"面板或"色板"面板中的"填色"或"描边"边框，也可以打开"拾色器"对话框。

6.2.2 使用"颜色"面板

执行"窗口 > 颜色"命令，打开"颜色"面板，如图6-9所示。使用"颜色"面板可以为对象填充颜色或描边颜色，还可以编辑和混合颜色。

在"颜色"面板中可使用不同颜色模型显示颜色值。默认情况下，"颜色"面板中只显示常用的选项。用户可以从面板菜单中选择不同的颜色模型，如图6-10所示。

图6-9 "颜色"面板

图6-10 选择不同的颜色模型

用户可以从面板菜单中选择"显示选项"命令或者单击面板选项卡中的双三角形，循环切换"颜色"面板的显示大小，如图6-11所示。

图6-11 切换面板的显示大小

用户可以通过执行下列任一操作选择颜色。

● 拖动或在滑块中单击。

● 按住【Shift】键拖动颜色滑块，移动与之关联的其他滑块（HSB 滑块除外）。这样可保留类似颜色，但色调或强度不同。

● 在任意一个文本框中输入值。

● 单击面板底部的色谱条。单击颜色条左侧的"无"图标，将不选择任何颜色；单击颜色条左上角的白色色板，将选择白色；单击颜色条左上角的黑色色板，将选择黑色。

6.2.3 使用"色板"面板

执行"窗口 > 色板"命令，打开"色板"面板。使用"色板"面板可以控制所有文档的颜色、渐变和图案。色板可以单独出现，也可以成组出现。

用户可以打开来自其他Illustrator文档和各种颜色系统的色板库。色板库显示在单独的面板中，不与文档一起存储。

"色板"面板和色板库面板包括以下几种类型的色板。

● 印刷色

印刷色使用4种标准印刷色油墨的组合进行打印：青色、洋红色、黄色和黑色。默认情况下，Illustrator CC将新色板定义为印刷色。

● 全局色

当编辑全局色时，图稿中的全局色自动更新。所有专色都是全局色，但是印刷色可以是全局色或局部色。可以根据全局色图标（当面板为列表视图时）或下角的三角形（当面板为缩略图视图时）标识全局色色板，如图6-12所示。

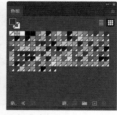

图6-12 全局色色板

● 专色

专色是预先混合的用于代替或补充CMYK四色油墨的油墨。可以根据专色图标（当面板为列表视图时）或下角的点（当面板为缩略图视图时）标识专色色板，如图6-13所示。

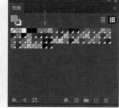

图6-13 专色色板

● 渐变

渐变是两个或多个颜色或者同一颜色或不同颜色的两个或多个色调之间的渐变混合。渐变色可以指定为CMYK印刷色、RGB颜色或专色。将渐变存储为渐变色板时，会保留应用于渐变色标的透明度。对于椭圆渐变（通过调整径向渐变的长宽比或角度进行创建），不存储其长宽比和角度值。

● 图案

图案是带有实色填充或不带填充的重复（拼贴）路径、复合路径和文本。

● 无

使用"无"色板将从对象中删除描边或填色。不能编辑或删除此色板。

● 套版色

"套版色"色板是内置的色板，可以利用它使填充或描边的对象从PostScript打印机进行分色打印。例如，套准标记使用"套版色"，这样印版可在印刷机上精确对齐。注意，不能删除此色板。

 Tips

如果对文字使用"套版色"，然后对文件进行分色和打印，则文字可能无法精确套准，黑色油墨可能显示不清楚。对文字使用黑色油墨可以避免这种情况。

● 颜色组

颜色组可以包含印刷色、专色和全局色，而不能包含图案、渐变、无或"套版色"色板。可以使用"颜色参考"面板或"重新着色图稿"对话框来创建基于颜色协调的颜色组。在"色板"面板中选择色板并单击"新建颜色组"图标，可以将现有色板放到某个颜色组中。

使用和编辑色板

源文件：无　　　　　　　　视频：视频\第6章\使用和编辑色板.mp4

STEP 01 默认情况下，"色板"面板采用"显示缩览图视图"显示，"色板"面板如图6-14所示。单击"显示列表视图"按钮 ▤，可以更改显示模式，如图6-15所示。用户可以在面板菜单中选择使用"小缩览图视图""中缩览图视图""大缩览图视图""小列表视图"或"大列表视图"显示模式，如图6-16所示。

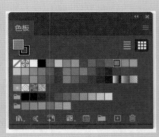  

图6-14 "色板"面板　　　图6-15 列表显示　　　图6-16 选择显示模式

STEP 02 单击"色板"面板底部的"显示、色板类型，菜单"按钮 ▦．，在打开的下拉列表框中选择显示不同类型的色板，如图6-17所示。

STEP 03 单击"色板"面板底部的"新建颜色组"按钮 ▢，在弹出的"新建颜色组"对话框中输入颜色组的"名称"，如图6-18所示。

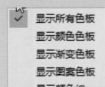 

图6-17 显示 "色板" 菜单　图6-18 输入颜色组的 "名称"

STEP 04 单击"确定"按钮，即可创建一个颜色组，如图6-19所示。也可以通过拖曳的方法，将各个颜色色板拖曳到新建的颜色组文件中。还可以通过先选择需要的颜色，然后再单击"新建颜色组"按钮的方法创建颜色组。

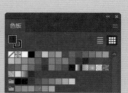

STEP 05 如果要将"色板"面板限制为仅在文档中使用的颜色，可以在面板菜单中选择"选择所有未使用的色板"命令，如图6-20所示。然后单击面板底部的"删除色板"按钮🗑，将未使用的色板删除。

STEP 06 选择面板菜单中的"显示查找栏位"命令，在"色板"面板顶部将出现一个查找文本框，如图6-21所示。在文本框中输入色板名称的首字母或多个字母，即可快速找到特定的色板，如图6-22所示。

图6-19 创建颜色组　　图6-20 选择"选择所有未使用的色板"命令

图6-21 查找文本框

图6-22 查找色板

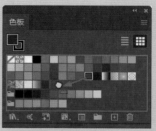

STEP 07 选择面板菜单中的"按名称排序"或"按类型排序"命令，可以对单个色板及颜色组内的色板按照名称或类型重新排序，如图6-23所示。将光标移至想要移动位置的色板上，按住鼠标左键并拖曳，可以将色板拖至新位置，如图6-24所示。

图6-23 排列色板　　　　图6-24 拖曳色板

应用案例　在设计中使用全局色

源文件：源文件\第6章\6-2-3.ai　　　视频：视频\第6章\在设计中使用全局色.mp4

STEP 01 执行"文件>打开"命令，打开"6-2-3.ai"文件，如图6-25所示。使用"魔棒工具"将画板中所有使用蓝色为填充色的对象选中，如图6-26所示。

图6-25 打开素材文件

图6-26 选中所有蓝色填充对象

STEP 02 单击"色板"面板底部的"新建色板"按钮，在弹出的"色板选项"对话框中选择"全局色"复选框，如图6-27所示。单击"确定"按钮，新建一个全局色，如图6-28所示。

图6-27 选择"全局色"复选框　　图6-28 新建全局色

STEP 03 双击新建的全局色色板，在弹出的"色板选项"对话框中修改颜色值，可以呈现多种配色方案，如图6-29所示。

图6-29 修改全局色获得多种配色方案

6.2.4 使用色板库

色板库是预设颜色的集合，包括油墨库（如PANTONE、HKS、TRUMATCH、FOCOLTONE、DIC、TOYO）和主题库（如迷彩、自然、希腊和宝石）。

打开一个色板库时，该色板库将显示在新面板中（不是"色板"面板）。在色板库中选择、排序和查看色板的方式与在"色板"面板中的操作一样，但是不能在"色板库"面板中添加色板、删除色板或编辑色板。

单击"色板"面板底部的"'色板库'菜单"按钮 **■.**，如图6-30所示，或者在"色板"面板菜单中选择"打开色板库"命令，如图6-31所示，或者执行"窗口＞色板库"命令，在打开的子菜单中选择库即可，如图6-32所示，即可打开色板库。

图6-30 "色板库"菜单按钮　　图6-31 在面板菜单中选择　　　　　图6-32 子菜单命令

用户可以通过以下方法将色板库移至"色板"面板中。

● 将一个或多个色板从色板库面板拖至"色板"面板。

● 选择要添加的色板，然后从库的面板菜单中选择添加到色板。

● 将色板应用到文档中的对象。如果色板是一个全局色色板或专色色板，则会自动将此色板添加到"色板"面板。

应 用 案 例　创建和编辑色板库

源文件：无　　　　　　　视频：视频\第6章\创建和编辑色板库.mp4

STEP 01 选中"色板"面板中的所有色板，单击"删除色板"按钮，删除选中的色版，如图6-33所示。单击"新建色板"按钮，弹出"新建色板"对话框，如图6-34所示。

图6-33 删除色板　　图6-34 "新建色板"对话框

STEP 02 单击"确定"按钮，即可将色板添加到"色板"面板中，如图6-35所示。继续采用相同的方法创建如图6-36所示的色板。

图6-35 添加色板　　　图6-36 创建色板

STEP 03 在"色板"面板菜单中选择"将色板库存储为AI"命令，如图6-37所示，在弹出的"另存为"对话框中设置色板库的名称和存储位置，如图6-38所示，单击"保存"按钮，即可完成色板库的创建。

图6-37 选择"将色板库存储为AI"命令　　图6-38 设置色板库的名称和存储位置

STEP 04 执行"文件＞打开"命令，选择保存的色板库文件，即可将色板库文件打开并再次编辑。

 Tips

默认情况下，Illustrator CC 的色板库文件存储在 "C:\Program Files\Adobe\Adobe Illustrator CC 2022\Presets\zh_CN\ 色板" 文件夹中。

应用案例 添加图稿颜色到"色板"面板

源文件：无　　　　视频：视频\第6章\添加图稿颜色到"色板"面板.mp4

STEP 01 执行"文件 > 打开"命令，将"素材\第6章\游戏UI.ai"文件打开，如图6-39所示。确定未选中任何内容，选择"色板"面板菜单中的"添加使用的颜色"命令，如图6-40所示。

图6-39 打开素材文件　　　　图6-40 选择"添加使用的颜色"选项

STEP 02 即可将文件中的所有颜色添加到"色板"面板中，如图6-41所示。也可以选择包含要添加到"色板"面板中的颜色的对象，在"色板"面板菜单中选择"添加使用的颜色"命令，将选中对象的颜色添加到"色板"面板中，如图6-42所示。

 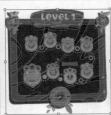 

图6-41 添加所有颜色　　　　图6-42 添加选中对象的颜色

STEP 03 也可以在选中对象后，单击"新建颜色组"按钮，在弹出的"新建颜色组"对话框中设置参数，如图6-43所示。单击"确定"按钮，也可以将选中对象的颜色添加到"色板"面板中，如图6-44所示。

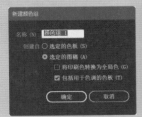 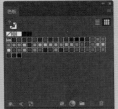

图6-43 设置参数　　图6-44 添加选中对象的颜色

6.2.5 导入和共享色板

　　用户可以将另一个文档的色板导入到当前文档中。选择"色板"面板菜单中的"打开色板库 > 其他库"选项，或者执行"窗口 > 色板库 > 其他库"命令，如图6-45所示。在弹出的"打开"对话框中选择包含色板的文件，单击"打开"按钮，即可将文件内的所有颜色导入色板库面板中。

图6-45 打开其他库

如果想从另一个文档中导入多个色板，可以复制并粘贴使用色板的对象到当前文档的画板中，导入的色板将显示在"色板"面板中。

 Tips

如果导入的专色色板或全局印刷色色板与文档中已有色板的名称相同但颜色值不同，则会发生色板冲突。对于专色冲突，现有色板的颜色值会被保留，而导入的色板会自动与现有色板合并。对于印刷冲突，会弹出"色板冲突"对话框。可以选择"添加色板"，通过为冲突的色板名称附加数字来添加色板，或选择"合并色板"，使用现有色板的颜色值合并色板。

通过存储用于交换的色板库，可以在Photoshop、Illustrator和InDesign中共享用户创建的实色色板。只要同步了颜色设置，颜色在不同应用程序中的显示就会相同。

在"色板"面板中，选择想要共享的印刷色色板和专色色板，单击"色板"面板底部的"将选定色板和颜色组添加到我的当前库"按钮，选中的色板将被添加到"库"面板中，如图6-46所示。选择面板菜单中的"色板选项"命令，在弹出的"色板选项"对话框中选择"添加到我的库"复选框，如图6-47所示。单击"确定"按钮，也可以将选中的色板添加到库中。

启动Photoshop，执行"窗口 > 库"命令，即可在打开的"库"面板中看到在Illustraotr中共享的色板，如图6-48所示。

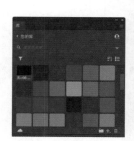

图6-46 "库"面板

图6-47 "色板选项"对话框

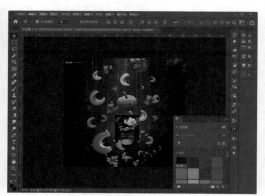

图6-48 共享的色板

6.3 使用颜色参考

创建图稿时，可使用"颜色参考"面板作为激发颜色灵感的工具。"颜色参考"面板会基于"工具"面板中的当前颜色给出颜色建议。可以使用这些颜色对图稿进行着色，或者在"重新着色图稿"对话框中对它们进行编辑，也可以将其存储为"色板"面板中的色板或色板组。

可以通过多种方式处理"颜色参考"面板生成的颜色，包括更改颜色协调规则或调整变化类型（如淡色和暗色或亮色和柔色）、显示变化颜色的数目等。

执行"窗口 > 颜色参考"命令，弹出"颜色参考"对话框，如图6-49所示。默认情况下，"颜色参考"对话框采用"显示淡色/暗色"的方式显示颜色，用户可以在"颜色参考"面板菜单中选择其他两种显示方式，如图6-50所示。

图6-49 "颜色参考"对话框　　　图6-50 选择显示方式

- 显示淡色/暗色：对左侧的变化添加黑色，对右侧的变化添加白色。
- 显示冷色/暖色：对左侧的变化添加红色，对右侧的变化添加蓝色，如图6-51所示。
- 显示亮光/暗光：增加左侧变化中的灰色饱和度，并减少右侧变化中的灰色饱和度，如图6-52所示。

图6-51 显示暖色/冷色　　　　图6-52 显示亮光/暗光

 指定颜色变化的数目和范围

源文件：无　　　　　　视频：视频\第6章\指定颜色变化的数目和范围.mp4

STEP 01 在"颜色参考"面板菜单中选择"颜色参考选项"命令，如图6-53所示，弹出"颜色参考选项"对话框，如图6-54所示。

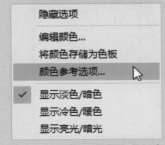 

图6-53 选择"颜色参考选项"命令　　图6-54 "颜色参考选项"对话框

STEP 02 将"步骤"设置为6，颜色组中每种颜色生成6种较深的暗色和6种较浅的暗色，如图6-55所示。向左拖曳"变量数"滑块，减少变化范围；向右拖曳"变量数"滑块，增加变化范围，如图6-56所示。

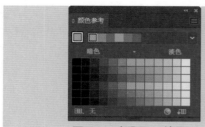

图6-55 6步骤显示效果　　　　图6-56 减少变化范围

6.4 重新着色图稿

　　运用Illustrator的平衡色轮、精选颜色库或颜色主题拾取器工具，可以方便快捷地创建海量颜色变化。尝试不同颜色并选取最适合图稿的颜色，重新着色图稿。

　　打开图稿，如图6-57所示，单击"控制"面板中的"重新着色图稿"按钮或者执行"编辑 > 编辑颜色 > 重新着色图稿"命令，弹出"重新着色图稿"对话框，如图6-58所示。

图6-57 打开图稿　　　　图6-58 "重新着色图稿"对话框

　　选择面板中的"编辑"选项卡，"重新着色图稿"对话框如图6-59所示。单击面板右侧的三角形图标，可以隐藏或显示"颜色组"列表，如图6-60所示。

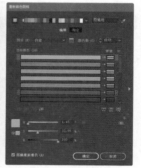

图6-59 "重新着色图稿"对话框　　　图6-60 隐藏"颜色组"列表

"编辑"选项卡

　　在"编辑"选项卡中可以完成创建新颜色组或编辑现有颜色组的操作。单击"协调规则"按钮，在打开的下拉列表框中选择任意选项，进行协调实验，如图6-61所示。也可以通过拖动色轮对颜色协调进行实验，如图6-62所示。

色轮将显示在颜色协调中颜色是如何关联的，同时用户可以在颜色条上查看和处理各个颜色值。此外，可以调整亮度、添加和删除颜色、存储颜色组及预览选定图稿上的颜色。

图6-61 "协调规则"下拉列表框

图6-62 拖动色轮

单击"显示平滑的色轮"按钮 ，色轮显示如图6-63所示，其将在平滑的连续圆形中显示色相、饱和度和亮度，在圆形的色轮上绘制着当前颜色组中的每种颜色。此色轮可让用户从多种高精度的颜色中进行选择，由于每个像素代表不同的颜色，所以难以查看单个的颜色。

单击"显示分段的色轮"按钮 ，色轮显示如图6-64所示，其将颜色显示为一组分段的颜色片。此色轮可让用户轻松查看单个的颜色，但是提供的可选择颜色没有平滑色轮提供的多。

单击"显示颜色条"按钮 ，色轮显示如图6-65所示，其仅显示颜色组中的颜色。这些颜色显示为可以单独选择和编辑的实色颜色条。通过将颜色条拖放到左侧或右侧，可以重新组织该显示区域中的颜色。用鼠标右键单击颜色，可以选择将其删除、将其设为基色、更改其底纹或者使用拾色器对其进行更改。

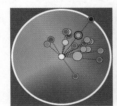

图6-63 平滑的色轮

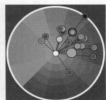
图6-64 分段的色轮

图6-65 颜色条

6.4.2 "指定"选项卡

在选定图稿的情况下，可以在"指定"选项卡中查看和控制颜色组中的颜色替换图稿中的原始颜色，如图6-66所示。

图6-66 替换图稿中的原始颜色

用户可以在"预设"下拉列表框中指定重新着色预设，如图6-67所示。选择一种预设后，在弹出的对应对话框中选择一种颜色库，如图6-68所示。单击"确定"按钮，即可完成指定重新着色预设的操作。

图6-67 "预设"下拉列表框　　图6-68 选择颜色库

用户可以在"颜色数"选项后面的下拉列表框框中选择颜色数，以控制在重新着色的图稿中显示的颜色数，如图6-69所示。单击"减低颜色深度选项"按钮，弹出"减低颜色深度选项"对话框，如图6-70所示。

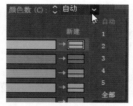

图6-69 "颜色数"下拉列表框　图6-70 "减低颜色深度选项"对话框

⬤ 预设：指定一个预设颜色作业，包括使用的颜色数目和该作业的最佳设置。如果选择一个预设，然后更改任何其他选项，此预设将更改为自定预设。

⬤ 颜色数：指定将当前颜色减少到新的颜色数目。

⬤ 限于库：指定从其中派生所有新颜色的色板库。

⬤ 排序：确定在"当前颜色"列中对原始颜色进行排序的方式。

⬤ 着色方法：指定新颜色允许的变化类型。

⬤ 精确：使用指定的新颜色精确地替换当前每个颜色。

⬤ 保留色调：对于非全局色，使用"保留色调"与使用"缩放色调"的效果相同。对于专色或全局色，选择"保留色调"选项会将当前颜色的色调应用于新颜色。当行中的所有当前颜色都拥有相同或相似的全局色的色调时，请使用"保留色调"。为了获得最佳的效果，在使用"保留色调"时，还可以选择"合并色调"。

⬤ 缩放色调：使用指定的新颜色替换行中当前最暗的颜色。行中的其他当前颜色将用成比例的较亮色调进行替换。

⬤ 淡色和暗色：使用指定的新颜色以平均亮度和暗度替换当前颜色。比平均亮度更亮的当前颜色将使用新颜色的、成比例的较亮色调进行替换。比平均亮度更暗的当前颜色将通过向新颜色添加黑色来替换。

⬤ 色相转换：将"当前颜色"行中最典型的颜色设置为主色，并用新颜色精确替换此主色。其他当前颜色将用在亮度、饱和度和色相上与新颜色不同（差异程度与当前颜色和主色的差异程度相同）的颜色进行替换。

⬤ 合并色调：将相同全局色的所有色调分类到同一"当前颜色"行中，即使未减少颜色也是如此。仅在选定图稿包含应用的色调低于100%的全局色或专色时，才使用此选项。为了获得最佳效果，请结合"保留色调"着色方法使用。

 Tips

即使未选择"合并色调"复选框，减低颜色深度也会在合并不同的非全局色之前，先合并相同全局色的色调。

⬤ 保留：确定在最终的减低颜色深度中是否保留白色、黑色或灰度。如果保留某种颜色，该颜色将在"当前颜色"列中显示为排除的行。

6.4.3　创建颜色组

通过在"重新着色图稿"对话框中选择基色和颜色协调规则，可以创建颜色组。创建的颜色组将显示在"颜色组"列表框中，如图6-71所示。

可以使用"颜色组"列表框编辑、删除和创建新的颜色组。所做的所有更改将反映在"色板"面板中。可以选择并编辑任何颜色组或使用它对选定图稿重新着色。

图6-71　"颜色组"列表

应用案例　**为图形创建多个颜色组**

源文件：源文件\第6章\6-4-3.ai　　视频：视频\第6章\为图形创建多个颜色组.mp4

STEP 01 执行"文件>打开"命令，将"素材\第6章\6-4-3.ai"的文件打开，如图6-72所示。选中画板中的对象，单击"属性"面板中的"重新着色图稿"按钮，弹出"重新着色图稿"对话框，如图6-73所示。

图6-72 打开素材文件

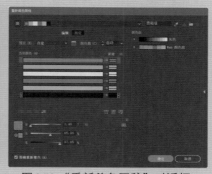

图6-73　"重新着色图稿"对话框

STEP 02 单击右上角的"新建颜色组"按钮📁，即可新建一个颜色组，双击颜色组的名称，修改其名称为"红色方案"，如图6-74所示。单击"当前颜色"列表框中的第一个颜色，拖曳下方滑块修改其颜色为洋红色，如图6-75所示。

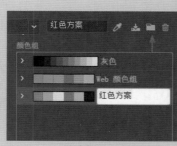

图6-74 修改颜色组的名称

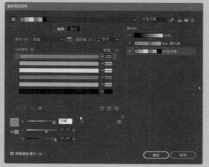

图6-75 修改颜色

STEP 03 继续使用相同的方法，修改其他颜色，如图6-76所示。选择左下角的"图稿重新着色"复选框，图形效果如图6-77所示。

图6-76 修改其他颜色　　　　　图6-77 图稿重新着色效果

STEP 04 单击右上角的"新建颜色组"按钮，新建一个颜色组，并设置名称为"洋红方案"，如图6-78所示。单击"颜色组"列表框中的颜色组，可以随时查看不同的配色效果，如图6-79所示。

STEP 05 单击"确定"按钮，新建的颜色组同时显示在"色板"面板中，如图6-80所示。

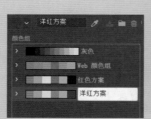

图6-78 新建颜色组　　　　图6-79 查看不同的配色效果　　　　图6-80 "色板"面板

【6.5 实时上色】

在Illustrator CC中，"实时上色"是一种直接创建彩色图像的方法。采用这种方法为图像上色时，需要上色的全部路径处于同一平面上，且路径将绘画平面按照一定规律分割成几个区域，而不论该区域的边界是由单条路径还是多条路径段组成的。用户可以使用Illustrator CC内的矢量绘画工具，对其中的任何区域进行上色操作。

如此简单、轻松的上色方法，大大缩短了设计师在图像上色阶段花费的时间，从而有效地提高工作效率。

创建"实时上色"组

创建路径对象并想要为对象上色时，首先需要将路径对象转换为"实时上色"组，"实时上色"组中的所有路径被看作是同一个平面的组成部分，此时不必考虑它们的排列顺序和图层。然后直接在这些路径所构成的区域（称为"表面"）上色，也可以给这些区域相交的路径部分（称为"边缘"）上色，还可以使用不同的颜色对每个表面填色或为每条边缘描边。图6-81所示为路径对象使用"实时上色"前后的对比效果。

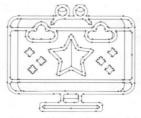

图6-81 路径对象使用"实时上色"前后的对比效果

使用"选择工具"选中需要上色的所有对象，执行"对象 > 实时上色 > 建立"命令或按
【Alt+Ctrl+X】组合键，即可将所有选中对象建立为一个"实时上色"组，如图6-82所示。

选中想要上色的对象，单击工具箱中的"实时上色工具"按钮 ，将光标移至选中对象上单击，弹
出"Adobe Illustrator"对话框，单击"确定"按钮，即可建立一个"实时上色"组，如图6-83所示。

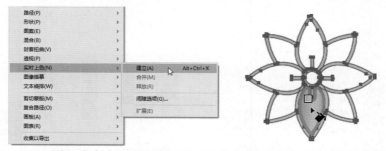

图6-82 使用命令建立"实时上色"组 图6-83 使用工具建立"实时上色"组

Tips

对象上的某些属性可能会在转换"实时上色"组的过程中丢失（如透明度和效果），而有些对象（如文字、位图图像和画笔）
则无法直接转换为"实时上色"组。

创建"实时上色"组前必须选中想要上色的对象，否则"实时上色"命令将为禁用状态，如图6-84
所示。使用"实时上色工具"单击对象时，会弹出"Adobe Illustrator"对话框框提示用户选中对象，如图
6-85所示。

图6-84 命令为禁用状态 图6-85 "Adobe Illustrator"对话框

单击"Abode Illustrator"对话框中的"提示"按钮，弹出"实时上色工具提示#1"对话框，如图6-86
所示，读者可根据提示完成"实时上色"组的创建。单击对话框底部的"下一项"按钮，弹出"实时上
色工具提示#2"对话框，如图6-87所示，读者可根据提示完成实时上色操作。

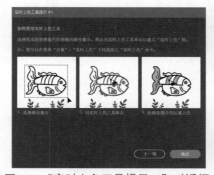
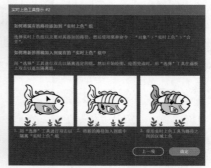

图6-86 "实时上色工具提示#1"对话框 图6-87 "实时上色工具提示#2"对话框

有些对象无法或不适合直接转换为"实时上色"组进行上色，如文本、位图图像和画笔等对象。针

对这种情况，可以先将这些对象转换为路径，然后再将路径转换为"实时上色"组。下面分别介绍这些对象转换为"实时上色"组的处理方法。

● 文本对象

选中文本对象，如图6-88所示，执行"文字＞创建轮廓"命令或按【Shift+Ctrl+O】组合键将文字转换为路径。使用"实时上色工具"单击对象或执行"对象＞实时上色＞建立"命令，创建"实时上色"组，如图6-89所示。

图6-88 选中文本对象

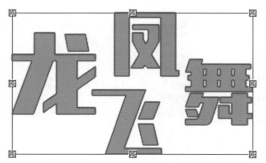

图6-89 创建"实时上色"组

● 位图图像

选中位图图像，执行"对象＞图像描摹＞建立并扩展"命令，效果如图6-90所示。使用"实时上色工具"单击对象或执行"对象＞实时上色＞建立"命令，即可创建"实时上色"组，如图6-91所示。

● 画笔等其他对象

对于其他对象，可以通过执行"对象＞扩展外观"命令，如图6-92所示，将对象转换为路径。然后使用"实时上色工具"单击对象或执行"对象＞实时上色＞建立"命令，即可创建"实时上色"组。

图6-90 建立并扩展位图

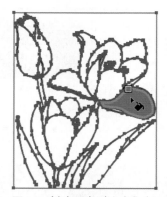

图6-91 创建"实时上色"组

图6-92 执行"扩展外观"命令

6.5.2 使用"实时上色工具"

将所选对象转换为"实时上色"组并设置自己所需的填色和描边颜色参数后，可以使用"实时上色工具"为"实时上色"组的表面和边缘上色。

开始上色前或在上色过程中，双击工具箱中的"实时上色工具"按钮，弹出"实时上色工具选项"对话框，如图6-93所示。在该对话框中可以为"实时上色工具"设置更加详细的参数，用以增强"实时上色工具"的使用效果，完成后单击"确定"按钮。

图6-93 "实时上色工具选项" 对话框

- 填充上色：选择该复选框，可以对"实时上色"组的各表面上色。

- 描边上色：选择该复选框，可以对"实时上色"组的各边缘上色。

- 光标色板预览：选择该复选框，"实时上色工具"的光标指针上方会显示当前选中颜色，如图6-94所示。

- 突出显示：选择该复选框，显示光标当前所在表面或边缘的轮廓。粗线用于突出显示表面，

细线用于突出显示边缘。

- 颜色：设置突出显示线的颜色。单击"颜色"后面的选项栏，打开如图6-95所示的颜色下拉列表框，用户可以选择下拉列表框中的任一颜色，也可以单击"颜色"前面的色块，在弹出的"颜色"对话框中选择其他颜色。

- 宽度：在文本框中输入一个数值，用以指定突出显示轮廓线的粗细。

图6-94 显示当前选中颜色　　图6-95 颜色下拉列表框

应用案例

使用"实时上色工具"为卡通小猫上色

源文件：源文件\第6章\6-5-2.ai　视频：视频\第6章\使用"实时上色工具"为卡通小猫上色.mp4

STEP 01 执行"文件 > 打开"命令，将"素材\第6章\6-5-2.ai"的文件打开，如图6-96所示。拖曳选中图形，执行"对象 > 实时上色 > 建立"命令，单击"确定"按钮，将图像转换为"实时上色"组，如图6-97所示。

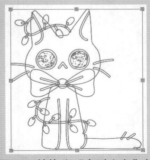

图6-96 打开素材文件　　　　图6-97 转换为"实时上色"组

STEP 02 设置填充色为RGB（39、39、43），单击工具箱中的"实时上色工具"按钮，将光标移至上色组上，单击为图形填色，如图6-98所示。设置填充色为RGB（249、89、85），继续使用"实时上色工具"为图形上色，如图6-99所示。

图6-98 使用黑色填充　　　图6-99 使用红色填充

STEP 03 继续使用相同的方法，使用"实时上色工具"为图形填色，效果如图6-100所示。拖曳选中图形，设置其描边色为无，完成效果如图6-101所示。

图6-100 填色效果   图6-101 完成效果

6.5.3 编辑"实时上色"组

创建"实时上色"组后，仍然可以编辑其中的路径或对象。在编辑的过程中，Illustrator CC会自动使用当前"实时上色"组中的填充和描边参数为修改后的新表面和边缘着色。如果用户对修改后的上色效果不满意，可以使用"实时上色工具"对表面和边缘重新上色。

● 选择"实时上色"组中的项目

在Illustrator CC中，使用"实时上色选择工具" ![图标] 可以选择"实时上色"组中的各个表面和边缘，如图6-102所示；使用"选择工具"可以选择整个"实时上色"组；使用"直接选择工具"可以选择"实时上色"组内的路径，如图6-103所示。

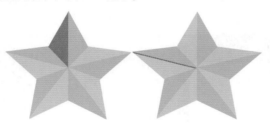 

图6-102 选择表面和边缘   图6-103 使用"直接选择工具"选择路径

如果用户想要选择"实时上色"组中具有相同填充或描边的表面或边缘，可以使用"实时上色选择工具"三击对象的某个表面或边缘，即可选中该"实时上色"组中的相同内容，如图6-104所示。也可以单击对象的某个表面或边缘，执行"选择>相同"命令，在打开的子菜单中选择"填充颜色""描边颜色"或"描边粗细"命令，即可选中相同的内容，如图6-105所示。

 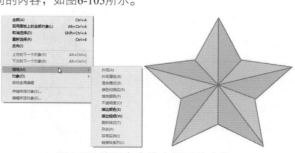

图6-104 三击选中相同的内容   图6-105 使用命令选中相同的内容

● 隔离"实时上色"组

在处理复杂文档时，用户可以通过隔离"实时上色"组，以便更加轻松、确切地选择自己所需的表面或边缘。使用"选择工具"双击"实时上色"组，即可隔离"实时上色"组，如图6-106所示。单击文档窗口左上角的"返回"按钮 ，即可退出隔离模式，如图6-107所示。

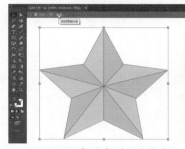

图6-106 隔离"实时上色"组　　　　　　　图6-107 退出隔离模式

● 修改"实时上色"组

一般情况下，修改"实时上色"组是指根据绘制的需求移动或删除选中对象的某些边缘。完成着色的原始"实时上色"组效果如图6-108所示。使用"直接选择工具"删除边缘后，会连续填充新扩展的表面，如图6-109所示。如果使用"直接选择工具"调整边缘的位置，系统同样会用该图形的填色参数为扩展或收缩后的部分进行着色，效果如图6-110所示。

图6-108 原始着色效果　　图6-109 删除边缘着色效果　　图6-110 移动边缘着色效果

● 在"实时上色"组中添加路径

想要在"实时上色"组中添加新路径，可以选中"实时上色"组和要添加的路径，执行"对象 > 实时上色 > 合并"命令，如图6-111所示。完成后，即可将选中路径添加到"实时上色"组中。

用户也可以选中"实时上色"组和需要添加到组中的路径，然后单击"控制"面板中的"合并实时上色"按钮，如图6-112所示。完成后，选中的路径将被添加到"实时上色"组中。用户完成向"实时上色"组添加路径后，可以对创建的新表面和边缘进行填色和描边操作。

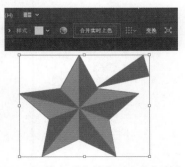

图6-111 执行"合并"命令　　　图6-112 单击"合并实时上色"按钮

6.5.4　扩展与释放"实时上色"组

　　使用"实时上色"命令中的"扩展""释放"子命令，可以将"实时上色"组中的对象转换为普通路径。

　　选中"实时上色"组，执行"对象>实时上色>扩展"命令或单击"控制"面板中的"扩展"按钮，可以将其扩展为路径组合。完成扩展的路径组合不再具有"实时上色"组的特点，也不能使用"实时上色工具"为其着色。

　　使用"释放"命令可以将"实时上色"组转换为路径对象，并且系统会自动为转换后的路径对象设置填色为、描边为0.5px的黑色描边。选中想要释放的"实时上色"组，执行"对象>实时上色>释放"命令，即可完成释放操作，如图6-113所示。

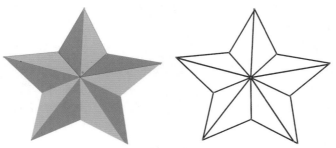

图6-113 释放"实时上色"组

6.5.5　封闭"实时上色"组中的间隙

　　间隙是指路径之间的小空间。使用"实时上色"功能为对象上色时，会将不该上色的表面涂上颜色，这可能是因为图稿中存在一些小间隙。

　　可以通过创建一条新的路径来封闭间隙，也可以通过编辑现有的路径来封闭间隙，还可以在"实时上色"组中调整间隙选项用以避免颜色渗漏。

　　如果用户想要Illustrator CC显示图稿中存在的微小间隙，从而根据实际情况进行必要的检查和修补，可以执行"视图>显示实时上色间隙"命令，如图6-114所示，让"实时上色"组中的间隙突出显示。

　　执行"对象>实时上色>间隙选项"命令，在弹出的"间隙选项"对话框中对检测间隙的条件进行设置，"间隙选项"对话框如图6-115所示。

图6-114 执行"显示实时上色间隙"命令　　图6-115 "间隙选项"对话框

　● 间隙检测：选择该复选框，用于指定Illustrator CC是否检测"实时上色"组内路径中的间隙，并防止色料从间隙渗漏到外部。在处理较大且复杂的"实时上色"组时，开启"间隙检测"功能可能会使

Illustrator CC的运行速度变慢，可以单击"用路径封闭间隙"按钮，加快Illustrator CC的运行速度。

- 上色停止在：单击"上色停止在"后面的选项框，打开不能渗入间隙类型的下拉列表框，其中包含4种选择，分别是"小间隙""中等间隙""大间隙""自定间隙"。
- 间隙预览颜色：设置在"实时上色"组中预览间隙的颜色。可以从右侧的下拉列表框中选择颜色，也可以单击"间隙预览颜色"选项后面的色块，在弹出的"颜色"对话框中选择其他颜色。
- 预览：选择该复选框，即可实时查看当前"实时上色"组中的间隙，间隙的显示颜色根据选定的预览颜色而定。

6.6 专家支招

熟练掌握如何在Illustrator CC中创建复杂图形，有利于读者制作更加美观的图稿，同时也有利于之后的学习。

6.6.1 怎样选择正确的颜色模式

在制作需要通过印刷输出的作品时，在新建文件时，选择新建CMKY模式的文件，如海报、画册和书籍等。在设计其他类型作品时，要将新建文件的颜色模式设置为RGB模式，如UI、网页和视频等。

6.6.2 了解什么是网页安全色

不同的平台有不同的调色板，不同的浏览器也有自身的调色板。这就意味着对于一幅作品，显示在不同平台的浏览器中的效果可能差别很大。在设计制作时如果选择特定的颜色，浏览器会尽量使用本身所用的调色板中最接近的颜色进行显示。如果浏览器中没有所选的颜色，就会通过抖动或者混合自身的颜色来尝试重新产生该颜色。

为了解决Web调色板的问题，人们一致通过了一组在所有浏览器中都类似的Web安全颜色。这些颜色使用了一种颜色模型，在该模型中，可以用相应的16制进制值00、33、66、99、CC和FF来表达三原色（RGB）中的每一种。Illustrator CC为用户提供的"Web"色板面板即网页安全色色板，如图6-116所示。

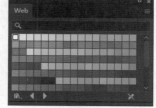

图6-116 "Web"色板面板

这种基本的Web调色板将作为所有Web浏览器和平台的标准，它包括了16进制值的组合结果。这就意味着，潜在的输出结果包括6种红色调、6种绿色调、6种蓝色调。6×6×6的结果给出了216种特定的颜色，这些颜色可以安全地应用于所有Web中，而不需要担心颜色在不同应用程序之间的变化。

6.7 总结扩展

色彩是绘图的基础，掌握色彩的概念和选择方法是使用Illustrator绘图的基础。使用重新着色图稿有利于设计师快速展示多款作品的配色方案，使用"实时上色"可以帮助原画师快速完成图稿的上色。

本章小结

　　本章主要讲解了色彩的相关概念及Illustrator CC中颜色的选择和使用，包括颜色库和颜色参考的使用方法，以及重新着色图稿和"实时上色"功能的原理和使用方法。

 举一反三——使用"实时上色工具"为松树上色

源 文 件：	源文件\第6章\6-7-2.ai
视 频：	视频\第6章\使用"实时上色工具"为松树上色.mp4
难易程度：	★ ★ ★ ☆ ☆
学习时间：	10分钟

①

②

❶ 打开素材文件"6-7-2.ai"。

❷ 将图像转换为"实时上色"组。

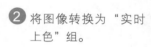

❸ 使用"实时上色工具"逐一为松树图形上色。

③

④

❹ 取消图形的描边颜色，完成实时上色操作。

第7章 绘画的基本操作

在实际工作中，除了使用Illustrator CC完成各种图形的绘制，还会使用Illustrator CC创作各种绘画作品。本章将针对Illustrator CC的各种绘画工具和命令进行讲解，帮助读者掌握Illustrator CC绘画的基本操作。

[7.1] 填色和描边

填色是指对象中填充的颜色、图案或渐变。填色可以应用于开放或封闭的对象。描边是指对象、路径的可视轮廓。用户可以控制描边的宽度和颜色，也可以使用"路径"选项创建虚线描边，并使用画笔为风格化描边上色。图7-1所示为工具箱中具有填充颜色和描边颜色效果的对象。

只具有填充颜色　　　　　只具有描边颜色　　　　具有填充颜色和描边颜色

图7-1 工具箱中具有填充颜色和描边颜色效果的对象

7.1.1 使用填色和描边控件

Illustrator CC中的"属性"面板、工具箱、"控制"面板和"颜色"面板为用户提供了用于设置填色和描边的控件。图7-2所示为工具箱中的填色和描边控件。

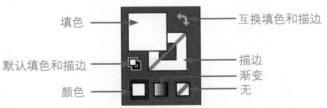

填色　　　　　　　　　　　　　　互换填色和描边

默认填色和描边　　　　　　　　描边
　　　　　　　　　　　　　　　　渐变
颜色　　　　　　　　　　　　　　无

图7-2 工具箱中的填色和描边控件

- 填色：双击此按钮，可以使用拾色器来选择填充颜色。

- 描边：双击此按钮，可以使用拾色器来选择描边颜色。

- 互换填色和描边：单击此按钮，可以将填充颜色和描边颜色互换。

- 默认填色和描边：单击此按钮，可以恢复默认颜色设置（白色填充和黑色描边）。

- 颜色：单击此按钮，可以将上次选择的纯色应用于具有渐变填充或者没有描边或填充的对象。

- 渐变：单击此按钮，可以将当前选择的填色更改为上次选择的渐变。

- 无：单击此按钮，可以删除选定对象的填充或描边。

用户也可以使用"属性"面板和"控制"面板中的控件为选定对象指定颜色和描边,如图7-3所示。

图7-3 "属性"面板和"控制"面板

 填充颜色:单击此按钮,可以打开"色板"面

板;按住【Shift】键并单击可以打开替代颜色模式面板,从中选择一种颜色替代现有填充颜色。

描边颜色:单击此按钮,可打开"色板"面板;按住【Shift】键并单击可以打开替代颜色模式面板,从中选择一种颜色替代现有描边颜色。

"描边"面板:单击"描边"可打开"描边"面板并指定选项。

描边粗细:从打开的下拉列表框中选择一个描边宽度。

7.1.2 应用填充和描边颜色

使用"选择工具"或"直接选择工具"选中对象,双击工具箱底部的填充颜色色框,在弹出的"拾色器"对话框中选择一种颜色,单击"确定"按钮,即可为对象应用填充色,"拾色器"对话框如图7-4所示。

选中对象后,单击"色板"面板、"颜色"面板、"渐变"面板或者色板库中的颜色,也可以将颜色应用到对象上。单击工具箱中的"吸管工具"按钮 ,将光标移至想要为对象填充的颜色上单并击,即可将颜色应用到对象上,如图7-5所示。

图7-4 "拾色器"对话框

图7-5 使用"吸管工具"吸取填充颜色

 Tips

将颜色从"填色"框、"颜色"面板、"渐变"面板或"色板"面板拖到对象上,可以快速将颜色应用于未经选择的对象。

选中对象后,双击工具箱底部的"描边"颜色色框,如图7-6所示。在弹出的"拾色器"对话框中选择一种颜色,单击"确定"按钮,即可为对象应用描边颜色。用户也可以通过"属性"面板、"颜色"面板或者"控制"面板中的"描边"色框为对象添加描边颜色。

7.1.3 轮廓化描边

将描边轮廓化后,描边颜色将自动转换为填充颜色。选中对象,如图7-7所示,执行"对象>路径>轮廓化描边"命令,即可将描边轮廓化,如图7-8所示。轮廓化描边实质上是将路径转换为由两条路径组成的复合路径。

图7-6 双击"描边"颜色色框

图7-7 选中对象

图7-8 将描边轮廓化

Tips

生成的复合路径会与已填色的对象编组到一起。要修改复合路径,首先要取消该路径与填色的编组,或者使用"编组选择"工具选中该路径。

7.1.4 选择相同填充和描边的对象

选中一个对象,单击"控制"面板中的"选择类似的对象"按钮，然后在打开的下拉列表框中选择希望基于怎样的条件来选择对象,如图7-9所示。

图7-9 "选择类似的对象"下拉列表框

用户可以选择具有相同属性的对象,其中包括"填充颜色""描边颜色""描边粗细"。

⬤ 选择所有具有相同填充或描边颜色的对象。

首先选择一个具有填充或描边颜色的对象,或者从"颜色"面板或"色板"面板中选择该颜色,然后执行"选择 > 相同"命令,选择子菜单中的

"填充颜色""描边颜色"或"填色和描边"命令即可。

⬤ 选择所有具有相同描边粗细的对象。

首先选择一个具有描边粗细的对象,或者从"描边"面板中选择该描边粗细,然后执行"选择 > 相同 > 描边粗细"命令即可。

⬤ 通过不同的对象来应用相同的选择选项。

例如,如果已使用"选择 > 相同 > 填充颜色"命令选择了所有红色对象,现在要搜索所有绿色对象,可以先选择一个新对象,然后执行"选择 > 重新选择"命令。

Tips

如果在基于颜色进行选择时,同时考虑对象颜色色调,可以执行"编辑 > 首选项 > 常规"命令,在弹出的对话框中选中"选择相同色调百分比"复选框。取消选择该复选框,在基于颜色选择时,将不考虑对象颜色的色调。

7.1.5 创建多种填色和描边

使用"外观"面板可以为相同对象创建多种填色和描边。在一个对象上添加多种填色和描边,可以创建出很多令人惊喜的效果。关于"外观"面板的使用请参看本书第12章12.5节中的内容。

7.2 使用"描边"面板

用户可以使用"描边"面板指定线条的类型、描边的粗细、描边的对齐方式、斜接的限制、箭头、宽度配置文件和线条连接的样式及线条端点。

执行"窗口 > 描边"命令,打开"描边"面板,如图7-10所示。通过该面板可以将描边选项应用于整个对象,也可以使用"实时上色"组,为对象内的不同边缘应用不同的描边。选择面板菜单中的"隐藏选项"命令,可隐藏面板中的选项,如图7-11所示。选择面板菜单中的"显示选项"命令,可以将隐藏的命令显示出来。多次单击"描边"面板名称前的◆图标,可以逐级隐藏面板选项,如图7-12所示。

图7-11 隐藏选项

图7-10 "描边"面板

图7-12 逐级隐藏面板选项

描边宽度和对齐方式

选中对象，用户可以在"描边"面板或
"控制"面板的"粗细"文本框中选择一个选
项或输入一个数值，设置对象的描边宽度，如
图7-13所示。

Illustrator CC为用户提供了居中对齐、内侧对齐
和外侧对齐3种路径对齐方式。

图7-13 设置对象的描边宽度

选中带有描边的对象，单击"描边"面板中"对齐描边"选项后面的"使描边居中对齐"按钮，
描边将以路径为中心对齐，如图7-14所示。单击"使描边内侧对齐"按钮，描边将放置在路径内侧，
如图7-15所示。单击"使描边外侧对齐"按钮，描边将放置在路径外侧，如图7-16所示。

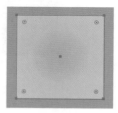

图7-14 描边居中对齐　　　　　图7-15 描边内侧对齐　　　　　图7-16 描边外侧对齐

 Tips

使用 Illusrator 的最新版本创建 Web 文档时，默认使用"使描边内侧对齐"方式。在 Illustrator 的早期版本中，默
认使用"使描边居中对齐"方式。如果想要不同的描边对齐后完全匹配，需要将路径对齐方式设置得完全相同。

创建虚线

用户可以通过编辑对象的描边属性，创建一条虚线。

应用案例　　　**使用"描边"面板创建虚线**

源文件：无　　　　　视频：视频\第7章\使用"描边"面板创建虚线.mp4

STEP 01 选择带有描边的对象，选中"描边"面板中的"虚线"复选框，如图7-17所示。默认情况下，面板中
的"保留虚线和间隙的精确长度"按钮为激活状态，虚线描边效果如图7-18所示。

图7-17 选中"虚线"复选框　　　　图7-18 虚线描边效果

STEP 02 单击"使虚线与边角和路径终端对齐"按钮，使描边各边角的虚线与路径的尾端保持一致，如图
7-19所示。

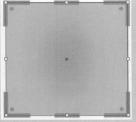

图7-19 使描边各边角的虚线与路径的尾端保持一致

STEP 03 通过在"虚线"文本框中输入短划的长度和"间隙"文本框中输入短划间的间隙来指定虚线次序。如图7-20所示。输入的数字会按顺序重复，因此只要建立了图案，无须再一一填写所有文本框，如图7-21所示。

图7-20 指定虚线次序 　　图7-21 重复虚线次序

更改线条的端点和边角

端点是指一条开放线段两端的端点；边角（连接）是指直线段改变方向（拐角）的地方，如图7-22所示。可以通过改变对象的描边属性来改变线段的端点和边角。

选中线条，用户可以在"描边"面板中设置"端点"的类型为平头、圆头或方头，如图7-23所示。设置"边角"的类型为斜接、圆角或斜角，如图7-24所示。

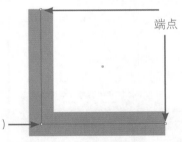

图7-22 线条的端点和边角（连接）

图7-23 设置"端点"类型 图7-24 设置"边角"类型

● 平头端点：用于创建具有方形端点的描边线，如图7-25所示。
● 圆头端点：用于创建具有半圆形端点的描边线，如图7-26所示。
● 方头端点：用于创建具有方形端点且在线段端点之外延伸出线条宽度的一半的描边线，如图7-27所示。使用此选项可以使线段的粗细沿线段各方向均匀延伸出去。

图7-25 平头端点　图7-26 圆头端点　图7-27 方头端点

斜角连接。如果斜接限制值为1，则直接生成斜角连接。

- 圆角连接 ：用于创建具有圆角的描边线，如图7-29所示。

- 斜角连接 ：用于创建具有方形拐角的描边线，如图7-30所示。

- 斜接连接 ：创建具有点式拐角的描边线，如图7-28所示。可以在"限制"文本框中输入一个1~500的斜接限制值。斜接限制值可以控制程序在何种情形下由斜接连接切换成斜角连接。默认斜接限制值为10，这意味着点的长度达到描边粗细的10倍时，程序将从斜接连接切换为

图7-28 斜接连接　图7-29 圆角连接　图7-30 斜角连接

如果将线条设置为虚线，更改线条端点类型将获得更丰富的描边效果，如图7-31所示。

图7-31 为虚线设置端点类型效果

7.2.4　添加和自定义箭头

在Illustrator CC中，可以在"描边"面板中访问箭头并关联控件来调整其大小。默认情况下，箭头在"描边"面板中的"箭头"下拉列表框中，如图7-32所示。

用户可以分别为路径的起点和终点设置箭头，如图7-33所示。单击"互换箭头起始处和结束处"按钮，可以交换起点箭头和终点箭头。

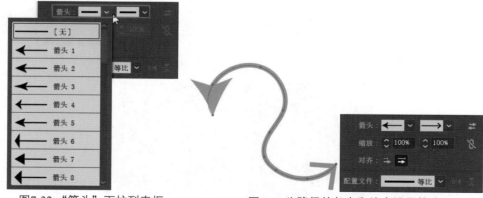

图7-32 "箭头"下拉列表框　　　　图7-33 为路径的起点和终点设置箭头

使用"缩放"选项，可以分别调整箭头起始处和箭头结束处的大小。单击"链接箭头起始处和结束处缩放"按钮，当按钮显示为 状态时，箭头起始处和箭头结束处将同时参与缩放操作。

单击"对齐"选项后的"将箭头提示扩展到路径终点外"按钮，将扩展箭头笔尖超过路径末端，如图7-34所示。单击"将箭头提示放置于路径终点处"按钮，将在路径末端放置箭头笔尖，如图7-35所示。

图7-34 箭头笔尖超过路径末端　图7-35 在路径末端放置箭头笔尖

 Tips

在"箭头"选项的下拉列表框中选择"无"选项，即可删除对象中添加的箭头。

应用案例　绘制细节丰富的科技感线条

源文件：源文件\第7章\7-2-4.ai　视频：视频\第7章\绘制细节丰富的科技感线条.mp4

STEP 01 新建一个Illustrator文件，使用"矩形工具"绘制一个填色为RGB（10、70、160）、描边色为无、与画板等大的矩形，如图7-36所示。使用"星形工具"在画板中创建一个四角星形，如图7-37所示。

 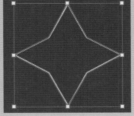

图7-36 绘制矩形　　　　　图7-37 绘制四角星形

STEP 02 执行"效果>扭曲和变换>变换"命令，弹出"变换效果"对话框，设置各项参数如图7-38所示。单击"确定"按钮，图形效果如图7-39所示。

图7-38 设置各项参数　　　图7-39 图形效果

STEP 03 拖曳选中所有图形，执行"窗口>描边"命令，选中"描边"面板中的"虚线"复选框，在"描边"面板中设置其他参数，如图7-40所示。图形效果如图7-41所示。

图7-40 "描边"面板　　　图7-41 图形效果

STEP 04 设置图形的描边色从RGB（255、132、46）到RGB（0、255、190）进行线性渐变，如图7-42所示。拖曳选中所有图形，调整其大小至覆盖整个画板，最终效果如图7-43所示。

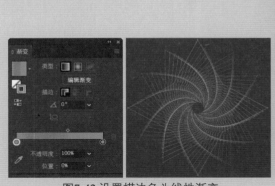

图7-42 设置描边色为线性渐变　　　　　　　　图7-43 图形最终效果

7.3 使用"宽度工具"

使用"宽度工具"可以创建具有变量宽度的描边，而且可以将变量宽度保存为配置文件，并应用到其他描边。

单击工具箱中的"宽度工具"按钮 或者按【Shift+W】组合键，将光标移至描边上，此时路径上将显示一个空心菱形，如图7-44所示。按住鼠标左键并拖曳，即可调整描边的宽度，如图7-45所示。

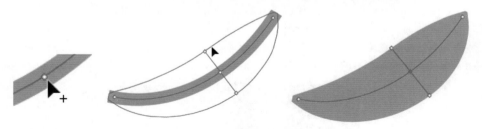

图7-44 显示空心菱形　　　　　　图7-45 拖曳调整描边的宽度

继续使用相同的方法添加宽度点并调整描边的宽度，如图7-46所示。按住【Alt】键，使用"宽度工具"拖曳宽度点，可以复制一个宽度点，如图7-47所示。

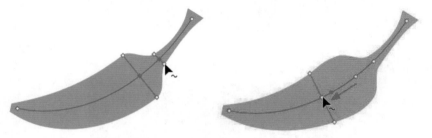

图7-46 调整描边的宽度　　　　　　图7-47 复制宽度点

使用"宽度工具"双击描边，弹出"宽度点数编辑"对话框，如图7-48所示。设置好相关参数后，单击"确定"按钮，即可创建一个精确的宽度点。如果选择"调整领近的宽度点数"复选框，对所选宽度点数的更改将会影响临近的宽度点数。单击"删除"按钮，将删除当前宽度点。

Tips

按住【Shift】键的同时双击宽度点数，将
自动选择"调整邻近的宽度点数"复选框。

图7-48 "宽度点数编辑"对话框

创建一个非连续宽度点

源文件：无　　　　　　　　视频：视频\第7章\创建一个非连续宽度点.mp4

STEP 01 使用"铅笔工具"在画板中绘制一条路径，如图7-49所示。使用"宽度工具"创建两个宽度点，如图7-50所示。

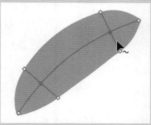

图7-49 绘制一条路径　　　　图7-50 创建两个宽度点

STEP 02 使用"宽度工具"将下面的宽度点拖至上面的宽度点上，如图7-51所示。释放鼠标键，创建一个非连续宽度点，如图7-52所示。

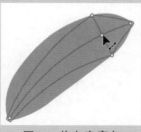

图7-51 拖曳宽度点　　　　图7-52 创建一个非连续宽度点

STEP 03 双击该非连续宽度点，弹出"宽度点数编辑"对话框，用户可以在该对话框中分别为两个宽度点设置数值，"宽度点数编辑"对话框如图7-53所示。单击"确定"按钮，描边效果如图7-54所示。

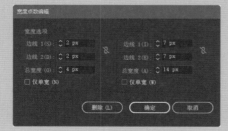

Tips

执行"对象＞扩展外观"命令，
即可将描边扩展为填充。

图7-53 "宽度点数编辑"对话框　　　　图7-54 描边效果

定义了描边宽度后，用户可以使用"描边"面板、"控制"面板或者"属性"面板，保存可变宽度配置文件。

单击"描边"面板底部"配置文件"右侧的下拉按钮，再单击下拉列表框底部的"添加到配置文件"按钮 📥，如图7-55所示，弹出"变量宽度配置文件"对话框，如图7-56所示。在"配置文件名称"文本框中输入名称后，单击"确定"按钮，即可添加配置文件，如图7-57所示。

图7-55 单击"添加到配置文件"按钮　图7-56 "变量宽度配置文件"对话框　图7-57 添加配置文件

选择下拉列表框中的一个配置文件，单击底部的"删除配置文件"按钮 🗑，即可将选中的配置文件删除。单击"重置配置文件"按钮 ↻，即可重置下拉列表框。

7.4 渐变填充

渐变是指两种或多种颜色之间或同一颜色不同色调之间的逐渐混合。用户可以利用渐变形成颜色混合，增大矢量对象的体积，以及为图稿添加光亮或阴影效果。

在Illustrator CC中，渐变包含"线性渐变""径向渐变""任意形状渐变"3种类型。

🔵 **线性渐变**：应用此渐变类型可以使颜色从一点到另一点进行直线形混合，如图7-58所示。

🔵 **径向渐变**：应用此渐变类型可以使颜色从一点到另一点进行环形混合，如图7-59所示。

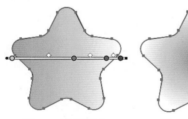
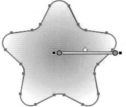

图7-58 线性渐变　　　图7-59 径向渐变

🔵 **任意形状渐变**：应用此渐变类型可在某个形状内使色标形成逐渐过渡的混合，既可以是有序混合，也可以是随意混合，以便使混合看起来

平滑、自然。可以按"点""线条"两种模式应用任意形状渐变。

🔵 **点**：在色标周围区域添加阴影，如图7-60所示。

🔵 **线条**：在线条周围区域添加阴影，如图7-61所示。

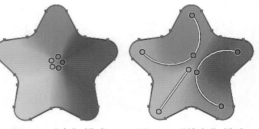

图7-60 "点"模式　　图7-61 "线条"模式

💿 *Tips*

"线性渐变""径向渐变"可应用于对象的填色和描边。"任意形状渐变"只能应用于对象的填色。

7.4.1 使用"渐变工具"与"渐变"面板

想要直接在图稿中创建或修改渐变时，可以使用"渐变工具"。单击工具箱中的"渐变工具"按钮 ▣ 或者按键盘上的【G】键，"控制"面板中将显示"渐变类型"，如图7-62所示。选择不同的渐变类型，"控制"面板会显示对应的参数，如图7-63所示。

图7-62 "控制"面板中的"渐变类型"

图7-63 选中"任意形状渐变类型"后的"控制"面板

执行"窗口 > 渐变"命令或者按【Ctrl+F9】组合键,打开"渐变"面板,如图7-64所示。选择不同的渐变类型,"渐变"面板将呈现不同的参数,如图7-65所示。

选择"渐变"面板菜单中的"隐藏选项"命令或者单击面板名称前的■图标,可将"渐变"面板中的选项隐藏,如图7-66所示。再次单击图标或选择"显示选项"命令,即可将"渐变"面板选项显示。

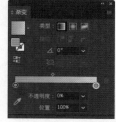

图7-64 "渐变"面板   图7-65 "渐变"面板呈现不同的参数

"渐变工具"与"渐变"面板有很多通用的选项,但是,有些任务只能通过工具或面板执行。使用"渐变工具"与"渐变"面板,可以指定多个色标,并指定其位置和扩展。还可以指定颜色的显示角度、椭圆形渐变的长宽比及每种颜色的不透明度。

 Tips

在用户第一次单击工具箱中的"渐变工具"按钮时,默认情况下会应用白色到黑色的渐变。如果以前应用过渐变,则会为对象应用上次使用过的渐变。

Illustrator CC提供了一系列可通过"渐变"面板或"色板"面板设置的预定义渐变。选中要填充渐变的对象,单击"渐变"面板中"渐变"色框右侧的■图标,在打开的下拉列表框中选择已存储的渐变填充效果,如图7-67所示。也可以单击"色板"面板中的渐变填充,为对象添加渐变填充效果,"色板"面板如图7-68所示。

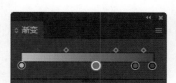

图7-66 隐藏"渐变"面板选项

图7-67 选择已存储的渐变填充效果

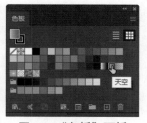

图7-68 "色板"面板

 Tips

单击"色板"面板底部的"显示'色板类型'菜单"按钮,在打开的下拉列表框中选择"显示渐变色板"选项,即可在"色板"面板中仅显示渐变。

在"色板"面板菜单中执行"打开色板库 > 渐变"命令,在其子菜单中选择要应用的渐变,如图7-69所示。图7-70所示为选择了"水果和蔬菜"命令后打开的"水果和蔬菜"渐变面板。

图7-69 选择要应用的渐变

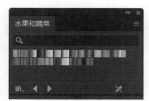

图7-70 "水果和蔬菜"渐变面板

7.4.2 创建和应用渐变

单击工具箱中的"渐变工具"按钮，将光标移至画板中的对象上并单击，即可为对象填充渐变，默认情况，会应用黑白线性渐变，如图7-71所示。

激活"渐变工具"后，单击"控制"面板或者"渐变"面板中的"径向渐变"按钮，再在对象上单击，即可为对象填充径向渐变，如图7-72所示。

完成渐变填充后，使用"渐变工具"在对象上拖曳，可以改变渐变的方向和范围，如图7-73所示。

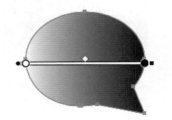 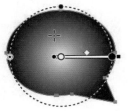 

图7-71 填充线性渐变　　　　图7-72 填充径向渐变　　　图7-73 拖曳改变渐变的方向和范围

● 渐变批注者

创建线性渐变和径向渐变填充后，单击"渐变工具"时，对象中将显示渐变批注者。渐变批注者是一个滑块，该滑块会显示起点、终点、中点，以及起点和终点对应的色标，如图7-74所示。

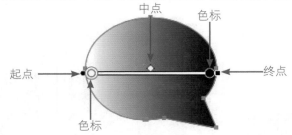

图7-74 渐变批注者

执行"视图 > 隐藏渐变批注者"命令或者"视图 > 显示渐变批注者"命令，可以完成隐藏或者显示渐变批注者的操作。

在线性渐变和径向渐变的批注者中，拖动渐变批注者起点处的黑点，可以更改渐变的原点位置，如图7-75所示。拖动渐变批注者终点，可以增大或减小渐变的范围，如图7-76所示。

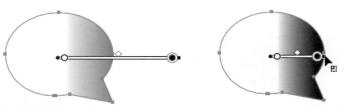

图7-75 更改渐变的原点位置　　　　图7-76 增大或减小渐变的范围

● 创建"点"模式渐变效果

激活工具箱中的"渐变工具"，单击"控制"面板中的"任意形状渐变"按钮，然后单击画板中的对象，即可为对象添加任意形状的渐变效果，默认情况下，将创建"点"模式的渐变，效果如图7-77所示。继续使用相同的方法，为对象添加多个"点"色标，如图7-78所示。

图7-77 "点"模式的渐变效果　　　图7-78 为对象添加多个"点"色标

　　为对象添加"点"模式渐变填充时，可以在"渐变"面板、"属性"面板或者"控制"面板等的"扩展"下拉列表框中输入或者选择一个数值，用于设置渐变的扩展幅度，如图7-79所示。也可以将光标移至色标范围虚线上的滑块上，按住鼠标左键并拖曳，调整色标的扩展幅度，如图7-80所示。默认情况下，色标的扩展幅度为0%。

 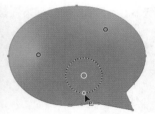

图7-79 设置扩展幅度　　　图7-80 拖曳调整色标的幅度

　　将光标移至色标虚线圆范围内，按住鼠标左键并拖曳可调整其位置，如图7-81所示。选中色标后，单击"渐变"面板中的"删除色标"按钮 🗑 或者按【Delete】键，如图7-82所示，即可删除当前色标。

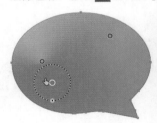 

图7-81 移动色标位置　　　图7-82 删除色标

● 创建"线"模式渐变效果

　　激活"渐变工具"，单击"控制"面板或"渐变"面板中的"任意形状渐变"按钮，选择"线"模式，如图7-83所示。在画板中的对象上单击创建一个色标并向另一个位置移动，出现一个提示橡皮筋，如图7-84所示。

图7-83 选择"线"模式　　　图7-84 出现提示橡皮筋

　　将光标移至另一个位置后单击，创建第二个色标，如图7-85所示，两个色标之间以直线连接。继续移至另一处单击，创建第三个色标，如图7-86所示，连接这3个色标的线变为曲线。

图7-85 创建第二个色标　　　　图7-86 创建第三个色标

双击色标，可以修改色标的颜色，如图7-87所示。使用相同的方法，修改每个色标的颜色，如图7-88所示。将光标移至对象区域外，再将其移回至对象中，然后单击任意位置，即可再创建一条单独的直线段，如图7-89所示。

图7-87 修改色标的颜色　　　图7-88 修改每个色标的颜色　　　图7-89 创建单独的直线段

在直线段上单击即可添加一个色标，按住鼠标左键并拖曳将直线段调整为曲线，如图7-90所示。单击线段的一段，可继续创建色标，将光标移至另一条线段的色标上并单击，即可连接两条曲线，如图7-91所示。

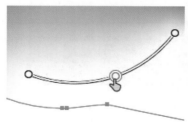 

图7-90 将直线段调整为曲线　　　图7-91 连接两条曲线

 Tips

拖动色标可将其放到所需的位置上。更改色标位置时，直线段也会相应地缩短或延长，其他色标的位置保持不变。

7.4.3 编辑修改渐变

选中填充渐变的对象，单击"渐变"面板中的"编辑渐变"按钮，如图7-92所示。也可以激活工具箱中的"渐变工具"，在"渐变"面板中编辑"渐变"的各个参数，如色标、颜色、角度、不透明度和位置，如图7-93所示。

图7-92 单击"编辑渐变"按钮　图7-93 编辑"渐变"的各个参数

应用案例

创建和编辑渐变填充

源文件：无   视频：视频\第7章\创建和编辑渐变填充.mp4

STEP 01 应用渐变后，将光标移至渐变批注者上，当光标下方显示"+"时，单击即可添加色标，如图7-94所示。选中一个色标，按住【Alt】键的同时拖曳色标，将复制一个相同颜色的色标，如图7-95所示。

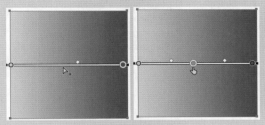

图7-94 添加色标   图7-95 复制色标

STEP 02 双击色标，打开"颜色"面板，用户可以在该面板中选择想要应用的颜色，"颜色"面板如图7-96所示。当前选定色标的颜色将自动应用到下一个色标。在选中色标的前提下，单击"色板"面板中的颜色，修改色标的颜色，如图7-97所示。

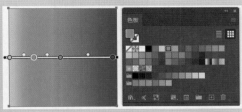

图7-96 "颜色"面板 图7-97 使用"色板"面板修改色标的颜色

STEP 03 选中色标，单击"渐变"面板中的"拾色器"按钮 ，如图7-98所示，可以从画板中选取并应用任何颜色，如图7-99所示。按【Esc】键或者【Enter】键可退出"拾色器"模式。

图7-98 单击"拾色器"按钮   图7-99 从画板中选取并应用颜色

STEP 04 将光标移至对象渐变批注者或者"渐变"面板色标上，按住鼠标左键并拖曳，即可改变其位置，如图7-100所示。使用相同的方法，拖曳中点，改变渐变中点的位置，如图7-101所示。

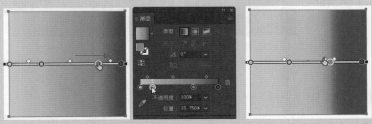

图7-100 修改色标的位置   图7-101 改变渐变中点的位置

STEP 05 将光标移至渐变批注者终点上方，显示一个旋转光标后，按住鼠标左键并拖曳，即可改变渐变的角度，如图7-102所示。也可以在"渐变"面板的"角度"下拉列表框中选择或输入一个数值，如图7-103所示，完成旋转渐变效果的操作。

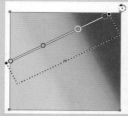 

图7-102 旋转渐变批注者　　图7-103 选择旋转数值

STEP 06 选中色标后，拖动"控制"面板中的"不透明度"滑块或者在"渐变"面板的"不透明度"文本框中选择或者输入数值，即可更改色标的不透明度，如图7-104所示。

STEP 07 单击"渐变"面板中的"反向渐变"按钮，即可反转渐变中的颜色，如图7-105所示。

图7-104 修改不透明度　　　　　　　图7-105 反转渐变中的颜色

存储渐变预设

　　用户可以将新建的渐变或修改后的渐变存储到色板中，便于以后使用。单击"渐变"面板渐变框右侧的■按钮，在打开的面板中单击"添加到色板"按钮，如图7-106所示。

　　用户也可以将"渐变"面板中的渐变框直接拖到"色板"面板上，完成存储渐变的操作，如图7-107所示。

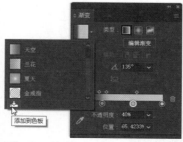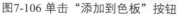 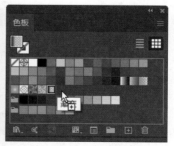

图7-106 单击"添加到色板"按钮　　图7-107 拖曳添加渐变

渐变应用与描边

　　除了可以将渐变应用到对象填充，也可以将"线性渐变""径向渐变"应用到对象的描边上。选中对象，从"渐变"面板中选择一个渐变效果，单击工具箱底部的描边框或者在"色板"面板、"渐变"面板、"属性"面板中选择描边框。

在"渐变"面板"描边"的选项中，有"在描边中应用渐变""沿描边应用渐变""跨描边应用渐变"3种模式供用户选择，如图7-108所示。

Tips

按住【Shift】键的同时依次单击对象或者使用"选择工具"拖曳框选对象后，使用工具箱中的"吸管工具"单击渐变，可将吸取的渐变应用到所选对象上。

图7-108 描边渐变模式

【7.5 使用"画笔工具"

使用"画笔工具"可以绘制出丰富多彩的图形效果。利用"画笔"面板可以方便地进行笔触变形和自然笔触路径的切换，使图稿达到类似手绘的效果。

 ## 7.5.1 画笔类型

单击工具箱中的"画笔工具"按钮 或者按【B】键，将光标移至画板上，按住鼠标左键并拖曳，即可使用"画笔工具"开始绘制。

Illustrator CC为用户提供了书法、散点、艺术、图案和毛刷5种画笔工具。执行"窗口 > 画笔"命令或者按【F5】键，打开"画笔"面板，用户可以选择不同类型的画笔，如图7-109所示。

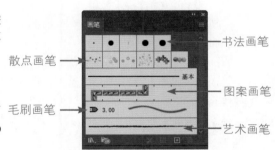

图7-109 "画笔"面板

- 书法画笔：创建的描边类似于使用书法钢笔带拐角的尖绘制的描边及沿路径中心绘制的描边，如图7-110所示。
- 散点画笔：将一个对象（如一只雏菊或一片树叶）的许多副本沿路径进行分布，如图7-111所示。
- 艺术画笔：沿路径长度均匀拉伸画笔形状（如粗炭笔）或对象形状，如图7-112所示。
- 毛刷画笔：使用毛刷创建具有自然画笔外观的画笔描边，如图7-113所示。
- 图案画笔：绘制一种图案，该图案由沿路径重复的各个拼贴组成，如图7-114所示。图案画笔最多包括5种拼贴，即图案的边线、内角、外角、起点和终点。

图7-110 书法画笔　图7-111 散点画笔　　图7-112 艺术画笔

图7-113 毛刷画笔　　　图7-114 图案画笔

使用散点画笔或图案画笔通常可以达到同样的效果。它们之间的区别在于，图案画笔会完全依循路径，而散点画笔不会。图7-115所示为图案画笔中的箭头呈弯曲状以依循路径，图7-116所示为散点画笔中的箭头保持直线方向。

图7-115 图案画笔　　图7-116 散点画笔

7.5.2　画笔工具选项

双击工具箱中的"画笔工具"按钮，弹出"画笔工具选项"对话框，如图7-117所示。

图7-117　"画笔工具选项"对话框

🔘 保真度：控制要将鼠标移动多大距离，Illustrator才会向路径添加新锚点。保真度的范

围为0.5~20像素；值越大，路径越平滑，复杂程度越小。

🔘 填充新画笔描边：将填色应用于路径。该选项在绘制封闭路径时最有用。

🔘 保持选定：确定在绘制路径之后是否让Illustrator保持路径的选中状态。

🔘 编辑所选路径：确定是否使用"画笔工具"更改现有路径。

🔘 范围：确定鼠标与现有路径相距多大距离，才能使用"画笔工具"来编辑路径。此选项仅在选择了"编辑所选路径"复选框时可用。

7.5.3　使用"画笔"面板

用户可以在"画笔"面板中查看当前文件中的画笔，如图7-118所示。同时，Illustrator CC也提供了很多画笔库供用户使用。执行"窗口＞画笔库"命令，在打开的子菜单中包括多个画笔库，如图7-119所示。

图7-118　"画笔"面板　　　　图7-119 打开画笔库

单击"画笔"面板底部的"画笔库菜单"按钮，用户也可以在打开的下拉列表框中选择想要使用的画笔库，如图7-120所示。图7-121所示为"6d艺术钢笔画笔"画笔库。

用户可以通过拖曳或者选择画笔库面板菜单中的"添加到画笔"命令，将画笔库面板中的画笔添加到画板中，如图7-122所示。

 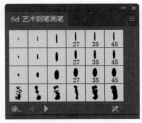 

图7-120 画笔库菜单　图7-121 "6d艺术钢笔画笔"画笔库　图7-122 "添加到画笔"选项

无论何时从画笔库中选择画笔，都会自动将其添加到"画笔"面板中，如图7-123所示。创建并存储在"画笔"面板中的画笔仅与当前文件相关联，即每个Illustrator文件可以在其"画笔"面板中包含一组不同的画笔。

● 显示或隐藏画笔类型

用户可以在"画笔"面板菜单中选择显示或隐藏画笔类型，如图7-124所示。当选项前面显示 ✓ 时，该类型画笔将在画笔面板中显示。

图7-123 将使用的画笔添加到"画笔"面板中　图7-124 显示或隐藏画笔类型

● 更改画笔视图

用户可以在"画笔"面板菜单中选择"缩览图视图"或者"列表视图"命令，如图7-125所示，让画笔以缩览图或列表的形式在画板中显示。图7-126所示为列表形式的显示效果。

图7-125 选择"列表视图"命令　图7-126 列表形式的显示效果

Tips

用户可以通过拖动的方式调整画笔在"画笔"面板中的排列顺序，但是只能在同一类别中移动画笔。

● 复制和删除画笔

将光标移至要复制的画笔上，按住鼠标左键将其拖至"画笔"面板底部的"新建画笔"按钮 田 上或者在"画布"面板菜单中选择"复制画笔"命令，即可完成复制画笔的操作，如图7-127所示。

选中要删除的画笔，单击"画笔"面板底部的"删除画笔"按钮 血 或者在"画笔"面板菜单中选择"删除画笔"命令，即可完成删除画笔的操作，如图7-128所示。

Tips

在存储文件前，可以选择"画笔"面板菜单中的"选择所有未使用的画笔"选项，将所有当前文件中没有使用的画笔选中，选择"删除画笔"命令将未选中的画笔一次性删除。这样既可以精简工作内容，又可以减小文件体积。

图7-127 执行"复制画笔"命令　图7-128 执行"删除画笔"命令

应用案例　将画笔从其他文件导入

源文件：无　　　　　　视频：视频\第7章\将画笔从其他文件导入.mp4

STEP 01 新建一个Illustrator文件，执行"窗口>画笔"命令，打开"画笔"面板，如图7-129所示。单击"画笔"面板底部的"画笔库菜单"按钮，在打开的下拉列表框中选择"其它库"选项，如图7-130所示。

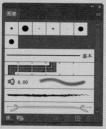

图7-129 "画笔"面板　图7-130 选择"其他库"选项

STEP 02 在弹出的"选择要打开的库"对话框中选择素材文件"7.5.3.ai"，如图7-131所示。单击"打开"按钮，即可将素材文件的画笔库导入新建文件中，并以独立画板的形式显示，如图7-132所示。

图7-131 选择素材文件　　图7-132 导入素材文件的画笔库

7.5.4　应用和删除画笔描边

用户可以将画笔描边应用到使用绘图工具创建的路径上。选择路径，如图7-133所示，然后从画笔库、"画笔"面板或者"控制"面板中选择一种画笔，即可将画笔应用到所选路径上，如图7-134所示。

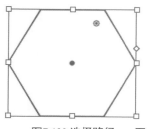

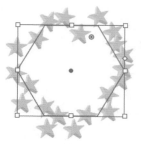

图7-133 选择路径　　图7-134 将画笔应用到所选路径上

Tips

路径上的画笔大小受路径宽度的影响。按住【Alt】键的同时单击想要应用的画笔，将在路径上应用不同的画笔，同时使用带有原始画笔的画笔描边设置。

选中一条使用画笔绘制的路径，单击"画笔"面板中的"移去画笔描边"按钮 ，如图7-135所示。或者选择"画笔"画板菜单中的"移去画笔描边"命令，如图7-136所示，即可删除选中路径上的画笔描边。

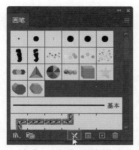 

图7-135 单击"移去画笔描边"按钮　图7-136 选择"移去画笔描边"命令

用户也可以在选中路径的情况下，单击"画笔"面板或者"控制"面板中的"基本"画笔，删除画笔描边。

选中一条用画笔绘制的路径，执行"对象 > 扩展外观"命令，如图7-137所示，即可将画笔描边转换为轮廓路径。使用"扩展外观"命令可以将路径中的组件置入一个组中，组中包含一条路径和一个含有画笔轮廓的子组，如图7-138所示。

图7-137 执行"扩展外观"命令　图7-138 扩展外观后的组

 使用"画笔工具"绘制横幅

源文件：无　　　　　　　视频：视频\第7章\使用"画笔工具"绘制横幅.mp4

STEP 01 新建一个Illustrator文件，执行"窗口 > 画笔库 > 装饰 > 装饰_横幅和封条"命令，如图7-139所示。打开"装饰_横幅和封条"画笔库面板，如图7-140所示。

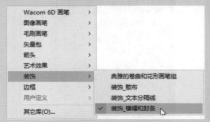 

图7-139 执行相应的命令　　图7-140 "装饰_横幅和封条"画笔库面板

STEP 02 单击工具箱中的"画笔工具"按钮，将光标移至画板上，按住【Shift】键的同时水平拖曳鼠标，如图7-141所示。释放鼠标键，绘制一条水平路径，如图7-142所示。

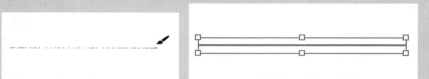

图7-141 使用"画笔工具"水平拖曳　　　　图7-142 绘制一条水平路径

STEP 03 单击"装饰_横幅和封条"画笔库面板中的"横幅 8"画笔，如图7-143所示。为路径应用画笔后的效果如图7-144所示。

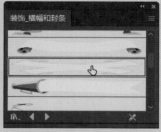

图7-143 单击"横幅 8"画笔　　　　图7-144 路径应用画笔后的效果

Tips

执行"对象＞扩展外观"命令，可将应用了画笔的路径扩展为路径对象，方便用户再次编辑和使用。

7.5.5　创建和修改画笔

用户可以根据需要创建和自定义书法画笔、散点画笔、图案画笔、毛刷画笔和艺术画笔。要想创建散点画笔、图案画笔和艺术画笔，首先需要创建图稿，图稿应遵循以下规则。

- 图稿不能包含渐变、混合、其他画笔描边、网格对象、位图图像、图表、置入文件或蒙版。
- 对于图案画笔和艺术画笔，图稿中不能包含文字。如果要实现包含文字的画笔描边效果，要先创建文字轮廓，然后使用该轮廓创建画笔。
- 对于图案画笔，最多可以创建5种图案拼贴，并将拼贴添加到"色板"面板中。

单击"画笔"面板底部的"新建画笔"按钮 ⊞，弹出"新建画笔"对话框，如图7-145所示。散点画笔和艺术画笔为不可选状态，这是因为要创建这两种画笔，需要先选中图稿。

选中图稿或者将图稿直接拖至"画笔"面板中，弹出"新建画笔"对话框，如图7-146所示。

图7-145 "新建画笔"对话框1　　图7-146 "新建画笔"对话框2

● 创建书法画笔

选中"书法画笔"单选按钮，单击"确定"按钮，弹出"书法画笔选项"对话框，如图7-147所示。在"名称"文本框中输入画笔名称，设置画笔选项后，单击"确定"按钮，完成书法画笔的创建。

图7-147 "书法画笔选项"对话框

● 角度：决定画笔旋转的角度。拖曳预览区中的箭头，或在"角度"文本框中输入一个数值。

● 圆度：决定画笔的圆度。将预览中的黑点朝向或背离中心方向拖移，或者在"圆度"文本框中输入一个数值。数值越大，圆度就越大。

● 大小：决定画笔的直径。拖曳"大小"滑块或者在"大小"文本框中输入一个数值。

可通过每个选项右侧的下拉列表框来控制画笔形状的变化。

● 固定：创建具有固定角度、圆度或大小的画笔。

● 随机：创建角度、圆度或含有随机变量的画笔。在"变量"文本框中输入一个数值，指定画笔特征的变化范围。

● 压力：根据绘图光笔的压力，创建不同角度、

圆度或直径的画笔。此选项与"大小"选项一起使用时非常有用。仅当有图形输入板时，才能使用该选项。在"变量"文本框中输入一个数值，指定画笔特性将在原始值的基础上有多大变化。

● 光笔轮：根据光笔轮的操作情况，创建具有不同大小的画笔。只有在钢笔喷枪的笔管中具有光笔轮且能够检测到该钢笔的图形输入板时，该选项才可使用。

● 倾斜：根据绘图光笔的倾斜角度，创建不同角度、圆度或大小的画笔。此选项与"圆度"一起使用时非常有用。仅当具有可以检测钢笔垂直程度的图形输入板时，此选项才可用。

● 方位：根据钢笔的受力情况，创建不同角度、圆度或大小的画笔。此选项对于控制书法画笔的角度（特别是在使用像画刷一样的画笔时）非常有用。仅当具有可以检测钢笔倾斜方向的图形输入板时，此选项才可用。

● 旋转：根据绘图光笔尖的旋转角度，创建不同角度、圆度或大小的画笔。此选项对于控制书法画笔的角度（特别是在使用像平头画笔一样的画笔时）非常有用。仅当具有可以检测这种旋转类型的图形输入板时，才能使用此选项。

● 创建散点画笔

选中"散点画笔"单选按钮，单击"确定"按钮，弹出"散点画笔选项"对话框，如图7-148所示。在"名称"文本框中输入画笔名称，设置画笔选项后，单击"确定"按钮，完成散点画笔的创建。单击"提示"按钮，弹出"着色提示"对话框，如图7-149所示。用户可以根据提示内容，完成画笔绘制的着色处理。

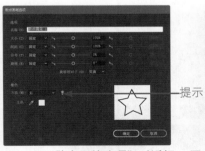

图7-148 "散点画笔选项"对话框　　图7-149 "着色提示"对话框

● 大小：用于控制对象的大小。

● 间距：用于控制对象间的间距。

● 分布：用于控制路径两侧对象与路径之间的接近程度。数值越大，对象距路径越远。

● 旋转：用于控制对象的旋转角度。

● 旋转相对于：设置散布对象相对页面或路径的

旋转角度。

可通过每个选项右侧的下拉列表框来控制画笔形状的变化。

● 固定：创建具有固定大小、间距、分布和旋转特征的画笔。

● 随机：创建具有随机大小、间距、分布和旋转

特征的画笔。在"变量"文本框中输入一个数值，指定画笔特征的变化范围。

- 压力：根据绘图光笔的压力，创建不同角度、圆度或直径的画笔。该选项仅适用于有图形输入板的情形。在最右边的文本框中输入一个数值，或拖曳"最大值"滑块。"压力"会将"最小值"作为输入板上最轻的压力，并将"最大值"作为输入板上最重的压力。

- 光笔轮：根据光笔轮的操作情况，创建具有不同直径的画笔。只有当一个笔管中有光笔轮并且能够检测到来自该钢笔的输入的图形输入板时，此选项才可用。

- 倾斜：根据绘图光笔的倾斜角度，创建不同角度、圆度或直径的画笔。仅当具有可以检测钢笔垂直程度的图形输入板时，此选项才可用。

- 方位：根据绘图光笔的方位，创建不同角度、圆度或直径的画笔。该选项在用于控制画笔角度时最有用。仅当具有可以检测钢笔倾斜方向的图形输入板时，此选项才可用。

- 旋转：根据绘图光笔尖的旋转角度，创建不同角度、圆度或直径的画笔。该选项在控制画笔角度时最有用。仅当具有可以检测这种旋转类型的图形输入板时，此选项才可用。

画笔所绘制的颜色取决于当前的描边颜色和画笔的着色处理方法。想要设定着色处理方法，可以在"散点画笔选项"对话框中选择下列任一选项。

- 无：显示"画笔"面板中画笔的颜色。选择"无"时，可使画笔与"画笔"面板中的颜色保持一致。

● 创建图案画笔

选中"图案画笔"单选按钮，单击"确定"按钮，弹出"图案画笔选项"对话框，如图7-150所示。在"名称"文本框中输入画笔名称，设置画笔选项后，单击"确定"按钮，完成图案画笔的创建。

拼贴按钮 →

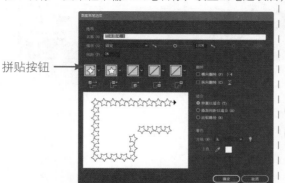

图7-150　"图案画笔选项"对话框

- 色调：以浅淡的描边颜色显示画笔描边。图稿的黑色部分会变为描边颜色，不是黑色的部分则会变为浅淡的描边颜色，白色依旧为白色。如果使用专色作为描边，选择"淡色"，则生成专色的浅淡颜色。如果画笔是黑白的，选择"淡色"，可以使用专色为画笔描边上色。

- 淡色和暗色：以描边颜色的淡色和暗色显示画笔描边。选择"淡色和暗色"会保留黑色和白色，而黑白之间的所有颜色则会变成从黑色到白色的混合描边颜色。当"淡色与暗色"与专色一起使用时，由于添加了黑色，可能无法印刷到单一印版。对于灰度画笔，请选择"淡色和暗色"。

- 色相转换：使用画笔图稿中的主色，如"主色"框中所示（默认情况下，主色是图稿中最突出的颜色），画笔图稿中使用主色的每个部分都会变成描边颜色。画笔图稿中的其他颜色，则会变为与描边色相关的颜色。使用"色相转换"会保留黑色、白色和灰色。对使用多种颜色的画笔选择"色相转换"，如果想要改变主色，单击"主色"吸管，将吸管移至对话框中的预览图，然后单击要作为主色使用的颜色即可。"主色"框中的颜色就会改变，再次单击吸管则可取消选择。

> **Tips**
> 除了散点画笔，图案画笔和艺术画笔所绘制的颜色也受着色处理方法的影响。参数设置基本相同，后面的章节就不再详细讲解。

- 缩放：相对于原始大小调整拼贴大小。使用宽度选项滑块指定宽度。图案画笔工具的"缩放"下拉列表框包括光笔输入板选项，可用于调整比例变化，如压力、光笔轮、倾斜、方位和旋转。

- 间距：调整拼贴之间的间距。

- 拼贴按钮：可以将不同的图案应用于路径的边线、外角、内角、起点和终点。单击拼贴按钮，并从列表框中选择一个图案色板。重复此操作，根据需要把图案色板应用于其他拼贴，如图7-151所示。

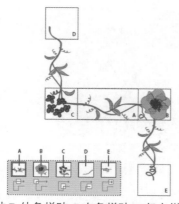

A.边线拼贴 B.外角拼贴 C.内角拼贴 D.起点拼贴 E.终点拼贴

图7-151 "图案画笔选项"对话框中的拼贴

- 横向翻转/纵向翻转:改变图案相对于线条的方向。

- 伸展以适合:可延长或缩短图案拼贴,以适合对象。该选项将生成不均匀的拼贴,如图7-152所示。

- 添加间距以适合:在每个图案拼贴之间添加空白,将图案按比例应用于路径,如图7-153所示。

- 近似路径:在不改变拼贴的情况下使拼贴适合于最近似的路径。该选项所应用的图案会向路

径内侧或外侧移动,以保持均匀的拼贴,而不是将中心落在路径上,如图7-154所示。

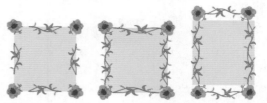

图7-152 伸展以 图7-153 添加间距 图7-154 近似路径
适合　　　　　以适合　　　　　以适合

应用案例　创建并应用图案画笔

源文件:源文件\第7章\7-5-5.ai　　　视频:视频\第7章\创建并应用图案画笔.mp4

STEP 01 新建一个Illustrator文件,使用"矩形工具"在画板中绘制一个矩形并复制两个,分别设置不同的填充色,如图7-155所示。

STEP 02 使用矩形工具再绘制一个矩形并拖曳调整其为圆角矩形,如图7-156所示。使用"椭圆工具"绘制圆形,如图7-157所示。

图7-155 创建3个矩形　图7-156 创建圆角矩形　　　　图7-157 绘制圆形

STEP 03 使用"直线工具""宽度工具"绘制嘴巴,如图7-158所示。使用"椭圆工具"绘制两个椭圆,并调整其位置,如图7-159所示。

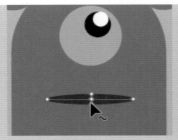

图7-158 绘制嘴巴 　　　　图7-159 绘制椭圆并调整其位置

STEP 04 使用"椭圆工具""矩形工具"在底部绘制椭圆和矩形，如图7-160所示。复制并水平翻转图形，如图7-161所示。

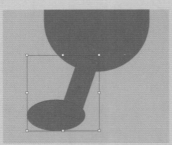
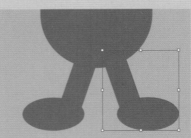

图7-160 绘制椭圆和矩形 　　　　图7-161 复制并水平翻转图形

STEP 05 继续使用"矩形工具"绘制一个圆角矩形，如图7-162所示。拖曳选中中间的矩形和两个圆角矩形，单击"路径查找器"对话框中的"分割"按钮，如图7-163所示。

STEP 06 执行"对象>取消编组"命令，删除多余对象并调整排列顺序，如图7-164所示。分别将3部分编组，如图7-165所示。

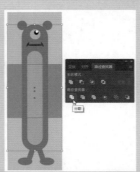

图7-162 绘制圆角矩形 图7-163 单击"分割"按钮 图7-164 取消编组 图7-165 编组对象

STEP 07 选中所有图形对象，拖曳调整其方向为水平，如图7-166所示。分别将3个组拖至"色板"面板中创建其为图案色板，"色板"面板如图7-167所示。

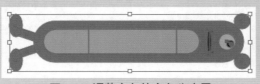
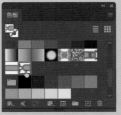

图7-166 调整方向的方向为水平 　　　　图7-167 "色板"面板

STEP 08 单击"画笔"面板底部的"新建画笔"按钮，弹出"新建画笔"对话框，如图7-168所示。选中"图案画笔"单选按钮，单击"确定"按钮，弹出"图案画笔选项"对话框，将画笔设置为"小怪兽"并分别选择对应的图案色板，如图7-169所示。

 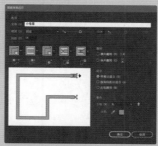

图7-168 "新建画笔"对话框　图7-169 将画笔设置为"小怪兽"并分别选择对应的图案色板

STEP 09 单击"确定"按钮，完成图案画笔的创建，"画笔"面板如图7-170所示。使用"画笔工具"，选择"小怪兽"画笔，在画板中拖曳绘制，效果如图7-171所示。

 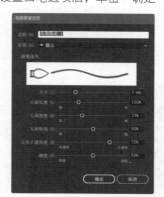

图7-170 "画笔"面板　　　　图7-171 画笔绘制效果

● 创建毛刷画笔

　　选中"毛刷画笔"单选按钮，单击"确定"按钮，弹出"毛刷画笔选项"对话框，如图7-172所示。在"名称"文本框中输入画笔名称，设置画笔选项后，单击"确定"按钮，完成毛刷画笔的创建。

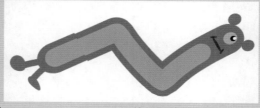

图7-172 "毛刷画笔选项"对话框

　　使用毛刷画笔可以创建自然、流畅的画笔描边，模拟使用真实画笔在纸张绘制的效果（如水彩画）。用户可以从预定义库中选择画笔或者从提供的笔尖形状（如圆形、平面形或扇形）中创建自己的画笔。还可以设置画笔其他特征，如毛刷长度、硬度和色彩不透明度。

　　在绘图板中使用毛刷画笔时，Illustrator CC将对光笔在绘图板上的移动进行交互式跟踪。它将解释在绘制路径任一点输入的方向和压力的所有信息。Illustrator CC可提供光笔的*X*轴位置、*Y*轴位置、压力、倾斜、方位和旋转作为模型输出。

使用绘图板和支持旋转的光笔时，还会显示一个模拟实际画笔笔尖的光标批注者。此批注者在使用其他输入设备（如鼠标）时不会出现。使用精确光标时也禁用该批注者。

Tips

使用 6D 美术笔及 Wacom Intuos 3 或更高级的数字绘图板，可探索毛刷画笔的全部功能。Illustrator CC 可以解释该设备组合提供的所有 6 个自由视角。然而，其他设备（包括 Wacom Grip 钢笔和美术笔）可能无法解释某些属性，如旋转。在生成的画笔描边中，这些无法解释的属性将被视为常数。

使用鼠标绘制时，仅记录*X*轴和*Y*轴移动。其他输入保持固定，如倾斜、方位、旋转和压力，从而产生均匀一致的笔触。

- 名称：毛刷画笔的名称。画笔名称的最大长度为31个字符。

- 形状：从10个不同画笔模型中选择，这些模型提供了不同的绘制体验和毛刷画笔路径的外观。

- 大小：指画笔的直径。如同物理介质画笔，毛刷画笔直径从毛刷的笔端（金属裹边处）开始计算。使用滑块或在变量文本框中输入大小指定画笔大小，范围为1~10毫米。原画笔定义中的画笔大小将在"画笔"面板的画笔预览中显示。

- 毛刷长度：是指从画笔与笔杆的接触点到毛刷尖的长度。与其他毛刷画笔选项类似，可以通过拖移"毛刷长度"滑块或在文本框中输入具体的值（25%~300%）来指定毛刷的长度。

- 毛刷密度：是指在毛刷颈部的指定区域中的毛刷数。可以使用与其他毛刷画笔选项相同的方式来设置此属性，范围在1%~100%，并基于画笔大小和画笔长度计算。

- 毛刷粗细：毛刷粗细可以从精细到粗糙（从1%~100%）。如同其他毛刷画笔设置，通过拖动滑块，或在文本框中指定厚度值，设置毛刷的粗细。

- 上色不透明度：通过此选项，用户可以设置所使用的画笔的不透明度。画笔的不透明度可以从1%（半透明）~100%（不透明）。指定的不透明度值是画笔中使用的最大不透明度。可以将数字键【0】~【9】作为快捷键来设置毛刷画笔描边的不透明度。

- 硬度：表示毛刷的坚硬度。如果设置较低的毛刷硬度值，毛刷会变得轻便。设置一个较高值时，它们会变得坚硬。毛刷硬度范围为1%~100%。

Tips

如果一个文档中包含的毛刷画笔描边超过 30 个，在打印、存储该文档或拼合该文档的透明度时，将显示一则警告消息。

- 创建艺术画笔

选中"艺术画笔"单选按钮，单击"确定"按钮，弹出"艺术画笔选项"对话框，如图7-173所示。在"名称"文本框中输入画笔名称，设置画笔选项后，单击"确定"按钮，完成艺术画笔的创建。

图7-173 "艺术画笔选项"对话框

- 宽度：相对于原宽度调整图稿的宽度。可使用宽度选项滑块指定宽度。艺术画笔宽度下拉列表框中包含有光笔输入板选项，可用于调整比例变化，如压力、光笔轮、倾斜、方位及旋转。默认的艺术画笔宽度为100%。

- 画笔缩放选项：在缩放图稿时保留比例。可用的选项包括按比例缩放、伸展以适合描边长度和在参考线之间伸展。

- 方向：决定图稿相对于线条的方向，单击箭头以设置方向。

- 横向翻转/纵向翻转：改变图稿相对于线条的方向。

- 重叠：单击"调整边角和皱折以防止重叠"按钮，可以避免对象边缘的连接和皱折重叠。单击"不调整边角和皱折"按钮，将不调整对象的边角和皱折。

从"画笔缩放选项"中选择"在参考线之间伸展"单选按钮,并且在对话框的预览部分中调整参考线,如图7-174所示,此类画笔也被称为"分段艺术画笔"。图7-175所示为分段艺术画笔和非分段艺术画笔的对比效果。

图7-174 调整参考线　　　　图7-175 分段艺术画笔和非分段艺术画笔的对比效果

【7.6 使用"斑点画笔工具"

使用"斑点画笔工具"可以绘制有填充、无描边的路径,以便与具有相同颜色的其他形状进行交叉和合并。

单击工具箱中的"斑点画笔工具"按钮 ，将光标移至画板中,按住鼠标左键并拖曳,即可使用"斑点画笔工具"绘制有填充、无描边的路径,如图7-176所示。保持相同的填充颜色且描边颜色为"无",继续挨着已经绘制完成的对象绘制,新绘制的图形将与原来的图形合并,效果如图7-177所示。

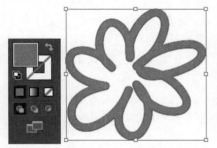

图7-176 绘制有填充、无描边的路径　　图7-177 合并图形效果

Tips

使用其他工具创建的图稿,如果需要使用"斑点画笔工具"继续绘制合并路径,需要原图稿不包含描边,并且将"斑点画笔工具"设置为相同的填充颜色。带有描边的图稿无法合并。

如果要对"斑点画笔工具"应用上色属性(如效果或透明度),需要先激活"斑点画笔工具",然后在"外观"面板中设置各种属性,即可绘制带有各种上色属性的图稿。图7-178所示为应用了"投影"效果的路径。

双击工具箱中"斑点画笔工具"按钮,弹出"斑点画笔工具选项"对话框,如图7-179所示。

图7-178 应用了"投影"效果的路径　　图7-179 "斑点画笔工具选项"对话框

- 保持选定：指定绘制合并路径时，所有路径将被选中，并且在绘制过程中保持被选中状态。该选项在查看包含在合并路径中的全部路径时非常有用。

- 仅与选区合并：仅将新描边与目前已选中的路径合并。如果选择该复选框，则新描边不会与其他未选中的交叉路径合并。

- 保真度：控制将鼠标或光笔移动多大距离，Illustrator CC才会向路径添加新锚点。保真度的

范围为0.5~20像素：值越大，路径越平滑，复杂程度越小。

- 大小：决定画笔的大小。

- 角度：决定画笔旋转的角度。拖移预览区中的箭头，或在"角度"文本框中输入一个数值。

- 圆度：决定画笔的圆度。将预览中的黑点朝向或背离中心方向拖移，或者在"圆度"文本框中输入一个数值。值越大，圆度就越大。

7.7 使用擦除工具

Illustrator CC为用户提供了"路径橡皮擦工具""橡皮擦工具"两种擦除工具。使用"橡皮擦工具"可以擦除图稿的一部分。使用"路径橡皮擦工具"沿路径进行绘制，可以擦除此路径的各个部分。使用"橡皮擦工具"可以擦除图稿的任何区域，而不管图稿的结构如何。

7.7.1 使用"路径橡皮擦工具"

选中要擦除的对象，单击工具箱中的"路径橡皮擦工具"按钮，将光标移至对象路径上，按下鼠标左键沿着要擦除的路径拖曳，如图7-180所示。鼠标经过的路径被擦除，擦除效果如图7-181所示。

图7-180 沿着路径拖曳　图7-181 擦除路径效果

7.7.2 使用"橡皮擦工具"

如果想要擦除画板中的任何对象，需要让所有对象处于未选定状态。单击工具箱中的"橡皮擦工具"按钮，将光标移至想要擦除的位置，按住鼠标左键并拖曳，即可擦除涂抹位置的填充和描边，如图7-182所示。

按住【Shift】键并拖曳，将在垂直、水平或者对角线方向限制"橡皮擦工具"的操作，如图7-183所示。

图7-182 擦除涂抹位置的填充和描边　图7-183 限制"橡皮擦工具"的操作

按住【Alt】键的同时进行拖曳，将擦除拖曳创建的区域内的内容，如图7-184所示。按住【Alt+Shift】组合键并拖曳，将擦除正方形区域内的内容，如图7-185所示。

图7-184 擦除所创建区域内的内容　图7-185 擦除正方形区域内的内容

7.7.3 橡皮擦工具选项

双击工具箱中的"橡皮擦工具"按钮,弹出"橡皮擦工具选项"对话框,如图7-186所示。

图7-186 "橡皮擦工具选项"对话框

- 角度:拖曳预览区中的箭头或者在"角度"文本框中输入一个数值,设置工具旋转的角度。

- 圆度:将预览区中的黑点朝向或背离中心方向拖移或者在"圆度"文本框中输入一个数值,设置工具的圆度。值越大,圆度就越大。

- 大小:拖曳滑块或者在"大小"文本框中输入一个数值,设置工具的直径。

- 重置:单击该按钮,将所有参数恢复至默认值。

使用每个选项右侧的下拉列表框可以控制此工具的形状变化。

- 固定:使用固定的角度、圆度或大小。

- 随机:使角度、圆度或大小随机变化。在"变量"文本框中输入一个数值,指定画笔特征的变化范围。

- 压力:根据绘画光笔的压力使角度、圆度或大小发生变化。此选项与"大小"选项一起使用时非常有用。仅当有图形输入板时,才能使用该选项。在"变量"文本框中输入一个值,指定画笔特性将在原始值的基础上有多大变化。例如,当"圆度"值为75%,而"变量"值为25%时,最细的描边为50%,而最粗的描边为100%,压力越小,画笔描边越尖锐。

- 光笔轮:根据光笔轮的操作使画笔大小发生变化。

- 倾斜:根据绘画光笔的倾斜使角度、圆度或大小发生变化。此选项与"圆度"一起使用时非常有用。仅当具有可以检测钢笔倾斜方向的图形输入板时,此选项才可用。

- 方位:根据绘画光笔的压力使角度、圆度或大小发生变化。此选项对于控制书法画笔的角度(特别是在使用像画刷一样的画笔时)非常有用。仅当具有可以检测钢笔垂直程度的图形输入板时,此选项才可用。

- 旋转:根据绘画光笔笔尖的旋转程度使角度、圆度或大小发生变化。此选项对于控制书法画笔的角度(特别是在使用像平头画笔一样的画笔时)非常有用。仅当具有可以检测这种旋转类型的图形输入板时,才能使用此选项。

7.8 透明度和混合模式

执行"窗口>透明度"命令,打开"透明度"面板,如图7-187所示。使用该面板可以指定对象的不透明度和混合模式,创建不透明蒙版,或者使用透明对象的上层部分来挖空某个对象的局部。

图7-187 "透明度"面板

在面板菜单中选择"隐藏缩览图"命令,如图7-188所示,将隐藏面板中的缩览图,"透明度"面板如图7-189所示。再次选择该命令,将显示缩览图。

在面板菜单中选择"隐藏选项"命令，如图7-190所示，将隐藏面板底部的选项，如图7-191所示。再次选中该命令，将显示面板底部的选项。

图7-188 选择"隐藏缩览图" 图7-189 "透明度"面板 图7-190 选择"隐藏选项" 图7-191 隐藏面板底部
　　　　　　命令　　　　　　　　　　　　　　　　　　　命令　　　　　　　　的选项

 Tips

执行"视图＞显示透明度网格"命令，画板背景将以透明网格形式显示，有利于观察图稿中的透明区域。用户也可以更改画板的颜色，用来模拟图稿在彩色纸上的打印效果。

7.8.1　更改图稿的不透明度

用户可以更改单个对象、一个组或者图层中所有对象的不透明度，也可以针对一个对象的填充或描边的不透明度进行更改。

选择一个对象或组，如图7-192所示。或者选择"图层"面板中的一个图层，拖曳"透明度"面板中的"不透明度"滑块或者在"不透明度"文本框中输入数值，如图7-193所示，即可修改对象的不透明度，如图7-194所示。

图7-192 选择一个对象或组　图7-193 拖曳"不透明度"滑块　图7-194 修改对象的不透明度

如果选择一个图层中的多个单个对象并改变其不透明度，则选定对象重叠区域的透明度会相对于其他对象发生改变，同时会显示累积的不透明度，如图7-195所示。

如果定位一个图层或组，然后改变其不透明度，则图层或组中的所有对象都会被视为单一对象进行处理，只有位于图层或组外面的对象及其下方的对象可以通过透明对象显示出来，如图7-196所示。如果某个对象被移入此图层或组，它就会采用此图层或组的不透明性，而如果某一对象被移出，则其不透明性也将被去掉，不再保留。

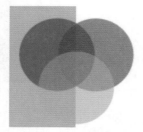

图7-195 设置单个对象的不透明度　　图7-196 设置图层的不透明度

7.8.2 创建透明度挖空组

通过设置透明度挖空组，使组中设置了不透明度的元素不能透过彼此显示。选中多个对象，单击鼠标右键，在弹出的快捷菜单中选择"编组"命令，将选中的对象编组，效果如图7-197所示。选择"透明度"面板中的"挖空组"复选框，效果如图7-198所示。

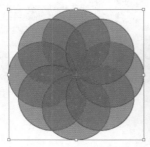

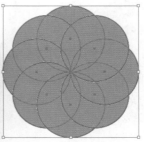

图7-197 编组对象效果　　　　　　图7-198 选中"挖空组"复选框后的效果

选择"挖空组"复选框时，将循环切换以下3种状态：打开（选中标记）☑、关闭（无标记）☐和中性（带有贯穿直线的方块）▣。想要"编组"图稿，又不想与涉及的图层或组的挖空行为产生冲突时，可以使用"中性"选项。想确保透明对象的图层或组彼此不会挖空时，可以使用"关闭"状态。

7.8.3 使用不透明蒙版

可以使用不透明蒙版和蒙版对象来更改图稿的透明度。可以透过不透明蒙版（也称"被蒙版的图稿"）提供的形状来显示其他对象。

蒙版对象定义了透明区域和透明度，可以将任何图形或栅格图像作为蒙版对象。Illustrator CC使用蒙版对象中颜色的等效灰度来表示蒙版中的不透明度：如果不透明蒙版为白色，则会完全显示图稿；如果不透明蒙版为黑色，则会隐藏图稿；蒙版中的灰阶会导致图稿中出现不同程度的透明度。

至少选中两个对象或组，如图7-199所示。然后选择"透明度"面板菜单中的"建立不透明蒙版"命令。最上方的选定对象或组将作为蒙版，效果如图7-200所示。

图7-199 选中对象或组　　　　图7-200 使用"建立不透明蒙版"的效果

创建与转化不透明蒙版

源文件：源文件\第7章\7-8-3.ai　　　　视频：视频\第7章\创建与转化不透明蒙版.mp4

STEP 01 执行"文件>打开"命令，打开文件"7-8-3.ai"，选中一个对象或组，如图7-201所示。双击"透明度"面板中缩览图右侧的蒙版位置，创建一个空蒙版，如图7-202所示。

STEP 02 单击工具箱中的"画笔工具"按钮，设置描边颜色为白色，在"画笔"面板中选择Scroll Pen画笔，如图7-203所示。

图7-201 选中对象或组　　　　　图7-202 创建空蒙版　　　　　图7-203 选择画笔

STEP 03 设置描边宽度为4pt，使用"画笔工具"在画板上绘制，蒙版效果如图7-204所示。在"透明度"面板中取消选择"剪切"复选框，选择"反相蒙版"复选框，效果如图7-205所示。单击"透明度"面板中被蒙版图稿的缩览图，即可退出蒙版编辑模式。

 Tips

选择"透明度"面板中的"剪切"复选框会将蒙版背景设置为黑色。因此，用来创建不透明蒙版且已选择"剪切"复选框的黑色对象，如黑色文字，将不可见。如果要使对象可见，需要使用其他颜色或取消选择"剪切"复选框。

图7-204 蒙版效果　　　图7-205 反相蒙版效果

7.8.4　编辑蒙版对象

用户可以编辑蒙版对象以更改蒙版的形状或透明度。单击"透明度"面板中的蒙版对象缩览图，即可进入蒙版编辑状态。用户可以使用Illustrator CC编辑工具来编辑蒙版。

按住【Alt】键的同时单击蒙版缩览图，将隐藏文档窗口中除蒙版对象以外的其他图稿。单击"透明度"面板中被蒙版的图稿缩览图，退出蒙版编辑模式。

● 取消链接或重新链接不透明蒙版

创建不透明蒙版后，蒙版与被蒙版对象默认为链接状态，"透明度"面板中的"链接"按钮为按下状态 ，如图7-206所示。此时，移动蒙版和被蒙版图稿将一起被操作。单击"链接"按钮 或在"透明度"面板菜单中选择"取消链接不透明蒙版"命令，将取消蒙版和被蒙版图稿的链接状态，两者将分开进行操作，如图7-207所示。再次单击"链接"按钮，或者在面板菜单中选择"链接不透明蒙版"命令，即可重新链接不透明蒙版。

图7-206 链接图标为按下状态　　　图7-207 取消链接状态

● 停用或重新激活不透明蒙版

停用蒙版可以删除它所创建的透明度。按住【Shift】键的同时，单击"透明度"面板中的蒙版对象的缩览图或者选择面板菜单中的"停用不透明蒙版"命令，即可停用不透明蒙版。"透明度"面板中的蒙版缩览图上会显示一个红色的"×"符号，如图7-208所示。

按住【Shift】键的同时再次单击蒙版对象的缩览图，或者选择面板菜单中的"启用不透明蒙版"命令，如图7-209所示，即可重新激活不透明蒙版。

图7-208 停用不透明蒙版　　　图7-209 选择"启用不透明蒙版"命令

● 删除不透明蒙版

单击"透明度"面板中的"释放"按钮或者选择面板菜单中的"释放不透明蒙版"命令，即可删除不透明蒙版，如图7-210所示。蒙版对象将重新出现在蒙版的上方。

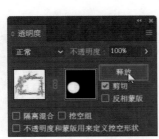 

图7-210 删除不透明蒙版

● 使用透明度来定义挖空形状

选择"透明度"面板底部的"不透明度和蒙版用来定义挖空形状"复选框，可创建与对象不透明度成比例的挖空效果。在接近100%不透明度的蒙版区域中，挖空效果较强；在具有较低不透明度的区域中，挖空效果较弱。

例如，如果使用渐变蒙版对象作为挖空对象，则会逐渐挖空底层对象，就好像它被渐变遮住一样。用户可以使用矢量和栅格对象来创建挖空形状。该技巧对于未使用"正常"模式而使用混合模式的对象最为有用。

7.8.5　关于混合模式

使用混合模式可以将对象颜色与底层对象的颜色混合。将一种混合模式应用于某一对象时，在此对象的图层或组下方的任何对象上都可看到颜色混合后的效果。

 Tips

位于底部的图稿颜色通常被称为"基色"，选定对象、组或图层的颜色被称为"混合色"，混合后得到的颜色被称为"结果色"。

Illustrator CC为用户提供了16种混合模式，用户可以在"透明度"面板的下拉列表选择使用，如图7-211所示。

图7-211 16种混合模式

● 正常：此模式为默认模式，使用混合色对选区上色，而不与基色相互作用，如图7-212所示。

● 变暗：选择基色或混合色中较暗的一个作为结果色。比混合色亮的区域将被结果色所取代；比混合色暗的区域将保持不变，如图7-213所示。

● 正片叠底：将基色与混合色相乘，得到的颜色总是比基色和混合色都要暗一些。将任何颜色与黑色相乘都会产生黑色，将任何颜色与白色相乘则颜色保持不变，如图7-214所示。其效果类似于使用多个魔术笔在页面上绘图。

图7-212 "正常"　　图7-213 "变暗" 图7-214 "正片叠底"
　　模式　　　　　　模式　　　　　模式

● 颜色加深：加深基色以反映混合色，如图7-215所示。与白色混合后不产生变化。

● 变亮：选择基色或混合色中较亮的一个作为结果色，如图7-216所示。比混合色暗的区域将被结果色所取代，比混合色亮的区域将保持不变。

● 滤色：将混合色的反相颜色与基色相乘，如图7-217所示。得到的颜色总是比基色和混合色要亮一些。用黑色滤色时颜色保持不变，用白色滤色将产生白色。此效果类似于多个幻灯片在彼此之间的投影。

图7-215 "颜色加深"　图7-216 "变亮"　图7-217 "滤色"
　　模式　　　　　　模式　　　　　模式

● 颜色减淡：加亮基色以反映混合色，如图7-218所示。与黑色混合则不发生变化。

● 叠加：对颜色进行相乘或滤色，具体取决于基色。图案或颜色将叠加在现有图稿上，在与混合色混合以反映原始颜色的亮度和暗度的同时，保留基色的高光和阴影，如图7-219所示。

● 柔光：使颜色变暗或变亮，具体取决于混合色，如图7-220所示。此效果类似于漫射聚光灯照在图稿上。如果混合色（光源）比50%灰亮，图片将变亮，就像被减淡了一样。如果混合色（光源）比50%灰色暗，则图稿变暗，就像被加深了一样。使用纯黑色或纯白色上色，可以产生明显变暗或变亮的区域，但不能生成纯黑色或纯白色。

图7-218 "颜色减淡"　图7-219 "叠加"　图7-220 "柔光"
　　模式　　　　　　模式　　　　　模式

● 强光：对颜色进行相乘或过滤，具体取决于混合色，如图7-221所示。此效果类似于将耀眼的聚光灯照在图稿上。如果混合色（光源）比50%灰色亮，图片将变亮，就像过滤后的效果，这对于给图稿添加高光很有用。如果混合色（光源）比50%灰色暗，则图稿变暗，就像使用正片叠底后的效果，这对于给图稿添加阴影很有用。用纯黑色或纯白色上色会产生纯黑色或纯白色。

● 差值：从基色减去混合色或从混合色减去基色，具体取决于哪一种颜色的亮度值较大，如图7-222所示。与白色混合将反转基色值。与黑色混合则不发生变化。

● 排除：创建一种与"差值"模式相似但对比度更低的效果，与白色混合将反转基色值，与黑色混合则不发生变化，如图7-223所示。

图7-221 "强光"　　图7-222 "差值"　　图7-223 "排除"
　　模式　　　　　　模式　　　　　　模式

● 色相：用基色的亮度和饱和度，以及混合色的
色相创建结果色，如图7-224所示。

● 饱和度：用基色的亮度和色相，以及混合色的饱
和度创建结果色，如图7-225所示。在无饱和度
（灰度）的区域上用此模式着色不会产生变化。

● 混色：用基色的亮度，以及混合色的色相和饱
和度创建结果色，如图7-226所示。这样可以保
留图稿中的灰阶，对于给单色图稿上色，以及
给彩色图稿染色都非常有用。

● 明度：用基色的色相和饱和度，以及混合色的
亮度创建结果色，如图7-227所示。使用此模
式会创建与"混色"模式相反的效果。

图7-224 "色相"模式　　图7-225 "饱和度"模式

 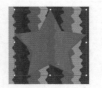

图7-226 "混色"模式　　图7-227 "明度"模式

 Tips

"差值""排除""色相""饱和度""混色""明度"模式都不能与专色混合。为了获得好的混合效果，请不要使用100%K的黑色，
这是因为100% K的黑色会挖空下方图层中的颜色。如果必须使用黑色，可以使用CMYK（100 100 100 100）的复色黑。

【7.9 专家支招

Illustrator CC拥有多种绘画工具和命令，使用这些功能可以帮助读者更好地掌握绘画的方
法和技巧。

7.9.1 如何为多个对象应用一个渐变

要为多个对象应用带有一个渐变批注者的渐变，需要选中所有想要应用渐变的对象，单击工具箱中
的"渐变工具"按钮，在画板中想要开始渐变的任何位置，按住鼠标左键并拖曳，到结束渐变的位置即
可，随后可以调整对象的渐变滑块。

7.9.2 如何控制使用透明度来定义挖空形状

使用"不透明度和蒙版用来定义挖空形状"选项可创建与对象不透明度成比例的挖空效果。在接近
100%不透明度的蒙版区域中，挖空效果较强；在具有较低不透明度的区域中，挖空效果较弱。例如，如
果使用渐变蒙版对象作为挖空对象，则会逐渐挖空底层对象颜色，就好像它逐渐被遮住一样。用户可以
使用矢量和栅格对象来创建挖空形状。该技巧对于未使用"正常"模式但使用混合模式的对象最有用。

【7.10 总结扩展

使用Illustrator CC的绘画工具可以绘制出精美的绘画作品。通过设置对象的透明度和混合模式，可以
获得多层次、多角度的绘画效果。

本章小结

本章主要讲解了Illustrator CC的绘画功能，包括填色和描边、"描边"面板、渐变填充、画笔工具、透明度和混合模式的使用方法和技巧，帮助读者快速掌握Illustrator CC的各种绘画技能。

举一反三——创建花纹图案画笔

源　文　件：	源文件\第7章\7-10-2.ai
视　　频：	视频\第7章\创建花纹图案画笔.mp4
难易程度：	★☆☆☆☆
学习时间：	5分钟

①	❶ 打开素材文件"7-10-2.ai"。
②	❷ 分别将图形拖曳至"色板"面板中。
③	❸ 新建图案画笔，并设置拼贴。
④	❹ 完成图案画笔的创建，绘制一个矩形并应用新创建的画笔。

第8章 绘画的高级操作

用户除了可以使用Illustrator CC的绘画功能完成各种绘画作品的创作，还可以通过图像描摹将位图直接转化为矢量图，使用网格对象绘制效果逼真的画稿，以及通过创建并应用图案和符号绘制大量相同的图形。本章将针对图像描摹、网格对象、图案、符号和变形工具进行讲解，帮助读者进一步掌握Illustrator CC的绘画技能。

[8.1 图像描摹

使用"图像描摹"功能，可以将位图图像（JPEG、PNG、PSD等）转换为矢量图稿。例如，可以使用"图像描摹"将已画好的铅笔素描图像转换为矢量图稿。用户可以从一系列描摹预设中选择预设来快速获得所需的效果。

8.1.1　描摹图像

在Illustrator CC中打开或置入一张位图，如图8-1所示。执行"对象>图像描摹>建立"命令或者单击"控制"面板中的"图像描摹"按钮，如图8-2所示。

 Tips

用户可以单击"属性"面板中的"图像描摹"按钮，快速完成图像描摹操作。

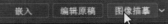

图8-1 打开或置入一张位图　图8-2 执行"图像描摹"命令或单击"图像描摹"按钮

默认情况下，Illustrator CC会将图像转换为黑白描摹，效果如图8-3所示。用户可以单击"控制"面板中"图像描摹"按钮右侧的"描摹预设"按钮，或者执行"窗口>图像描摹"命令，打开"图像描摹"面板，选择面板中的"预设"选项，在打开的下拉列表框中选择一个预设，如图8-4所示。

图8-3 黑白描摹效果　　　　图8-4 选择预设

Tips

图像描摹的速度受置入图像的分辨率所影响。分辨率越高的图像描摹速度越慢。选择"图像描摹"面板中的"预览"复选框，查看修改后的效果。

选中描摹后的对象，执行"对象＞扩展"命令，可以将描摹对象转换为路径，如图8-5所示。手动编辑矢量图稿，如图8-6所示。

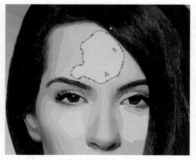

图8-5 将描摹对象转换为路径　　图8-6 手动编辑矢量图稿

"图像描摹"面板

选中描摹后的对象，"图像描摹"面板中的选项变为可用状态，"图像描摹"面板如图8-7所示。该面板的顶部有一些基本选项，单击"高级"三角形按钮可显示更多选项，如图8-8所示。

图8-7 "图像描摹"面板　　图8-8 单击三角形按钮

● 预设：指定描摹预设。该面板顶部的一排图标是根据常用工作流命名的快捷图标。选择其中一个预设，可设置实现相关描摹效果所需的全部变量。

● 自动着色 ：从照片或图稿创建色调分离的图像，如图8-9所示。

● 高色 ：创建具有高保真度的真实感图稿，如图8-10所示。

● 低色 ：创建简化的真实感图稿，如图8-11所示。

图8-9 自动着色　　图8-10 高色　　图8-11 低色

● 灰度 ：将图稿描摹到灰色背景中，如图8-12所示。

● 黑白 ：将图像简化为黑白图稿，如图8-13所示。

● 轮廓 ：将图像简化为黑色轮廓，如图8-14所示。

图8-12 灰度　　图8-13 黑白　　图8-14 轮廓

● 视图：指定描摹对象的视图。描摹对象由以下两个组件组成：源图像和描摹结果（为矢量图稿）。用户可以选择查看"描摹结果""源图像""轮廓"及其他选项，如图8-15所示。单击眼睛图标 ，可查看源图像上叠加所选视图的结果，如图8-16所示。

图8-15 指定描摹对象的视图　图8-16 查看叠加的结果

- 模式：指定描摹结果的颜色模式。使用其提供的选项可定义描摹图稿的基础颜色与灰度模式。

- 颜色：该选项仅在将"模式"设置为"彩色"时可用，指定在颜色描摹时使用的颜色数，如图8-17所示。如果将所选的文档库作为调板，则可以选择色板。

- 灰度：该选项仅在将"模式"设置为"灰度"时可用，指定在灰度描摹时使用的灰色数，如图8-18所示。

图8-17 指定在颜色描摹时使用的颜色数

图8-18 指定在灰度描摹时使用的灰色数

- 阈值：该选项仅在将"模式"设置为"黑白"时可用，指定用于从原始图像生成黑白描摹结果的值，如图8-19所示。所有比阈值亮的像素将转换为白色，而所有比阈值暗的像素将转换为黑色。

图8-19 指定生成黑白描摹结果的值

- 调板：该选项仅在将"模式"设置为"彩色"或"灰度"时可用，指定用于从原始图像生成颜色或灰度描摹的调板，包括下列几个选项。

- 自动：根据置入图像，自动为描摹在有限调板和全色调之间切换。如果选择"自动"调板，可以通过调整"颜色"滑块来更改描摹的矢量简化度和准确度。值为0，表示确保简化度，但会降低准确度；值为100，表示确保准确度和真实感，但会降低简化度。

- 受限：在描摹调板中选择一组颜色。可以使用"颜色"滑块进一步减少选定的颜色。

- 全色调：在描摹调板中选择全部颜色。如果选择此选项，则"颜色"滑块可决定构成每个填充区域的像素的可变度。将"颜色"滑块向右滑动时，可变度会降低，导致颜色区域变小，从而定义更多路径。相反，将"颜色"滑块向左滑动时，填充区域会更少、更大。在描摹照片和创建真实感图稿时，该选项是最佳的选择。

- 文档库：为描摹调板选择现有的颜色组。此选项允许用户定义描摹图稿中的确切颜色数。用户可以通过"色板"面板，为描摹调板选择任何已加载的颜色库。

- 路径：控制描摹形状和原始像素形状间的差异。使用较低的值创建较疏松的路径拟和；使用较高的值创建较紧密的路径拟和。

- 边角：指定边角上的强调点及锐利弯曲变为角点的可能性。值越大则角点越多。

● 杂色：指定描摹时忽略的区域（以像素为单位）。值越大则杂色越少。

Tips

对于高分辨率图像，将"杂色"滑块滑动到较高的值（如20~50）可实现一定的效果。对于低分辨率图像，可以将"杂色"设置为较低的值（如1~10）。

● 方法：指定一种描摹方法。

● 邻接 ⬛：创建木刻路径。一个路径的边缘与其相邻路径的边缘完全重合。

● 重叠 ⬛：创建堆积路径。各个路径与其相邻路径稍有重叠。

● 填色：在描摹结果中创建填色区域。

● 描边：在描摹结果中创建描边路径。

● 描边：指定在原始图像中可描边的特征的最大宽度。大于最大宽度的特征在描摹结果中成为轮廓区域。

● 将曲线与线条对齐：指定是否将稍微弯曲的线替换为直线，以及是否将接近0°或者90°的线调整为刚好0°或90°。对于几何图稿或源图像中稍微发生旋转的形状，可以选择此选项。

● 忽略白色：指定白色填充区域是否被替换为无填充。

应用案例 **使用"图像描摹"制作头像徽章**

源文件：源文件\第8章\8-1-2.ai 视频：视频\第8章\使用"图像描摹"制作头像徽章.mp4

STEP 01 新建一个Illustrator文件，执行"文件 > 置入"命令，将素材文件"8-1-2.jpg"置入画板中，如图8-20所示。单击"属性"面板底部的"图像描摹"按钮，在打开的下拉列表框中选择"黑白徽标"选项，如图8-21所示。

图8-20 置入素材文件　　图8-21 选择"黑白徽标"选项

STEP 02 描摹效果如图8-22所示。选中对象，执行"对象 > 扩展"命令，弹出"扩展"对话框，单击"确定"按钮，如图8-23所示。使用"魔棒工具"单击图像上的白色区域，选中白色区域按【Delete】键将选中的白色删除，效果如图8-24所示。

图8-22 描摹效果　　图8-23 "扩展"对话框　　图8-24 删除白色图像效果

STEP 03 使用"矩形工具"在画板中绘制一个矩形，拖曳选中所有图形，执行"对象 > 剪切蒙版 > 建立"命令，效果如图8-25所示。选择"色板"面板菜单中的"RGB"选项，修改图形颜色为洋红色，如图8-26所示。

双击"剪切蒙版"图像，为原型设置描边色，如图8-27所示。

图8-25 建立剪切蒙版　　　　图8-26 修改图形颜色　　　　图8-27 设置描边色

8.1.3 存储预设

用户可以将设置的描摹参数保存为预设，便于以后使用。单击"图像描摹"面板"预设"选项后面的 图标，在打开的下拉列表框中选择"存储为新预设"选项，如图8-28所示。在弹出的"存储图像描摹预设"对话框中，设置预设"名称"，如图8-29所示。单击"确定"按钮，存储的预设将出现在预设下拉列表框中，如图8-30所示。

图8-28 选择"存储为新预设"选项　　图8-29 设置预设"名称"　　图8-30 "预设"下拉列表框

8.1.4 编辑和释放描摹对象

当描摹结果达到预期后，可以将描摹对象转换为路径，以便于像处理其他矢量图稿一样，处理描摹结果。转换描摹对象后，不能再调整描摹选项。

选择完成的描摹对象，单击"控制"面板或者"属性"面板中的"扩展"按钮，或者执行"对象 > 图像描摹 > 扩展"命令，即可将描摹对象扩展为路径，如图8-31所示。

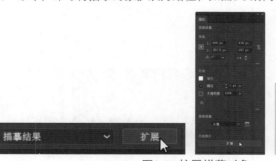
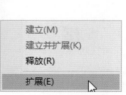

图8-31 扩展描摹对象

扩展后的路径会组合在一起，执行"对象 > 取消编组"命令或者单击"属性"面板中的"取消编组"按钮，即可将路径组合分离为单个路径。

描摹的路径通常会比较复杂，存在很多锚点，可以通过执行"对象 > 路径 > 简化"命令，删除多余的锚点，简化路径，未简化的路径与简化后的路径效果对比如图8-32所示。

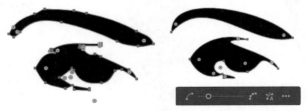

图8-32 未简化的路径与简化后的路径效果对比

如果想为描摹对象上色，可以执行"对象 > 实时上色 > 建立"命令，将对象转换为"实时上色"组。关于实时上色组的使用，请参考本书第6章6.5节的相关内容。

执行"对象 > 图像描摹 > 释放"命令，如图8-33所示。可以放弃前面的描摹操作，将图像还原为最初置入的样子。

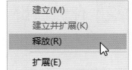

图8-33 执行"释放"命令

【8.2 使用网格对象

网格对象是一种多色对象，其颜色可以沿不同方向顺畅分布，且从一点平滑过渡到另一点，如图8-34所示。

创建网格对象时，将会有多条线（称为"网格线"）交叉穿过对象，这为处理对象上的颜色过渡提供了一种简便方法。通过移动或编辑网格线上的点，可以更改颜色的变化强度，或者更改对象上的着色区域范围。

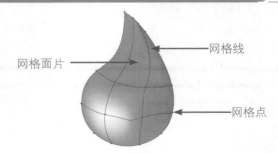

图8-34 网格对象

在网格线相交处有一种特殊的锚点，称为"网格点"。网格点以菱形显示，且具有锚点的所有属性，只是增加了接受颜色的功能。可以添加、删除、编辑网格点，或更改与每个网格点相关联的颜色。

8.2.1 创建网格对象

可以基于矢量对象（复合路径和文本对象除外）创建网格对象。无法通过链接的图像来创建网格对象。

● 使用"网格工具"创建网格对象

在画板中创建一个黑色的矩形，单击工具箱中的"网格工具"按钮，单击填充颜色色框，为该网格点选择填充颜色。将光标移至需要创建网格的对象上，单击创建一个网格点，如图8-35所示。将光标移至对象的其他位置并单击，继续添加其他网格点，如图8-36所示。

图8-35 创建网格点

图8-36 继续添加其他网格点

Tips

按住【Shift】键的同时单击，可添加网格点而不会改变当前的填充颜色。

● 使用命令创建渐变网格对象

选中要创建渐变网格对象的对象，执行"对象＞创建渐变网格"命令，如图8-37所示，弹出"创建渐变网格"对话框，如图8-38所示。设置各项参数后，单击"确定"按钮，即可完成渐变网格对象的创建。

图8-37 执行"创建渐变网格"命令　图8-38 "创建渐变网格"对话框

● 行数/列数：设置渐变网格的行数和列数。

● 外观：从"外观"下拉列表框中选择高光的方向，包括"平淡色""至中心""至边缘"三个选项。

● 平淡色：在表面上均匀应用对象的原始颜色，从而导致没有高光。

● 至中心：在对象中心创建高光。

● 至边缘：在对象边缘创建高光。

● 高光：输入白色高光的百分比数值，而应用于网格对象。设置数值为100%，将最大白色高光应用于对象；设置数值为0%，将不会在对象中应用任何白色高光。

用户也可以将渐变填充对象转换为网格对象后，继续对其进行编辑。选择渐变填充对象，执行"对象＞扩展"命令，弹出"扩展"对话框，设置"将渐变扩展"为"渐变网格"，如图8-39所示。单击"确定"按钮，即可将渐变填充对象转换为渐变网格对象，如图8-40所示。

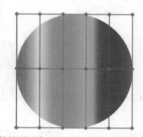

图8-39 选中"渐变网络"单选按钮　图8-40 将渐变填充对象转换为渐变网格对象

 Tips

为了提高性能、加快重新绘制速度，要尽量将网格对象的大小保持为最小，复杂的网格对象会使系统性能大大降低。因此，最好创建若干小而简单的网格对象，而不要创建单个复杂的网格对象。

使用"网格工具"绘制渐变图标

源文件：源文件\第8章\8-2-1.ai 视频：视频\第8章\使用"网格工具"绘制渐变图标.mp4

STEP 01 新建一个Illustrator文件，使用"矩形工具"在画板中绘制一个与画板等大的矩形，并设置填色为RGB（25、38、74），描边颜色为"无"。选中矩形，按【Ctrl+2】组合键锁定对象，如图8-41所示。

STEP 02 使用"椭圆工具"在画板中绘制一个填色为白色，描边颜色为无的圆形，如图8-42所示。

图8-41 绘制矩形并锁定

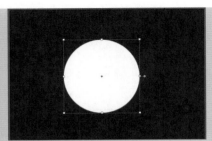

图8-42 绘制圆形

STEP 03 单击工具箱中的"变形工具"按钮，将光标移至圆形上并拖曳调整图形轮廓，如图8-43所示。使用"平滑工具"简化路径，如图8-44所示。

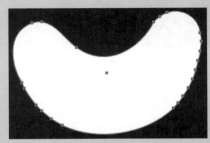

图8-43 调整图形轮廓

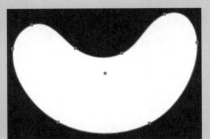

图8-44 简化路径

STEP 04 使用"网格工具"在图形上单击，创建网格，如图8-45所示。使用"套索工具"拖曳选中图形左侧边缘的锚点，如图8-46所示。修改填色为RGB（250、200、30），如图8-47所示。

图8-45 创建网格

图8-46 选中左侧边缘的锚点　　图8-47 修改填充色

STEP 05 再次选中中间的锚点，并设置填色为RGB（255、45、145），如图8-48所示。继续使用相同的方法，为其他锚点设置填色，如图8-49所示。

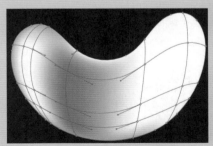

图8-48 设置填充色

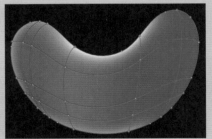

图8-49 为其他锚点设置填充色

STEP 06 使用"椭圆工具"绘制一个填色为无，描边颜色为白色的圆形，并使用"变形工具"调整形状，如图8-50所示。使用"文本工具"在画板中单击并输入文字，如图8-51所示。

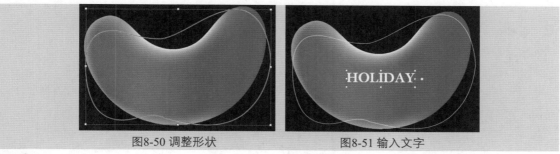

图8-50 调整形状　　　　　　　　图8-51 输入文字

 8.2.2　编辑网格对象

用户可以使用多种方法编辑网格对象，完成添加、删除和移动网格点，更改网格点或网格面片的颜色，设置渐变网格的透明度等操作。

● 添加网格点

单击工具箱中的"网格工具"按钮，为其选择填充颜色后，在网格对象上的任意位置单击，即可添加一个网格点。

● 删除网格点

按住【Alt】键的同时使用"网格工具"单击要删除的网格点，即可将该网格点删除。

● 移动网格点

使用"网格工具"或者"直接选择工具"，将光标移至想要移动的网格点上，按住鼠标左键并拖曳，即可移动网格点位置。按住【Shift】键的同时移动网格点，可将该网格点保持在网格线上，避免移动网格点造成网格发生扭曲，如图8-52所示。

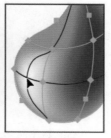

图8-52 将网格点保持在网格线上移动

● 更改网格点或网格面片的颜色

选择网格对象，将"颜色"面板或"色板"面板中的颜色拖到该点或面片上，即可更改网格点或网格面片的颜色。也可以先取消所有选择对象，然后选择一种填充颜色，再选择网格对象，使用"吸管工具"将填充颜色应用于网格点或网格面片，如图8-53所示。

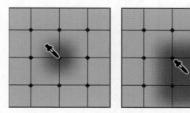

图8-53 使用"吸管工具"将颜色应用到网格点或网格面片上

也可以使用"直接选择工具"选中网格点，然后通过"色板"面板、"颜色"面板或"拾色器"面板更改网格点或网格面片的颜色。

● 设置渐变网格的透明度

用户可以设置渐变网格中的透明度和不透明度，指定单个网格节点的透明度和不透明度值。

使用"直接选择工具"选中渐变网格中的一个网格点，如图8-54所示。拖曳"透明度"面板中"不透明度"文本框的滑块，设置不透明度为0%，如图8-55所示。渐变网格透明效果如图8-56所示。

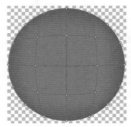

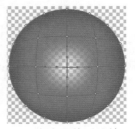

图8-54 选中一个网格点　　图8-55 设置"不透明度"为0%　　图8-56 渐变网格透明效果

应用案例　使用"网格工具"绘制花朵

源文件：源文件\第8章\8-2-2.ai　视频：视频\第8章\使用"网格工具"绘制花朵.mp4

STEP 01 新建一个Illustrator文件，使用"椭圆工具"在画板中绘制一个填色为RGB（195、190、223）的椭圆形，如图8-57所示。使用"变形工具"拖曳调整椭圆形的轮廓，如图8-58所示。

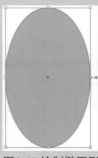

图8-57 绘制椭圆形　　图8-58 调整轮廓

STEP 02 执行"对象>创建渐变网格"命令，弹出"创建渐变网格"对话框，设置各项参数，如图8-59所示。单击"确定"按钮，渐变网格效果如图8-60所示。使用"套索工具"选中底部锚点，设置填色为RGB（237、241、241），如图8-61所示。

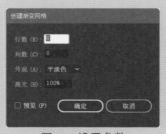
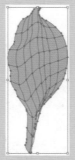
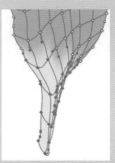

图8-59 设置参数　　图8-60 渐变网格效果　　图8-61 设置底部锚点的填色

STEP 03 拖曳选中左上角的的锚点，设置其填色为RGB（165、165、225），如图8-62所示。继续使用相同的方法，拖曳选中图形其他位置的锚点并设置填充色，如图8-63所示。使用"直接选择工具"拖曳调整锚点的位置，如图8-64所示。

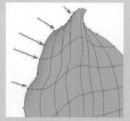  

图8-62 选中锚点并设置填充色　图8-63 选中其他锚点并设置填充色　图8-64 调整锚点的位置

STEP 04 使用"画笔工具"在画板中绘制一条如图8-65所示的直线，设置其画笔为"5点扁平"，描边宽度为10pt，如图8-66所示。执行"对象>扩展外观"命令，效果如图8-67所示。继续使用相同的方法，完成如图8-68所示图形的绘制。

图8-65 绘制直线　图8-66 设置画笔　图8-67 扩展外观　图8-68 绘制其他图形

STEP 05 拖曳选中绘制的图形，按【Ctrl+G】组合键将图形编组。在"透明度"面板中修改"不透明度"为37%，如图8-69所示。移动其位置，效果如图8-70所示。拖曳选中所有图形并编组，完成一个花瓣的制作。

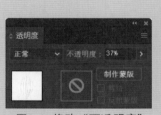 

STEP 06 继续使用相同的方法，绘制其他花瓣，效果如图8-71所示。

图8-69 修改"不透明度"　图8-70 花瓣效果

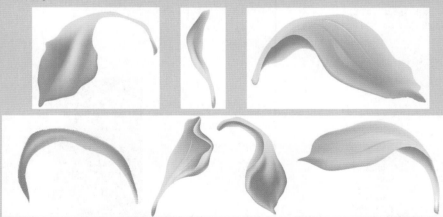

图8-71 绘制其他花瓣，完成的效果

STEP 07 使用"移动工具"调整图形的位置和角度，并将所有图形编组，效果如图8-72所示。继续使用相同的方法，绘制花径，效果如图8-73所示。

图8-72 花瓣组合效果　　　　图8-73 花径效果

8.3 创建与编辑图案

Illustrator CC为用户提供了多种图案，用户可以通过"色板"面板查看或使用这些图案，"色板"面板中的图案如图8-74所示。用户也可以自定义现有图案，或使用Illustrator工具从头开始设计图案。

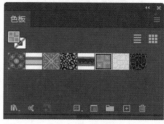

图8-74 "色板"面板中的图案

选中想要应用图案的对象，如图8-75所示。单击"色板"面板中喜欢的图案，即可将图案应用到对象上，效果如图8-76所示。

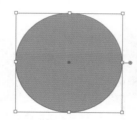
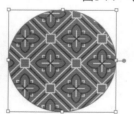

图8-75 选中对象　　　　图8-76 应用图案效果

8.3.1 创建图案

选中想要创建为图案的对象，执行"对象＞图案＞建立"命令，如图8-77所示，打开"图案选项"面板，如图8-78所示。

图8-77 执行"建立"命令　　　　图8-78 "图案选项"面板

● 名称：定义图案名称。

● 拼贴类型：选择如何排列拼贴，共有5种类型供用户选项。

● 网格：每个拼贴的中心与相邻拼贴的中心均为水平和垂直对齐，如图8-79所示。

● 砖形（按行）：拼贴呈矩形，按行排列。各行拼贴的中心为水平对齐。各替代列中的拼贴的中心为垂直对齐，如图8-80所示。

● 砖形（按列）：拼贴呈矩形，按列排列。各列拼贴的中心为垂直对齐。各替代行中的拼贴的中心为水平对齐，如图8-81所示。

图8-79 网格　　　图8-80 砖形　　　图8-81 砖形
　　　　　　　　　（按行）　　　　　（按列）

● 十六进制（按列）：拼贴为六角形，按列排列。各列拼贴的中心为垂直对齐。各替代行中的拼贴的中心为水平对齐，如图8-82所示。

● 十六进制（按行）：拼贴呈六角形，按行排列。各行拼贴的中心为水平对齐，各替代列中的拼贴的中心为垂直对齐，如图8-83所示。

图8-82 十六进制（按列）　　图8-83 十六进制（按行）

● 砖形位移：确定砖形拼贴类型按行或按列，相邻行中的拼贴的中心在垂直对齐或水平对齐时错开多少拼贴宽度。

● 宽度/高度：指定拼贴的整体高度和宽度。选择小于或大于图稿高度和宽度的不同的值：大于图稿大小的值会使拼贴变得比图稿更大，并会

在各拼贴之间插入空白；小于图稿大小的值会使图稿中的相邻拼贴重叠。

● 将拼贴调整为图稿大小：选择此复选框可将拼贴的大小收缩到当前创建图案所用图稿的大小。

● 将拼贴与图稿一起移动：选择此复选框可确保在移动图稿时拼贴也会一并移动。

● 水平间距/垂直间距：确定相邻拼贴之间置入多大空间。

● 重叠：确定相邻拼贴重叠时，哪些拼贴在前。

● 份数：确定在修改图案时，有多少行和列的拼贴可见。

● 副本变暗至：确定在修改图案时，预览的图稿拼贴副本的不透明度。

● 显示拼贴边缘：选择此复选框可在拼贴周围显示一个框。

● 显示色板边界：选择此复选框可显示图案中的单位区域，单位区域重复出现即构成图案。

　　设置完各项参数，完成图案的创建后，选择"控制"面板底部的"完成"选项，即可完成图案的创建，如图8-84所示。选择"取消"选项，将放弃图案创建。单击"存储副本"选项，在弹出的"新建图案"对话框中输入"图案名称"，如图8-85所示。单击"确定"按钮，即可为当前图案创建一个副本图案。

图8-84 完成图案的创建　　　图8-85 输入名称

 Tips

图案中包含的符号、效果、增效工具组、签入的团、内侧/外侧对齐的描边或图表，在存储时会被自动扩展。再次编辑该图案时，扩展的内容将不再是现用的。

应用案例　定义图案制作鱼纹图形

源文件：源文件\第8章\8-3-1.ai　　视频：视频\第8章\定义图案制作鱼纹图形.mp4

STEP 01 新建一个Illustrator文件，使用"椭圆工具"在画板中绘制一个填色为无，描边颜色为黑色的圆形，如图8-86所示。按【Ctrl+C】组合键复制对象，按【Ctrl+F】组合键将其粘贴到前面并调整其大小，如图8-87所示。

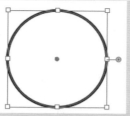
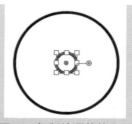

图8-86 绘制圆形　　图8-87 复制并调整其大小

STEP 02 执行"对象>混合>混合选项"命令，弹出"混合选项"对话框，设置参数如图8-88所示。单击"确定"按钮，拖曳选中两个圆形，执行"对象>混合>建立"命令，效果如图8-89所示。

图8-88 设置参数　　　　图8-89 混合效果

STEP 03 执行"对象>扩展"命令，弹出"扩展"对话框，如图8-90所示。单击"确定"按钮，将混合对象进行扩展。执行"对象>取消编组"命令，将对象取消编组。

STEP 04 按住【Alt】键的同时拖曳复制两个圆形，如图8-91所示。拖曳选中所有图形，单击"路径查找器"面板中的"分割"按钮，如图8-92所示。

图8-90 "扩展"对话框　　图8-91 复制两个圆形　　　图8-92 单击"分割"按钮

STEP 05 选中多余的图形，按【Delete】键将其删除，图形效果如图8-93所示。选中绘制的图形，执行"对象>图案>建立"命令，弹出"图案选项"对话框，设置参数如图8-94所示。

STEP 06 单击"完成"按钮，完成图案的创建。选中并删除画板中的图形。使用"矩形工具"绘制一个矩形，单击"画板"面板中新建的图案画板，填充效果如图8-95所示。

图8-93 图形效果　　　　图8-94 设置参数　　　　图8-95 填充效果

8.3.2　编辑图案

双击"色板"面板中想要编辑的图案或者选中包含想要编辑图案的对象，执行"对象 > 图案 > 编辑图案"命令，如图8-96所示。在弹出的"图案选项"面板中完成图案的编辑操作，完成后单击文档窗口左上角的"完成"按钮。

"色板"面板中的图案变为修改后的效果，如图8-97所示。也就是说，如果编辑了某个图案，则该图案的定义将在"色板"面板中更新。

图8-96 执行"编辑图案"命令　　　图8-97 "色板"面板

8.4　使用符号

符号是指在文档中可重复使用的图稿对象，例如，创建一个星星符号，可将该符号的实例多次添加到图稿中，而无须多次绘制复杂图稿。每个符号实例都链接到"符号"面板中的符号或符号库。同时，使用符号可以节省制作时间并显著减小文件。

8.4.1　创建符号

在Illustrator CC中，符号可以重复使用，当图稿中需要多次使用同一个图形对象时，使用符号可以节省创作时间，并能够减小文档，而且符号还支持SWF和SVG格式输出，在创建动画时也非常有用。

在Illustrator CC中，可以创建静态符号和动态符号。静态符号即符号及其所有实例在一个图稿内始终保持一致。动态符号允许在其实例中使用外观覆盖，同时完整保留它与主符号的关系，使符号变得更加强大。

 如何区分静态符号和动态符号？

静态符号与动态符号在画板实例中没有明显区别。只是在"符号"面板中，动态符号在图标的右下角会显示一个"+"号，静态符号则没有。

● 使用"符号"面板置入符号

执行"窗口 > 符号"命令，打开"符号"面板，如图8-98所示。将光标移至面板中的RSS符号上，按住鼠标左键将其拖至画板中，即可创建RSS符号，如图8-99所示。

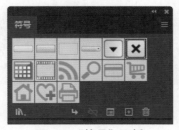

图8-98 "符号"面板　　　图8-99 拖曳创建符号

选中RSS符号，单击"符号"面板底部的"置入符号实例"按钮，如图8-100所示，将选中符号置入画板中。单击"符号"面板右上角的面板菜单按钮，在打开的面板菜单中选择"放置符号实例"命令，即可将选中符号放到画板中，如图8-101所示。

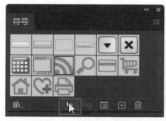  

图8-100 单击"置入符号实例"按钮　　图8-101 选择"放置符号实例"命令

双击"符号"面板中的RSS符号，进入"符号编辑模式"，修改画板中符号的颜色，如图8-102所示。单击文档顶部的"退出符号编辑模式"按钮，画板中所有关联RSS符号的颜色都会发生变化，如图8-103所示。

图8-102 修改符号颜色　　图8-103 所有关联符号都会发生变化

用户可以在"符号"面板菜单中选择"缩览图视图""小列表视图""大列表视图"3种符号显示方式，如图8-104所示。"缩览图视图"方式显示缩览图。"小列表视图"方式显示带有小缩览图的命名符号的列表，如图8-105所示。"大列表视图"方式显示带有大缩览图的命名符号的列表，如图8-106所示。

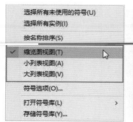  

图8-104 3种符号显示方式　　图8-105 小列表视图　　图8-106 大列表视图

选中任一符号，按住鼠标左键并拖曳，当有一条蓝色的线出现在所需位置时，如图8-107所示，释放鼠标键，即可移动符号在面板中的位置，效果如图8-108所示。也可以在面板菜单中选择"按名称排序"命令，使符号按字母顺序排列，如图8-109所示。

  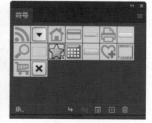

图8-107 出现蓝色的线　　图8-108 移动符号的效果　　图8-109 使符号按字母顺序排列

选中面板中的任一符号，在面板菜单中，选择"复制符号"命令或者将符号拖至"新建符号"按钮上，即可创建一个符号副本。

● 使用"符号喷枪工具"创建符号

选中"符号"面板中的"添加收藏夹"符号，如图8-110所示。单击工具箱中的"符号喷枪工具"按钮 ，在画板中单击即可创建一个符号，如图8-111所示。多次单击可创建多个符号，如图8-112所示。

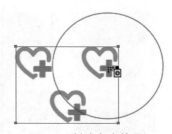

图8-110 选中"添加收藏夹"符号　图8-111 创建符号　图8-112 创建多个符号

选中"符号"面板中的其他符号，继续在画板中单击创建符号，使用"符号喷枪工具"创建的符号会自动编组，称为"符号集"或"符号组"，如图8-113所示。用户也可以使用"符号喷枪工具"在画板中拖曳创建符号组，如图8-114所示。

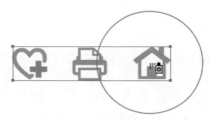

图8-113 创建符号组　　　　　图8-114 拖曳创建符号组

如何删除符号组中的符号？

按住【Alt】键，使用"符号喷枪工具"在想要删除的符号实例上单击或拖动，即可将其删除。

● 使用"新建符号"按钮创建符号

Illustrator CC允许用户将绘制的图稿转换为符号。选中要用作符号的图稿，如图8-115所示。单击"符号"面板底部的"新建符号"按钮，如图8-116所示。弹出"符号选项"对话框，如图8-117所示。

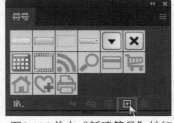

图8-115 选中图稿　图8-116 单击"新建符号"按钮 图8-117 "符号选项"对话框

● 名称：在文本框中设置符号的名称。

● 导出类型：用户可以选择导出"影片剪辑"或"图形"。这两种类型是用来导入Adobe Animate的标记。在Illustrator CC中，这两种符号没有差异。

● 符号类型：选择创建动态符号或静态符号。

● 套版色：单击右侧定界框上的点，以选中符号套版色点。套版色点在"符号编辑"模式和正常模式下将显示为十字线符号。在隔离模式下，可以使用套版色点标记来对齐图稿。

● 启用9格切片缩放的参考线：选择该复选框，将启用9格切片缩放的参考线。

单击"确定"按钮，即可完成新建符号的操作，新建的符号将显示在"符号"面板最后一格的位置，如图8-118所示。

选中并拖曳画板中的图稿到"符号"面板中，或选择面板菜单中的"新建符号"命令，也可以完成将图稿转换为符号的操作，如图8-119所示。

图8-118 新建符号　　　　图8-119 拖曳创建符号和使用面板菜单创建符号

选中面板中的任一符号，单击面板底部的"符号选项"按钮或者选择面板菜单中的"符号选项"命令，用户可以在弹出的"符号选项"对话框中重新设置符号的各项参数。

 Tips

默认情况下，选定的图稿会变成新符号的实例。如果不希望将图稿变成实例，可以在创建新符号时按住【Shift】键。如果不想在创建新符号时打开"符号选项"对话框，可以在创建符号时按住【Alt】键。

应用案例

创建并使用动态符号

源文件：源文件\第8章\8-4-1.ai　　视频：视频\第8章\创建并使用动态符号.mp4

STEP 01 在画板中绘制一个60mm×60mm的正方形，如图8-120所示。使用"选择工具"将其拖至"符号"面板中，弹出"符号选项"对话框，设置参数如图8-121所示。

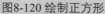

图8-120 绘制正方形　　　　图8-121 设置参数

STEP 02 单击"确定"按钮，"符号"面板如图8-122所示。按住【Alt】键的同时使用"选择工具"向上拖曳复制一个图形，修改其大小为6mm×6mm，并排列其位置到顶部，如图8-123所示。继续向下拖曳复制小图形，并排列其位置到底部，如图8-124所示。

图8-122 "符号"面板　图8-123 排列其位置到顶部　图8-124 排列其位置到底部

STEP 03 执行"对象 > 混合 > 建立"命令，创建混合效果如图8-125所示。双击"混合工具"按钮，弹出"混合选项"对话框，设置参数如图8-126所示。单击"确定"按钮，效果如图8-127所示。

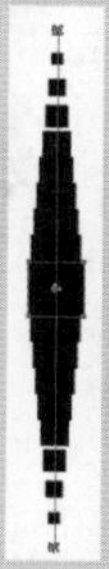

图8-125 混合效果 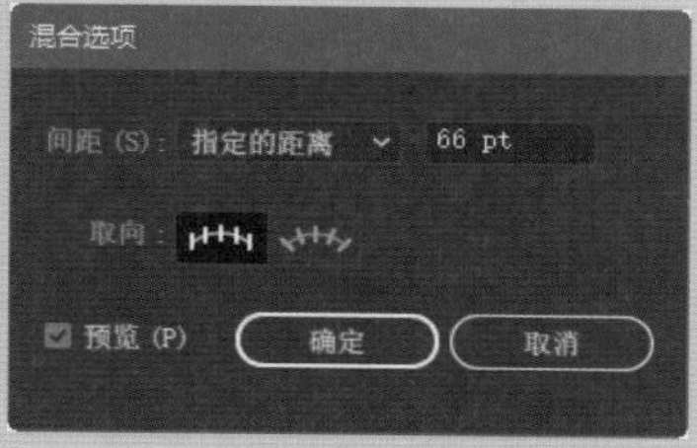　　　图8-126 设置参数 　　　图8-127 混合效果

STEP 04 按住【Alt】键并拖曳复制图形，双击进入复制图形的隔离模式，修改中间最大的矩形大小为6mm×6mm，如图8-128所示。退出隔离模式，拖曳复制一个，效果如图8-129所示。

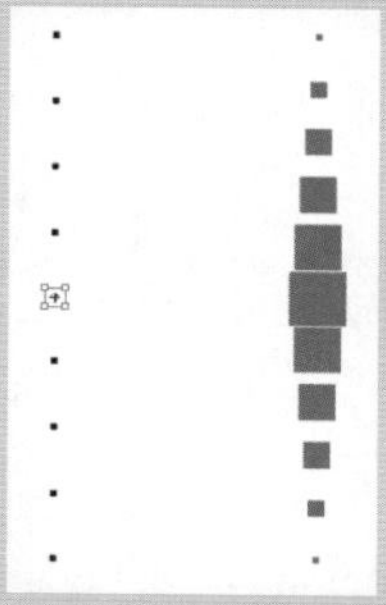

图8-128 复制并修改图形大小 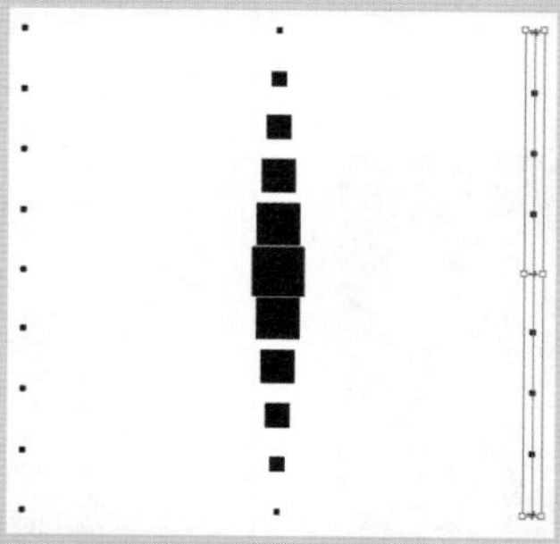　　　图8-129 复制图形效果

STEP 05 选中所有图形，执行"对象 > 混合 > 扩展"命令，将混合对象扩展为图形。选择左侧图形将其排列到顶部，选择右侧图形将其排列到底部。

STEP 06 选中所有对象，执行"对象 > 混合 > 建立"命令，混合的效果如图8-130所示。双击"符号"面板中新建的符号，进入符号编辑模式，修改颜色和边角效果如图8-131所示。退出符号编辑模式，编辑后的效果如图8-132所示。

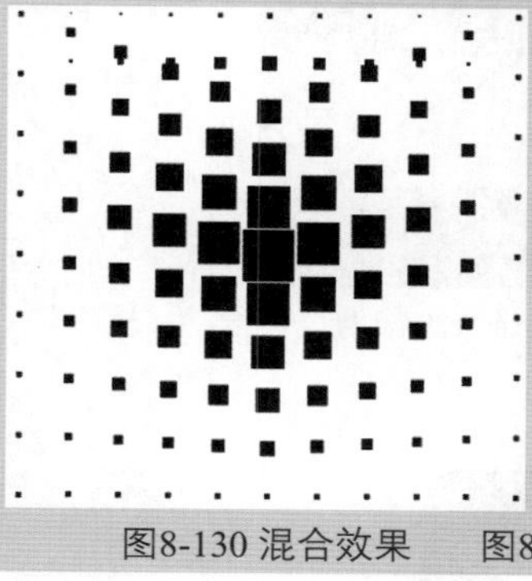

图8-130 混合效果 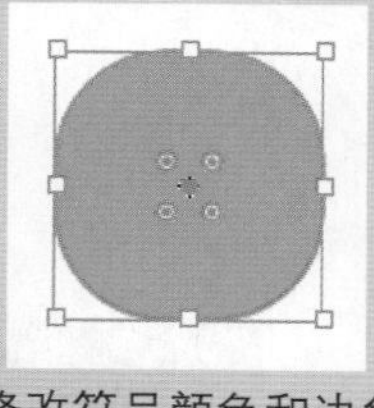　　　图8-131 修改符号颜色和边角效果 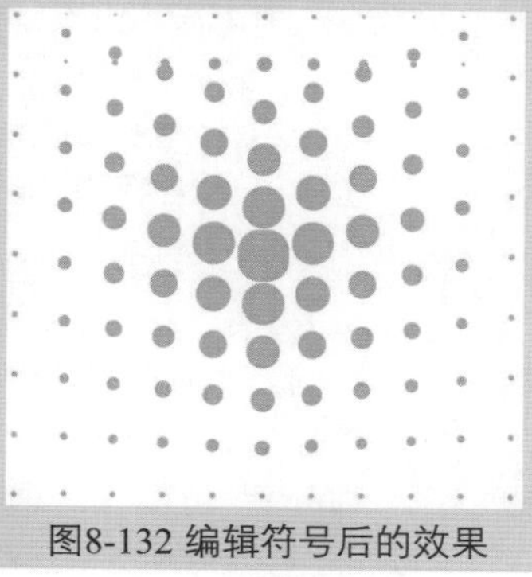　　　图8-132 编辑符号后的效果

8.4.2 使用符号库

符号库是预设符号的集合。默认情况下，Illustrator CC为用户提供了28种符号库。执行"窗口 > 符号库"命令，如图8-133所示。选择打开一种符号库，将显示一个新面板，如图8-134所示。

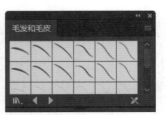

图8-133 执行相应的命令　　　图8-134 打开一种符号库

● 打开符号库

用户也可以通过单击"符号"面板左下角的"符号库菜单"按钮 ，如图8-135所示，或者在"符号"面板菜单中选择"打开符号库"命令，如图8-136所示，在打开的子菜单中选择打开一种符号库。如果希望打开的符号库在软件启动时自动打开，可以在面板菜单中选择"保持"命令，如图8-137所示。

图8-135 单击"符号库菜单"按钮　图8-136 选择"打开符号库"命令　图8-137 选择"保持"命令

● 创建符号库

单击任一符号库中的符号，Illustrator CC会将此符号自动添加到当前文档的"符号"面板中。按住【Shift】键，选择所有想要添加到"符号"面板中的符号，在符号库面板菜单中选择"添加到符号"命令，如图8-138所示。即可将所选符号添加到"符号"面板中，如图8-139所示。

图8-138 选择"添加到符号"命令　图8-139 将所选符号添加到"符号"面板中

单击"符号"面板中不需要的符号，单击面板底部的"删除符号"按钮，删除不需要的符号，如图8-140所示。选择"符号"面板菜单中的"存储符号库"命令，如图8-141所示。

 Tips

选择"符号"面板菜单中的"选择所有未使用的符号"命令，即可选择文档中所有没有使用的符号。

图8-140 单击删除不需要的符号　图8-141 选择"存储符号库"命令

存储的新库默认存储在"符号"文件夹中。库名称将自动出现在"符号库"的"用户定义"子菜单和"打开符号库"菜单中。如果将库存储到其他文件夹，可以在"符号"面板菜单中选择"打开符号库 > 其他库"命令来打开此库。使用此过程打开库后，此库将与其他库一起显示在"符号库"子菜单中。

● 导入符号库

用户可以在一个新文档中导入其他文档中的符号库。执行"窗口 > 符号库 > 其他库"命令或者从"符号"面板菜单中选择"打开符号库 > 其他库"命令，弹出"选择要打开的库"对话框，如图8-142所示。

选择要从中导入符号的文件，单击"打开"按钮，即可将符号导入，导入的符号将显示在"符号库"面板中（不是"符号"面板）。

图8-142 "选择要打开的库"对话框

应用案例

利用符号创建下雪效果

源文件：源文件\第8章\8-4-2.ai　　视频：视频\第8章\利用符号创建下雪效果.mp4

STEP 01 新建一个Illustrator文件，使用"矩形工具"绘制一个与画板等大的、填充颜色为RGB（0、123、183）的矩形，如图8-143所示。使用"星形工具"在画板中绘制一个六角星形状，如图8-144所示。

图8-143 新建文件并绘制矩形

图8-144 绘制六角星形状

STEP 02 执行"效果 > 扭曲和变换 > 波纹效果"命令，弹出"波纹效果"对话框，设置参数如图8-145所示。单击"确定"按钮，图形效果如图8-146所示。

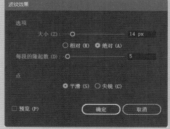

图8-145 设置参数

图8-146 图形效果

图8-147 设置参数

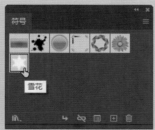

图8-148 "符号"面板

STEP 03 执行"窗口 > 符号"命令，打开"符号"面板。使用"选择工具"将雪花拖至"符号"面板中，弹出"符号选项"对话框，设置参数如图8-147所示。单击"确定"按钮，"符号"面板如图8-148所示。

STEP 04 将画板中的图形选中并编组。使用"符号喷枪工具"在画板中拖曳，创建符号组，如图8-149所示。使用"符号缩放器工具"放大或缩小符号，调整雪花的层次感，如图8-150所示。使用"符号紧缩器工具"调整符号的分布，如图8-151所示。

图8-149 创建符号组

图8-150 调整雪花的层次感

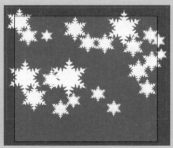

图8-151 调整符号的分布

STEP 05 使用"符号滤色器工具"在符号上单击，调整符号的不透明度，如图8-152所示。选中符号组，在"透明度"面板中修改其透明度，选中矩形背景，修改其填色为径向渐变，完成效果如图8-153所示。

图8-152 调整符号的不透明度

图8-153 完成效果

8.4.3 编辑符号实例

用户可以对符号实例进行断开符号链接、重新定义符号、替换符号、重置变换和选择所有实例等操作。

● 断开符号链接

选中画板中的符号实例，单击"符号"面板底部的"断开符号链接"按钮 ，或者在面板菜单中选择"断开符号链接"命令，如图8-154所示。取消符号实例与"符号"面板中符号样本的链接关系，此时，符号实例将变成可编辑状态的图形组，如图8-155所示。

图8-154 选择"断开符号链接"命令

图8-155 可编辑状态的图形组

● 重新定义符号

　　用户可以对断开链接的符号实例进行编辑，如图8-156所示。然后选择面板菜单中的"重新定义符号"命令，即可重新定义"符号"面板中的符号，如图8-157所示。重新定义符号后，所有现有的符号实例将采用新定义。

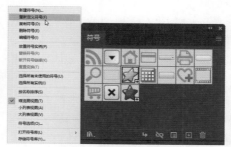

图8-156 编辑断开链接的符号实例　　　　图8-157 重新定义符号

● 替换符号

　　选中画板中的一个符号实例，再选择"符号"面板中的另一个符号，选择面板菜单中的"替换符号"命令，如图8-158所示。即可将画板中的符号替换为"符号"面板中的符号，效果如图8-159所示。

图8-158 选择"替换符号"命令　　　　图8-159 替换符号效果

● 重置变换

　　选择面板菜单中的"重置变换"命令，如图8-160所示，可将画板中应用了变换操作的符号实例恢复至符号的最初状态。

● 选择所有实例

　　选择"选择所有实例"命令，如图8-161所示，可快速选中当前画板中的所有符号实例。

图8-160 选择"重置变换"命令　　图8-161 选择"选择所有实例"命令

8.4.4　编辑符号组

　　使用"符号喷枪工具"在画板中拖曳，即可创建符号组。使用"符号移位器工具""符号紧缩器工具""符号缩放器工具""符号旋转器工具""符号着色器工具""符号滤色器工具""符号样式器工具"可以修改符号组中的多个符号实例。

> **Tips**
> 虽然可以使用符号工具处理单个符号实例，但处理符号组时最有效。在处理单个符号实例时，使用针对常规对象使用的工具和命令就可以轻松地完成大部分任务。

　　单击工具箱中的"符号喷枪工具"按钮，选择"自然"符号库中的"草地4"，"自然"符号库如图8-162所示。将光标移至画板中，按住鼠标左键并拖曳，创建草地符号组，如图8-163所示。

图8-162　"自然"符号库

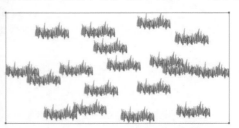

图8-163 创建草地符号组

● 更改符号实例的堆叠顺序

　　单击工具箱中的"符号移位器工具"按钮 🔧，将光标移至符号组上并按住鼠标左键向希望符号实例移动的方向拖曳，如图8-164所示。按住【Shift】键并单击符号实例，可将该实例向前移动一层；按住【Alt+Shift】组合键并单击符号实例，可将该实例向后移动一层，如图8-165所示。

图8-164 拖曳移动符号实例的位置

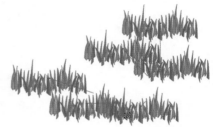

图8-165 调整符号实例堆叠顺序

● 集中或分散符号实例

　　单击工具箱中的"符号紧缩器工具"按钮 🐾，将光标移至符号组上单击或向希望聚集符号实例的区域拖曳，效果如图8-166所示。按住【Alt】键并单击或向希望符号实例相互远离的区域拖曳，效果如图8-167所示。

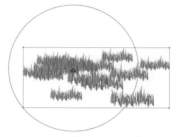

图8-166 集中符号实例

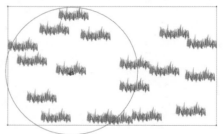

图8-167 分散符号实例

● 调整符号实例的大小

单击工具箱中的"符号缩放器工具"按钮 ⌖ ，将光标移至符号组上单击或拖曳，即可增大符号实例，如图8-168所示。按住【Alt】键的同时单击或拖曳，即可缩小符号实例，如图8-169所示。按住【Shift】键的同时单击或拖曳，在缩放时将保持缩放比例。

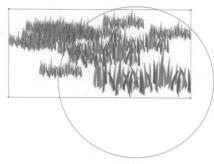

图8-168 增大符号实例

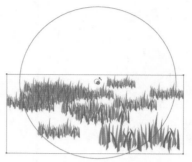

图8-169 缩小符号实例

● 旋转符号实例

单击工具箱中的"符号旋转器工具"按钮 ⌖ ，将光标移至符号组上单击或向希望符号实例朝向的方向拖曳，如图8-170所示。旋转后的符号实例效果如图8-171所示。

图8-170 向希望符号实例朝向的方向拖曳

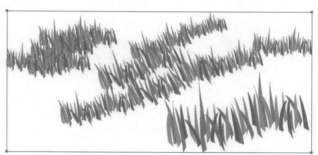

图8-171 旋转后的符号实例效果

● 对符号实例着色

执行"窗口＞颜色"命令，打开"颜色"面板，选择填充颜色，如图8-172所示。单击工具箱中的"符号着色器工具"按钮 ⌖ ，将光标移至符号组上并单击或拖曳希望上色的符号实例，效果如图8-173所示。

图8-172 选择填充颜色

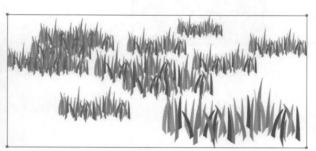

图8-173 符号实例着色效果

上色量逐渐增加，符号实例的颜色逐渐更改为上色颜色，如图8-174所示。按住【Alt】键的同时单击或拖曳减少着色量并显示更多原始符号的颜色，如图8-175所示。

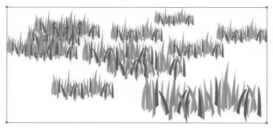

图8-174 颜色逐渐更改为上色颜色

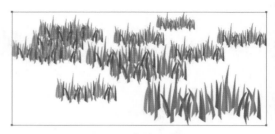

图8-175 逐渐减少着色量

按住【Shift】键的同时单击或拖曳鼠标，将用以前染色实例的色调强度为符号实例着色。

Tips

对符号实例着色将趋于用淡色更改色调，同时保留原始明度。此方法使用原始颜色的明度和上色颜色的色相生成颜色。因此，具有极高或极低明度的颜色改变较少；黑色或白色对象完全无变化。

● 调整符号实例的透明度

单击工具箱中的"符号滤色器工具"按钮，将光标移至符号组上单击或拖曳，将增加符号透明度，如图8-176所示。按住【Alt】键的同时单击或拖曳鼠标，将减少符号透明度，如图8-177所示。

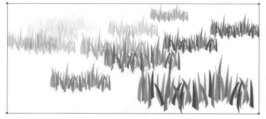

图8-176 增加符号透明度

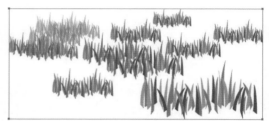

图8-177 减少符号透明度

● 将"图形样式"应用到符号实例

单击工具箱中的"符号样式器工具"按钮，执行"窗口＞图形样式"命令，在打开的"图形样式"面板中选择一个样式，如图8-178所示。将光标移至符号组上单击或拖曳，即可将样式应用到符号实例上，如图8-179所示。

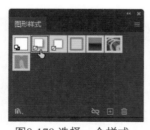

图8-178 选择一个样式

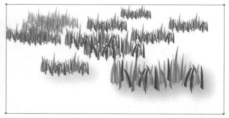

图8-179 将样式应用到符号实例上

按住【Alt】键的同时单击或拖曳，将减少样式数量，并显示更多原始的、无样式的符号，如图8-180所示。按住【Shift】键的同时单击，可保持以前设置样式的实例的样式强度。

Tips

如果选择样式的同时选择了非符号的工具，则样式将立即应用于整个所选符号实例组。

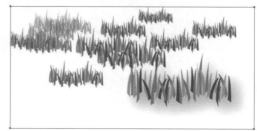

图8-180 减少样式数量

8.4.5 符号工具选项

双击工具箱中"符号喷枪工具"按钮，弹出"符号工具选项"对话框，如图8-181所示。双击其他符号工具，也将弹出对应的"符号工具选项"对话框。

"直径""强度""符号组密度"等常规选项出现在对话框顶部。工具选项则出现在对话框底部。单击对话框中的工具图标，即可切换至另外一个工具。

图8-181 "符号工具选项"对话框

选择"符号喷枪工具"时，符号喷枪的选项（"紧缩""大小""旋转""滤色""染色""样式"）显示在面板底部，这些选项控制新符号实例添加到符号组的方式。用户可以选择"平均"和"用户定义"两种方式。

选择"显示画笔大小和强度"复选框，在使用符号工具调整符号实例时，会显示符号工具画笔的大小和调整强度。

8.5 使用操控变形工具

使用操控变形功能，可以扭转或扭曲图稿的某些部分，使变换看起来更自然。用户可以使用Illustrator CC中的"操控变形工具"添加、移动和旋转点，以便使图稿平滑地转换到不同的位置，以及变换不同的姿态。

应用案例 操控变形小狗的姿势
源文件：源文件\第8章\8-5-1.ai　　视频：视频\第8章\操控变形小狗的姿势.mp4

STEP 01 执行"文件>打开"命令，将素材文件"8-5-1.ai"打开，如图8-182所示。选中图形，单击工具箱中的"操控变形工具"按钮，图形效果如图8-183所示。

图8-182 打开素材文件　　图8-183 图形效果

STEP 02 将光标移至左侧狗耳朵的点上，按住鼠标左键并拖曳，调整图形的形状，如图8-184所示。继续选择并拖曳调整右侧耳朵的点，如图8-185所示。

图8-184 拖曳调整点　　图8-185 拖曳调整右侧耳朵的点

STEP 03 单击狗躯干上的点，按【Delete】键将其删除，如图8-186所示。将光标移至狗躯干的尾部，单击添加一个点，拖曳调整狗的姿势，如图8-187所示。继续拖曳其他点，调整狗的姿势，最后的效果如图8-188所示。

图8-186 删除点　　　图8-187 添加并拖曳点　　　图8-188 最后的效果

8.6 使用液化变形工具

　　Illustrator CC中的液化变形工具组与Photoshop中的"液化"滤镜的功能相似。使用液化变形工具可以更加灵活、自由地对图形对象进行各种变形操作，使用户的绘图过程变得更加方便、快捷且充满创意。

　　液化变形工具组包括"变形工具""旋转扭曲工具""缩拢工具""膨胀工具""扇贝工具""晶格化工具""皱褶工具"，如图8-189所示。

图8-189 液化变形工具组

　　选择任一工具后，在画板中的图形上拖曳即可对其进行变形操作，变形效果集中在画笔的区域中心，并且会随着光标在某个区域中的重复拖曳而得到增强。但是不能将液化工具用于链接文件或包含文本、图形或符号的对象。

8.6.1 变形工具

　　"变形工具"采用涂抹推动的方式对对象进行变形处理。选中一个对象，单击工具箱中的"变形工具"按钮，在图形上向左拖曳，拖曳时对象外观会出现蓝色的预览框，通过预览框可以看到变形之后的效果，释放鼠标键，即可完成变形操作，如图8-190所示。

　　按住【Alt】键不放并从上到下拖曳鼠标，可以缩小画笔笔触的垂直范围；而从左到右拖曳鼠标，则可以缩小画笔笔触的水平范围；想要扩大画笔笔触范围，反向拖曳鼠标即可。

　　再次使用"变形工具"在图形上向右拖曳，如图8-191所示。调整画笔笔触大小后，继续在图形上拖曳完成变形效果，如图8-192所示。

图8-190 向左拖曳变形　　图8-191 向右拖曳　　图8-192 变形效果

双击工具箱中的"变形工具"按钮，弹出"变形工具选项"对话框，如图8-193所示。用户可在该对话框中设置变形的相关选项，完成后单击"确定"按钮。

图8-193 "变形工具选项"对话框

- 全局画笔尺寸：在此选项组中可以设置变形画笔的"宽度""高度""角度"和画笔作用时的"强度"。其中，画笔"强度"的数值越大，对象变形效果越明显。当使用数位板时，选择"使用压感笔"复选框，可以让变形功能配合数位板的感压特性，对选中对象进行变形操作。
- 细节：用于控制变形对象的细节。在文本框中输入数值，数值越大，变形对象的锚点也就越多，画笔的细节越丰富。
- 简化：在文本框中输入数值，数值越大，选中对象的变形效果越平滑，也就是对锚点进行了简化，减少了对象的复杂度。
- 显示画笔大小：选择该复选框，将显示变形工具的画笔大小。

8.6.2 旋转扭曲工具

使用"旋转扭曲工具"可以使对象产生旋转扭曲的变形效果。选中一个对象，单击工具箱中的"旋转扭曲工具"按钮 ，在图形上连续单击、按住鼠标或拖曳鼠标，选中对象即可产生相应的旋转扭曲效果，如图8-194所示。

双击工具箱中的"旋转扭曲工具"按钮，弹出"旋转扭曲工具选项"对话框，如图8-195所示。该对话框中的参数设置与"变形工具选项"对话框中的相同，用户可以参照"变形工具选项"对话框中各选项的功能进行设置。

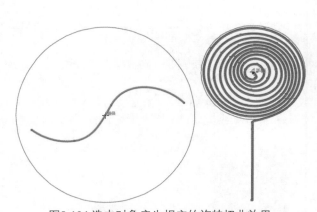

图8-194 选中对象产生相应的旋转扭曲效果

图8-195 "旋转扭曲工具选项"对话框

8.6.3 缩拢工具

使用"缩拢工具"可以使所选对象向内收缩挤压。单击工具箱中的"缩拢工具"按钮 ，在图形上单击或向内拖曳鼠标，当达到满意的变形效果后，释放鼠标键即可完成缩拢变形操作，效果如图8-196所示。

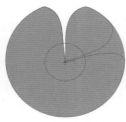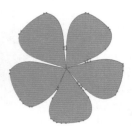

图8-196 缩拢变形效果

8.6.4 膨胀工具

使用"膨胀工具"产生的作用与使用"缩拢工具"产生的作用恰好相反，其主要是针对所选对象进行向外扩张、膨胀的变形操作。

单击工具箱中的"膨胀工具"按钮，在画板中的图形上单击或向外拖曳鼠标，如图8-197所示。释放鼠标键后即可完成膨胀变形操作，效果如图8-198所示。

图8-197 单击或向外拖曳鼠标　　　　　　图8-198 膨胀变形效果

应用案例　使用"膨胀工具"制作梦幻水母

源文件：源文件\第8章\8-6-4.ai　视频：视频\第8章\使用"膨胀工具"制作梦幻水母.mp4

STEP 01 新建一个Illustrator文件，使用"直线段工具"在画板中绘制一条直线，如图8-199所示。执行"效果 > 扭曲和变换 > 变换"命令，弹出"变换效果"对话框，设置参数如图8-200所示。单击"确定"按钮，变换效果如图8-201所示。

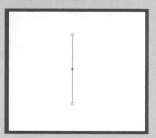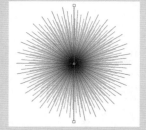

图8-199 绘制一条直线　　　图8-200 设置参数　　　图8-201 变换效果

STEP 02 执行"对象 > 扩展外观"命令，将变换后的对象扩展为路径，如图8-202所示。单击工具箱中的"膨胀工具"按钮，将光标移至图形上并单击，效果如图8-203所示。

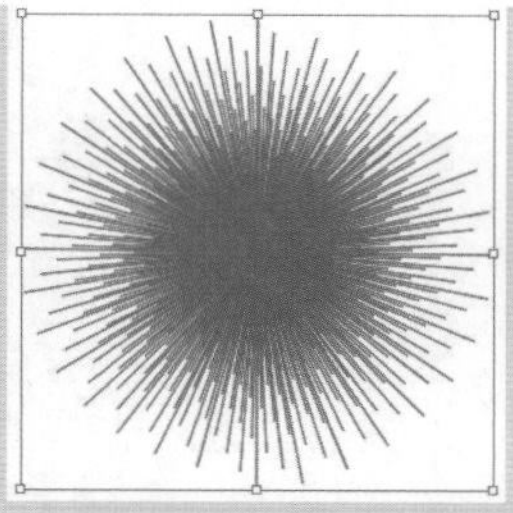

图8-202 扩展对象为路径

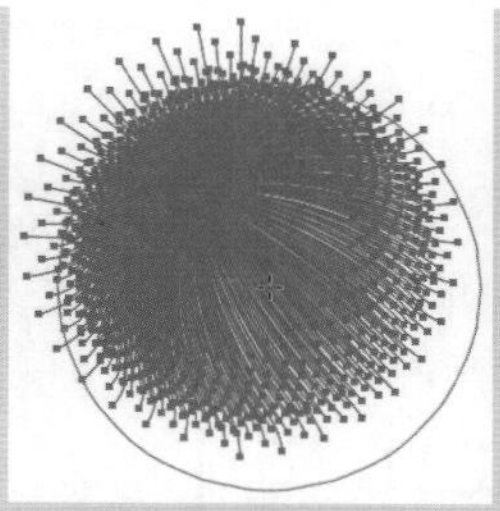

图8-203 膨胀效果

STEP 03 设置描边颜色为#0387EA，描边宽度为0.75pt，如图8-204所示。在“描边”面板中为线条添加箭头，完成效果如图8-205所示。

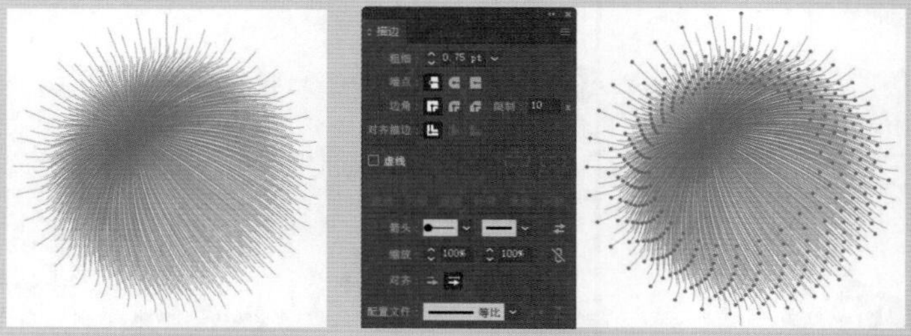

图8-204 设置填充和描边

图8-205 完成效果

8.6.5 扇贝工具

使用“扇贝工具”可以对图形进行扇形扭曲的曲线变形操作，变形完成后生成细小的皱褶状，并使图形效果向某一原点聚集。

单击工具箱中的“扇贝工具”按钮，拖曳选中对象，选中对象上会产生类似扇子或贝壳形状的变形效果，如图8-206所示。

双击工具箱中的“扇贝工具”按钮，弹出“扇贝工具选项”对话框，如图8-207所示。用户可以在该对话框中设置相关选项，完成后单击“确定”按钮。

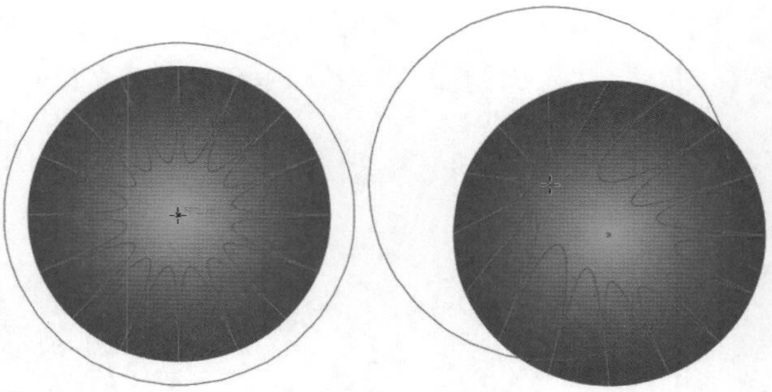

图8-206 扇贝变形效果

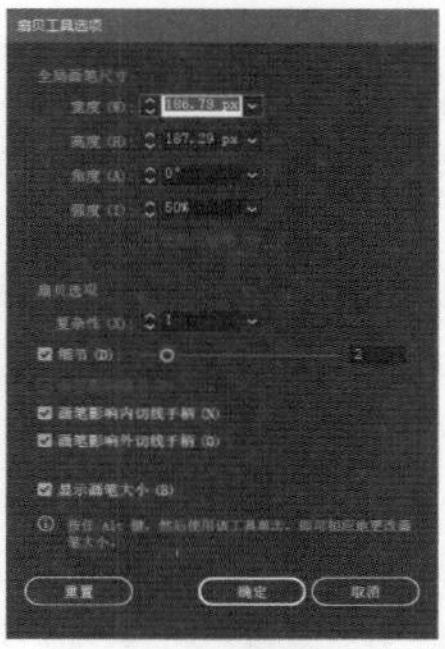

图8-207 “扇贝工具选项”对话框

- 复杂性：在文本框中输入数值，用于设置扇形扭曲产生的弯曲路径数量。
- 细节：在文本框中输入数值，用于设置变形对象的细节。
- 画笔影响锚点：选择该复选框，所选对象的变形锚点的每一个转角均产生相应的转角锚点。
- 画笔影响内切线手柄：所选对象变形时，每一个变形都会出现一个三角形变形牵引框。选择该复选框，所选对象将沿三角形的正切方向变形。

🔵 画笔影响外切线手柄：选择该复选框，所选对象将沿三角形的反正切方向变形。

Tips

为对象进行扇贝变形时，至少要选择"画笔影响锚点""画笔影响内切线手柄""画笔影响外切线手柄"中的一个复选框，最多只允许选择两个复选框。

晶格化工具

"晶格化工具"的使用方法与"扇贝工具"相同，使用其产生的变形效果也与"扇贝工具"相似，使用该工具可以使对象产生类似锯齿形状的变形效果。

"晶格化工具"是根据结晶形状使图形产生放射式的变形效果，而"扇贝工具"是根据三角形使图形产生扇形扭曲的变形效果。

单击工具箱中的"晶格化工具"按钮![icon]，在画板中单击、长按或拖曳鼠标，释放鼠标键后完成变形，效果如图8-208所示。

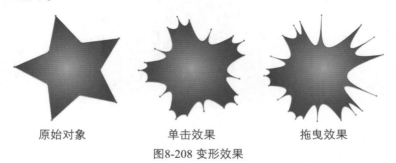

原始对象　　　　　单击效果　　　　　拖曳效果

图8-208 变形效果

Tips

双击工具箱中的"晶格化工具"按钮，弹出"晶格化工具选项"对话框，该对话框中的参数设置与"扇贝工具选项"对话框中的相同，此处不再赘述。

皱褶工具

"皱褶工具"的使用方法与"扇贝工具"相同，用于产生类似皱纹或者折叠纹，从而使图形产生抖动的局部碎化变形效果。单击工具箱中的"皱褶工具"按钮![icon]，在画板中单击、长按或拖曳鼠标，释放后完成变形，效果如图8-209所示。

双击"皱褶工具"按钮，弹出"皱褶工具选项"对话框，如图8-210所示。用户可在该对话框中设置相关选项，完成后单击"确定"按钮。

图8-209 变形效果　　　　　　　　图8-210 "皱褶工具选项"对话框

● 水平：用于设置水平方向的褶皱数，数值越大，皱褶的效果越明显，当参数设置为0%时，水平方向不产生皱褶效果。

● 垂直：用于设置垂直方向的皱褶数，数值越大，皱褶的效果越明显。当参数设置为0%时，垂直方向不产生皱褶效果。

● 复杂性：用于设置皱褶产生的弯曲路径的数值。

应用案例

绘制深邃海报

源文件：源文件\第8章\8-6-7.ai　　　　视频：视频\第8章\绘制深邃海报.mp4

STEP 01 新建一个Illustrator文件，设置参数如图8-211所示。进入文档后，使用"矩形工具"在画板中创建一个矩形，设置填色为黑色。

STEP 02 使用"直线段工具"在画板中创建一条白色直线，如图8-212所示。打开"图层"面板，锁定黑色矩形图层。

图8-211 设置参数　　　　　　　　图8-212 创建白色直线

STEP 03 选中直线，执行"效果＞扭曲和变换＞变换"命令，弹出"变换效果"对话框，设置参数如图8-213所示。单击"确定"按钮，变换效果如图8-214所示。使用"椭圆工具"在画板中创建一个白色正圆形，如图8-215所示。

图8-213 设置参数　　　图8-214 变换效果　　　图8-215 创建正圆形

STEP 04 执行"效果＞扭曲和变换＞粗糙化"命令，弹出"粗糙化"对话框，设置参数如图8-216所示。单击"确定"按钮，效果如图8-217所示。

图8-216 设置参数　　　图8-217 "粗糙化"效果

STEP 05 使用"选择工具"选中直线和圆形，单击"控制"面板中的"垂直居中对齐""水平居中对齐"按钮，执行"对象 > 扩展外观"命令，效果如图8-218所示。

STEP 06 单击工具箱中的"形状生成器工具"按钮，按住【Alt】键不放并在圆形上拖曳鼠标，如图8-219所示。释放鼠标键后，挖空圆形的效果如图8-220所示。

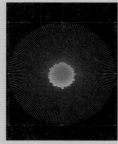　　　　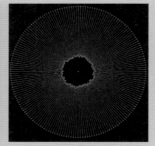

图8-218 扩展外观　　　　图8-219 拖曳光标　　　　图8-220 挖空效果

STEP 07 双击工具箱中的"旋转扭曲工具"按钮，弹出"旋转扭曲工具选项"对话框，设置参数如图8-221所示。单击"确定"按钮，按住【Alt】键不放并向外拖曳放大画笔范围，画笔笔触大于白色线条后连续单击两次，扭曲效果如图8-222所示。

STEP 08 双击工具箱中的"褶皱工具"按钮，弹出"褶皱工具选项"对话框，设置参数如图8-223所示，单击"确定"按钮。

　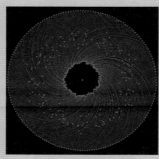　

图8-221 设置参数　　　　图8-222 扭曲效果　　　　图8-223 设置参数

STEP 09 再次放大画笔笔触，使用"褶皱工具"在画板中单击，线条效果如图8-224所示。

STEP 10 使用"椭圆工具"在画板中创建一个正圆形，设置填色为"黑白径向渐变"，如图8-225所示。使用"选择工具"在画板中拖曳选中渐变圆形和线条，如图8-226所示。

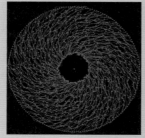　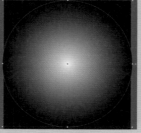　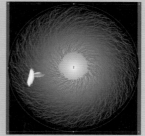

图8-224 线条效果　　　　图8-225 设置黑白径向渐变　　　　图8-226 选中图形

STEP 11 打开"透明度"面板，单击"制作蒙版"按钮，图形效果如图8-227所示。使用"选择工具"选中渐变图形，按住【Alt】键不放并向任意方向拖曳鼠标，释放鼠标键后复制图形，如图8-228所示。

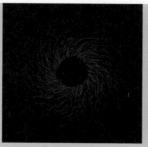

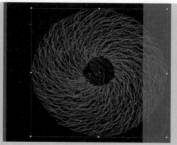

图8-227 图形效果　　　　　　图8-228 复制图形

STEP 12 使用"选择工具"等比例缩放图形，并且选中两个图形后，单击"控制"面板中的"垂直居中对齐""水平居中对齐"按钮，如图8-229所示。

STEP 13 使用相同的方法连续3次复制并缩放图形，产生的深邃效果如图8-230所示。使用"文字工具"添加文字内容，完成海报的制作，效果如图8-231所示。

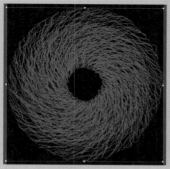
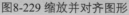

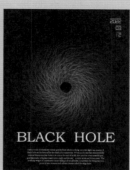

图8-229 缩放并对齐图形　　　　图8-230 深邃效果　　　　图8-231 海报效果

8.7　专家支招

　　掌握各种绘图工具和命令，有利于使用Illustrator CC完成各种插画图形的绘制。使用图案和符号可以大大提高绘制相似图形的效率。

"网格工具"与"渐变工具"的区别

　　在Illustrator CC中，使用"网格工具""渐变工具"都能制作渐变效果。两个工具的本质其实是相同的，只是使用"网格工具"可以处理局部某个区域的颜色渐变，而使用"渐变工具"处理的是整体的图形效果。

液化变形工具的使用技巧

　　由于在使用液化变形工具时会产生多余的锚点，因此在使用液化变形工具处理图形时，要尽量减少使用频率，适可而止。避免出现过多锚点，从而造成图像处理的卡顿或者死机。

[8.8 总结扩展

在Illustrator CC中，除了可以使用常规的绘画工具和命令完成图画的绘制，还可以使用高级工具和命令快速绘制画稿。

本章小结

本章继续讲解Illustrator CC的绘画功能，包括图像描摹、网格对象、图案、符号、操控变形工具和液化变形工具的使用方法和技巧。掌握这些高级操作功能，能够帮助绘画基础较为薄弱的用户绘制出精美的图稿。

举一反三——使用"网格工具"绘制郁金香

源 文 件：	源文件\第8章\8-8-2.ai
视　　频：	视频\第8章\使用"网格工具"绘制郁金香.mp4
难易程度：	★★★★☆
学习时间：	25分钟

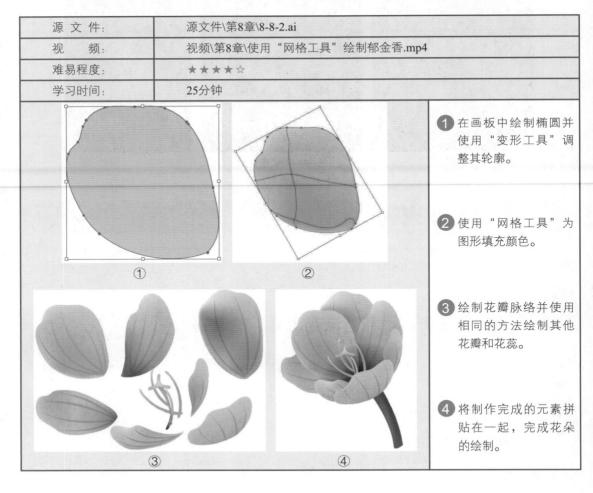

① ②

③ ④

1 在画板中绘制椭圆并使用"变形工具"调整其轮廓。

2 使用"网格工具"为图形填充颜色。

3 绘制花瓣脉络并使用相同的方法绘制其他花瓣和花蕊。

4 将制作完成的元素拼贴在一起，完成花朵的绘制。

第9章 3D对象的创建与编辑

在Illustrator CC中，用户可以使用"3D"命令制作三维图形效果，也可以利用透视网格工具制作具有三维空间感的图形，增加设计的艺术性和独特性。本章将针对3D效果和透视效果的制作进行讲解，帮助读者进一步了解Illustrator CC的绘图技巧。

[9.1 使用"3D"命令

用户可以使用"3D"命令完成从二维（2D）图稿到三维（3D）对象的创建，可以通过调整高光、阴影、旋转及其他属性来控制3D对象的外观，还可以将图稿贴到3D对象的每一个表面上，用以改变其外观。

执行"效果 > 3D"命令，打开包含3个命令的子菜单，如图9-1所示。其中，"凸出和斜角""绕转"命令用于创建3D对象，而"旋转"命令用于在三维空间中旋转2D或3D对象，还可以用于修改现有3D对象的3D效果。

应用"圆角"(A)	Shift+Ctrl+E
圆角...	Alt+Shift+Ctrl+E
文档栅格效果设置(E)...	
Illustrator 效果	
3D(3)	凸出和斜角(E)...
SVG 滤镜(G)	绕转(R)...
变形(W)	旋转(O)...
扭曲和变换(D)	
栅格化(R)...	

图9-1 子菜单

Tips

"效果"菜单下的"3D"命令与"透视网格工具"是两种不同的工具，但是在透视中处理 3D 对象的方式与处理其他任何透视对象的方式是一样的。

9.1.1 使用"凸出和斜角"命令创建3D对象

选中一个对象，执行"效果 > 3D > 凸出和斜角"命令，弹出"3D凸出和斜角选项"对话框，如图9-2所示。

单击对话框底部的"更多选项"按钮，将显示"表面"选项的更多参数，如图9-3所示。此时，用户可以查看完整的选项列表。单击对话框中的"较少选项"按钮，可以隐藏额外的"表面"选项参数。设置对话框中的各个选项并单击"确定"按钮，即可将所选对象创建为3D对象。

图9-2 "3D凸出和斜角选项"对话框

图9-3 更多参数

● 位置：设置对象如何旋转，以及预览对象的透视角度。

● X/Y/Z轴：在X（水平）轴 ⊕、Y（垂直）轴 ⊕ 和Z（深度）轴 ⊙ 的文本框中输入数值，用以指定旋转角度，取值范围为–180°~180°。或者在各个角度图标中的任意点单击，也可以为3D对象指定旋转角度。

● 透视：在文本框中输入一个数值，用以指定透视角度，取值范围为0°~160°。较小的镜头角度与长焦照相机镜头相似；较大的镜头角度与广角照相机镜头相似。

● 凸出与斜角：确定对象的突出深度，以及向对象添加斜角或从对象剪切斜角。

● 凸出厚度：在文本框中输入数值，用以指定3D对象的突出厚度，取值范围为0~2000pt。

● 端点：单击"实心"按钮 ◐，为3D对象指定实心外观；单击"空心"按钮 ◑，为3D对象指定空心外观。图9-4所示为3D对象有端点与无端点的对比图。

● 斜角：单击该选项，打开如图9-5所示的下拉列表框。选择任一选项，沿对象的Z轴应用该类型的斜角边缘。

图9-4 3D对象有端点与无端点的对比图

图9-5 "斜角"下拉列表框

● 高度：设置高度值，取值范围为1~100pt。如果对象的斜角高度太大，可能导致对象自身相交，产生意料之外的结果。单击"斜角外扩"按钮 ▦，将斜角添加至对象的原始形状；单击

"斜角内缩"按钮 ▦，将从对象的原始形状中减去斜角。图9-6所示为3D对象无斜角边缘与有斜角边缘的对比图。

● 表面：单击该选项，打开如图9-7所示的下拉列表框。选择任一选项，可以为3D对象创建相应的表面，使3D对象的表面从黯淡、不加底纹转变为平滑、光亮。

图9-6 3D对象无斜角边缘与有斜角边缘的对比图

图9-7 "表面"下拉列表框

● 线框：选择该选项，为3D对象绘制几何形状轮廓且每个表面透明，如图9-8所示。

● 无底纹：选择该选项，3D对象不会添加任何新的表面属性，并且3D对象的颜色与原来2D对象的完全相同，如图9-9所示。

● 扩散底纹：选择该选项，使3D对象以一种柔和、扩散的方式反射光，如图9-10所示。

● 塑料效果底纹：选择该选项，会使3D对象使用一种闪烁且光亮的材质模式反射光，如图9-11所示。

图9-8 线框表面　　　　图9-9 无底纹表面

图9-10 扩散底纹表面　　图9-11 塑料效果底纹表面

为什么对话框中的"更多选项"参数数量会发生变化？

因为"3D凸出和斜角选项"对话框中"更多选项"的选项数量（可用光源选项），取决于用户所选择的"表面"参数。并且如果3D对象只使用3D旋转效果，则可用的"表面"选项只有"扩散底纹""无底纹"。

● 光源：将光源拖至球体上任一位置，用以定义光源的位置，如图9-12所示。

● 后移光源 ➡️：单击该按钮，可将所选对象移至光源后面。

● 前移光源 ◀️：单击该按钮，可将选定光源移至对象前面。

● 新建光源 🔲：单击该按钮，可添加一个光源。默认情况下，新建光源出现在球体正前方的中心位置，如图9-13所示。

● 删除光源 🗑️：删除所选光源。

光源

图9-12 定义光源的位置

新建光源

图9-13 新建光源

 Tips

默认情况下，3D效果会为一个对象分配一个光源。用户可以在对话框中添加或删除光源，但对象至少要保留一个光源。

● 光源强度：在文本框中输入数值用以控制光源的强度，取值范围为0%~100%。

● 环境光：在文本框中输入数值用以控制全局光照，可以统一改变所有3D对象的表面亮度。取值范围为0%~100%。

● 高光强度：在文本框中输入数值用以控制对象反射光的数量，取值范围为0%~100%。输入较低值会产生暗淡的表面，输入较高值则产生较为光亮的表面。

● 高光大小：在文本框中输入数值用以控制高光

的大小，取值范围为100%~0%，且从大到小变化。

● 混合步骤：在文本框中输入数值，用以控制对象表面底纹的平滑程度，取值范围为0~256。设置的步骤数值越高，3D对象所产生的底纹越平滑，路径也就越多。

● 底纹颜色：单击该选项，打开颜色列表框，包括"无""黑色""自定"3个选项。选择"自定"选项，选项后面出现一个颜色色块，单击颜色色块，可以在弹出的"拾色器"对话框中为3D对象指定表面的底纹颜色。

● 保留专色：选择该复选框，可以为3D对象保留表面的专色。如果设置"底纹颜色"为"自定"选项，则无法保留专色。

● 绘制隐藏表面：选择该复选框，显示对象的隐藏背面。当对象是透明的或对象为展开和拉开状态时，可以看到对象的背面。

● 贴图：单击对话框底部的"贴图"按钮，弹出"贴图"对话框。用户可在该对话框中设置各项参数，如图9-14所示。完成后单击"确定"按钮，即可将图稿贴到3D对象的表面上，效果如图9-15所示。

● 预览：选择该复选框，可以在文档窗口中预览3D对象的外观效果。

图9-14 设置参数

图9-15 贴图效果

 应用案例　使用"凸出和斜角"命令制作三维彩带

源文件：源文件\第9章\9-1-1.ai 视频：视频\第9章\使用"凸出和斜角"命令制作三维彩带.mp4

STEP 01 新建一个Illustrator文件，使用"文字工具"在画板中输入文字并执行"文字 > 创建轮廓"命令，效果如图9-16所示。取消编组后分别设置单个文字的颜色，如图9-17所示。

图9-16 输入文字并创建轮廓　　　　　图9-17 取消编组并设置文字的颜色

STEP 02 使用"矩形工具"在画板中创建如图9-18所示的图形。选中所有图形，将其旋转90°，如图9-19所示。

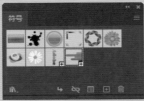

图9-18 绘制矩形图形　　　　　图9-19 旋转90°

STEP 03 分别将文字和图形拖至"符号"面板中，创建两个符号，如图9-20所示。使用"直线段工具"在画板中绘制一条直线，如图9-21所示。

图9-20 创建两个符号　　　　　图9-21 绘制一条直线

STEP 04 执行"效果 > 扭曲和变换 > 波纹效果"命令，弹出"波纹效果"对话框，设置参数如图9-22所示。单击"确定"按钮，线条效果如图9-23所示。执行"对象 > 扩展外观"命令，效果如图9-24所示。

图9-22 设置参数　　　　图9-23 线条效果　　　　图9-24 扩展外观效果

STEP 05 使用"钢笔工具"接着顶部的锚点绘制一条路径，并使用"直接选择工具"拖曳调整其为圆角，如图9-25所示。执行"效果 > 3D > 凸出和斜角"命令，在弹出的"3D凸出和斜角选项"对话框中调整"凸出厚度"和光源，如图9-26所示。

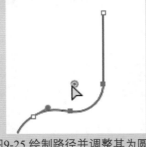
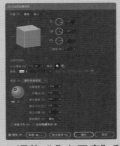

图9-25 绘制路径并调整其为圆角　　　图9-26 调整"凸出厚度"和光源

STEP 06 单击"贴图"按钮，在弹出的"贴图"对话框中选择正确的面和符号，单击"缩放以适合"按钮，选择"贴图具有明暗调（较慢）""三维模型不可见"复选框，如图9-27所示。

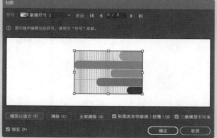

图9-27 设置"贴图"对话框中的参数

STEP 07 单击"确定"按钮，完成三维彩带的制作，效果如图9-28所示。

图9-28 三维彩带效果

9.1.2 使用"绕转"命令创建3D对象

"绕转"命令是以Y轴为绕转轴，通过绕转一条路径或剖面，使选中对象进行圆周运动，最终完成创建3D对象的操作。

选中一个对象，执行"效果 > 3D > 绕转"命令，弹出"3D绕转选项"对话框，如图9-29所示。单击对话框底部的"更多选项"按钮，显示"表面"选项的更多参数，如图9-30所示。此时，用户可以查看完整的选项列表，单击对话框中的"较少选项"按钮，可以隐藏额外的"表面"选项参数。

图9-29 "3D绕转选项"对话框   图9-30 更多参数

- 绕转：用以确定围绕对象如何沿路径进行运动，使其完成3D对象的创建。

- 角度：设置对象路径的绕转度数，取值范围为0°~360°。

- 端点：单击"开启端点以建立实心外观"按钮  ，为3D对象指定实心外观；单击"关闭端点以建立空心外观"按钮 ，为3D对象指定空心外观。

- 位移：在绕转轴与路径之间添加距离，取值范围为0~1000pt。例如，为线段路径设置该选项，可以创建一个环状3D对象。图9-31所示为设置不同位移参数的3D对象。

- 自：设置对象从绕转轴的任意侧面开始转动，即可以是左边缘，也可以是右边缘。图9-32所示为从不同边缘绕转形成的3D对象。

自：左边　　自：右边

图9-32 从不同边缘绕转形成的3D对象

Tips

用户需要注意的是，绕转一个不带描边的填充路径比绕转一个描边路径更加快速。

设置"3D绕转选项"对话框中的各个选项，完成后单击"确定"按钮，即可将所选对象创建为3D对象。图9-33所示为使用"绕转"命令创建的3D对象。

位移：2pt　　位移：10pt

图9-31 设置不同位移参数的3D对象

图9-33 使用"绕转"命令创建的3D对象

应用案例

使用"绕转"命令制作立体小球

源文件：源文件\第9章\9-1-2-1.ai　视频：视频\第9章\使用"绕转"制作立体小球.mp4

STEP 01 新建一个Illustrator文件，使用"矩形工具"在画板中绘制一个填色为RGB（150、50、255），描边颜色为无的矩形，如图9-34所示。按住【Alt】键的同时使用"选择工具"拖曳复制矩形，如图9-35所示。

图9-34 绘制矩形　　　　图9-35 拖曳复制矩形

STEP 02 按【Ctrl+D】组合键重复复制矩形，如图9-36所示。拖曳选中所有图形，将其拖入"符号"面板中，弹出"符号选项"对话框，设置参数如图9-37所示。单击"确定"按钮，"符号"面板如图9-38所示。

图9-36 重复复制矩形　　　图9-37 设置参数　　　图9-38 "符号"面板

STEP 03 使用"椭圆工具"在画板中拖曳绘制一个椭圆，拖曳其右侧控制柄，将其修改为半圆并旋转角度，如图9-39所示。执行"效果＞3D＞绕转"命令，单击"3D绕转选项"对话框底部的"贴图"按钮，如图9-40所示。

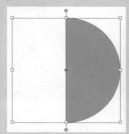

图9-39 创建半圆　　　　　　　图9-40 单击"贴图"按钮

STEP 04 在弹出的"贴图"对话框的"符号"下拉列表框中选择"新建符号"，选择"3/3"贴图，如图9-41所示。单击"缩放以适合"按钮，如图9-42所示。

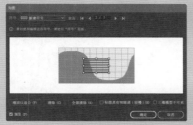

图9-41 "贴图"对话框　　　　　图9-42 单击"缩放以适合"按钮

STEP 05 单击"确定"按钮，将光标移至"3D绕转选项"对话框顶部的立体盒子图形上，拖曳调整显示角度，如图9-43所示。单击"确定"按钮，立体小球效果如图9-44所示。

图9-43 拖曳调整显示角度　　　　图9-44 立体小球效果

应用案例　使用"绕转"命令制作彩带螺旋线

源文件：源文件\第9章\9-1-2-2.ai　视频：视频\第9章\使用"绕转"命令制作彩带螺旋线.mp4

STEP 01 新建Illustrator文件，使用"矩形工具"在画板中绘制一个矩形，如图9-45所示。继续使用"矩形工具"绘制如图9-46所示的矩形。

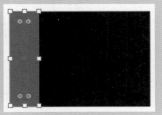

图9-45 绘制一个矩形　　　　　　图9-46 继续绘制矩形

STEP 02 在"变换"面板中设置倾斜角度为45°，如图9-47所示。按住【Alt】键的同时使用"选择工具"拖曳复制一个矩形，如图9-48所示。

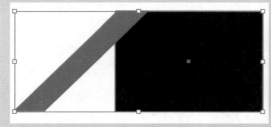

图9-47 设置倾斜角度为45°

图9-48 拖曳复制一个矩形

STEP 03 按【Ctrl+D】组合键重复复制，如图9-49所示。按住【Alt】键的同时，使用"形状生成器"工具删除外部相交部分，如图9-50所示。

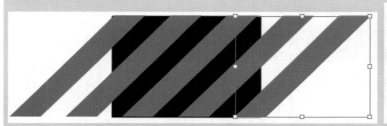

图9-49 复制对象

图9-50 删除外部相交部分

STEP 04 修改间隔矩形的填色为洋红色，并删除黑色矩形，如图9-51所示。使用"选择工具"拖曳选中所有对象并拖至"符号"面板中，在弹出的对话框中单击"确定"按钮，"符号"面板如图9-52所示。

图9-51 修改填色并删除黑色矩形

图9-52 "符号"面板

STEP 05 使用"矩形工具"在画板中绘制一个矩形，如图9-53所示。执行"效果＞3D＞绕转"命令，弹出"3D绕转选项"对话框，设置参数如图9-54所示。单击"贴图"按钮，选择"3/3"面，选择"新建符号"，单击"缩放以适合"按钮，其他设参数置如图9-55所示。

图9-53 绘制一个矩形

图9-54 设置参数

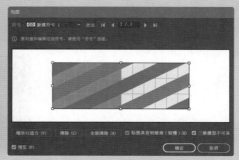

图9-55 设置"贴图"对话框中的参数

STEP 06 单击"确定"按钮两次，执行"对象＞扩展外观"命令，取消编组并释放剪切蒙版，旋转90°，效果如图9-56所示。将图像拖至"画布"面板中，新建一个"图案画笔"，如图9-57所示。

STEP 07 单击"确定"按钮。使用"椭圆工具"创建一个只有描边颜色的椭圆，单击应用新建的画笔，效果如图9-58所示。

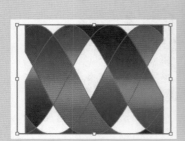
图9-56 旋转图形效果

图9-57 新建画笔

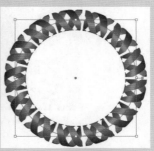
图9-58 应用画笔效果

9.1.3 在三维空间旋转对象

创建3D对象后，如果对现有3D对象的外观效果不是很满意，可以使用"效果＞3D＞旋转"命令旋转对象，如图9-59所示。

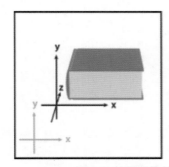 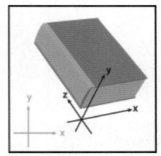

图9-59 使用"旋转"命令旋转对象

选中一个3D对象，执行"效果＞3D＞旋转"命令，弹出Adobe Illustrator警告框，如图9-60所示。单击"应用新效果"按钮后，弹出"3D旋转选项"对话框，如图9-61所示。用户可在该对话框中旋转3D对象，以及调整"表面"选项，完成后单击"确定"按钮，确认旋转或调整操作。

图9-60 Adobe Illustrator警告框　图9-61 "3D旋转选项"对话框

- 位置：设置对象如何旋转，以及观看对象的透视角度。

- 表面：使用该选项可以调整3D对象的表面方式。但是在该对话框中，只有"无底纹""扩散底纹"两个选项。

更多选项/较少选项：当"表面"设置为"无底纹"选项时，用户可以单击对话框底部的"较少选项"按钮，得到较为简洁的对话框界面，如图9-62所示。而当"表面"设置为"扩散底纹"选项时，单击对话框底部的"更多选项"按钮，可以查看完整的选项列表，如图9-63所示。

图9-62 设置得到较为简洁的界面　图9-63 查看完整的选项列表

9.2 使用"透视网格"

在Illustrator CC中，用户可以在透视模式中轻松绘制或呈现图稿。使用"透视网格"命令可以帮助用户在平面上呈现场景，就像肉眼所见的一样自然。例如，远处的道路或铁轨看上去像在视线中相交或消失一般。

9.2.1 显示/隐藏"透视网格"

在Illustrator CC中，只能在一个文档中创建一个"透视网格"。

● 显示"透视网格"

单击工具箱中的"透视网格工具"按钮，或者按【Shift+Ctrl+I】组合键，即可在画板中显示"透视网格"，如图9-64所示。执行"视图 > 透视网格 > 显示网格"命令也可以快速在画板中显示"透视网格"，如图9-65所示。

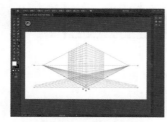

图9-64 显示"透视网格"　　　　　图9-65 执行"显示网格"命令

● 隐藏"透视网格"

单击"透视网格工具"按钮，将光标移至左上角的"平面切换构件"的×图标上，当光标变成时，单击或者按【Shift+Ctrl+I】组合键，即可隐藏网格，如图9-66所示。执行"视图 > 透视网格 > 隐藏网格"命令或者按【Esc】键，也可以隐藏"透视网格"，如图9-67所示。

图9-66 隐藏网格　　　　图9-67 执行"隐藏网格"命令

执行"视图＞透视网格"中的对应命令，如图9-68所示，即可定义"一点透视""两点透视""三点透视"的"透视网格"，如图9-69所示。

图9-68 执行"视图＞透视网格"中的对应命令

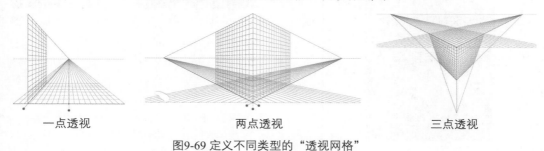

一点透视　　　　　　　两点透视　　　　　　　三点透视

图9-69 定义不同类型的"透视网格"

● 显示标尺

执行"视图＞透视网格＞显示标尺"命令，如图9-70所示，将显示具有真实高度线的标尺刻度，如图9-71所示。标尺的刻度由网格线的单位决定。执行"视图＞透视网格＞隐藏标尺"命令，即可将网格上的刻度隐藏。

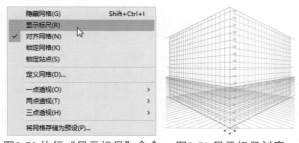

图9-70 执行"显示标尺"命令　　图9-71 显示标尺刻度

● 锁定"透视网格"

执行"视图＞透视网格＞锁定网格"命令，如图9-72所示，将当前的"透视网格"锁定。锁定后的网格不能进行移动和编辑，只能更改可见性和平面位置。执行"视图＞透视网格＞解锁网格"命令，即可解锁网格。

● 锁定透视站点

执行"视图＞透视网格＞锁定站点"命令，如图9-73所示，即可将站点锁定。选择"锁定站点"命令时，移动一个消失点将带动其他消失点同步移动。如果未选择此命令，则此类移动操作互不影响，站点也会移动。

图9-72 执行"锁定网格"命令　图9-73 执行"锁定站点"命令

9.2.2 定义/编辑"透视网格"

执行"视图＞透视网格＞定义网格"命令，弹出"定义透视网格"对话框，如图9-74所示。设置各项参数后，单击"确定"按钮，即可完成"透视网格"的自定义。

图9-74 "定义透视网格"对话框

图9-75 "定义网格名称"对话框

图9-76 "自动缩放"对话框

- 预设：用户可以在下拉列表框中选择定义好的预设网格。

- 存储预设：单击该按钮📥，弹出"定义网格名称"对话框，如图9-75所示。设置名称后，可以将当前透视网格存储为新预设。

- 类型：包括"一点透视""两点透视""三点透视"3种类型。

- 单位：用户可以选择网格大小的单位，包含"厘米""英寸""像素""磅"4种选项。

- 缩放：选择查看的网格比例，也可以自己设置画板与真实世界之间的度量比例。选择"自定"选项，可以自定义比例。在"自定缩放"对话框中，指定"画板"与"真实世界"之间的比例，"自动缩放"对话框如图9-76所示。

- 网格线间隔：确定网格单元格大小。

- 视角：想象有一个立方体，该立方体没有任何一面与图片平面（此处指计算机屏幕）平行。此时，"视角"是指该虚构立方体的右侧面与图片平面形成的角度。因此，视角决定了观察者的左侧消失点和右侧消失点的位置。45°视角意味着两个消失点与观察者视线的距离相等。如果视角大于45°，则右侧消失点离视线近，左侧消失点离视线远，反之亦然。

- 视距：观察者与场景之间的距离。

- 水平高度：为预设指定水平高度（观察者的视线高度）。水平线离地平线的高度将会在智能引导读出器中显示。

- 第三个消失点：在选择"三点透视"选项时将启用此选项。可以在"X""Y"文本框中为预设指定 X、Y 坐标。

- 网格颜色和不透明度：可以从"左侧网格""右侧网格""水平网格"的下拉列表框中选择颜色，更改"左侧网格""右侧网格""水平网格"的颜色。还可以使用"拾色器"选择自定义颜色。拖曳"不透明度"滑块可以更改网格的不透明度。

执行"编辑"＞"透视网格预设"命令，弹出"透视网格预设"对话框，如图9-77所示。选择要编辑的预设，单击"编辑"按钮✏，在弹出的"透视网格预设选项（编辑）"对话框中重新设置各项参数，如图9-78所示。设置完成后，单击"确定"按钮，即可完成透视网格预设的编辑。

图9-77 "透明网格预设"对话框

图9-78 "透视网格预设选项（编辑）"对话框

选择要删除用户定义的预设，单击"删除"按钮🗑，即可将选中的预设删除。默认的3个预设无法被删除。单击"新建"按钮 ⊞，将弹出"透视网格预设选项（新建）"对话框，设置各项参数后，单击"确定"按钮，将新建一个网格预设。

选中要导出的预设，单击"导出"按钮，在弹出的"将预设文件导出为"对话框中设置导出预设的"文件名"，单击"保存"按钮，即可将预设导出为一个预设文件。

单击"导入"按钮，在弹出的"导入预设文件"对话框中选择要导入的预设文件，单击"打开"按钮，即可将外部的预设文件导入。

应用案例　移动调整"透视网格"

源文件：无　　　　　视频：视频\第9章\移动调整"透视网格".mp4

STEP 01　新建一个Illustrator文档，单击工具箱中的"透视网格工具"按钮或者按【Shift+P】组合键，在文档中创建透视网格，如图9-79所示。将光标移至左或者右地平面构件平面点上，指针变成 ↔，如图9-80所示。

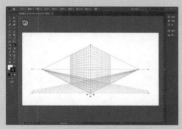
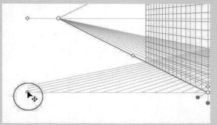

图9-79 创建透视网格　　　　　图9-80 移动光标位置

STEP 02　按住鼠标左键并拖曳，即可在文档中随意移动"透视网格"的位置，如图9-81所示。将光标移至左侧或者右侧消失点上，指针变成 ↔，按住鼠标左键并拖曳，即可调整两侧消失点的位置，如图9-82所示。

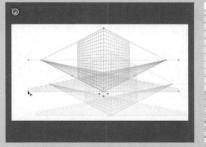
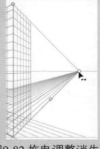

Tips

在三点透视中调整第三个消失点时，按住【Shift】键只能在纵轴上进行移动。执行"视图 > 透视网格 > 锁定站点"命令锁定站点，两个消失点将一起移动。

图9-81 拖曳移动"透视网格"　图9-82 拖曳调整消失点

STEP 03　将光标移至透视网格底部的网格平面控件上，按下鼠标左键，当指针变成 ↔，按住鼠标左键并左右拖曳，即可调整网格平面的位置，如图9-83所示。按住【Shift】键的同时拖曳调整网格平面，单元格大小将不会改变，如图9-84所示。

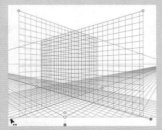
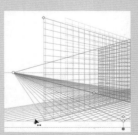

图9-83 拖曳调整网格平面的位置　　图9-84 限制单元格大小

STEP
04 将光标移至原点的位置，按住鼠标左键并拖曳，可以更改标尺的原点位置，如图9-85所示。移动原点后，将显示站点的位置，如图9-86所示。

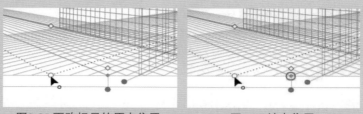

图9-85 更改标尺的原点位置　　　　图9-86 站点位置

STEP
05 将光标移至水平线控制点上，指针变成，按住鼠标左键并上下拖曳，可更改观察者的视线高度，如图9-87所示。将光标移至网格范围构件上，指针变成，按住鼠标左键并拖曳，即可调整网格范围，如图9-88所示。

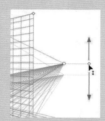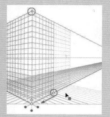

图9-87 拖曳更改观察者的视线高度　　图9-88 调整网格范围

STEP
06 将光标移至网格单元格大小构件上，指针变成，按住鼠标左键并拖曳，即可调整单元格大小，如图9-89所示。

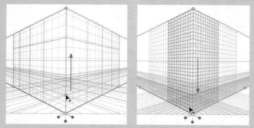

 Tips

增大网格单元格大小时，网格单元格数量减少。减小网格单元格大小时，网格单元格数量增大。

图9-89 调整单元格大小

9.2.3　使用"平面切换构件"

用户可以使用"平面切换构件"快速选择活动网格平面。当"透视网格"显示时，"平面切换构件"默认显示在"透视网格"的左上角，如图9-90所示。双击工具箱中的"透视网格工具"按钮，弹出"透视网格选项"对话框，如图9-91所示。

无活动的网格平面
左侧网格平面　　　　　　　右侧网格平面
水平网格平面

图9-90 "平面切换构件"默认显示在左上角

图9-91 "透视网格选项"对话框

● 显示现用平面构件：默认该复选框被选中。取消选择该复选框，平面构件将不会与"透视网格"一起显示出来。

● 构件位置：在右侧下拉列表框中选择不同的选项时，平面构件将放在文档窗口的左上方、右上、左下角或右下角。

● 透视图稿的锚点：选择该复选框，按住【Shift】键并将鼠标移至锚点上方时，可以选择暂时移动活动平面。

● 网格线交叉：选择该复选框，按住【Shift】键并将鼠标移至网格线交叉点上方时，可以选择暂时移动活动平面。

 Tips

在透视网格中，"活动平面"是指在其上绘制对象的平面，以投射观察者对于场景中该部分的视野。

应用案例　附加和释放对象到透视

源文件：无　　　　视频：视频\第9章\附加和释放对象到透视.mp4

STEP 01 新建一个Illustrator文档，使用"矩形工具"在画板中绘制一个矩形，如图9-92所示。单击工具箱中的"透视网格工具"按钮，在文档中创建"透视网格"，如图9-93所示。

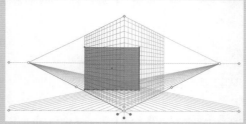

图9-92 绘制一个矩形　　　　图9-93 创建"透视网格"

STEP 02 执行"对象>透视>附加到现用平面"命令，如图9-94所示。单击"平面切换构件"中的任意面或者按键盘上的【1】键、【2】键或【3】键，选择一个平面，如图9-95所示。

图9-94 执行"附加到现用平面"命令　　图9-95 选择一个平面

STEP 03 单击工具箱中的"透视选区工具"按钮，拖曳矩形观察效果，如图9-96所示。执行"对象>透视>通过透视释放"命令，即可释放带透视视图的对象，如图9-97所示。

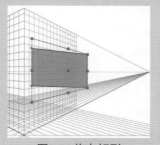
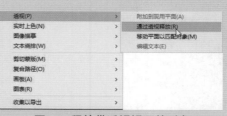

图9-96 拖曳矩形　　　　图9-97 释放带透视视图的对象

9.2.4 使用"透视选区工具"

使用"透视选区工具"可以在透视中加入对象、文本和符号；可以在透视空间中移动、缩放和复制对象；可以在透视屏幕中沿着对象的当前位置垂直移动和复制对象；可以使用键盘快捷键切换活动界面。

单击工具箱中的"透视选区工具"按钮 或者按【Shift+P】组合键，激活"透视选区工具"，分别选择左侧、右侧和水平网格屏幕，不同活动平面和"透视选区工具"光标如图9-98所示。

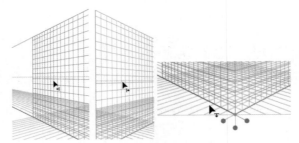

图9-98 不同活动平面和"透视选区工具"光标

使用"透视选区工具"选中对象，通过使用"平面切换构件"或按键盘上的【1】键（左平面）、【2】键（水平面）、【3】键（右平面）选择要置入对象的活动平面。将对象拖至所需位置，即可在透视中加入现有对象或图稿。

使用"透视选区工具"进行拖动时，可以在正常选框和透视选框之间选择，通过使用【1】键、【2】键、【3】键或【4】键可以在网格的不同平面间切换。用户可以沿着当前对象位置垂直的方向移动对象，这个操作在创建平行对象时很有用，如房间的墙壁。

激活"透视选区工具"按钮，按住键盘上的【5】键，将对象拖至所需位置，如图9-99所示。同时按住键盘上的【Alt】键和【5】键拖曳对象，将对象复制到新位置且不会改变原始对象，如图9-100所示。

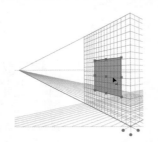 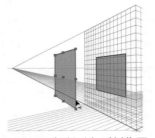

图9-99 将对象拖至透视平面　　图9-100 复制对象到新位置

如果想要精确垂直移动选中对象，可以使用"透视选区工具"双击右侧等平面构件，在弹出的"右侧消失平面"对话框中设置参数，实现在右侧平面精确移动对象的操作，"右侧消失平面"对话框如图9-101所示。

图9-101 "右侧消失平面"对话框

- 位置：在文本框中输入数值，设置需要移动对象的位置。
- 不移动：选中此单选按钮，网格改变位置时，对象不移动。
- 移动所有对象：选中此单选按钮，则平面上所有对象都将随网格一起移动。
- 复制所有对象：选中此单选按钮，则平面上所有对象都将被复制。

Tips

默认情况下，使用"透视选区工具"执行移动、缩放、复制和将对象置于透视等操作时，对象将与单元格内 1/4 距离的网格线对齐。

如何在完成各种操作时对齐网格?

执行"视图 > 透视网格 > 对齐网格"命令或"禁用对齐"命令，可控制在使用"透视选区工具"完成各种操作时是否对齐网格。

在透视中添加文本

源文件：无　　　　　　　视频：视频\第9章\在透视中添加文本.mp4

STEP 01 新建一个Illustrator文档，单击工具箱中的"文字工具"按钮 **T**，在画板上单击并输入文本，如图9-102所示。单击工具箱中的"透视网格工具"按钮，在文档中创建"透视网格"，如图9-103所示。

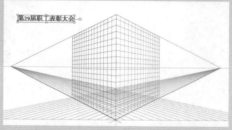

图9-102 单击并输入文本　　　　图9-103 创建"透视网格"

STEP 02 单击工具箱中的"透视选区工具"按钮，选中文本并向左侧平面拖曳，如图9-104所示。在拖曳文本的过程中，按键盘上的【2】键，即可将文本插入右侧平面，如图9-105所示。

图9-104 向左侧平面拖曳文本　　　图9-105 将文本插入右侧平面

STEP 03 单击"控制"面板中的"编辑文本"按钮 或者执行"对象 > 透视 > 编辑文本"命令，即可编辑文本，如图9-106所示。编辑完成后，单击文档顶部的"后移一级"按钮，即可返回透视网格，如图9-107所示。

图9-106 编辑文本　　　　　图9-107 单击"后移一级"按钮

Tips

除了可以将文本添加到透视中，还可以将符号添加到透视中。插入符号后，"控制"面板中也提供了"编辑符号"按钮。

应用案例 **设计制作两点透视图标**

源文件：源文件\第9章\9-2-4.ai　　视频：视频\第9章\设计制作两点透视图标.mp4

STEP 01 新建一个Illustrator文件，单击工具箱中的"透视网格工具"按钮，在文档中创建"透视网格"，如图9-108所示。单击"平面切片构件"上的左侧网格，将其激活，使用"矩形工具"绘制一个矩形，如图9-109所示。

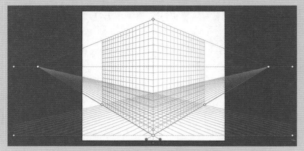

图9-108 创建"透视网格"

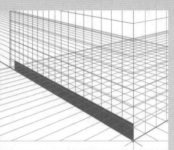

图9-109 在左侧网格上绘制矩形

STEP 02 激活右侧网格，使用"矩形工具"绘制一个填色为RGB（116、116、116）的矩形，如图9-110所示。激活水平网格，使用"矩形工具"绘制一个填色为RGB（141、141、141）的矩形，如图9-111所示。

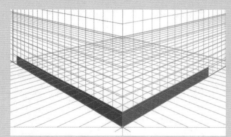

图9-110 在右侧网格上绘制一个矩形

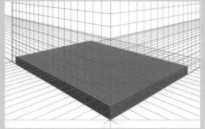

图9-111 在水平网格上绘制一个矩形

STEP 03 继续在水平网格上绘制一个填色为RGB（116、116、116）的矩形，如图9-112所示。激活左侧网格，使用"矩形工具"绘制矩形，如图9-113所示。

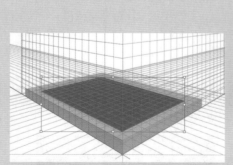

图9-112 继续在水平网格上绘制矩形

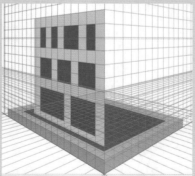

图9-113 在左侧网格绘制矩形

STEP 04 激活右侧网格，使用"矩形工具"绘制矩形，如图9-114所示。继续使用相同的方法，将顶部的图形绘制出来，最终的透视图标效果如图9-115所示。

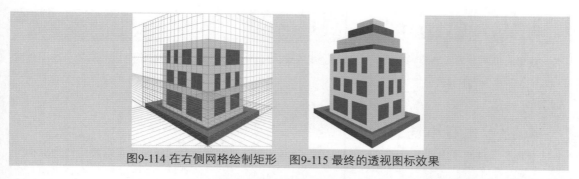

图9-114 在右侧网格绘制矩形　　图9-115 最终的透视图标效果

9.3 专家支招

使用"3D"命令和"透视网格"可以在平面设计中制作出三维图形，帮助设计师实现更多、更丰富的设计效果。

9.3.1　了解透视的概念

在艺术设计中，透视是一种视觉现象，也是人的一种视觉体验。越近的东西两眼看它的角度差越大，越远的东西角度差越小，因此离得近的东西，紧缩感越强。掌握透视的概念，有利于创作出逼真的图形效果。

透视可以把眼睛所见的景物投影到一个平面上，并在此平面上描绘景物。在透视投影中，观者的眼睛称为"视点"，而延伸至远方的平行线会交于一点，称为"消失点"，如生活中笔直的道路或铁路。

9.3.2　了解透视图标的分类

按照绘制物体不同的印象，可以把图标透视分为零点透视、一点透视、两点透视3种类型。

● 零点透视

零点透视的图标是指直接绘制的无角度图标，图标没有明显的侧面或顶部。这类图标一般用于制作工具栏和字形风格的图标，通过使用颜色变化和对象比例缩放实现景深的效果。图9-116所示为一个零点透视图标，通过为图形添加阴影，从而欺骗人的视觉感知，实现窗格与图像的深度错觉。

图9-116 零点透视图标

● 一点透视

一点透视的图标具有单一的消失点，而且通常是将消失点绘制在图标核心对象的背面。一点透视的图标空间方向一般呈锥形，最终相聚在消失点位置，其增加了图标的视觉深度，如图9-117所示。如果最终的消失点没有在图标的范围内，则图标整体的感觉会走样，可以说是一种失败的设计。

图9-117 一点透视图标

● 两点透视

两点透视可以用来表现两个方向面的图标，如图9-118所示。这种透视适用于设计较复杂的图标，如应用程序图标。对于一些简单清晰的图标，如工具栏图标，则不适合使用这种透视方式，太多的面会淡化图标本身的寓义。

图9-118 两点透视图标

[9.4 总结扩展

随着人们的艺术审美日益提高，简单、平淡的设计已经无法给浏览者带来视觉上的刺激。在平面设计中加入三维元素是目前普遍的设计趋势。

本章小结

本章主要讲解了Illustrator CC中"3D"命令和"透视网格"工具的使用。可以使用"凸出和斜角""旋转""绕转"命令将平面对象转换为三维模型，以三维的视角呈现设计。用户也可以借助"透视网格"，绘制伪三维的图形，为设计增加冲击力。

举一反三——制作三维奶茶杯子模型

源 文 件：	源文件\第9章\9-4-2.ai
视 频：	视频\第9章\制作三维奶茶杯子模型.mp4
难易程度：	★ ★ ☆ ☆ ☆
学习时间：	10分钟

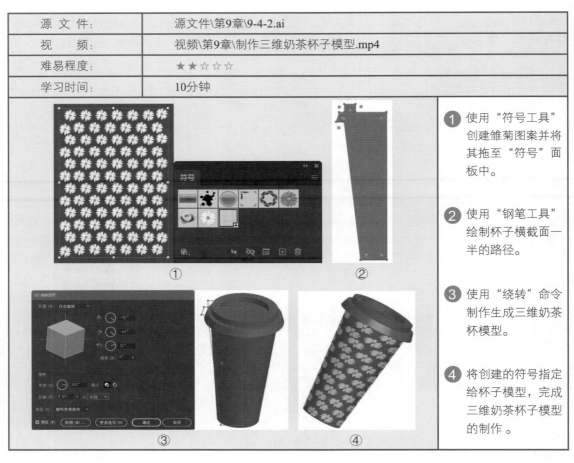

① ② ③ ④

1 使用"符号工具"创建雏菊图案并将其拖至"符号"面板中。

2 使用"钢笔工具"绘制杯子横截面一半的路径。

3 使用"绕转"命令制作生成三维奶茶杯模型。

4 将创建的符号指定给杯子模型，完成三维奶茶杯子模型的制作。

第10章 文字的创建与编辑

本章将讲解Illustrator CC中文字的处理方法。Illustrator CC拥有非常全面的文字处理功能，用户可以将文字当作一种图形元素来编辑，对其进行填色、缩放、旋转和变形等操作，还可以实现图文混排、沿路径分布，以及创建文字蒙版等，这些操作可以帮助用户完成各种复杂的排版工作。

10.1 添加文字

Illustrator CC包含3种文字类型，即"点状文字""区域文字""路径文字"。本节将详细讲解使用不同"文字工具"创建不同类型文字的方法和技巧，帮助用户快速掌握在Illustrator CC中添加不同类型文字的方法。

10.1.1 认识文字工具

Illustrator CC为用户提供了7种文字工具，长按工具箱中的"文字工具"按钮，即可展开文字工具组，如图10-1所示。

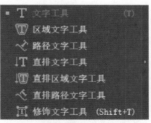

图10-1 文字工具组

其中，"文字工具""直排文字工具"用于创建点状文字和区域文字；"区域文字工具""直排区域文字工具"用于在现有图形中添加文字；而"路径文字工具""直排路径文字工具"用于在任何路径上添加文字。

- 点状文字：是指从单击位置开始并随着字符的输入而扩展的一行或一列文本。点文字的每行文本都是独立的，对其进行编辑时，该行将扩展或缩短，但不会自动换行。如果需要在图稿中输入少量文本，该方式非常适用。

- 区域文字：是指利用图形边界控制字符排列的文字，也称"段落文字"。

- 路径文字：是指沿路径排列的文字。

应用案例 创建点状文字

源文件：无　　视频：视频\第10章\创建点状文字.mp4

STEP 01 单击工具箱中的"文字工具"按钮 T，或者按【T】键，在文档窗口中单击插入输入点，系统会自动沿水平方向添加一行占位符文本，占位符文本为选中状态，如图10-2所示。

STEP 02 输入如图10-3所示的字符，完成后单击工具箱中的"选择工具"按钮或者按住【Ctrl】键的同时单击文字，即可提交文字。此时创建的文字类型为点状文字。

滚滚长江东逝水　　Illustrator CC

图10-2 沿水平方向添加占位符文本 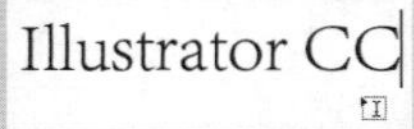　　图10-3 输入字符

Tips

使用占位符文本填充文字对象，可以帮助用户更好地进行可视化设计。在 Illustrator CC 中，创建文字时，系统会默认自动使用占位符文本填充新对象，并且占位符文本将保留之前文字对象所应用的各项参数。

STEP 03 单击工具箱中的"直排文字工具"按钮 ，在画板中单击插入输入点，系统会自动沿垂直方向添加一列占位符文本，如图10-4所示。

STEP 04 在画板中输入相应的文字，完成后单击文档窗口中的空白处或工具箱中的其他工具按钮，即可提交文字，如图10-5所示。

滚滚长江东逝水　　添加文字内容　添加文字内容

图10-4 沿垂直方向添加占位符文本 　　图10-5 输入文字并提交

10.1.2 添加区域文字

在Illustrator CC中，使用"文字工具""直排文字工具""区域文字工具""直排区域文字工具"等文字工具，可以完成区域文字的创建。

应用案例　创建区域文字

源文件：无　　　　　　视频：视频\第10章\创建区域文字.mp4

STEP 01 使用"文字工具"在画板中单击并向任意方向拖曳绘制矩形框，该矩形框为文本框。当创建的文本框达到目标大小时释放鼠标键，系统会自动在文本框中添加水平方向的占位符文本，且所有占位符文本都为选中状态，如图10-6所示。

STEP 02 保持文本框中的占位符文本为选中状态，开始输入文字后所有占位符文本被删除，如图10-7所示。输入完成后单击工具箱中的"选择工具"按钮或者按住【Ctrl】键的同时单击文字，即可提交文字，此时创建的文字类型为区域文字。

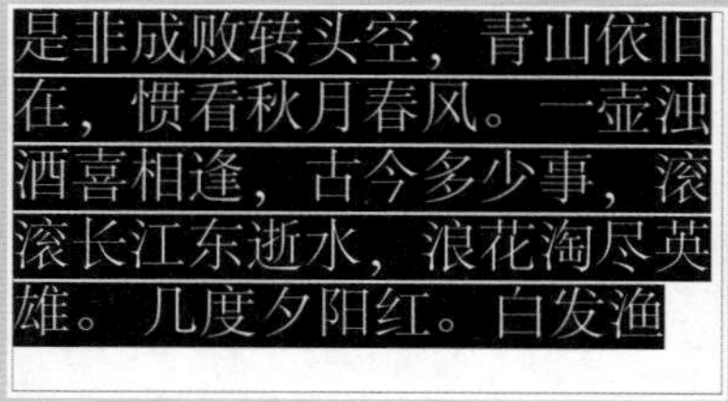

是非成败转头空，青山依旧在，惯看秋月春风。一壶浊酒喜相逢，古今多少事，滚滚长江东逝水，浪花淘尽英雄。几度夕阳红。白发渔

在创建区域文字的过程中，当文本触及文本框的边界时，会自动换行，使添加的所有文本内容都落在所定义的文本框内。

图10-6 创建文本框且文本为选中状态 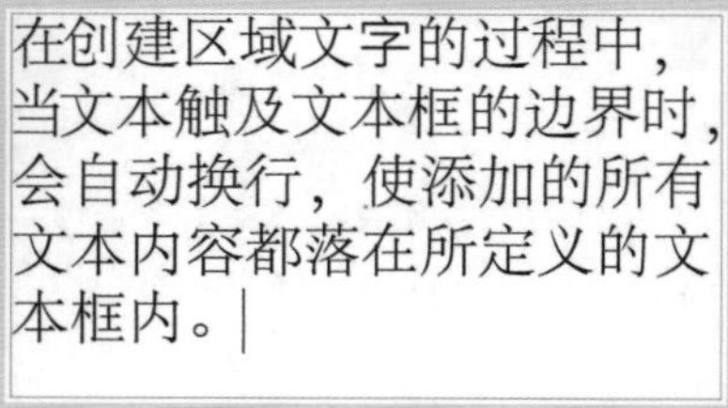　　图10-7 输入文字

Tips
当文字处于编辑状态时，可以输入并编辑文字。但是如果用户想要在 Illustrator CC 中执行其他操作，应该提交当前文字。

STEP 03 使用"直排文字工具"在画板中单击并拖曳创建文本框，释放鼠标键后系统会自动在文本框中添加垂直方向的占位符文本，如图10-8所示。在文本框中输入相应的文字，如图10-9所示。输入完成后提交文字，如图10-10所示。

| 图10-8 创建文本 | 图10-9 输入文字 | 图10-10 提交文字 |

STEP 04 单击工具箱中的"区域文字工具"按钮，画板中的光标变为状态，单击画板中图形的边缘线，即可将图形转变为文本框，同时系统会沿文本框的水平方向添加占位符文本，如图10-11所示。在文本框中输入相应的文字，输入完成后提交文字。

图10-11 在图形内添加区域文字

Tips
如果对象为开放路径，则必须使用"区域文字工具"定义区域文字的边框，这种情况下，Illustrator CC 会在路径的端点之间绘制一条虚构的直线来定义文字边界。

STEP 05 单击工具箱中的"直排区域文字工具"按钮，在画板中的图形边缘线上单击，系统会在图形内沿垂直方向添加占位符文本，如图10-12所示。

STEP 06 在用作文本框的图形中输入相应的文字，如图10-13所示。输入完成后，单击工具箱中的"选择工具"按钮提交文字。

| 图10-12 添加占位符文本 | 图10-13 输入文字 |

Tips
在图形中使用"区域文字工具""直排区域文字工具"输入文字时，图形的填色、描边将被删除。所以，在制作区域文字前，应设计好自己的作品。

10.1.3 溢出文字

如果输入的文本长度超出文本框或路径区域，文本框或路径尾部就会出现⊞标识，代表当前文字没有全部显示。而无法显示的文字被隐藏，这些无法显示的文字称为溢出文本，文本叫做溢流文本，如图10-14所示。

如果想要显示溢流文本，可以将"选择工具"移至文本框任意边缘线的中心，当光标变为‡或↔状态时，向任意方向拖曳调整文本框的大小，如图10-15所示。拖曳至文本框尾部的⊞标识消失时即可释放鼠标键，此时文本框区域能够显示全部文本，如图10-16所示。

是非成败转头空，青山依旧在，惯看秋月春风。一壶浊酒喜相逢，古今多少事，滚滚长江东逝水，浪花淘尽英雄。几

图10-14 溢流文本　　　图10-15 调整文本框的大小　　　图10-16 显示全部文本

10.1.4 添加路径文字

使用"路径文字工具"可以在任意路径上添加文字，完成后的文字类型为路径文字。

应用案例

创建路径文字

源文件：无　　　　　视频：视频\第10章\创建路径文字.mp4

STEP 01 单击工具箱中的"路径文字工具"按钮，画板中的光标变为状态，在画板中的圆形路径上单击，系统会在路径上添加占位符文本，如图10-17所示。在路径上输入相应的文字，输入完成后提交文字，如图10-18所示。

图10-17 添加占位符文本　　　　　图10-18 添加并提交文字

STEP 02 单击工具箱中的"直排路径文字工具"按钮，在画板中的路径上单击，系统会在路径上沿垂直方向添加占位符文本，如图10-19所示。

STEP 03 在路径上输入文字，完成后按住【Ctrl】键不放的同时单击文字进行提交，如图10-20所示。

图10-19 添加占位符文本　　　　　图10-20 添加并提交文字

Tips

当用户输入的文本长度超出路径容量后，路径尾部同样会出现 ⊞ 标识，代表当前路径无法显示全部的文本内容。如果想要显示全部的文字，可以应用区域文字中溢流文本的显示方法。

10.1.5 点状文字与区域文字的相互转换

在Illustrator CC中，点状文字和区域文字可以相互转换。如果当前文字为点状文字，执行"文字 > 转换为区域文字"命令，如图10-21所示，即可将点状文字转换为区域文字。如果当前文字是区域文字，执行"文字 > 转换为点状文字"命令，如图10-22所示，即可将区域文字转换为点状文字。

图10-21 执行"转换为区域文字"命令　　图10-22 执行"转换为点状文本"命令

【10.2 设置文字格式

在画板中添加任意类型的文字后，都可以选中一部分或全部文字，然后为选中文字设置格式。文字的格式设置包括填色、描边、不透明度、行距和字距，以及应用效果和图形样式等，通过设置这些属性可以改变文字的外观。文字格式可以通过"控制"面板、"字符"面板、"文字"菜单，以及其他与文字相关的各种面板进行设置。

10.2.1 选择文字

在对文字进行格式设置之前，要先选中文字。选择文字时，可以选择一个字符或多个字符，也可以选择一行文字、一列文字、整个区域文字或一条文字路径。下面介绍几种选择文字的方法。

● 选择部分文字

使用"修饰文字工具"可以选中点状文字、区域文字或路径文字上的任意单个文字，并对其进行样式设计。单击工具箱中的"修饰文字工具"按钮，将光标移入画板区域后转为 状态，单击想要对其进行样式设计的单个文字，即可将其选中，选中的文字四周会出现框体，如图10-23所示。

图10-23 选中单个文字

使用"文字工具"单击文字并拖曳，可以选择一个或多个字符。如果文字类型是点状文字，在中文字体上双击，可以选择光标所在行第一个符号结束前的文字内容，三击则可选中整行文字内容；如果是英文字体，双击可以选择一个单词，三击则可选中整行文字内容。如果是区域文字，双击可选中部分文字内容，如图10-24所示。

滚滚长江东逝水，浪花淘尽英雄。是非成败转头空，
青山依旧在，几度夕阳红。白发渔樵江渚上，惯看秋月春
风。一壶浊酒喜相逢，古今多少事，都付笑谈中。

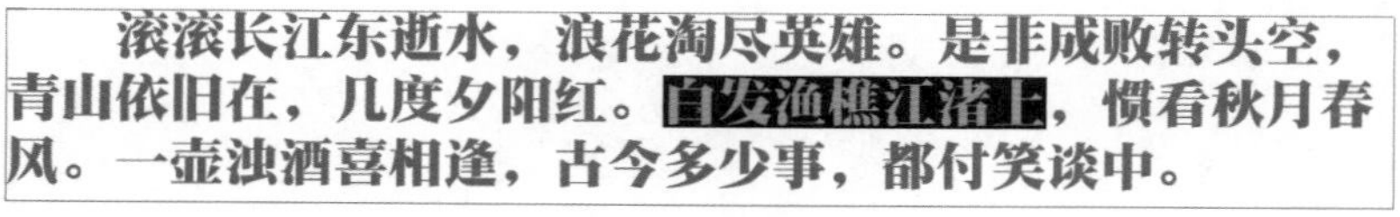

图10-24 选中部分文字

● 选择全部文字

使用任意文字工具在区域文字中三击可以选中全部文字内容，如图10-25所示。使用“选择工具”或“直接选择工具”，按住【Shift】键的同时连续单击多个文字区域，可以选中所有单击过的文字区域。

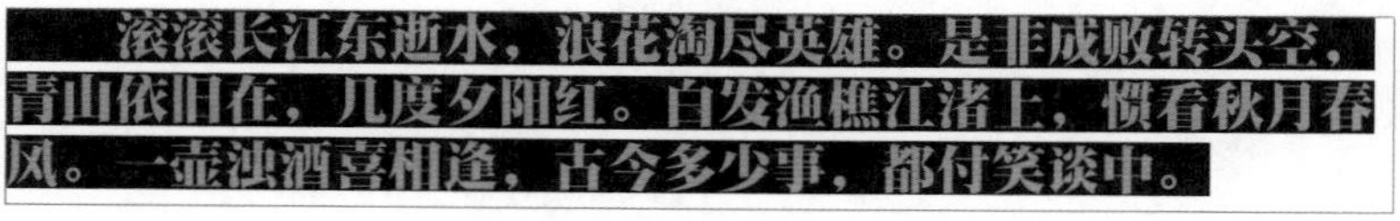

滚滚长江东逝水，浪花淘尽英雄。是非成败转头空，
青山依旧在，几度夕阳红。白发渔樵江渚上，惯看秋月春
风。一壶浊酒喜相逢，古今多少事，都付笑谈中。

图10-25 选中全部文字

进入文字编辑状态后，执行“选择 > 全部”命令，可以选中区域中的所有文字。如果要选中文档中的所有文本，执行“选择 > 对象 > 文本对象”命令即可。

应用案例　使用“修饰文字工具”制作文字徽标

源文件：源文件\第10章\10.2.1.ai　视频：视频\第10章\使用“修饰文字工具”制作文字徽标.mp4

STEP 01 新建一个Illustrator文件，使用“文字工具”在画板中单击并输入文字内容，如图10-26所示。在“字符”面板中设置各项参数，如图10-27所示。

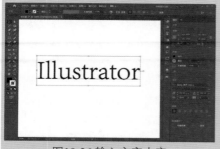

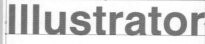

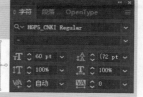

Illustrator

图10-26 输入文字内容

Illustrator
字符
段落
OpenType
HGPS_CNKI Regular
60 pt
(72 pt
100%
100%
自动
0

图10-27 设置文字参数

STEP 02 单击工具箱中的“修饰文字工具”，将光标移至第二个字母上，拖曳顶部的锚点调整文字大小并拖至如图10-28所示的位置。拖曳底部的锚点调整文字宽度，如图10-29所示。

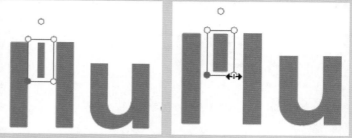

图10-28 调整第二个字母

图10-29 调整文字宽度

STEP 03 继续使用相同的方法调整第三个字母，如图10-30所示。继续拖曳调整其他字母，如图10-31所示。

图10-30 调整第三个字母

图10-31 调整其他字母

STEP 04 使用"修饰文字工具"选中单个字母，修改其填色和描边，如图10-32所示。

图10-32 修改字母的填色和描边

10.2.2 字体概述

字体是指一套具有相同粗细、宽度和样式的字符，常用的中文字体有宋体、黑体、隶书、楷书等。图10-33所示为应用不同字体的文字外观。

宋体　　是非成败转头空，青山依旧在，惯看秋月春风。

黑体　　**是非成败转头空，青山依旧在，惯看秋月春风。**

隶书　　是非成败转头空，青山依旧在，惯看秋月春风。

楷书　　是非成败转头空，青山依旧在，惯看秋月春风。

图10-33 应用不同字体的文字外观

下面介绍与字体有关的另外两个概念，分别是"字形""字体样式"。

● 字形：也称"文字系列"或"字体系列"，它们是由具有相同整体外观的字体构成的集合，因此字形是专为一起使用的文字而设计的。

● 字体样式：是指字体系列中单个字体的形状变化。一般情况下，一种字体包括常规、粗体、半粗体、斜体和粗斜体等文字样式。

10.2.3 设置文字的外观

用户可以通过改变文字的填色、描边、透明、效果和图形样式等属性，使文字具有不同的外观。除了将文字栅格化，否则无论怎样更改文字的格式，文字都将保持为可编辑状态。

为文字添加"抖动"效果

源文件：无　　　　　　视频：视频\第10章\为文字添加"抖动"效果.mp4

STEP 01 在画板中创建文字，使用"选择工具"将文字对象选中。执行"窗口＞图形样式"命令或按【Shift+F5】组合键，打开"图形样式"面板，选择面板菜单中的"打开图形样式库＞文字效果"命令，如图10-34所示，打开"文字效果"面板。

中文版Illustrator图形设计
完全自学一本通

STEP 02 选择"文字效果"面板中的"抖动"效果，如图10-35所示，为文字对象应用选中的文字效果，文字对象的外观如图10-36所示。

图10-34 选择"文字效果"命令

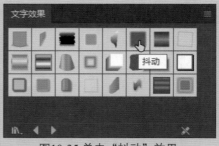

图10-35 单击"抖动"效果

图10-36 应用"抖动"效果的文字外观

使用"字符"面板

在"字符"面板中可以对文档中的单个或多个字符进行格式设置。执行"窗口 > 文字 > 字符"命令或按【Ctrl+T】组合键，打开"字符"面板，如图10-37所示。

单击面板右上角的"面板菜单"按钮，在打开的面板菜单中选择"显示选项"命令，面板将显示隐藏选项，如图10-38所示。

设置字体系列 —— 设置字体样式
字体大小 —— 设置行距
垂直缩放 —— 水平缩放
设置两个字符间的字距微调 —— 设置所选字符的字距调整
比例间距 ——
插入空格 ——
设置基线偏移 —— 字符旋转
设置消除锯齿方法

图10-37 "字符"面板

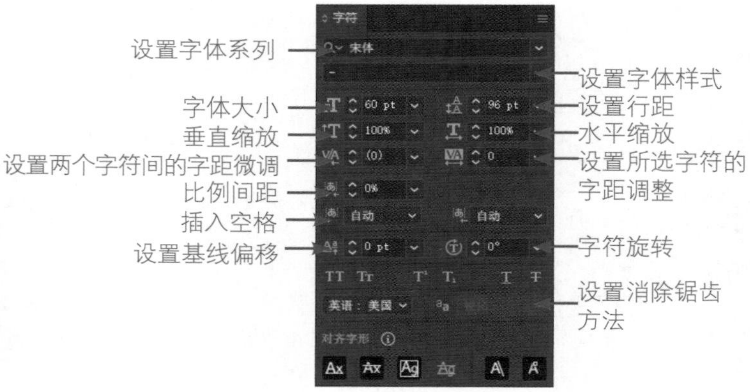

图10-38 显示隐藏选项

● 设置两个字符间的字距微调：该选项用于设置两个字符之间的字距微调，取值范围为－1000～1000。在该选项的下拉列表框中可以选择预设的字距微调值。

● 设置行距：用于设置所选字符串之间的行距。设置的值越大，字符行距越大。

● 设置所选字符的字距调整：该选项用于设置所

选字符的比例间距，取值范围为－100～200，设置的数值越大，则字符之间的间距越小。

● 比例间距：该选项用于设置字符间的间距。设置的数值越大，则字符间距越大。

● 垂直缩放/水平缩放：用于对所选字符进行水平或垂直缩放。图10-39所示为垂直缩放75%与垂

276

直缩放150%的对比。

图10-39 垂直缩放75%与垂直缩放150%的对比

- 🔵 设置基线偏移：使字符根据设置的参数上下移动位置。用户可在该文本框中输入数值，正值使文字向上移，负值使文字向下移。

- 🔵 文本装饰：用于设置文本的装饰效果，共包括6个按钮，分别是"全部大写字母""小型大写字母""上标""下标""下画线""删除线"。使用这些按钮可以为选中文本中的英文字符设置相应装饰。

- 🔵 对齐字形：使用此选项下的按钮，可以准确对齐实时文本的边界。

- ⚫ 基线 **Ax**：单击该按钮，在绘图、移动或缩放时，对齐字形的基线。

- ⚫ x高度 **Ax**：单击该按钮，在绘图、移动或缩放时，对齐小写（x、z、v、w）字形的高度。

- ⚫ 字形边界 **Ag**：单击该按钮，在绘图、移动或缩放时，对齐字形的顶部、底部、左侧和右侧边界。

- ⚫ 相近性参考线 **Ag**：单击该按钮，在绘图、移动或缩放时，对齐在基线、x高度和字形边界附近生成的参考线。

- ⚫ 角度参考线 **A**：单击该按钮，在绘图、移动或缩放时，对齐字形的角度。

- ⚫ 锚点 **A**：单击该按钮，在绘图时对齐字形的锚点。

10.2.5 使用"段落"面板

区域文字中各个段落的格式主要通过设置"段落"面板来实现，即利用"段落"面板可以为各个段落设置对齐、缩进和间距等。

执行"窗口＞文字＞段落"命令或按【Alt+Ctrl+T】组合键，打开"段落"面板，如图10-40所示。单击"段落"面板右上角的"面板菜单"按钮 ☰，在弹出的面板菜单中选择"显示选项"命令，将显示"段落"面板中隐藏的选项，如图10-41所示。

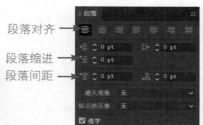

图10-40 "段落"面板　　**图10-41 显示隐藏选项**

- 🔵 段落对齐：该选项用于设置段落的对齐方式，包括左对齐文本、居中对齐文本、右对齐文本、最后一行左对齐、最后一行居中对齐、最后一行右对齐和全部两端对齐。

- 🔵 段落缩进：用于设置段落文字与文本框之间的距离，或者是段落首行缩进的文字距离。进行段落缩进处理时，只会影响选中的段落区域。

- ⚫ 左缩进 **▐**：用于设置段落文字的左缩进。横排文字从左边缩进，直排文字从顶端缩进。

- ⚫ 右缩进 **▐**：用于设置段落文字的右缩进。横排

文字从右边缩进，直排文字从底部缩进。

- ⚫ 首行左缩进 **▐**：用于设置首行文字的缩进。

- ⚫ 段落间距：用于指定当前段落与上一段落或下一段落之间的距离。

- ⚫ 连字：将文本强制对齐时，会将某一行末端的单词断开至下一行。选择该复选框，即可在断开的单词间显示连字标记。

- 🔵 重置面板：选择"面板菜单"中的"重置面板"命令，可以快速将指定文本的格式恢复为默认参数设置。

10.2.6 消除文字锯齿

将文档存储为位图格式（如JPEG、GIF和PNG）时，Illustrator CC会以每英寸72像素的分辨率栅格化画板中的所有对象，并为对象消除锯齿。

但如果画板中包含文字，则默认设置的消除锯齿可能无法产生想要的效果。此时，需要使用Illustrator CC中专门为栅格化文字操作提供的消除锯齿选项。

选中需要栅格化的文字，如果要将文字永久栅格化，执行"对象＞栅格化"命令，弹出"栅格化"对话框，如图10-42所示，单击"确定"按钮即可栅格化文字。

如果用户想要为文本创建栅格化，且不更改对象外观的底层结构时，执行"效果＞栅格化"命令，弹出"栅格化"对话框，选择一种"消除锯齿"方法，单击"确定"按钮，即可为文字对象应用该"消除锯齿"方法，如图10-43所示。

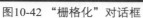

图10-42 "栅格化"对话框　　　图10-43 选择一种"消除锯齿"方法

● 无：选择该选项，对文字对象应用"消除锯齿"，并在栅格化时保持文字的粗糙边缘。

● 优化图稿：选择该选项，为图形图像应用最适合的"消除锯齿"。画板中的文字将不会受此操作影响。

● 优化文字：选择该选项，为文字对象应用最适合的"消除锯齿"。

在栅格化文字对象的过程中应用了"消除锯齿"，虽然可以减少文字的锯齿边缘，并使文字具有平滑的外观，但是如果文字对象较小的话，应用"消除锯齿"方法后会产生难以辨认的效果。图10-44所示为应用不同"消除锯齿"方法后的栅格化文字效果。

滚滚长江东逝水 ◀——— 无

滚滚长江东逝水 ◀——— 优化图稿

滚滚长江东逝水 ◀——— 优化文字

图10-44 应用不同"消除锯齿"方法后的栅格化文字效果

10.2.7 轮廓化文字

用户在画板上创建文字后，可以将文字转换为轮廓。将文字转化换为轮廓后，可以将其看作普通的路径，也可编辑和处理这些轮廓，还可以避免因字体缺失而无法正确打印所需文本的问题。而且文字转换为轮廓后，仍会保留所有的字体样式和文字格式，如填色、描边和文字装饰等。

选中文字对象，如图10-45所示。执行"文字 > 创建轮廓"命令或按【Shift+Ctrl+O】组合键，即可将选中的文字对象转换为轮廓路径，如图10-46所示。

图10-45 选中文字对象　　　　图10-46 将文字对象转换为轮廓路径

10.2.8　查找/替换字体

当画板中包含了大量文本且文本应用多种字体后，如果需要更改某些文本的字体，可以使用"查找/替换字体"功能快速完成操作。

创建文字对象或者选中现有文字对象，如图10-47所示。执行"文字 > 查找/替换字体"命令，弹出"查找/替换字体"对话框，选中文字使用的所有字体类型都会出现在该对话框中，"查找/替换字体"对话框如图10-48所示。

图10-47 创建文字对象或者选中现有文字　　图10-48 "查找/替换字体"对话框

在对话框中单击想要改变的字体类型，单击"查找"按钮，将选中文字中应用了该字体类型的部分文字，然后设置其参数，单击对话框中的"更改"按钮，即可替换选中文字的字体类型，并且系统会自动选中同类文字的下一部分文字，如图10-49所示。

替换完成后，单击对话框中的"全部更改"按钮，即可替换文本中所有应用了该字体类型的文字，操作完成后自动选中全部文本，如图10-50所示。

图10-49 替换部分文字类型　　　　图10-50 操作完成后自动选中全部文本

Tips

使用"查找/替换字体"命令更改文字的字体类型时，被更改文字的字体颜色和大小等属性不会改变。

10.3 管理文字区域

在Illustrator CC中，不管是点状文字、区域文字还是路径文字，都可以使用不同的方式调整其文本的大小。接下来讲解如何管理文字区域，包括调整文字区域的大小、更改文字区域的边距、为区域文字设置分栏、串接文本及文本绕排等。

 调整文字区域的大小

根据用户创建的文本类型，选择不同的方式调整文本大小。因为点状文字在编写过程中没有数量限制，所以点状文字一般通过手动换行来调整文本区域的大小。

应用案例　　调整文本框大小

源文件：无　　　　　　视频：视频\第10章\调整文本框大小.mp4

STEP 01 在使用"区域文字工具"创建区域文本的过程中，用户可以通过调整文本框的轮廓外观，改变文本的排列布局。使用"直接选择工具"将光标移至锚点上单击并拖曳鼠标，调整锚点的位置和圆角值，可以改变文本框的外观，改变后的文字会自动调整位置，如图10-51所示。

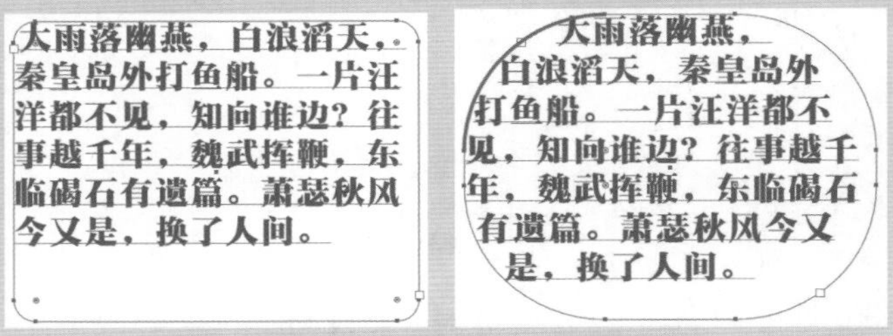

图10-51 调整区域文字的外观

STEP 02 使用"选择工具"调整文本框的大小时，文本框中的文字会随着区域宽度和高度的改变，自动改变每行的文字数量。而使用"选择工具"调整文本框的角度时，文字的摆放也会随之改变，如图10-52所示。

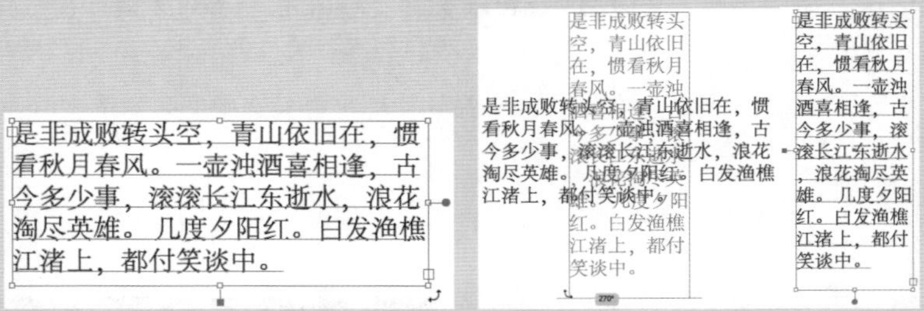

图10-52 调整文本框

STEP 03 使用"选择工具"调整包含文本的路径大小时，文本的大小也会随之改变，如图10-53所示。

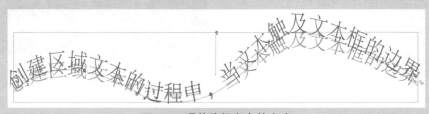

图10-53 调整路径文字的大小

10.3.2　更改文字区域的边距

在Illustrator CC中创建区域文字时，用户可以控制文本和边框路径之间的边距，该边距被称为"内边距"。

在画板中添加区域文字后，使用"选择工具"选中区域文字，如图10-54所示。执行"文字 > 区域文字选项"命令，弹出"区域文字选项"对话框，设置"内边距"参数，如图10-55所示。单击"确定"按钮，文本框的边距效果如图10-56所示。

图10-54 选中文字　　　　图10-55 设置"内边距"选项参数　　　　图10-56 边距效果

应用案例

调整"首行基线偏移"

源文件：无　　　　视频：视频\第10章\调整"首行基线偏移".mp4

STEP 01 区域文字中首行文字与边框顶部的对齐方式被称为"首行基线偏移"，用户可以通过调整"首行基线偏移"参数，使区域文字中的首行文字紧贴文本框顶部，或者使两者之间间隔一段距离。

STEP 02 使用"选择工具"选中区域文字，执行"文字 > 区域文字选项"命令，弹出"区域文字选项"对话框，设置"首行基线"参数，如图10-57所示，单击"确定"按钮。图10-58所示为设置"首行基线偏移"前后的对比效果。

图10-57 设置参数　　　　图10-58 设置"首行基线偏移"前后的对比效果

STEP 03 单击"区域文字选项"对话框中的"首行基线"选项，打开如图10-59所示的下拉列表框。选择任一选项，在"最小值"文本框中输入具体数值，完成设置。

 字母上缘：选择该选项，文本中字符"d"的高度下降至文本框顶部之下。

图10-59 "首行基线"下拉列表框

● 大写字母高度：选择该选项，文本中大写字母的顶部与文本框顶部直接接触。

● 行距：选择该选项，文本的行距值将作为文本首行基线和文本框顶部之间的距离。

● x高度：选择该选项，文本中字符"x"的高度下降至文本框顶部之下。

● 全角字框高度：亚洲字体中全角字框的顶部与

文本框顶部直接接触。无论是否设置了"显示亚洲文字选项"，此选项均可用。

● 固定：选择该选项，可以在"最小值"文本框中指定文本首行基线与文本框顶部之间的距离。

● 旧版：使用在Adobe Illustrator 10 版本或更早版本中使用的第一个基线默认值。

10.3.3 为区域文字设置分栏

用户在创建区域文字的过程中，可以在"区域文字选项"对话框中设置文本的行数量和列数量，从而实现分栏效果。

使用"文字工具"在画板中创建文本框并输入文字，适当调整区域文字的大小和首行左缩进等参数，如图10-60所示。

使用"选择工具"选中区域文字，单击"属性"面板中"区域文字"选项组右下角的"更多选项"按钮██，即可打开"区域文字选项"对话框，设置"列"选项下的各项参数，如图10-61所示。单击"确定"按钮，分栏效果如图10-62所示。

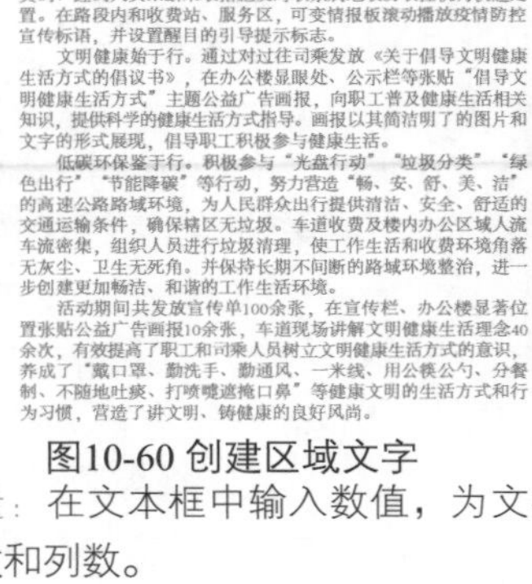

图10-60 创建区域文字　　　　图10-61 设置参数 　　　　图10-62 分栏效果

● 数量：在文本框中输入数值，为文字对象指定行数和列数。

● 跨距：在文本框中输入数值，为文字对象指定单行高度和单列宽度。

● 固定：该复选框用以确定调整文字区域大小时行高和列宽的变化情况。选择该复选框后，如

果调整区域大小，只会更改行数和栏数，而不会改变其高度和宽度，如图10-63所示。如果想要行高和列宽随文字区域的大小而变化，则需要取消选择该复选框，如图10-64所示。

● 间距：在文本框中输入数值，为文字对象指定行间距或列间距。

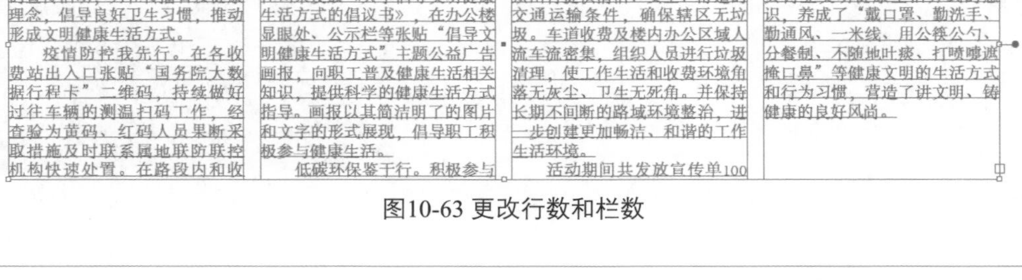

图10-63 更改行数和栏数

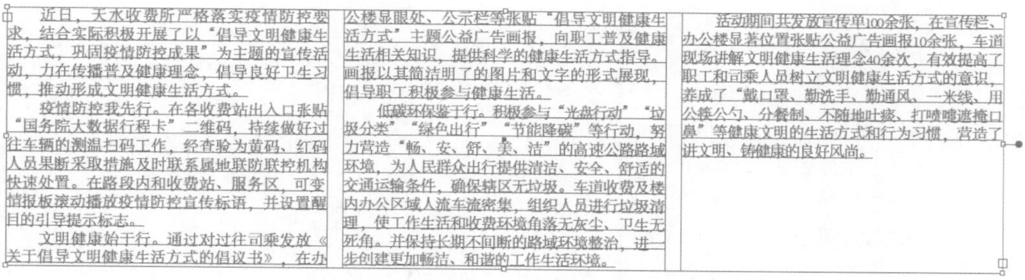

图10-64 行高和宽随文字区域而改变

10.3.4　串接文本

如果当前文本框容量或路径范围不能显示所有文字，可以通过链接文本的方式将文字导至其他文本框中或路径上。只有区域文字或路径文字可以创建串接文本，直接输入的点文字无法进行串接。

串接文本是将一个区域中的文字和另一个区域中的文字连接起来，使两个或多个文本之间保持链接关系。

应用案例

建立、中断、释放和移去串接文本

源文件：无　　　　视频：视频\第10章\建立、中断、释放和移去串接文本.mp4

STEP 01 使用"选择工具"选中两个或多个区域文本，如图10-65所示。执行"文字＞串接文本＞建立"命令，可将选中的多个区域文本转换为串接文本，如图10-66所示。

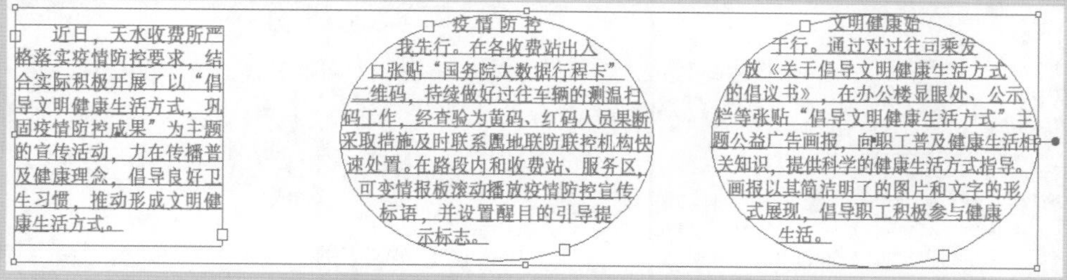

图10-65 选中两个或多个区域文本

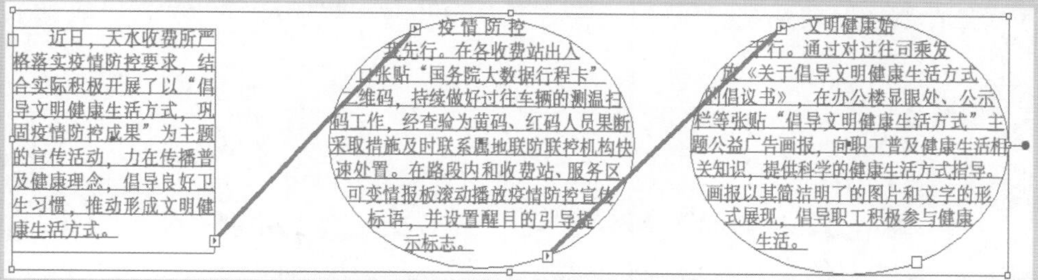

图10-66 将选中的多个区域文本转换为串接文本

STEP 02 当画板中出现溢流文本时，用户也可以使用串接文本的方式快速显示隐藏文本。使用"选择工具"单击文本框区域尾部的⊞标识，如图10-67所示。当光标变为▓▓状态时，在想要放置文本的位置处单击，即可将溢流文本串接到另一个对象中，如图10-68所示。

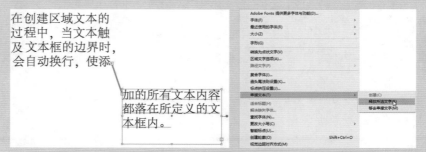

图10-67 单击尾部的 ⊞ 标识　　　　　　图10-68 串接溢流文本

STEP 03 如果用户想要中断文字对象之间的串接，首先需要选择带有链接的文字对象，然后将光标移至连接线的任意端点处，当光标变为 状态时，双击串接任一端的连接点，串接文本将会排列到第一个文本对象中。

STEP 04 创建了串接文本后，还可以释放串接文本或移去串接文本。释放串接文本是将所选链接文本重新排列到原始的溢流文本中，而移去串接文本则是删除文本链接的同时保留文本区域。

STEP 05 使用"选择工具"选中想要释放的串接文本，如图10-69所示。执行"文字 > 串接文字 > 释放所选文字"命令，如图10-70所示，即可释放串接文本。

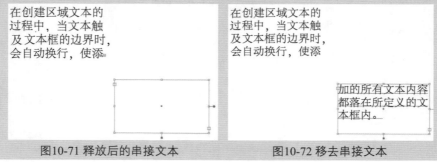

图10-69 选中串接文本　　　　　　图10-70 执行"释放所选文字"命令

STEP 06 释放后的串接文本重新返回到原始的溢流文本中，如图10-71所示。执行"编辑 > 还原"命令，将溢流文本还原到没有释放串接文本之前。使用"选择工具"选中想要移去的串接文本，执行"文字 > 串接文字 > 移去串接文字"命令，如图10-72所示。

图10-71 释放后的串接文本　　　　　　图10-72 移去串接文本

 10.3.5 文本绕排

在排版设计中，经常会用到文本绕排效果，所以Illustrator CC为广大用户提供了一个非常强大的功能，即可以将文本绕排在任何对象上，方便用户更快、更好地完成文字排版工作。

如果围绕的对象是位图图像，则文字会沿不透明或半透明的像素排列文本，并完全忽略透明像素。由于Illustrator CC中的文本绕排是由对象排列顺序决定的，因此文本所要围绕的对象和文字必须满足下列3个条件，才能够实现文本绕排效果。

● 用于绕排的文字必须是区域文字。

● 用于绕排的文字与围绕对象位于相同的图层中。

● 用于绕排的文字在图层层次结构中位于围绕对象的下方。

 Tips

如果图层中包含多个文字对象，用户要将不希望绕排的文字对象转移到其他图层中或者围绕对象的上方。

● 建立文本绕排

如果想要实现文本绕排效果，首先需要将文本对象排列在围绕对象的下方，再使用"选择工具"选中一个或多个围绕对象，如图10-73所示。执行"对象 > 文本绕排 > 建立"命令，即可建立文本绕排，绕排效果如图10-74所示。

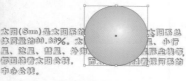

图10-73 排列顺序并选中要绕排的对象　　　　图10-74 绕排效果

● 设置绕排选项

用户可以在绕排文本之前或之后设置绕排选项。使用"选择工具"选中要绕排的对象，执行"对象 > 文本绕排 > 文本绕排选项"命令，弹出"文本绕排选项"对话框，如图10-75所示。在该对话框中设置"位移"选项，完成后单击"确定"按钮。

● 位移：在文本框中输入数值，为文本绕排指定文本和围绕对象之间的距离。用户既可以输入正值也可以输入负值。

图10-75 "文本绕排选项"对话框

● 反向绕排：选择该复选框，围绕对象反向绕排文本。

● 释放文本绕排

使用"选择工具"选中一个或多个围绕对象后，执行"对象 > 文本绕排 > 释放"命令，即可释放文本绕排。

 10.3.6 ## 适合标题

想要标题对齐区域两端时，使用任一文字工具单击区域文字中的段落，执行"文字 > 适合标题"命令，即可完成使标题适合文字区域宽度的操作，如图10-76所示。

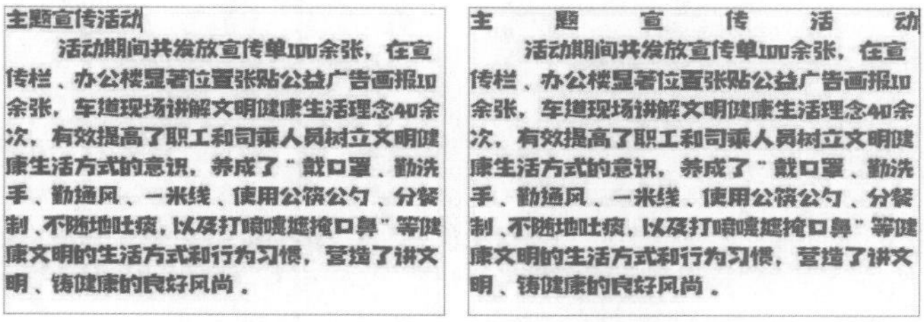

图10-76 使标题适合文字区域宽度

Tips

如果用户更改了区域文字的文字格式，需要重新执行"适合标题"命令，才能匹配之前的操作。

10.3.7 使文字与对象对齐

如果想要根据实际字形的边界而不是字体度量值对齐文本，可以执行"效果 > 路径 > 轮廓化对象"命令，如图10-77所示。

也可以打开"对齐"面板，选择面板菜单中的"使用预览边界"命令，如图10-78所示，设置对齐面板的同时使用预览边界功能。应用这些设置后，文本对象可以获得与"轮廓化对象"相同的对齐方式，同时还可以灵活处理文本。

图10-77 执行"轮廓化对象"命令

图10-78 选择"使用预览边界"选项

【10.4 编辑路径文字

创建路径文字后，还可以对其进行调整，例如，可以沿路径移动或翻转文字，也可以应用路径文字效果、调整文字对齐路径的方式，以及调整尖锐转角处的字符间距等。

10.4.1 移动路径文字

使用"选择工具"选中路径文字，路径的起点、终点及起点与终点之间的中点都会出现标记，如图10-79所示。

将光标置于起点标记或终点标记处，当光标转变为 或 状态后，需要沿路径向左侧或右侧拖曳标记，如图10-80所示。释放鼠标键后即可完成移动路径文字的操作，移动时可以按住【Ctrl】键以防止文字翻转到路径的另一侧。

图10-79 出现标记　　　　　　　　　图10-80 拖曳标记

应用案例

翻转路径文字

源文件：无　　　　　　　　　　视频：视频\第10章\翻转路径文字.mp4

STEP 01 单击工具箱中的"选择工具"按钮，单击想要翻转的路径文字，将光标置于文字对象的起点标记、中点标记或终点标记上，当光标转变为 ┣、┣ 或 ┸ 状态，向上或向下拖曳鼠标，释放光标即可完成翻转路径文字的操作，如图10-81所示。

图10-81 翻转路径文字

STEP 02 执行"文字 > 路径文字 > 路径文字选项"命令，在弹出的"路径文字选项"对话框中选择"翻转"复选框，单击"确定"按钮，也可以完成翻转路径文字的操作。如果用户想在不改变文字方向的前提下使路径上的文字翻转到路径的另一侧，可以在"字符"面板的"设置基线偏移"选项中进行调整。

STEP 03 使用文字工具在路径上填充占位符文本或选中现有路径文字，如图10-82所示。打开"字符"面板，调整"设置基线偏移"参数，完成后路径文字将翻转到路径的另一侧，如图10-83所示。

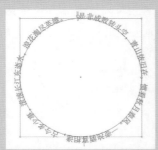

图10-82 创建或选中路径文字　　　　图10-83 设置参数后文字翻转

10.4.2　对路径文字应用效果

Illustrator CC提供了"彩虹效果""倾斜效果""3D带状效果""阶梯效果""重力效果"5种路径文字效果，在使用"路径文字效果"时，会沿着路径方向扭曲字符。

应用案例

为路径文字应用效果

源文件：无　　　　　　　　　　视频：视频\第10章\为路径文字应用效果.mp4

STEP 01 创建路径文字或选中现有路径文字，执行"文字 > 路径文字"命令，打开如图10-84所示的子菜单。然后从子菜单中选择一种效果，为路径文字应用该种效果。图10-85所示为应用不同效果的路径文字。

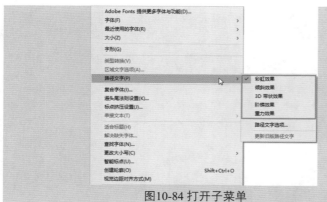

图10-84 打开子菜单　　　　图10-85 应用不同效果的路径文字

执行"文字＞路径文字＞路径文字选项"命令，弹出"路径文字选项"对话框，在"效果"选项中选择一个下拉列表框，如图10-86所示。完成后单击"确定"按钮，也可完成为路径文字应用效果的操作。

图10-86 "效果"下拉列表框

 路径文字的垂直对齐方式

Illustrator CC为用户提供了"字母上缘""字母下缘""居中""基线"4种路径文字的垂直对齐方式。

选中文字对象，执行"文字＞路径文字＞路径文字选项"命令，弹出"路径文字选项"对话框，在"对齐路径"下拉列表框中选择一个选项，用以指定将所有字符如何对齐到路径（相对字体的整体高度），如图10-87所示。

图10-87 "对齐路径"下拉列表框

　边缘对齐。

● 字母下缘：选择该选项，路径文字将沿字体下边缘对齐。

● 居中：选择该选项，路径文字将沿字体字母上、下边缘间的中心点对齐。

● 基线：选择该选项，路径文字将沿基线对齐。这是默认设置。

● 字母上缘：选择该选项，路径文字将沿字体上

 无上缘、无下缘和无基线的文本如何垂直对齐？

无上缘、无下缘（如字母 e）或无基线（如省略号）的字符，将与具有上缘、下缘和基线的字符垂直对齐。这些字体大小都是由字体设计人员指定的且固定不变。

 Tips

要想更好地控制垂直对齐方式，可以使用"字符"面板中的"设置基线偏移"选项。例如，在"设置基线偏移"文本框中输入一个负值，可以降低文字的对齐高度。

 设置路径文字的间距

当字符围绕尖锐曲线或锐角排列时，因为突出展开的关系，字符间可能会出现额外的间距。此时，用户可以通过调整"路径文字选项"对话框中的"间距"选项，缩小或删除曲线上字符间不必要的间距。

创建路径文字或选中现有路径文字，如图10-88所示，执行"文字＞路径文字＞路径文字选项"命令，弹出"路径文字选项"对话框。在"间距"文本框内，以点为单位输入一个值。设置较高的值，可

消除锐利曲线或锐角处字符间的不必要间距，如图10-89所示。

图10-88 创建路径文字或选中现有路径文字　图10-89 消除锐利曲线或锐角处字符间的不必要间距

 应用文字样式

在Illustrator CC中，可以为选中的文字和段落应用相应的样式效果，使得文字和段落的结构更加多样化，并增加图稿整体的美观度。接下来为用户详细介绍如何在文本中应用样式、编辑样式、载入样式及删除样式等操作。

10.5.1 使用"字符样式"面板和"段落样式"面板

"字符样式"是许多字符格式属性的集合，可应用于选中的文本范围。"段落样式"包括字符和段落格式属性，可应用于选中的段落文本，也可应用于段落范围。

 Tips

使用"字符样式""段落样式"可节省时间，还可确保格式的一致性。

可以使用"字符样式"面板、"段落样式"面板创建、应用和管理字符和段落样式。要应用样式，只需选中文本并在其中的一个面板中单击样式名称即可。如果未选中任何文本，则会将样式应用于创建新的文本上。

如果想要使用"字符样式"，执行"窗口 > 文字 > 字符样式"命令，打开"字符样式"面板，如图10-90所示。选中想要应用"字符样式"的文字内容，在"字符样式"面板中单击要应用的样式名称，即可为文字内容应用选中的"字符样式"。

如果想要使用"段落样式"，执行"窗口 > 文字 > 段落样式"命令，打开"段落样式"面板，如图10-91所示。在画板中选中需要应用样式的段落，再单击"段落样式"面板中的样式名称，即可为文字对象应用选中的"段落样式"。

图10-90 "字符样式"面板　图10-91 "段落样式"面板

 Tips

默认情况下，文档中的每个字符都会被指定为"正常字符样式"，而每个段落都会被指定为"正常段落样式"。这些默认样式是创建其他样式的基础。

在文本对象中选择文本或插入光标时，将会在"字符样式"面板、"段落样式"面板中突出显示现用样式。

10.5.2 删除覆盖样式

为文本对象应用"字符样式"或"段落样式"后，如果"字符样式"面板或"段落样式"面板中样式名称的旁边出现加号，表示该样式具有覆盖样式。此时，可以按住【Alt】键再次单击该样式，即可完整地应用样式，样式后面的加号也会消失。

选中应用样式的文本，单击面板右上角的"面板菜单"按钮，在打开的面板菜单中选择"清除优先选项"命令，即可删除样式覆盖。

如果想要重新定义样式并且还想保留文本的当前外观，至少要选中文本的一个字符，然后从面板菜单中选择"重新定义字符样式"命令，即可完成操作。

如果用户要使用样式来保持格式的一致性，则应该避免使用优先选项。如果用户要一次性快速设置文本格式，这些优先选项便不会造成任何问题。

什么是覆盖样式？

覆盖样式是与样式所定义的属性不匹配的任意格式。每次在"字符"面板或"OpenType"面板中更改设置时，都会为当前字符样式创建覆盖样式；同样，在"段落"面板中更改设置时，也会为当前段落样式创建覆盖样式。

应用案例 新建"字符样式""段落样式"

源文件：无   视频：视频\第10章\新建"字符样式""段落样式".mp4

STEP 01 打开"字符样式"面板，单击面板底部的"创建新样式"按钮 ⊞，弹出"新建字符样式"对话框，如图10-92所示。此时创建字符样式的默认名称为"字符样式1""字符样式2""字符样式3""字符样式4"……用户可以在"样式名称"文本框中输入自己想要的样式名称。

STEP 02 单击对话框中的"基本字符格式""高级字符格式""字符颜色""Open Type功能"等选项，为创建的"字符样式"设置各项参数，如图10-93所示。单击"确定"按钮，确认新建"字符样式"的操作。

图10-92 "新建字符样式"对话框   图10-93 设置各项参数

STEP 03 打开"段落样式"面板，单击面板底部的"创建新样式"按钮 ⊞，弹出"新建段落样式"对话框，如图10-94所示。此时创建段落样式的默认名称为"段落样式1""段落样式2""段落样式3""段落样式4"……用户可以在"样式名称"文本框中输入自己想要的样式名称。

STEP 04 单击对话框中的"基本字符格式""高级字符格式""缩进和间距""Open Type功能"等选项，为创建的"段落样式"设置各项参数，如图10-95所示。单击"确定"按钮，确认新建"段落样式"的操作。

图10-94 "新建段落样式"对话框   图10-95 设置各项参数

10.5.3 "管理字符" "段落样式"

用户在使用"字符样式"或"段落样式"功能的过程中，不仅可以新建样式，还可以对样式进行管理，包括编辑样式、删除样式、复制样式和载入样式等。

● 编辑样式

编辑样式是指用户可以更改默认"字符样式""段落样式"的各项定义参数，也可以调整新建样式的各项定义参数。在更改样式的定义参数时，应用该样式的所有文本都会发生更改，以便与新样式定义匹配。

想要编辑样式，在相应面板中选择需要更改参数的样式，单击面板右上角的"面板菜单"按钮，在打开的面板菜单中选择"字符样式选项"或"段落样式选项"命令，也可以双击样式名称，弹出相应的对话框，在其中设置所需的各项参数。设置完成后，单击"确定"按钮。

● 删除样式

用户在删除"字符样式"或"段落样式"时，使用该样式的文字或段落外观并不会改变，但其格式将不再与任何样式关联。

在"字符样式"面板或"段落样式"面板中选中一个或多个样式名称，单击面板右上角的"面板菜单"按钮，在打开的面板菜单中选择"删除字符样式"或"删除段落样式"命令，如图10-96所示，完成后即可删除选中的样式。

也可以单击面板底部的"删除所选样式"按钮 🗑，还可以将选中的样式拖至面板底部的"删除"按钮上，释放鼠标键后即可删除样式，如图10-97所示。

Tips

要删除所有未使用的样式，可以从面板菜单中选择"选择所有未使用的样式"命令，然后单击"删除"按钮。

图10-96 选择"删除字符样式"命令　　图10-97 删除样式

● 复制样式

复制样式时，首先要在相应面板中选择"字符样式"或"段落样式"的名称，再直接将选中的样式拖至"创建新样式"按钮上，即可完成复制样式的操作，如图10-98所示。

或者单击面板右上角的"面板菜单"按钮，在打开的面板菜单中选择"复制字符样式"或"复制段落样式"命令，如图10-99所示。释放鼠标键即可完成复制选中样式的操作。

图10-98 复制样式　　图10-99 选择"复制字符样式"命令

● 载入样式

如果用户想从其他Illustrator CC文档中载入"字符样式"或"段落样式",可以单击相应面板右上角的"面板菜单"按钮,在打开的面板菜单中选择"载入字符样式"或"载入段落样式"命令,也可以在面板菜单中选择"载入所有样式"命令。

选择选项后,弹出"选择要导入的文件"对话框,选择想要载入的样式文件,如图10-100所示。单击"打开"按钮,载入的"字符样式"或"段落样式"将出现在相应面板上,如图10-101所示。

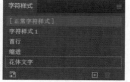

图10-100 选择想要载入的样式文件　　图10-101 载入样式

10.6 文本的导入与导出

在实际工作中,常常要将使用其他软件创建的文本导入Illustrator CC中。于是,Illustrator CC为用户提供了从Word文档、RTF文档和TXT文件中导入文本的功能。同时还提供了将设计文件中的文本导出的功能,该功能便于用户将文本导出应用于其他软件中。

10.6.1 将文本导入新文件中

如果用户想要将文本导入画板中,执行"文件>打开"命令,弹出"打开"对话框,选中需要打开的文本文件,单击"打开"按钮,即可将文本导入新文件中。

10.6.2 将文本导入现有文件中

如果用户想要将文本导入当前文档中,执行"文件>置入"命令或按【Shift+Ctrl+P】组合键,弹出"置入"对话框,选中要导入的文件,单击"置入"按钮,将弹出不同的对话框。

如果置入的是Word文档,单击"置入"按钮,会弹出"Microsoft Word选项"对话框,如图10-102所示。在该对话框中可以选择想要置入的文本内容,也可以选择"移去文本格式"复选框,将其作为纯文本置入。如果置入的是纯文本,单击"置入"按钮,会弹出"文本导入选项"对话框,如图10-103所示。

图10-102 "Microsoft Word选项"对话框　　图10-103 "文件导入选项"对话框

- 编码：平台和字符集用于创建文件。
- 额外回车符：用于确定文件中如何处理额外的回车符。
- 额外空格：如果希望用制作符替换文件中的空格字符串，则选择"替换"复选框，并输入制表符替换的空格数值。

在对话框中设置各项参数，完成后单击"确定"按钮，此时光标变为 状态，在画板中的空白处单击即可将文件中的文本导入画板中，如图10-104所示。而在画板中的形状边缘处单击即可将文件中的文本导入该形状中，如图10-105所示。

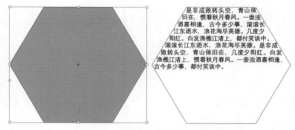

图10-104 将文本导入画板中　　　　图10-105 将文本导入形状中

Tips

使用此种方法导入的文本，导入位置是现有文件，并且将文本导入画板后，文字将以区域文字的形式存在。

应用案例

将文本导出为文本文件

源文件：无　　　　　　　　视频：视频\第10章\将文本导出为文本文件.mp4

STEP 01 选中要导出的文本，执行"文件 > 导出 > 导出为"命令，弹出"导出"对话框，如图10-106所示。

STEP 02 在"导出"对话框中选择文件要导出的位置，选择保存的类型为"文本格式（*.TXT）"，并输入导出文本的名称，完成后单击"导出"按钮，弹出"文本导出选项"对话框，如图10-107所示。

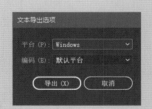

图10-106 "导出"对话框　　　图10-107 "文本导出选项"对话框

STEP 03 用户可以在"文本导出选项"对话框中单击"平台"或"编码"选项，在打开的下拉列表框中选择需要的选项，完成设置后单击"导出"按钮，即可将选中文本导出。

10.7 文字的其他操作

除了前面讲到的功能和操作，Illustrator CC还提供了一些其他与文字有关的操作，包括拼写检查、查找和替换文本、字体预览、智能标点和缺少字体等，这些功能为用户处理文本提供了极大的便利。

10.7.1 拼写检查

llustrator CC为用户提供了两种拼写检查的方法，分别是拼写检查和自动拼写检查。

拼写检查可以将当前文档中存在拼写错误的文本逐一检查出来并显示在对话框中，还会给出相应的修改建议并显示在下方。

自动拼写检查则会实时地检查文本中的错误，检查出来的错误文本将会出现红色下画线，用户选中错误文本并单击鼠标右键，系统会给出修改建议。

Illustrator CC的此项功能主要应用的对象是英文。此外，Illustrator CC还为用户提供了自定义拼写词典的功能。

● 拼写检查

使用文字工具创建文本后，如果用户想要手动检查当前文本是否存在错误，执行"编辑 > 拼写检查"命令或按【Ctrl+I】组合键，弹出"拼写检查"对话框，如图10-108所示。

单击"开始"按钮，开始查找文档中的拼写错误。如果找到文档中的错误文本，"建议单词"栏中会出现建议的单词，如图10-109所示。此时，可以单击对话框中的相应按钮，完成更改、忽略或添加等操作。

图10-108 "拼写检查"对话框　　图10-109 给出建议的单词

● 更改：单击该按钮，可以使用建议的单词替换错误的单词。

● 全部更改：单击该按钮，可以自动更改全部拼写错误的单词。

● 忽略：单击该按钮，系统会忽略当前的错误单词。

● 全部忽略：单击该按钮，系统会忽略文档中的全部错误单词。

● 添加：单击该按钮，可以让Illustrator CC接受未识别的单词，并将其存储在自定义词典中，以便在以后的操作中不再将其判断为拼写错误。

● 完成：单击该按钮，完成拼写检查。

● 自动拼写检查

在创建文本的过程中，执行"编辑 > 拼写检查 > 自动拼写检查"命令，用户之前和之后输入的所有文本，如果存在错误，文本系统会立刻在错误文本下方添加红色下画线，用以提醒用户，错误文本的显示方式如图10-110所示。

使用文字工具选中想要修改的错误文本，单击鼠标右键，弹出包含"全部忽略""添加到词典"等选项的快捷菜单，如图10-111所示。选择一个建议单词或者相应选项，即可完成拼写检查的操作。

图10-110 错误文本的显示方式　　　　图10-111 快捷菜单

● 自定义拼写词典

在使用拼写检查功能的过程中，如果检查出的文本无错误，可以执行"编辑 > 编辑自定词典"命令，弹出"编辑自定词典"对话框，如图10-112所示。在对话框中输入无错误的文本，单击"添加"按钮后再单击"完成"按钮，即可将单词添加到词典中。

如果要从词典中删除单词，选择列表框中的单词，然后单击"删除"按钮。而要修改词典中的单词，需要选择列表框中的单词，然后在"词条"文本框中输入新单词，单击"更改"按钮即可完成操作，如图10-113所示。

图10-112 "编辑自定词典"对话框　　　图10-113 修改词典中的单词

● 为文本指定语言

Illustrator CC具有检查拼写连字的功能。拼写词典中包含数十万条带有标准音节分段的字，用户可以为整篇文档指定一种语言或为选中文本应用一种语言。

如果想为文档中的所有文本应用一种语言，执行"编辑 > 首选项 > 连字"命令，弹出"首选项"对话框，在"默认语言"下拉列表框中选择一个词典选项，然后单击"确定"按钮即可。

如果想为选中文本指定一种语言，打开"字符"面板，在"字符"面板的"语言"选项中选择适当的词典。如果"语言"选项未显示语言菜单，可以从"字符"面板的面板菜单中选择"显示选项"命令。

10.7.2 查找和替换文本

使用Illustrator CC中的"查找和替换"命令，可以帮助用户快速找到文档中需要修改的内容并完成替换。在查找和替换文本之前，要选择查找范围。要查找的对象既可以是文字对象，也可以是整篇文档。

Tips

如果要查找整篇文档，查找前无须选择任何文字对象；如果想要查找文字对象中的部分内容，则查找前选中部分文字对象；如果只需查找某一段文本，则选中这部分文本即可。

使用文字工具创建文字或选中现有文字对象，如图10-114所示。执行"编辑 > 查找和替换"命令，弹出"查找和替换"对话框，如图10-115所示。

图10-114 选中文字对象　　　　　图10-115 "查找和替换"对话框

○ **区分大小写**：选择该复选框，搜索时只搜索大小写，以及与"查找"文本框内文本大小写完全匹配的文本字符串。

○ **全字匹配**：选择该复选框，只搜索与"查找"文本框中文本匹配的完整单词。

○ **向后搜索**：选择该复选框，可以从排列顺序的最下层向最上层进行搜索。

○ **检查隐藏图层**：选择该复选框，搜索范围包含隐藏图层；如果未选择该复选框，搜索时将会忽略隐藏图层中的文本。

○ **检查锁定图层**：选择该复选框，搜索范围包含锁定图层；如果未选择该复选框，搜索时将会忽略锁定图层中的文本。

　　在"查找"文本框中输入要查找的文本，在"替换为"文本框中输入要替换的文本，其他设置如图10-116所示。设置完成后，单击"查找下一个"按钮，找到查看项后，它会在文档中高亮显示，如图10-117所示。

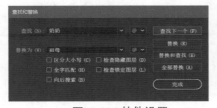

图10-116 其他设置　　　　　图10-117 高亮显示查看项

　　单击"替换"按钮，系统会将查找项文本更换为替换文本，单击"替换和查找"按钮，系统会自动替换文本并查找下一项；单击"全部替换"按钮，文档中的所有查找项都会被更改为替换项。替换完成后，单击"完成"按钮，完成查找和替换。

10.7.3　字体预览

　　使用字体预览功能可以帮助用户找到所需的字体。默认情况下，Illustrator CC的字体预览功能是处于打开状态的，执行"文字 > 字体"命令，在子菜单中可预览当前设备安装的字体；也可以在文字上单击鼠标右键，在弹出的快捷菜单的"字体"命令下预览当前设备安装的字体，如图10-118所示。

图10-118 字体预览

10.7.4 智能标点

用户在进行文字排版时，使用"智能标点"功能可以搜索键盘上的标点字符，同时将其替换为相同的印刷体标点字符。另外，如果字体包括连字符与分数符号，也可以使用"智能标点"命令统一插入连字符与分数符号。

选择要替换的文本或字符，执行"文字 > 智能标点"命令，弹出"智能标点"对话框，如图10-119所示。在"智能标点"对话框中选择自己所需的选项后，单击"确定"按钮，开始搜索并替换文字。

图10-119 "智能标点"对话框

ff，fi，ffi连字：将ff，fi或ffi字母组合转换为连字。

ff，fl，ffl连字：将ff，fl或ffl字母组合转换为连字。

智能引号（""）：将键盘上的直引号转换为弯引号。

全角、半角破折号（－－）：用半角破折号替换两个键盘破折号，用全角破折号替换三个键盘破折号。

省略号（…）：用省略点替换三个键盘句点。

专业分数符号：用同一种分数字符替换用来表示分数的各种字符。

10.7.5 缺少字体

打开Illustrator文档时，如果系统中没有安装文档所使用的字体，会弹出"缺少字体"对话框，如图10-120所示，用以告知用户文件缺少字体并使用已安装的默认字体替代缺少的字体。此时，用户仍然可以打开、编辑和保存文件。

如果缺少字体不影响用户的图稿效果，可以单击对话框中的"关闭"按钮。如果用户想要替换缺失字体的字体类型，单击"查找字体"按钮，弹出"查找字体"对话框，在该对话框中缺少的字体后面会跟随警告标志，如图10-121所示。使用前面讲解过的方法替换应用缺少字体的文本，完成后单击"完成"按钮。

图10-120 "缺少字体"对话框　　图10-121 缺少的字体后面会跟随警告标志

如果用户在"缺少字体"对话框中单击了"关闭"按钮，进入文档窗口后又想将缺少字体替换为其他字体，可以选择缺少字体的文本，然后在"控制"面板或"字符"面板中为其应用其他字体。

如果用户想要在Illustrator CC中使用缺少字体，需要在系统中安装缺少的字体，或者使用字体管理应用程序激活缺少的字体。

如果用户想要用粉红色突出显示被替换的字体，执行"文件 > 文档设置"命令或按【Alt+Ctrl+P】组合键，弹出"文档设置"对话框，如图10-122所示。在该对话框顶部选择"突出显示替代的字形"复选框，单击"确定"按钮，画板中缺少的字体将高亮显示，如图10-123所示。

图10-122 "文档设置"对话框　　　图10-123 高亮显示缺少的字体

10.7.6 特殊字符

除键盘上可看到的字符，字体中还包括许多字符。根据字体的不同，这些字符可能包括连字、分数字、花饰字、装饰字、序数字、标题和文体替代字、上标和下标字符、变高数字和全高数字等。

替代字形是特殊形式的字符。例如，在"Adobe 宋体 Std L"字体中，大写字母A有4种替代形式。Illustrator CC中有3种插入替代字形的方式。

● 可以使用上下文菜单查看和插入适用于所选字符的字形。

● 可以在"字形"面板中查看和插入任何字体中的字形。

● 可以使用"OpenType"面板设置字形的使用规则。例如，可以为选中文本指定使用连字、标题替代字符或分数字等功能。与每次插入一个字形相比，使用"OpenType"面板操作更加简便，并且能够确保获得更加一致的结果，但是该方式的缺点是只能处理OpenType字体。

　● 将字符替换为画板上的替代字形

用户在处理文字对象时，使用文字工具选中某个字符，将光标置于选中字符周围，系统将在字符右下方显示上下文菜单，如图10-124所示。用户可在该菜单中快速查看替代字形，选择某一替代字形即可完成替换字形的操作。

图10-124 替代字形的上下文菜单

 Tips

Illustrator CC 最多可为选定字符显示 5 个替代字形。如果可用的替代字形超过 5 个，Illustrator CC 会在所显示替代字形的右侧显示 ▶ 图标。单击 ▶ 图标可打开"字形"面板，查看更多替代字形。

　● "字形"面板

在Illustrator CC中，用户可以使用"字形"面板查看字体的字形，并在文档中插入替代字形。执行"窗口 > 文字 > 字形"命令，打开"字形"面板，如图10-125所示。默认情况下，"字形"面板显示当前所选字体的所有字形。在该面板中，用户可以在面板底部选择一个不同的字体系列和样式，完成更改字体的操作。

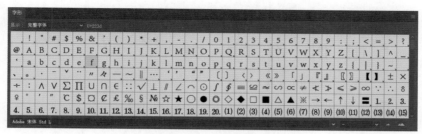

图10-125 "字形"面板

在"字形"面板中选择OpenType字体时，可以从"显示"下拉列表框中选择一种类别，将面板限制为只显示特定类型的字形。用户还可以单击字形框右下角的三角形，显示替代字形的弹出式菜单，如图10-126所示。

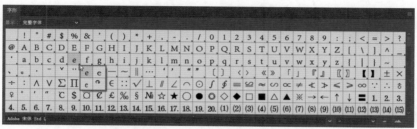

图10-126 显示替代字形的弹出式菜单

如果想要插入字符，需要使用文字工具创建输入点，然后在"字形"面板中双击要插入的字符。而如果要替换字符，需要在"字形"面板的"显示"下拉列表框中选择"当前所选字体的替代字"选项，然后使用文字工具在文档中选择一个字符，双击"字形"面板中想要替代的字形即可。

● "OpenType"面板

在Illustrator CC中，用户可以使用"OpenType"面板指定如何应用OpenType字体中的替代字符。例如，可以为新文本或现有文本指定使用标准连字，执行"窗口 > 文字 > OpenType"命令或按【Alt+Shift+Ctrl+T】组合键，打开"OpenType"面板，如图10-127所示。

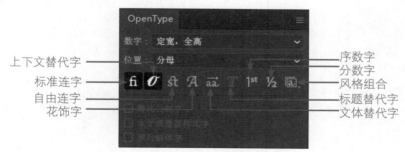

图10-127 "OpenType"面板

Tips

需要注意的是，OpenType 字体提供的功能类型差别较大，并非每种字体都能使用"OpenType"面板中的所有选项，并且用户可以使用"字形"面板查看字体中的字符。

● 标准连字fi/自由连字st：连字是指某些字母在排版印刷时的替换字符。

大多数字体的一些字母对都具有标准连字，如fi、ttf、ffb、ffj、ffh和tti等，如图10-128所示。此外，某些字体中的一些字母对还具有自由连字，如ct、ft和st，如图10-129所示。虽然连字中的字母对似乎已连在一起，但其实它们是可编辑的，而且拼写检查功能也并不会将其标记为错误单词。

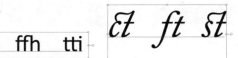

图10-128 标准连字　　　　　　　图10-129 自由连字

🔵 上下文替代字 $\mathcal{O}$：上下文替代字是某些脚本字体中所包含的替代字符，单击"上下文替代字"按钮，可以为文本提供更好的合并行为。

　　使用Caflisch Script Pro字体创建英文文本并且启用"OpenType"面板中的"上下文替代字"选项，单词bloom中的"bl""oo""om"字母对将其合并，合并后单词的视觉效果看起来更像手写字体。图10-130所示为未启用与启用"上下文替代字"选项的文字效果。

bloom　　　*bloom*

图10-130 未启用与启用"上下文替代字"选项的文字效果

 Tips

为文本应用"OpenType"面板中的功能选项前，需要选中应用了 OpenType 字体的文本。如果未选择任何文本，便会应用于用户所创建的新文本。

🔵 花饰字 $\mathcal{A}$：花饰字是指具有夸张花样的字符。单击"花饰字"按钮，启用或禁用花饰字字符。

🔵 文体替代字 $\overline{aa}$：文体替代字是指可创建纯美学效果的风格化字符。单击"文体替代字"按钮，启用或禁用文体替代字。

🔵 标题替代字 $\mathbf{T}$：标题替代字是指专门为大尺寸文本设计的字符，通常为大写。单击"标题替代字"按钮，启用或禁用标题替代字。

🔵 风格组合 🔳：风格组合是一组替代字形，可应用于选定的文本。当用户为文本应用一种风格组合时，该组合中的字形将取代选定文本中的默认字体字形。字体开发人员提供的风格组合的名称会显示在Illustrator CC中的多个位置。对于某些字体，Illustrator CC显示的风格组合名称为"组合 1""组合 2"……可以为特定范围的文本应用多个风格组合。

● 突出显示文本中的替代字形

　　执行"文件 > 文档设置"命令，弹出"文档设置"对话框，选择"突出显示替代的字形"复选框，单击"确定"按钮关闭对话框，画板中的替代字形将突出显示在文本中，如图10-131所示。

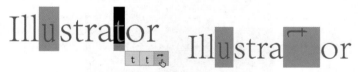

图10-131 突出显示替代字形

● 插入符号、连字符、破折号或引号

　　如果想在画板中插入符号、连字符、破折号或引号等，首先要将输入点放在需要插入字符的位置，执行"文字 > 插入特殊字符"命令，打开包含"符号""连字符和破折号""引号"选项的子菜单。

　　选择"符号"命令，打开符号命令列表，如图10-132所示。选择"连字符和破折号"命令，打开"连字符和破折号"命令列表，如图10-133所示。选择"引号"命令，打开"引号"命令列表，如图10-134所示。

选择命令列表中的相应选项或按相应的组合键，即可在输入点位置插入符号、破折号或引号等特殊字符。

符号(S)
连字符和破折号(H)
引号(Q)
项目符号(B) Alt+8
版权符号(C) Alt+G
省略号(E) Alt+;
段落符号(P) Alt+7
注册商标符号(R) Alt+R
分节符(S) Alt+6
商标符号(T) Alt+2

符号(S)
连字符和破折号(H)
引号(Q)
全角破折号(M) Alt+Shift+-
半角破折号(N) Alt+-
自由连字符(D) Shift+Ctrl+-

符号(S)
连字符和破折号(H)
引号(Q)
左双引号(D) Alt+[
右双引号(R) Alt+Shift+[
左单引号(S) Alt+]
右单引号(Q) Alt+Shift+]

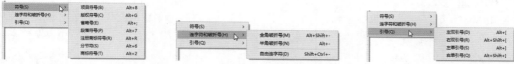

图10-132 “符号”命令列表 图10-133 “连字符和破折号”命令列表 图10-134 “引号”命令列表

● 插入空白字符

将输入点放在想要插入空白字符的位置，执行“文字 > 插入空白字符”命令，打开如图10-135所示的子菜单。在子菜单表中选择相应命令或按相应的组合键，即可在输入点位置插入该选项包含的空白字符。

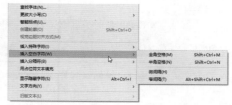

查找字体(N)...
更改大小写(C)
智能标点(U)...
创建轮廓(O) Shift+Ctrl+O
视觉边距对齐方式(M)
插入特殊字符(I)
插入空白字符(W)
插入分隔符(B)
用占位符文本填充
显示隐藏字符(S) Alt+Ctrl+I
文字方向(Y)
旧版文本(L)
全角空格(M) Shift+Ctrl+M
半角空格(N) Shift+Ctrl+N
微间隔(H)
窄间隔(T) Alt+Shift+Ctrl+M

图10-135 “插入空白字符”子菜单

● 插入分隔符

在Illustrator CC中，用户可以在文本对象中插入分隔符，使文本开始新的一行而不是开始新的段落。

将输入点放在想要插入分隔符的文本位置处，执行“文字 > 插入分隔符 > 强制换行符”命令，即可将输入点之后的文本强制换到下一行。也可以在输入点周围单击鼠标右键，在弹出的快捷菜单中选择“插入分隔符 > 强制换行符”命令，如图10-136所示。释放鼠标键后，输入点之后的所有文本也会被强制换到下一行，如图10-137所示。

当应用强制换行符后对文本效果不满意时，用户可以删除分隔符。按【Alt+Ctrl+I】组合键，系统会显示非打印字符。用户可以查看、选择并删除不想要的分隔符。

是非成败转头空，青山依旧在，惯看秋月春风。一壶浊酒喜相逢，古今多少事，滚滚长江东逝水，浪花淘尽英雄。
几度夕阳红。白发渔樵江渚上，都付笑谈中。滚滚长江东逝水，浪花淘尽英雄。是非成败转头空，青山依旧在，几度夕阳红。白发渔樵江渚上，惯看秋月春风。
一壶浊酒喜相逢，古今多少事，都付笑谈中。是非成败转头空，青山依旧在，惯看秋月春风。一壶浊酒喜相逢，古今多少事，滚滚长江东逝水，浪花淘尽英雄。几度夕阳红。白发渔樵江渚上，都付笑谈中。滚滚长江东逝水，浪花

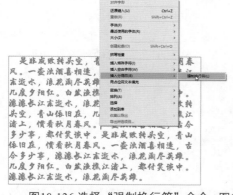

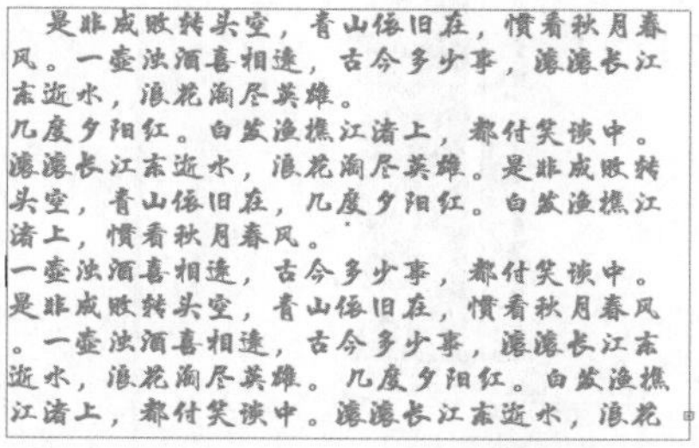

图10-136 选择“强制换行符”命令 图10-137 输入点之后的所有文本被强制换到下一行

● 显示或隐藏非打印字符

非打印字符包括硬回车（换行符）、软回车（换行符）、制表符、空格、不间断空格、全角字符、自由连字符和文本结束字符。

如果要在设置文字格式或编辑文字时显示非打印字符，执行“文字 > 显示隐藏字符”命令或按【Alt+Ctrl+I】组合键即可。执行命令后，文本中的蓝色标记即非打印字符是可见的，如图10-138所示。

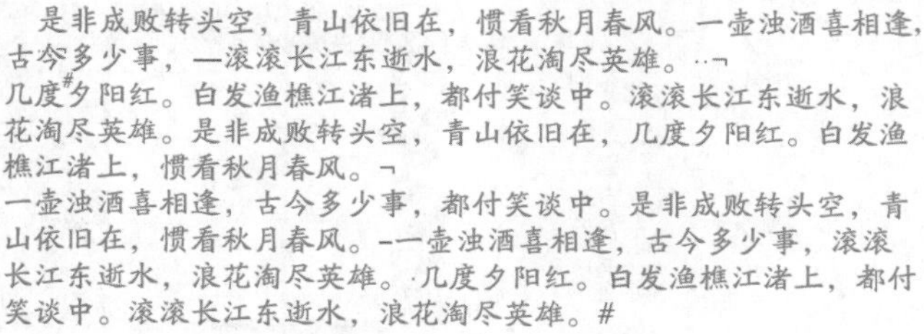

是非成败转头空，青山依旧在，惯看秋月春风。一壶浊酒喜相逢，古今多少事，—滚滚长江东逝水，浪花淘尽英雄。..¬
几度夕阳红。白发渔樵江渚上，都付笑谈中。滚滚长江东逝水，浪花淘尽英雄。是非成败转头空，青山依旧在，几度夕阳红。白发渔樵江渚上，惯看秋月春风。¬
一壶浊酒喜相逢，古今多少事，都付笑谈中。是非成败转头空，青山依旧在，惯看秋月春风。–一壶浊酒喜相逢，古今多少事，滚滚长江东逝水，浪花淘尽英雄。几度夕阳红。白发渔樵江渚上，都付笑谈中。滚滚长江东逝水，浪花淘尽英雄。#

图10-138 显示非打印字符

10.7.7 使用"制表符"面板

在Illustrator CC中，用户可以使用"制表符"面板设置段落或文字对象的制表位。在区域文本中插入输入点，或者选择文字对象（想要为文字对象中所有段落设置制表符定位点）。执行"窗口 > 文字 > 制表符"命令或按【Shift+Ctrl+T】组合键，打开"制表符"面板，如图10-139所示。用户可在"制表符"面板中单击一个制表符对齐按钮，用以指定如何相对于制表符位置对齐文本。

图10-139 "制表符"面板

- 左对齐制表符：单击此按钮，横排文本靠左对齐，右边距会因长度不同而参差不齐。
- 居中对齐制表符：单击此按钮，居中对齐文本。
- 右对齐制表符：单击此按钮，横排文本靠右对齐，左边距会因长度不同而参差不齐。
- 小数点对齐制表符：单击此按钮，文本将与指定字符（如句号或货币符号）对齐。在创建数字列时，此按钮非常有用。
- 将面板置于文本上方：单击此按钮，"制表符"面板将移至选定文本对象的正上方，并且"零点"与左边距对齐。

用户可以根据自己的需要，拖曳面板的左侧或右侧边界用以扩展或缩小标尺。如果选中的文本以垂直方向排列，则单击"制表符"面板中的"将面板置于文本上方"按钮，"制表符"面板如图10-140所示。

- 顶对齐制表符
- 底对齐制表符

图10-140 "制表符"面板

- 顶对齐制表符：单击此按钮，直排文本靠上边缘对齐，下边距会因长度不同而参差不齐。
- 底对齐制表符：单击此按钮，直排文本靠下边缘对齐，上边距会因长度不同而参差不齐。

如果用户想要更改任何制表符的对齐方式，只需选择一个制表符，并单击这些制表符按钮中的任意一个即可。

Tips

需要注意的是，绕转一个不带描边的填充路径比绕转一个描边路径更加快速。

应用案例

使用"制表符"制作日历

源文件：源文件\第10章\10-7-7.ai　　视频：视频\第10章\使用"制表符"制作日历.mp4

STEP 01 执行"文件 > 打开"命令，将素材文件"10-7-7.ai"打开，如图10-141所示。使用"文字工具"在画板中拖曳，创建文本框并输入文字内容，如图10-142所示。

图10-141 打开素材文件

图10-142 创建文本框并输入文字

STEP 02 设置"字符"面板中的文字参数，如图10-143所示。选中文本框，执行"窗口 > 文字 > 制表符"命令，文字效果如图10-144所示。

图10-143 设置文字参数　　　　　　　　　　　　图10-144 文字效果

STEP 03 将光标移至标尺上如图10-145所示的位置，单击添加"制表符"。继续使用相同的方法，在标尺上添加"制表符"，添加完成后的效果如图10-146所示。

图10-145 添加"制表符"　　　图10-146 继续添加"制表符"后的效果

STEP 04 按【Enter】键，调整文字分段如图10-147所示。将光标移至数字"1"前，按【Tab】键，调整文字的位置，如图10-148所示。

```
1
2345678
9101112131415
16171819202122
23242526272829
3031
```

```
                    1
2345678
9101112131415
16171819202122
23242526272829
3031
```

图10-147 调整文字分段　　　图10-148 调整文字的位置

STEP 05 继续使用相同的方法，逐个调整文字的位置，如图10-149所示。拖曳选中周六和周日的文字列，修改填色，完成的日历效果如图10-150所示。使用相同的方法，将其他月份的日历制作出来，效果如图10-151所示。

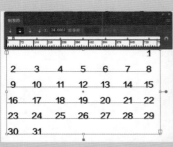

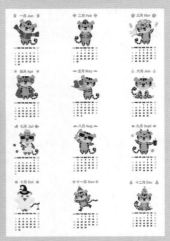

图10-149 逐个调整文字的位置　　　图10-150 完成的日历效果　　　图10-151 日历效果

10.7.8 安装其他字体

当系统提供的字体无法满足设计需要或者需要使用其他特殊字体代替现有字体类型时，用户就需要自己在网络中下载所需字体再进行安装。在设计时经常会使用到特殊字体，因此，把经常使用的特殊字体安装到系统中是非常有必要的。

首先，在网络中寻找并下载自己所需的字体，打开下载字体所在的文件夹，双击需要安装的字体，弹出相应的字体对话框，在对话框中可以预览字体类型，单击"安装"按钮，即可完成安装，如图10-152所示。

也可以将光标置于想要安装的字体上方并单击鼠标右键，在弹出的快捷菜单中选择"安装"命令，如图10-153所示，即可完成字体的安装。

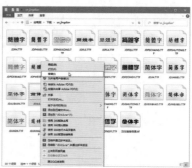

图10-152 单击"安装"按钮完成安装   图10-153 选择"安装"命令

10.8 专家支招

熟练掌握在Illustrator CC中的创建与编辑文本功能，有助于读者轻松便捷地完成文本的排版工作，同时便于学习更多的Illustrator CC 绘制技巧。

10.8.1 使用占位符文本填充文本对象

如果用户不习惯每次创建新文字对象时有占位符文本填充对象，可以停用Illustrator CC在默认情况下用占位符文本填充所有新文字对象的行为。执行"编辑＞首选项＞文字"命令，弹出"首选项"对话框，取消选择"用占位符文本填充新文字对象"复选框即可，如图10-154所示。

图10-154 取消选择"用占位符文本填充新文字对象"复选框

"用占位符文本填充新文字对象"的默认行为停用后，用户仍可以使用占位符文本逐个填充文字对象。

使用文字工具创建文字对象或者选中画板中现有的文字对象，执行"文字 > 用占位符文本填充"命令，如图10-155所示，即可使用占位符文本填充选中对象；也可以在创建文字对象或者选中现有文字对象后，单击鼠标右键并在弹出的快捷菜单中选择"用占位符文本填充"命令，如图10-156所示，系统会用占位符文本填充文字对象。

图10-155 执行"用占位符文本填充"命令　　图10-156 选择"用占位符文本填充"命令

10.8.2　如何在图稿中删除空文本路径

在设计图稿时，删除无意义且无内容的文字对象可让图稿打印更加顺畅，同时还可以减小文件大小。一般情况下，如果用户在绘制图稿的过程中使用一种文字工具在画板区域中创建了文本框、将现有区域文本中的文字内容删除或转移，然后选择了另一种工具，就会形成空文本路径对象。

如果画板区域中存在空文本路径，如图10-157所示，执行"对象 > 路径 > 清理"命令，弹出"清理"对话框，如图10-158所示。选择"空文本路径"复选框，完成后单击"确定"按钮，完成清理空文本路径的操作。

图10-157 空文本路径　　图10-158 "清理"对话框

10.9 总结扩展

Illustrator CC的文字功能是其最强大的功能之一。用户可以在图稿中添加一行文字、创建文本列和行、在形状中或沿路径排列文本，以及将字形用作图形对象。

10.9.1　本章小结

本章主要向用户介绍了Illustrator CC中各种文字工具的使用方法、创建区域文字、设置段落格式、文字样式等各种文字的处理与设置方法，以及导入与导出文字的方法。熟练掌握文字的各种操作和处理方法，可以制作出很多独特的文字效果。

10.9.2 举一反三——使用"路径文字工具"制作标志

源 文 件:	源文件\第10章\10-9-2.ai
视 频:	视频\第10章\使用"路径文字工具"制作标志.mp4
难易程度:	★ ★ ★ ☆ ☆
学习时间:	15分钟

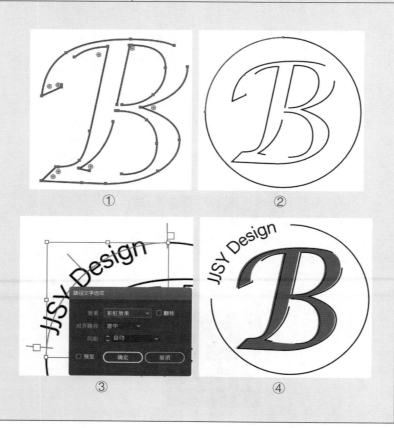

① ② ③ ④

1 使用"文字工具"在画板中输入文字并创建轮廓。使用"直接选择工具"删除局部路径。

2 在画板中绘制只有描边的圆形,使用"直接选择工具"剪切并粘贴到原位。

3 创建路径文字。执行"文字 > 路径文字 > 路径文字选项"命令,设置"对齐路径"为"居中"。

4 在文字底部输入相同的带有底色的文字,完成标志的制作。

第11章 创建与编辑图表

在日常工作和学习中，当用户面对大量数据时，可以将其制作为图表，通过图表可以快速、直观地查看统计数据的变化趋势。Illustrator CC为用户提供了强大的图表功能和丰富的图表类型。

11.1 创建图表

图表可以直观地反映各种统计数据的比较结果，因此在工作中得到广泛应用。使用Illustrator CC可以制作不同类型的图表，包括柱形图表、堆积柱形图表、条形图表、堆积条形图表、折线图表、面积图表、散点图表、饼图表和雷达图表。

单击并按住工具箱中的"柱形图工具"按钮 █▌▌，打开如图11-1所示的图表工具组，使用该工具组可以创建不同类型的图表。

图11-1 图表工具组

> **应用案例**
>
> **使用图表工具创建图表**
>
> 源文件：源文件\第11章\11-1.ai
> 视　频：视频\第11章\使用图表工具创建图表.mp4

STEP 01 单击工具箱中的"柱形图工具"按钮 █▌▌，将光标移至画板中想要放置图表的位置，单击并沿对角线的方向拖曳绘制一个矩形框，如图11-2所示。释放鼠标键后，画板中出现具有单组数据的柱形图，如图11-3所示。

图11-2 绘制一个矩形框

图11-3 柱形图

STEP 02 画板中出现柱形图的同时弹出"图表数据"对话框，如图11-4所示。单击对话框中的一个单元格，在上方的文本框中输入数值，重复该操作直到所有数据全部添加到对话框中，单击对话框右上角的"应用"按钮✓或者按【Enter】键，输入的数据按照规则显示在画板中的图表上，如图11-5所示。

STEP 03 此时，一个基础的图表创建完成。如果不再更改数据，单击对话框右上角的"关闭"按钮，否则"图表数据"对话框将始终保持打开状态。

 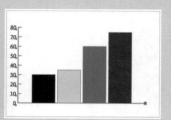

图11-4 "图表数据"对话框　　图11-5 数据显示在图表上

Tips

用户在"图表数据"对话框中输入数据时，输入的图表数据要按规则进行排列，这样画板中的图表才有意义。不同类型的图表，其数据的排列规则会因表现形式的不同而有所变化。

STEP 04 用户也可以使用"柱形图工具"在画板中单击，弹出"图表"对话框，在该对话框中设置图表的"宽度""高度"，"图表"对话框如图11-6所示。

STEP 05 单击"确定"按钮，画板中出现具有单组数据的柱形图并"图表数据"对话框，如图11-7所示。同样在对话框中输入多组不同的数值，并将其应用在图表中，即可完成图表的创建。

 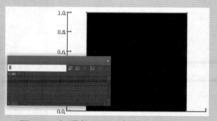

图11-6 "图表"对话框　　图11-7 出现柱形图并弹出对话框

Tips

"图表"对话框中的尺寸针对的是图表的主要部分，并不包括图表的标签和图例部分。

 如何创建其他类型的图表？

上述两种图表创建方式，适用于 Illustrator CC 中的所有图表类型。也就是说，在工具箱中选择任一图表工具，都可以通过上述两种方式完成图表的创建。并且用户前期选择的图表工具类型，决定了后期完成绘制后该图表的类型。

11.1.1　输入图表数据

　　用户可以使用"图表数据"对话框为创建的图表输入数据。在Illustrator CC中使用任一图表工具创建图表时，都会自动显示"图表数据"对话框，如图11-8所示。

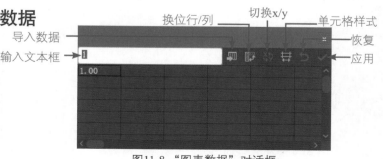

图11-8 "图表数据"对话框

- 输入文本框：在文本框中输入数值，为柱形图添加数据。
- 导入数据：单击该按钮，即可在弹出的"导入图表数据"对话框中选择保存为文本的数据文件，单击"打开"按钮，即可将数据导入对话框。
- 换位行/列：单击该按钮，即可将柱形图中列和行的数据相互切换。图11-9所示为切换柱形图表中行和列的数据。

图11-9 切换柱形图表中行和列的数据

- 切换x/y：单击该按钮，即可切换图表的*x*轴和*y*轴。
- 单元格样式：单击该按钮，弹出"单元格样式"对话框，可在该对话框中设置参数，用于

- 调整单元格的列宽和小数精度。
- 恢复：单击该按钮，单元格数据将恢复为用户最初输入并应用的数值。
- 应用：单击该按钮，为单元格应用当前输入文本框中的数据。

● 在单元格中输入数据

使用"选择工具"选中一个图表，执行"对象 > 图表 > 数据"命令，或者单击鼠标右键，在弹出的快捷菜单中选择"数据"命令，都可以打开"图表数据"对话框。

选择一个单元格，在对话框顶部的文本框中输入数据。按【Tab】键可以输入数据并选择同一行中的下一单元格；按【Enter】键可以输入数据并选择同一列中的下一单元格；使用键盘上的箭头键可以在单元格之间移动。如果需要在不相邻的单元格中输入数据，只需选中相应单元格，再输入数据即可。

● 配合Excel文件输入数据

除了在对话框内逐一为单元格添加数据，用户也可以打开存有数据的Excel文件，选中所需数据后，单击左上角的"复制"按钮或按【Ctrl+C】组合键复制数据，如图11-10所示。当选中的数据处于被绿色虚线框包围的状态时，代表数据已被复制。

复制完成后回到Illustrator CC中激活"图表数据"对话框，单击对话框中的某个单元格，该单元格被定义为初始位置。执行"编辑 > 粘贴"命令或按【Ctrl+V】组合键，可将复制的数据粘贴到对话框中，如图11-11所示。单击"应用"按钮，画板中的图表数据随之发生变化。

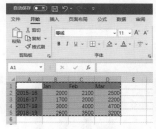 

图11-10 复制所需数据　　**图11-11 粘贴数据**

● 使用"导入数据"输入数据

用户还可以单击"图表数据"对话框中的"导入数据"按钮，为图表添加数据。选中想要开始添加数据的单元格，单击对话框中的"导入数据"按钮，在弹出的"导入图表数据"对话框中选择所需的TXT文件，如图11-12所示。单击"打开"按钮，数据被导入"图表数据"对话框中，如图11-13所示。单击"应用"按钮，画板中的图表数据随之发生变化。

图11-12 在"导入图表数据"对话框中选择文件　　**图11-13 导入数据**

11.1.2 输入标签和类别

在图表中，标签和类别都是由一些词语或数字组成的，分别用于描述图表中要比较的数据组和数据组的所属类别。用户可以在"图表数据"对话框中定义图表的数据组标签和数据组类别，如图11-14所示。

图11-14 定义数据组标签和数据组类别

● 数据组：是指每一行数据或每一列数据。

● 数据组标签：在顶行的单元格中输入一些词语或数字，用于解释说明不同的数据组。该词语或数字成为这一列数据组的标签，而定义的标签会显示在图例中。

● 数据组类别：在左列的单元格中输入一些词语或数字，用于定义数据组的类别。

● 空白单元格：如果要为图表添加图例，对话框左上角的单元格必须为空白状态。

使用"柱形图工具"在画板上绘制矩形框后，打开"图表数据"对话框，按【Delete】键将第1行第1个单元格中的数据删除，即可使创建完整的柱形图（包含图例）。

继续在对话框的顶行单元格中输入词语或数字，为数据组定义标签；在左列单元格中输入词语或数字，为数据组添加数据组类别；再输入相应的数据组，如图11-15所示。

 Tips

图表中的类别通常是时间单位，如年、月或日。这些类别会沿图表的水平轴或垂直轴显示，但是雷达图表不同，它的每个类别都会产生单独的轴。

单击"图表数据"对话框中的"应用"按钮，可以看到图表的变化。单击"关闭"按钮，柱形图效果如图11-16所示。

图11-15 输入数据组

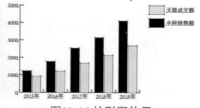

图11-16 柱形图效果

 Tips

如果想要创建只包含数字的标签或标题，必须使用直式双引号将数字引起来。例如，想将 2020 年用作标签或标题，应该在单元格中输入 "2020"。如果想要创建带有换行符的标题或标签，必须使用【竖线】键将每一行分隔开。

11.1.3 为不同的图表输入数据组

在Illustrator CC中，不同类型图表的创建方式和数据组输入方式是相同的，但是因为表现方式和作用不同，使各类型图表在数据组范围上具有一定的差异性。

● 柱形图表

柱形图表是一种常用的图表类型，使用工具箱中的"柱形图工具"可以创建该类图表。这类图表以坐标的方式逐栏显示输入的数据，柱的高度代表所比较的数值；在一个柱形图表中，可以组合显示正值和负值；代表正值数据组的柱形显示在水平轴上方，代表负值数据组的柱形显示在水平轴下方。创建柱形图表后，用户可以直接在图表上读出不同形式的统计数值，如图11-17所示。

● 堆积柱形图表

使用工具箱中的"堆积柱形图工具"可以在画板中创建堆积柱形图表。堆积柱形图表与普通柱形图表类似，但是表现方式不同。堆积柱形图表是将柱形逐一叠加，而不是相互并列，因此这类图表一般用于表示局部与整体的关系。与柱形图表能够同时显示正值与负值不同，堆积柱形图表中的数据组全部为正数或者全部为负数，如图11-18所示。

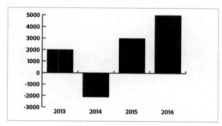

图11-17 柱形图表

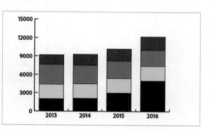

图11-18 堆积柱形图表

● 条形图表

使用工具箱中的"条形图工具"可以完成条形图表的创建。条形图表与柱形图表类似，区别在于该类图表是在水平坐标轴上进行数据比较，即条形图表中的数据组使用横条的长度来表示数值的大小。在一个条形图表中，同样可以组合显示正值和负值；代表正值数据组的条形显示在垂直轴右侧，而代表负值数据组的条形显示在垂直轴左侧，如图11-19所示。

● 堆积条形图表

使用工具箱中的"堆积条形图工具"可以在画板中创建堆积条形图表。堆积条形图表与堆积柱形图表类似，区别在于堆积条形图表使用横向叠加的条形来表示需要比较的数据。堆积条形图表中的数据组必须全部为正数或全部为负数，如图11-20所示。

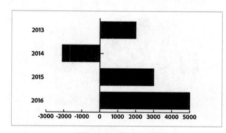

图11-19 条形图表

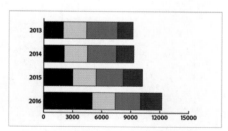

图11-20 堆积条形图表

● 折线图表

使用工具箱中的"折线图工具"可以完成折线图表的创建。折线图表用点表示一组或者多组数据，并用折线将代表同一组数据的所有点进行连接，同时使用不同颜色的折线区分不同的数据组。在折线图表中，可以同时显示正值数据组和负值数据组，如图11-21所示。

● 面积图表

使用工具箱中的"面积图工具"可以完成面积图表的创建，该类图表是在数据产生处和水平坐标相连接的区域内填充不同的颜色，从而体现整体数值的变化趋势，如图11-22所示。

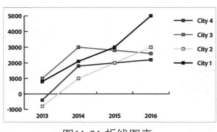

图11-21 折线图表

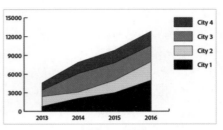

图11-22 面积图表

Tips

在面积图表中，数值必须全部为正数或者全部为负数，并且输入的每个数据行都与面积图上的填充区域相对应。同时，每列的数值都会添加到前面列的总数中，这使得面积图和折线图即使包含相同的数据，但其表现方式也具有明显差异。

● 散点图表

使用工具箱中的"散点图工具"可以在画板中创建散点图表，该类图表与其他类型的图表有所不同。其区别在于散点图表以*x*轴和*y*轴为坐标，使用直线将两组数据交汇处形成的坐标点连接起来，从而反映数据的变化趋势。

创建散点图表后，为了使用户能够更好地理解散点图表，可以取消选择"图表类型"对话框中的"连接数据点"复选框。完成后图表中的连接线将被移除，如图11-23所示。

Tips

散点图表与其他类型图表的不同之处在于，根据两个轴的不同表达对每个数据组进行两次测量，所以数据组没有类别。在"图表数据"对话框中，从第一个单元格开始，沿着顶行且每隔一个单元格中输入数据组标签，这些标签将在图例中显示。

● 饼图表

使用工具箱中的"饼图工具"可以完成饼图表的创建。饼图表的主体部分由一个圆组成，而图表中大小不一的扇形则代表不同的数据组。该类型图表一般用于表示数据所占整体的百分比。

如果只在"图表数据"对话框中输入一行均为正值或均为负值的数据，将创建单一的饼图，如图11-24所示。使用"编组选择工具"选中饼图表上的一组数据，将其拖出一定的距离，可以达到强调的效果。

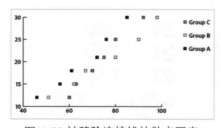

图11-23 被移除连接线的散点图表

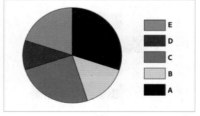

图11-24 饼图表

如何生成多个饼图表？

创建饼图表时，"图表数据"对话框中的每行数据都可以生成单独的图表。在"图表数据"对话框中输入多行均为正值或均为负值的数据组，即可创建多个饼图。默认情况下，单独饼图的大小与每个图表的主体部分成比例。

● 雷达图表

使用工具箱中的"雷达图工具"可以在画板中创建雷达图表，该类型图表主要使用环形显示所要比较的多个数据组。由于较难理解，所以很少使用。

雷达图表的每个数字都被绘制在轴上，并且与相同轴的其他数字进行连接，最终创建出一个

"网"。在一个雷达图表中，同样可以组合显示正值和负值，如图11-25所示。

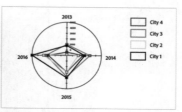

图11-25 雷达图表

11.1.4 调整列宽或小数位数

创建图表时，用户可以在"图表数据"对话框中调整列宽和小数位数。调整列宽后，可以在对话框中的每一个单元格上查看更多或更少的小数位数，这项更改不影响图表样式中的列宽。

● 调整列宽

在绘制图表并为图表输入数据的过程中，"图表数据"对话框为打开状态，单击"单元格样式"按钮 🖳，弹出"单元格样式"对话框，在"列宽度"文本框中输入数值，范围为0～20，如图11-26所示。设置完成后单击"确定"按钮，对话框中每个单元格的列宽调整为相应参数，如图11-27所示。使用此方法调整列宽时，调整对象针对的是全部单元格的列宽。

图11-26 输入数值   图11-27 调整列宽

用户也可以在"图表数据"对话框中，将光标放在想要调整的列边缘，当光标变为"双箭头"状态 ⬌ 时，单击并向左或者向右拖曳鼠标到所需位置，释放鼠标键后即可完成调整列宽的操作，如图11-28所示。使用此方法调整列宽时，调整对象只针对当前单元格的列宽。

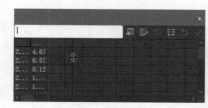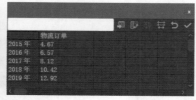

图11-28 调整列宽

● 调整小数位数

保持"图表数据"对话框为打开状态，单击"单元格样式"按钮 🖳，弹出"单元格样式"对话框，在"小数位数"文本框中输入数值，范围为0～10，如图11-29所示。单击"确定"按钮，在对话框中每个单元格内可查看小数位数发生的相应变化，如图11-30所示。

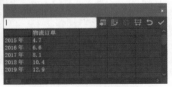

图11-29 输入数值　　　　　　图11-30 查看小数位数

 Tips

单元格"小数位数"选项的默认值为2，即在"图表数据"对话框顶部的文本框中输入数字2000，会在单元格中显示为2000.00。

11.2 组合不同类型的图表

在Illustrator CC中，可以在一个图表中显示多个不同类型的图表。例如，在一个图表中，让一组数据显示为柱形图，而其他数据组显示为折线图，组合图表如图11-31所示。注意，散点图表不能与其他类型的图表进行组合。

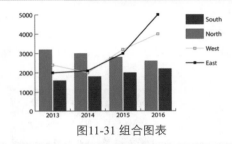

图11-31 组合图表

应用案例　**创建柱形图和折线图组合图表**

源文件：源文件\第11章\11-2.ai　视频：视频\第11章\创建柱形图和折线图组合图表.mp4

STEP 01 将图表置于未选中状态，使用"编组选择工具"双击想要更改类型的数据组或数据组图例，选中图表中的所有同类数据组，如图11-32所示。

STEP 02 执行"对象＞图表＞类型"命令或双击工具箱中的任一图表工具，弹出"图表类型"对话框，如图11-33所示。

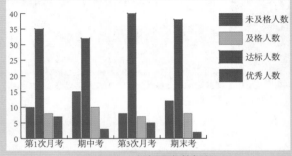

图11-32 选中同类数据组　　　　图11-33 "图表类型"对话框

STEP 03 在"图表类型"对话框中选择所需的图表类型和选项，如图11-34所示。单击"确定"按钮后，柱形图表变为组合图表，如图11-35所示。

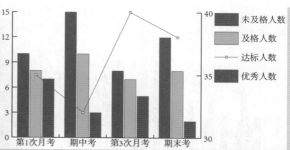

图11-34 选择所需的图表类型和选项　　　　　图11-35 组合图表

 Tips

在一个图表中组合多个图表类型时，可以将一个数据组的数值轴设置在左侧，并将其他数据组的数值轴设置在右侧，这样每个数值轴可以测量不同的数据。但是该方式不适用堆积柱形图表和堆积条形图表，如果强行设置的话，会导致数据组的柱形高度或条形长度发生重叠，最终使阅读图表的用户产生误解。

11.3 设置图表格式和自定图表

创建图表后，用户可以使用多种方法对图表的格式进行设置，这些方法包括修改图表中的数值轴外观和位置、添加投影、移动图例，以及设置图表中的文本格式等。通过修改这些格式，达到调整图表外观的目的。

在Illustrator CC中，图表是一个由多组数据和图例等相关内容构成的编组对象。因此，当取消图表编组后，用户将无法对图表进行恰当的修改。

11.3.1 选择图表部分内容

如果想要编辑图表，首先要在不取消图表编组的情况下，使用"直接选择工具"或"编组选择工具"选择要编辑的部分。

在Illustrator CC中创建图表后，图表的元素彼此间互相关联。如果图表包含图例，那么用户可以将整个图表看作一个编组对象。在这个编组对象中，所有数据组是图表的次组；包含图例的数据组是所有数据组的次组；每个值都是其数据组的次组等。

使用"编组选择工具"单击图表中的某个图例将其选中，在不移动"编组选择工具"的情况下，再次单击该图例，选中图表中的所有相关数据组柱形，如图11-36所示；在选中所有相关数据组后，再次单击该图例，选中图表中的所有数据组柱形及图例；在选中所有数据组和图例的基础上，再次单击该图例，选中整个图表，包括所有数据组、图例、类别轴和数值轴等，如图11-37所示。

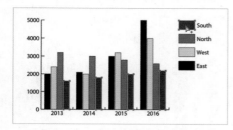　　　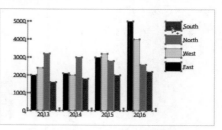

图11-36 双击选中图表部分内容　　　　图11-37 四击选中全部图表

用户也可以使用"编组选择工具"单击图表中的某一数据组柱形，选中该数据组柱形；在此基础上，再次单击该数据组柱形，即可选中图表中的所有同类数据组柱形，如图11-38所示；在选中所有同类数据组柱形的基础下，再次单击该柱形，则选中所有的同类柱形及图例，如图11-39所示。

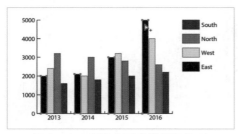

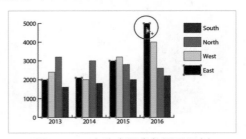

图11-38 双击选中同类数据组柱形　　　　图11-39 三击选中同类柱形及图例

 Tips

在使用"编组选择工具"多次单击图例或数据组的方法选择图表内容时，系统会从选中图表层次的下一个组开始，每次单击都将编组对象的次组图层添加到选中内容中。用户可以按照编组对象的层次数量来单击所选内容，从而将其添加到所选内容中。

按住【Shift】键的同时使用"直接选择工具"单击图表中的选中内容，即可取消选择。

应用案例　更改数据组的外观

源文件：源文件\第11章\11-3-1.ai　　视频：视频\第11章\更改数据组的外观.mp4

STEP 01 单击画板空白处取消柱形图的选中状态，使用"编组选择工具"在黑色的数值轴上单击三次，将图表中所有黑色数值轴选中，如图11-40所示。

STEP 02 打开"颜色"面板，单击"面板菜单"按钮，在打开的面板菜单中选择"RGB（R）"或"CMYK（C）"命令，如图11-41所示。

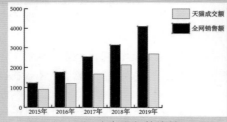

图11-40 选中黑色数值轴　　　　图11-41 设置颜色模式

STEP 03 单击工具箱底部的"填色"颜色块或单击"颜色"面板左上角的"填色"颜色块，弹出"拾色器"对话框，设置颜色值为RGB（230、0、18），单击"确定"按钮，效果如图11-42所示。

STEP 04 打开"属性"面板，用户可以在面板中的"外观"选项组下，为数据组修改填色、描边粗细、描边颜色、不透明度，以及添加一些效果，如图11-43所示。

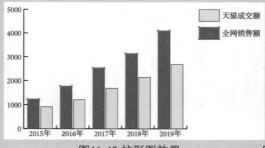

图11-42 柱形图效果　　　　图11-43 修改数值组外观

11.3.2 缩放图表

创建图表或使用"选择工具"选中图表，执行"对象 > 变换 > 缩放"命令，或者双击工具箱中的"比例缩放工具"按钮，弹出"比例缩放"对话框，在对话框中设置缩放的比例数值，如图11-44所示。单击"确定"按钮，完成缩放图表的操作。

选中一个图表，使用"比例缩放工具" 将光标置于图表周围，再单击并拖曳光标到任意位置，拖曳图表对象到所需大小，如图11-45所示。释放鼠标键，完成按比例缩放图表的操作。

图11-44 设置数值

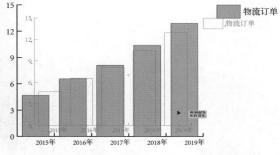

图11-45 拖曳图表对象到所需大小

应用案例　更改数据组的类型

源文件：源文件\第11章\11-3-2.ai　视频：视频\第11章\更改数据组的类型.mp4

STEP 01 使用"选择工具"选中图表，如图11-46所示。打开"属性"面板，单击面板底部的"图表类型"按钮，如图11-47所示。也可以执行"对象 > 图表 > 类型"命令或者双击工具箱中的任一图表工具按钮，打开"图表类型"对话框。

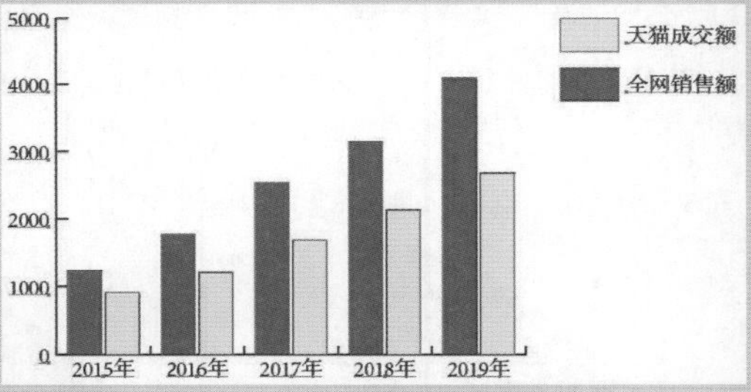

图11-46 选中图表

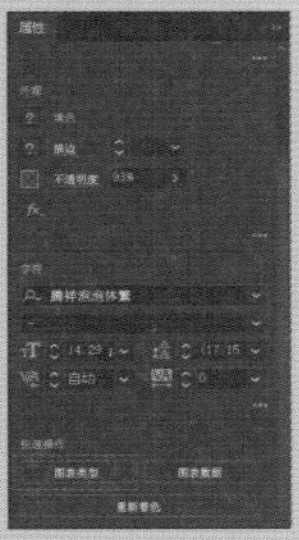

图11-47 单击"图表类型"按钮

STEP 02 在"图表类型"对话框中，单击"类型"选项组中的任意一个图表类型按钮，如图11-48所示。单击"确定"按钮，柱形图表将转换为所选图表类型，如图11-49所示。

图11-48 单击任意一个图表类型按钮

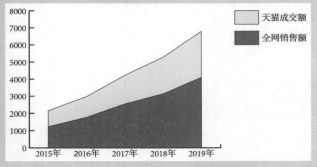

图11-49 转换为所选图表类型

11.3.3 更改图例的位置

默认情况下，Illustrator CC的图表的图例显示在图表右侧。通过设置，用户也可以选择在图表顶部或其他位置显示图例。

● 显示在顶部位置

使用"选择工具"选中一个图表，如图11-50所示。单击"属性"面板底部的"图表类型"按钮，也可以执行"对象 > 图表 > 类型"命令，还可以双击工具箱中的任意一个图表工具按钮，都可以弹出"图表类型"对话框。

在"图表类型"对话框中，选择"在顶部添加图例"复选框，如图11-51所示。单击"确定"按钮，图表的图例显示位置由右侧更改为顶部，如图11-52所示。

图11-50 选中图表　　　图11-51 选择"在顶部添加图例"复选框　图11-52 图例显示在顶部

● 显示在其他位置

将图例显示在图表顶部后，发现第一个图例与垂直数值轴的距离较近，影响整个图表的美观度。此时，用户可以使用"编组选择工具"或键盘上的方向键将图例移至其他位置。

选中要移动的一个或多个图例，使用"编组选择工具"单击并向任意方向拖曳图例，如图11-53所示。将图例拖至想要摆放的位置，释放鼠标键即可完成移动，如图11-54所示。

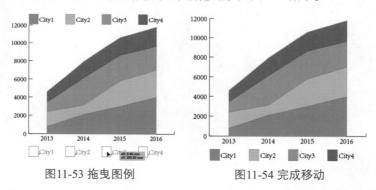

图11-53 拖曳图例　　　　　　图11-54 完成移动

Tips

用户也可以选中想要移动位置的图例，再按键盘上的方向键，当图例移至所需位置后，松开方向键完成移动。

11.3.4 设置数值/类别轴的格式

在Illustrator CC中，除了饼图表，其余类型的图表都会显示测量单位的数值轴，用户可以选择在图表的一侧显示数值轴或者两侧都显示数值轴。并且柱形图表、堆积柱形图表、条形图表、堆积条形图表、折线图表和面积图表还具有在图表中定义数据类别的类别轴。

● 数值轴

使用"选择工具"选中一个图表，单击鼠标右键，在弹出的快捷菜单中选择"类型"命令，如图11-55所示。弹出"图表类型"对话框，单击对话框左上角的选项，在打开的下拉列表框中选择"数值轴"选项，如图11-56所示。

选择完成后，"图表类型"对话框中的参数选项切换为"数值轴"相关选项内容，如图11-57所示。这些选项内容可以帮助用户设置数值轴的刻度线和标签的格式等。

图11-55 选择"类型"命令　图11-56 选择"数值轴"选项　图11-57 "数值轴"相关选项内容

🔘 刻度值：确定数值轴、上轴、下轴、左轴或右轴上刻度线的位置。选择"忽略计算出的值"复选框，可以手动调整最小值、最大值和标签之间的刻度数量。

🔘 刻度线：用以确定刻度线的长度和每个刻度之间的刻度线数量。

● 选择"长度"选项，在打开的下拉列表框中选择一个选项，为刻度线指定长度，不同长度的刻度线如图11-58所示。

● 绘制：在文本框中输入数值，用以指定每个刻度之间的刻度线数量。

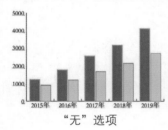 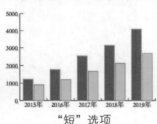 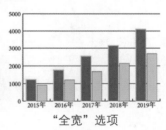

"无"选项　　　　　　　"短"选项　　　　　　"全宽"选项

图11-58 不同长度的刻度线

🔘 添加标签：在文本框中输入符号或单位文字，为数值轴、上轴、下轴、左轴或右轴上的数字指定前缀和后缀。例如，在文本框中输入人民币符号和文字单位，单击"确定"按钮后，将符号和单位添加到轴上，如图11-59所示。

 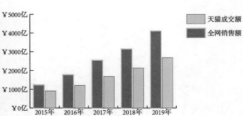

图11-59 为数值轴添加前缀和后缀

● 类别轴

如果想要设置图表的类别轴，首先选中一个图表并打开"图表类型"对话框。单击对话框左上角的选项，并在打开的下拉列表框中选择"类别轴"选项，参数选项切换为相关内容，如图11-60所示。

图11-60 类别轴的参数选项

🔵 刻度线：指定刻度线的长度选项，并为刻度之间指定刻度线数量。

🔵 在标签之间绘制刻度线：选择该复选框，可以在标签或列的任意一侧绘制刻度线；取消选择该复选框，类别轴上的刻度线取消居中显示。

为数值轴指定不同比例

如果一个图表包含多个数据组且数据组有不同的说明释义，则可以为每个数值轴指定不同的数据组，这样可以为每个数值轴生成不同的比例。用户在创建组合图表时，会经常使用此技术。

使用"编组选择工具"选中图表的图例，在不拖曳鼠标移动图例的情况下，再次单击该图例，将相关数值据添加到选中内容中，如图11-61所示。

执行"对象 > 图表 > 类型"命令或者双击工具箱中的任意一个图表工具按钮，打开"图表类型"对话框。单击对话框中的"数值轴"选项，打开如图11-62所示的下拉列表框。选择任意一个选项，单击"确定"按钮，数值轴显示位置发生相应改变，如图11-63所示。

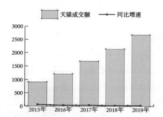

图11-61 将相关数值添加到选中内容中

图11-62 下拉列表框

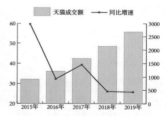

图11-63 调整数值轴的显示位置

设置不同图表的格式

在Illustrator CC中，通过设置列宽、重叠方式和排列方式等参数，能够达到为柱形图表、堆积柱形图表、条形图表和堆积条形图表调整格式的目的；通过设置线段宽度、连接方式和数据点的外观等参数，能够达到为折线图表、散点图表和雷达图表调整格式的目的；为饼图表设置图例的显示方式、排序方式和位置等参数，可以调整其图表格式。

● （堆积）柱形和（堆积）条形图表格式

使用"选择工具"选中一个图表，如图11-64所示。单击鼠标右键，弹出快捷菜单，选择"类型"命令，弹出"图表类型"对话框，如图11-65所示。用户可在对话框下方的"样式""选项"选项组中设置参数，完成后单击"确定"按钮。

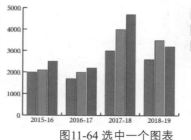

图11-64 选中一个图表　　图11-65 "图表类型"对话框

- 列宽/条形宽度：在文本框中输入数值，用以指定柱形、堆积柱形、条形及堆积条形的宽度，取值范围为1%～1000%，如图11-66所示。

- 簇宽度：在文本框中输入数值，用以指定数据组集与数据组集之间的宽度，取值范围为1%～1000%，如图11-67所示。

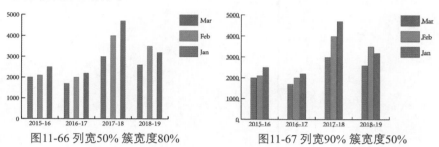

图11-66 列宽50% 簇宽度80%　　　　　图11-67 列宽90% 簇宽度50%

为什么图表中的数据组柱形或数据组条形会变形？

如果输入的数值大于100%，会导致数据组柱形、数据组条形或数据组群集相互重叠；而输入小于100%的数值，数据组柱形、数据组条形或群集数据组之间会存在大量空间。当数值为100%时，会使数据组柱形、数据组条形或数据组群集相互对齐。

- 第一行在前：选择该复选框，设置图表中数据组集的重叠方式。选中柱形图表或条形图表，并且当"簇宽度"大于100%时，该选项的作用非常大，如图11-68所示。

- 第一列在前：选择该复选框，"图表数据"对话框中的第一列数据将显示在数据组集的最前方，当"簇宽度"大于100%时，如图11-69所示。

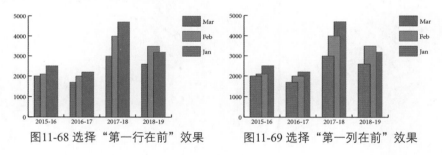

图11-68 选择"第一行在前"效果　　　　图11-69 选择"第一列在前"效果

Tips

如果是面积图表，要始终选择"图表类型"对话框中的"第一列在前"复选框。否则，图表中的某些面积将无法显示。

- 折线、散点和雷达图表格式

选中一个折线图表（或散点图表、雷达图表），如图11-70所示。双击工具箱中的任一图表工具按钮，打开"图表类型"对话框，如图11-71所示。用户可在对话框的"选项"选项组中调整图表中的线段和数据点，完成后单击"确定"按钮。

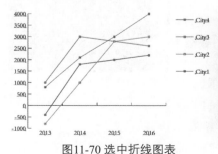

图11-70 选中折线图表　　　图11-71 "图表类型"对话框

● 标记数据点：选择该复选框，系统会为图表中的每个数据点添加方形标记。

● 连接数据点：选择该复选框，图表上的数据组内的数据点之间以线段相连，绘制完成后，可以轻松地查看数据间的关系。图11-72所示为取消选择"连接数据点"复选框后的折线图表效果。

● 线段边到边跨X轴：选择该复选框，系统会沿X轴（水平）从左到右绘制跨越图表的线段，如图11-73所示。但是该选项不适用于散点图表。

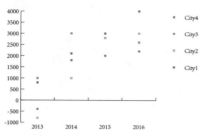

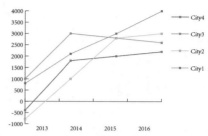

图11-72 取消选择"连接数据点"复选框后的折线图表效果　　图11-73 折线连接到X轴

● 绘制填充线：根据"线宽"文本框中输入的值可创建更宽的线段，并且"绘制填充线"还会根据该系列数据的规范来确定用何种颜色填充线段。但是只有"连接数据点"复选框启用时，此选项才有效。

● 线宽：在文本框中输入数值，为填充线指定宽度。当"绘制填充线"复选框为选中状态时，此文本框才会切换为可用状态。图11-74所示为不同线宽的图表效果。

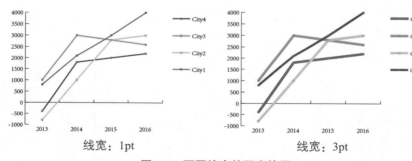

线宽：1pt　　　　　　　　　　　线宽：3pt

图11-74 不同线宽的图表效果

● 饼图表格式

选中一个饼图表，如图11-75所示，执行"对象 > 图表 > 类型"命令，弹出"图表类型"对话框，如图11-76所示。用户可在对话框下方的"选项"选项组中设置参数，完成后单击"确定"按钮。

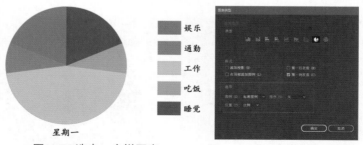

图11-75 选中一个饼图表　　　图11-76 "图表类型"对话框

● 图例：单击该选项，打开包含3个选项的下拉列表框。选择任一选项，图例将以该方式进行显示。

● 无图例：选择该选项，饼图表中将隐藏或忽略图例，如图11-77所示。

● 标准图例：选择该选项，图例将会显示在图表外侧，如图11-78所示。此选项为默认设置。当用户将饼图表与其他类型的图表进行组合时，使用此选项显示图例是比较好的选择。

● 楔形图例：选择该选项，各个图例会嵌入图表上的相应区域，如图11-79所示。

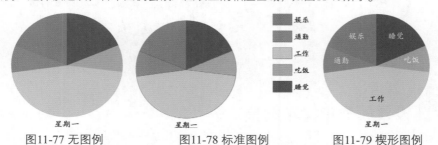

图11-77 无图例　　　　　图11-78 标准图例　　　　　图11-79 楔形图例

● 位置：单击该选项，打开包含3个选项的下拉列表框。选择相应选项，为饼图表指定显示方式。

● 比例：选择该选项，按比例调整图表的大小，此选项为默认选项，如图11-80所示。

● 相等：选择该选项，所有饼图都有相同的直径。

● 堆积：选择该选项，每个饼图相互堆积，每个图表按相互比例调整大小，如图11-81所示。

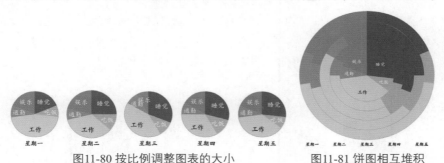

图11-80 按比例调整图表的大小　　　　　图11-81 饼图相互堆积

● 排序：单击该选项，打开包含3个选项的下拉列表框。选择任一选项，可以指定楔形的排序方式。

● 全部：选择该选项，在饼图顶部按顺时针顺序，对所选饼图的楔形从最大值到最小值进行排序，如图11-82所示。

图11-82 选择"全部"选项

● 第一个：选择该选项，对第一幅饼图的楔形进行排序后，选中的其他饼图按照第一幅图表中的楔形顺序进行显示，如图11-83所示。

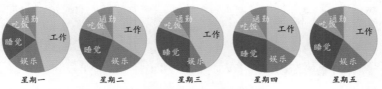

图11-83 选择"第一个"选项

● 无：选择该选项，按顺时针方向，从图表顶部输入值的顺序，对所选饼图的楔形进行排序，如图11-84所示。

图11-84 选择"无"选项

设置图表中文本的格式

用户创建包含类别和图例的图表时，Illustrator CC会使用默认的字体及字体大小生成文本。如果对生成的文本效果不满意，用户可以调整文字格式，达到间接调整图表外观的目的。

应用案例

移动文本并调整文本外观

源文件：源文件\第11章\11-3-7.ai 视频：视频\第11章\移动文本并调整文本外观.mp4

STEP 01 创建包含类别和图例的图表后，使用"编组选择工具"单击选中图表中的文本，选中文本的底部会出现下画线，如图11-85所示。

STEP 02 再次单击选中文本，将选中图表中的所有同类文本，如图11-86所示。

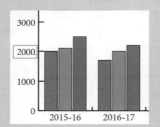

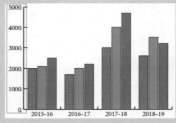

图11-85 选中文本的底部会出现下画线　　图11-86 选中同类文本

STEP 03 选中所需文本后，可以在"控制"面板中调整文本的字体类型、字体大小、字体颜色、对齐方式及不透明度等参数，如图11-87所示。

STEP 04 也可以使用"编组选择工具"向某个方向拖曳移动文本位置，如图11-88所示。

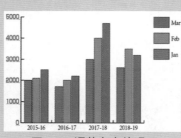

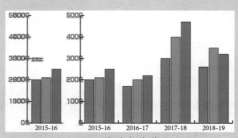

图11-87 调整文本外观　　　　　　图11-88 移动文本位置

11.4 创建和使用图表设计

使用图表设计功能可以将矢量对象或位图图像添加到图表的柱形和标记中。在Illustrator CC中，用户可以创建新的图表设计，并将它们存储在"图表设计"对话框中，还可以使用"图表列"对话框和"图表标记"对话框将选中的柱形或标记替换为自定的图表设计。

创建图表设计时，可以将其设计为简单绘图、徽标或其他符号，也可以设计为包含图案和参考线的复杂对象。

11.4.1 创建柱形设计

使用绘图工具创建一个矩形，用以控制图表设计的边界。创建完成后根据需要为矩形填色（设置填色、描边为无，可隐藏矩形）。再使用任一绘图工具创建设计，或者在矩形上放置现有设计。使用"选择工具"选中整个设计，如图11-89所示。

 Tips

创建图表设计时，底部矩形的作用具有局限性。因此，对于刚刚接触 Illustrator CC 的用户来说，为了更好地理解和掌握知识点，创建的图表设计可以不包含底部矩形。

按【Ctrl+G】组合键将设计编为一组，执行"对象 > 图表 > 设计"命令，弹出"图表设计"对话框，如图11-90所示。用户可在该对话框中将选中对象创建为图表设计，完成后单击"确定"按钮。

● 新建设计：单击"新建设计"按钮，将选中对象创建为新建设计，其效果显示在下方的"预览"框内，默认名称出现在左侧框内，如图11-91所示。

图11-89 选中整个设计　图11-90 "图表设计"对话框

● 选择未使用的设计：单击该按钮后，在对话框左侧的设计列表中，未使用的图表设计变为选中状态，如图11-95所示。

图11-91 新建设计

● 删除设计：单击"删除设计"按钮，可将选中的新建图表设计删除。只有新建图表设计后，该按钮才会变为可用状态。

● 重命名：新建图表设计后，默认的设计名称显示在对话框左侧栏目中。单击"重命名"按钮，弹出"图表设计"对话框，可在"名称"文本框中输入文本，如图11-92所示。单击"确定"按钮，重命名的设计名称将替换默认名称，如图11-93所示。

● 粘贴设计：在"图表设计"对话框中，选择一种图表设计后，单击该按钮，可将该图表设计创建为新的设计并重命名，如图11-94所示。

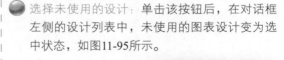

图11-92 重命名　　图11-93 替换默认名称

图11-94 粘贴设计　图11-95 选择未使用的设计

创建用于局部缩放的图表

源文件：源文件\第11章\11-4-1.ai　视频：视频\第11章\创建用于局部缩放的图表.mp4

STEP 01 使用"星形工具""矩形工具"绘制如图11-96所示的图形。使用"钢笔工具"或"直线段工具"绘制一条水平路径，为图表设计定义伸展或压缩的位置，如图11-97所示。

图11-96 绘制图形　图11-97 绘制水平路径

STEP 02 选择水平路径，执行"视图＞参考线＞建立参考线"命令或者按【Ctrl+5】组合键，如图11-98所示。将水平路径定义为参考线。

STEP 03 拖曳选中所有图形，执行"对象＞图表＞设计"命令，弹出"图表设计"对话框，单击"新建设计"按钮，将选中对象定义为图表设计，"图表设计"对话框如图11-99所示。单击"确定"按钮，完成新图表设计。

图11-98 执行"建立参考线"命令　　图11-99 "图表设计"对话框

STEP 04 选中想要应用设计的图表，执行"对象＞图表＞柱形图"命令，在弹出"图表列"对话框中选择新建的图表设计，设置"列类型"为"局部缩放"，"图标列"对话框如图11-100所示。单击"确定"按钮，图表效果如图11-101所示。

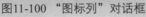

图11-100 "图标列"对话框　　　　图11-101 图表效果

11.4.2　使用柱形设计

创建或导入柱形图表后，使用"编组选择工具"选择图表的部分柱形/条形或者整个图表，如图11-

102所示。执行"对象 > 图表 > 柱形图"命令，弹出"图表列"对话框，如图11-103所示。用户可在该对话框中选择想要替换的柱形设计，完成其他参数的设置后，单击"确定"按钮。

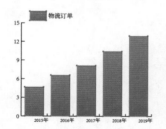

图11-102 选中部分或整个图表　图11-103 "图表列"对话框

● 选取列设计：在列表框中选择一个柱形设计，图表中的柱形将替换为选中设计。

● 列类型：选择一个柱形设计后，该选项为可用状态。单击该选项，打开包含4种缩放类型的下拉列表框，如图11-104所示。选择任一缩放类型，被替换的设计将按照此方式进行缩放调整。

图11-104 下拉列表框

● 垂直缩放：选择该选项，替换后的图表设计沿垂直方向扩展或收缩，缩放后其宽度不会改变，如图11-105所示。

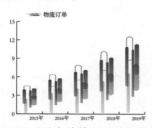

图11-105 "垂直缩放"后的图表效果

● 一致缩放：选择该选项，替换后的图表设计将同时沿水平和垂直方向扩展或收缩。缩放后图表设计之间可能出现不同的水平间距，如图11-106所示。

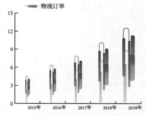

图11-106 "一致缩放"后的图表效果

● 重复堆叠：选择该选项，替换后的图表设计将以堆积的方式填满柱形。

● 局部缩放：选择该选项，替换后的图表设计只扩展或收缩参考线下方的内容，并且替换后的柱形会包含参考线，可以按【Ctrl+;】组合键将参考线隐藏，如图11-107所示。

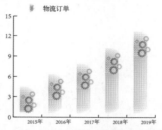

图11-107 "局部缩放"后的图表效果

● 旋转图例设计：选择该复选框，将旋转替换后的图例效果。

● 每个设计表示：在文本框中输入具体数值，用以指定每个图表设计代表的数值。当"列类型"为"重复堆叠"选项时，该选项为可用状态，如图11-108所示。

图11-108 每个设计表示

● 对于分数：当"列类型"为"重复堆叠"选项时，该选项为可用状态。单击该选项，打开包含"截断设计""缩放设计"两个选项的下拉列表框。

选择"截断设计"选项时，使用裁剪方式显示分数字数据，如图11-109所示。选择"缩放设计"选项时，使用压缩方式显示分数字数据，如图11-110所示。

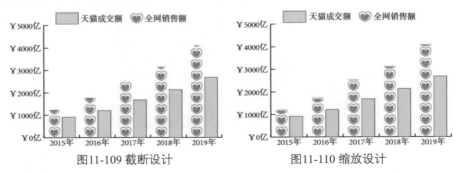

图11-109 截断设计　　　　　　　图11-110 缩放设计

应用案例　在柱形设计中添加总计

源文件：源文件\第11章\11-4-2-1.ai　视频：视频\第11章\在柱形设计中添加总计.mp4

STEP 01 使用绘图工具绘制如图11-111所示的图表。使用"文字工具"在图表底部矩形上添加文字内容，如图11-112所示。

图11-111 绘制图表　　图11-112 添加文字内容

🔊 *Tips*

使用"文字工具"添加的文字内容，其外观属性会采用默认设置。用户可以在"控制"面板或"字符"面板中修改文字的相关属性，使文字内容更加贴合图表。

STEP 02 使用"选择工具"选中整个设计，包括底部矩形、直线段和文字内容，按【Ctrl+G】组合键将其编为一组。使用"编组选择工具"选中直线段，执行"视图 > 参考线 > 建立参考线"命令，效果如图11-113所示。

STEP 03 再次选中整个设计，执行"对象 > 图表 > 设计"命令，在弹出的"图表设计"对话框中单击"新建设计"按钮，将选中对象定义为图表设计并重命名，如图11-114所示，完成后单击"确定"按钮。

图11-113 建立参考线　　图11-114 创建"图表设计"

STEP 04 使用"编组选择工具"选中部分图表或整个图表，执行"对象 > 图表 > 柱形图"命令，弹出"图表列"对话框，设置各项参数，如图11-115所示。单击"确定"按钮，保持参考线为隐藏状态，图表效果如图11-116所示。

 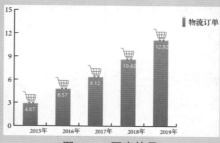

图11-115 设置参数　　　　　　　　图11-116 图表效果

应用案例 创建并使用标记

源文件：源文件\第11章\11-4-2-2.ai　视频：视频\第11章\创建并使用标记.mp4

STEP 01 使用任意绘图工具创建标记设计或者使用现有图稿，使用"选择工具"选中整个标记设计，如图11-117所示。执行"对象 > 图表 > 设计"命令，弹出"图表设计"对话框，单击"新建设计"按钮，将选中对象创建为标记设计。

STEP 02 单击"重命名"按钮，弹出"图表设计"对话框，输入名称，如图11-118所示。单击"确定"按钮，"图表设计"对话框中的标记设计替换为新名称，如图11-119所示。

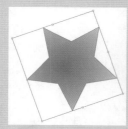

图11-117 选中设计　　　图11-118 输入名称　　　图11-119 替换标记名称

> **Tips**
> 如果标记设计由多个对象组成，需要选中所有标记设计并按【Ctrl+G】组合键将其编为一组。

STEP 03 使用"编组选择工具"选择折线图表或散点图表中的同类标记和图例，不需要选择任何线段。执行"对象 > 图表 > 标记"命令，弹出"图表标记"对话框，选择一个标记设计，如图11-120所示。

STEP 04 单击"确定"按钮，系统会自动缩放此设计，使标记设计与线段或散点图表上的默认正方形标记的大小相同。缩放完成后，图例效果如图11-121所示。图表效果如图11-122所示。

  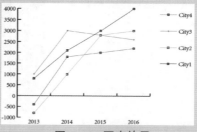

图11-120 选择标记设计　　　图11-121 图例效果　　　图11-122 图表效果

[11.5 专家支招

在学习使用Illustrator CC创建图表的过程中，如果能够掌握如何为图表应用预设图表设计，以及如何为图表添加各种效果，就可以让图表的视觉效果更加丰富。

如何应用预设图表设计

在Illustrator CC中，用户不仅可以创建自定的柱形设计和标记设计，也可以在文档之间转换自定图表设计，同时，Illustrator CC还为用户提供了多种预设图表设计。

执行"窗口＞色板库＞其他库"命令，弹出"打开"对话框，找到相应的文件夹并选择要导入的预设图表设计，单击"打开"按钮，即可在相应的面板上查看预设图表设计。

用户也可以在"打开"对话框中选择另一个文档文件，再单击"打开"按钮，即可将该文档中的图表设计导入当前文档内。

将预设的图表设计导入后，用户可以在"图表列"对话框或"图表标记"对话框中使用这些导入的图表设计。

如何为图表添加效果

Illustrator CC允许用户为图表中的柱形、条形或线段添加投影效果，用户也可以为整个饼图添加投影效果。

使用"选择工具"选中图表，如图11-123所示。执行"对象＞图表＞类型"命令或者双击工具箱中的任一图表工具按钮，打开"图表类型"对话框。选择"添加投影"复选框，单击"确定"按钮，图表效果如图11-124所示。

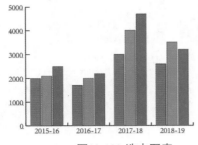

图11-123 选中图表

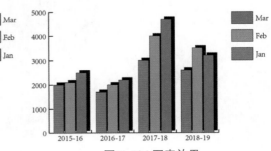

图11-124 图表效果

用户还可以使用"编组选择工具"选中图表中的部分内容或整个图表，执行"效果＞风格化＞投影"命令，弹出"投影"对话框，设置参数如图11-125所示。单击"确定"按钮，即可为选中图表部分添加更加细致、美观的投影效果，如图11-126所示。

图11-125 设置参数

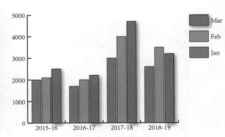

图11-126 投影效果

11.6 总结扩展

本章向用户详细介绍了各种图表工具的使用方法、图表的创建与设计等知识，使用户掌握使用Illustrator CC查看大量数据变化趋势的方法与技巧。

本章小结

本章主要讲解了Illustrator CC中的图表功能。通过本章内容的学习，用户应了解使用Illustrator CC能够制作的图表类型，以及不同类别图表的用途。并且还应掌握设置图表属性和修改图表格式与外观的方法，以及自定义图表设计的方法和技巧。

举一反三——制作立体图表效果

源 文 件：	源文件\第11章\11-6-2.ai
视 频：	视频\第11章\制作立体图表效果.mp4
难易程度：	★ ★ ★ ☆ ☆
学习时间：	15分钟

①

②

③

④

❶ 使用"饼图工具"创建一个饼图表，并取消编组。

❷ 绘制一个圆形，与图表执行"分割"操作并删除中间图形。

❸ 分别为图形指定颜色并取消描边色。

❹ 应用"凸出和斜角"效果，完成立体图表的制作。

第12章 样式、效果和外观

通过为对象应用填色、描边、效果等外观属性，可以实现更加丰富的图形效果。Illustrator CC提供了丰富的图形样式和效果，使用户能够快速而方便地创建令人印象深刻的特殊外观。本章将针对样式效果和外观进行学习，帮助用户快速掌握为图形添加特殊外观的方法和技巧。

12.1 使用效果

Illustrator CC中包含了多种效果，用户可以对某个对象、组或图层应用这些效果，用以改变其特征。在为对象应用效果后，效果会显示在"外观"面板中。在"外观"面板中，可以编辑、移动、复制、删除效果或将效果存储为图形样式的一部分。

12.1.1 "效果"菜单

单击菜单栏中的"效果"按钮，打开"效果"下拉菜单，其上半部分的效果是Illustrator效果，如图12-1所示。在"外观"面板中，只能将这些效果应用于矢量对象，或者为某个位图对象应用填色或描边。上半部分中的"3D"效果、"SVG滤镜"效果、"变形"效果、"扭曲和变换"效果，以及"风格化"效果中的"投影""羽化""内发光""外发光"，可以同时应用于矢量对象和位图对象。

Illustrator CC中"效果"菜单的下半部分是Photoshop效果，用户可以将它们应用于矢量对象或位图对象，如图12-2所示。

图12-1 矢量效果

图12-2 栅格效果

12.1.2 应用效果

如果用户想对一个对象的特定属性（如填充或描边）应用效果，使用"选择工具"在画板中选中对象/组，或者在"图层"面板中定位一个图层，然后在"外观"面板中选择想要改变的属性。

在"效果"菜单中选择任一命令，或者单击"外观"面板底部的"添加新效果"按钮 _fx._，并在打开的效果下拉列表框中选择一种效果。如果弹出对话框，可以根据自己的需要进行设置，完成后单击"确定"按钮，为所选对象添加效果。

如何为对象应用上次添加的效果?

用户想要应用上次使用的效果和设置,执行"效果 > 应用'效果名称'"命令或者按【Shift+Ctrl+E】组合键。而要应用上次使用的效果并设置其选项,可以执行"效果 > '效果名称'"命令或按【Alt+Shift+Ctrl+E】组合键。

12.1.3 栅格效果

Illustrator CC中的栅格效果用于为对象生成像素内容,即删除对象上的矢量数据。栅格效果包括"SVG滤镜"与"效果"菜单下半部分中的所有效果,以及"效果 > 风格化"子菜单中的"投影""羽化""内发光""外发光"命令。使用Illustrator CC中的分辨率独立效果功能,可以完成下列操作。

● 当"文档栅格效果设置"对话框中的"分辨率"选项参数更改时,效果中的参数会解释为其他值,这样做是为了保证效果外观的更改最小或无任何更改。并且新修改的参数值将在"效果"对话框中反映出来。

● 对于有多个参数的效果,Illustrator CC仅重新解释一些与"文档栅格效果设置"对话框中"分辨率"选项相关的参数。

 Tips

如果为对象应用的效果在屏幕中的视觉效果很不错,但打印出来却丢失了一些细节或出现锯齿状边缘,则需要在栅格化文档中提高效果分辨率。

12.1.4 栅格化选项

执行"效果 > 文档栅格效果设置"命令,弹出"文档栅格效果设置"对话框,如图12-3所示。用户可以在该对话框中设置文档的栅格化选项,完成后单击"确定"按钮。

图12-3 "文档栅格效果设置"对话框

● 颜色模型:用于确定在栅格化过程中所用的颜色模型。可以生成CMYK颜色图像、灰度图像或位图图像。

● 分辨率:用于确定栅格化图像的每英寸像素数(ppi)。

● 背景:用于确定矢量图形在栅格化过程中,其透明区域转换为像素的背景类型。选中"白色"单选按钮,可用白色像素填充透明区域;选中"透明"单选按钮,背景将转换

为透明像素。

 Tips

选中"透明"单选按钮后,栅格化过程中还会创建一个Alpha通道。此时,如果文档被导出到Photoshop中,则Alpha通道将被保留(该选项消除锯齿的效果要比"创建剪切蒙版"选项的效果好。)

● 消除锯齿:选择该复选框,用以改善栅格化图像的锯齿边缘效果。如果取消选择该复选框,对象栅格化过程中将保留细小线条和细小文本的尖锐边缘。

● 创建剪切蒙版:选择该复选框,将创建一个使栅格化图像的背景显示为透明的蒙版。如果已经选中"背景"选项下的"透明"单选按钮,则不需要再创建剪切蒙版。

● 添加环绕对象:该选项可以通过指定像素值,为栅格化图像添加边缘填充或边框。结果图像的尺寸等于原始尺寸加上"添加环绕对象"所设置的数值。

● 保留专色:选择该复选框,对象栅格化过程中将保留图稿中的专色。

如何使用"添加环绕对象"选项创建快照效果？

为"添加环绕对象"选项指定一个值，并且选中"背景"选项下的"白色"单选按钮，同时取消选择"创建剪切蒙版"复选框，添加到原始对象上的白色边界成为图像上的可见边框。也可以使用"投影"或"外发光"效果，使原始图稿看起来像照片一样。

应用案例

编辑或删除效果

源文件：无　　　　　　　　　　视频：视频\第12章\编辑或删除效果.mp4

STEP 01 选中应用效果的对象/组，打开"外观"面板，单击面板中具有下画线的效果名称，弹出相应的效果对话框，在对话框中调整所需参数，如图12-4所示，单击"确定"按钮。

STEP 02 在打开的"外观"面板中选中效果，单击"删除"按钮 🗑，或者将效果拖曳至"删除"按钮上，如图12-5所示。

图12-4 调整所需参数　　　　　　　　　　　图12-5 删除效果

12.2　添加Illustrator效果

在Illustrator CC中，"效果"菜单被分成了Illustrator效果和Photoshop效果两大类，其中Illustrator效果又被划分为10组，包括"3D""SVG滤镜""变形""扭曲和变换""栅格化""裁剪标记""路径""路径查找器""转换为形状""风格化"。

12.2.1　3D

在Illustrator CC中，使用"效果"菜单下的"3D"命令可以制作很多新颖、有趣的立体效果。关于"3D"效果请参考本书第9章9.1节的讲解。

12.2.2　SVG滤镜

用于Web的GIF、JPEG、WBMP和PNG位图图像格式，都使用像素网格描述图像。这些格式生成的文件可能会很大，并且局限于较低的分辨率，最终导致这些位图图像在Web上占用大量带宽。

Illustrator CC为了解决这一问题，衍生出了SVG的矢量格式，其将图像描述为形状、路径、文本和滤镜效果，因此生成的文件很小，可在Web、打印机甚至资源有限的手持设备上提供较高品质的图像。

● SVG的优势

由于SVG格式基于XML，因此可同时为开发人员和用户提供许多便利。

①用户制作SVG格式的图像时不会牺牲图像的锐利程度、细节和清晰度，也就是说，用户可在屏幕

上观赏高清的SVG图像。此外，SVG提供对文本和颜色的高级支持，确保用户看到的图像与Illustrator CC画板上所显示的图像是一致的。

②通过SVG效果，用户可以使用XML和JavaScript创建Web图形，图形中包含突出显示、工具提示、音频和动画等复杂效果。

③使用Illustrator CC中的"存储""存储为""存储副本"或"存储为Web和设备所用格式"等命令，即可将图稿存储为SVG格式。如果想要查看导出后SVG格式的完整组合，可以使用"存储""存储为"或"存储副本"命令。

 Tips

Illustrator CC 中的"存储为 Web 和设备所用格式"命令提供了一部分 SVG 导出选项，使用这些选项导出的 SVG 格式图像，适用于 Web 作品。

● 应用SVG滤镜

选中一个对象、组或在"图层"面板中定位一个图层，如果想要应用具有默认设置的SVG滤镜效果，执行"效果＞SVG滤镜"命令，打开如图12-6所示的子菜单，选择一种效果即可。

如果想要应用具有自定设置的效果，执行"效果＞SVG滤镜＞应用SVG滤镜"命令，弹出"应用SVG滤镜"对话框，如图12-7所示。在该对话框中选择某一默认设置，再单击"编辑SVG滤镜"按钮 **fx**，弹出"编辑SVG滤镜"对话框，如图12-8所示。在该对话框中编辑默认代码，完成后单击"确定"按钮。

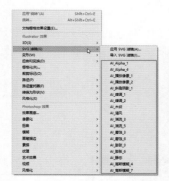  

图12-6 "SVG滤镜"命令子菜单　图12-7 "应用SVG滤镜"对话框　图12-8 "编辑SVG滤镜"对话框

如果想要创建并应用新的SVG滤镜效果，执行"效果＞SVG滤镜＞应用SVG滤镜"命令，在弹出的"应用SVG滤镜"对话框中单击"新建SVG滤镜"按钮 **□**，弹出"编辑SVG滤镜"对话框，如图12-9所示。在对话框中输入新代码，完成后单击"确定"按钮。新建的SVG滤镜出现在"应用SVG滤镜"对话框列表的底部，如图12-10所示。

图12-9 "编辑SVG滤镜"对话框　　图12-10 新建的SVG滤镜

为对象应用 SVG 滤镜效果时，Illustrator CC 会在画板上显示栅格化版本的效果。可以通过修改文档的"栅格化分辨率"选项来控制此预览图像的分辨率。

● 从SVG文件导入效果

执行"效果 > SVG滤镜 > 导入SVG滤镜"命令，弹出"选择SVG文件"对话框，如图12-11所示。从对话框中选择想要导入的SVG效果文件，再单击"打开"按钮，弹出"导入状态"对话框，如图12-12所示。阅读对话框中的文字信息，完成后单击"确定"按钮，导入的SVG滤镜效果位于"SVG滤镜"命令子菜单的底部，如图12-13所示。

图12-11 "选择SVG文件"对话框　图12-12 "导入状态"对话框　图12-13 导入的SVG滤镜

● "SVG交互"面板

执行"窗口 > SVG交互"命令，打开"SVG交互"面板，如图12-14所示，用户可以通过此面板将交互内容添加到图稿中，也可以使用"SVG交互"面板查看与当前文件相关联的所有事件和JavaScript文件。

如果用户想要使用"SVG交互"面板删除一个事件，需要选中该事件，再单击"删除"按钮 🔟，或者选择面板菜单中的"删除事件"命令，如图12-15所示。如果想要删除"SVG交互"面板中的所有事件，只需选择面板菜单中的"清除事件"命令即可。

图12-14 "SVG交互"面板　　图12-15 选择"删除事件"命令

单击"SVG交互"面板底部的"链接JavaScript文件"按钮 📁，或者选择面板菜单中的"JavaScript文件"命令，都可以打开"JavaScript文件"对话框，如图12-16所示。再单击"JavaScript文件"对话框左下角的"添加"按钮，弹出"添加JavaScript文件"对话框，如图12-17所示。

图12-16 "JavaScript文件"对话框　图12-17 "添加JavaScript文件"对话框

单击"选择"按钮，弹出"选择JavaScript文件"对话框，如图12-18所示。在对话框中选择一个JavaScript文件后，单击"打开"按钮，返回"添加JavaScript文件"对话框，对话框中会显示刚刚选择的"js"文件，如图12-19所示。

图12-18 "选择JavaScript文件"对话框　　　图12-19 显示"js"文件

单击"添加JavaScript文件"对话框中的"确定"按钮，返回"JavaScript文件"对话框，刚刚选择的"js"文件置于对话框中。在已经添加了"js"文件的对话框中，单击"移去"按钮，即可删除所选的JavaScript选项。单击"清除"按钮，可以删除对话框中的所有JavaScript选项。

● 将SVG交互添加到图稿中

打开"SVG交互"面板，在面板中选择一个事件，如图12-20所示。然后在事件下面的"JavaScript"文本框中输入对应的JavaScript代码，完成后按【Enter】键，即可将SVG交互添加到面板中，如图12-21所示。

图12-20 选择事件　　　图12-21 将SVG交互添加到面板中

变形

如果用户想要改变对象的形状外观，使用"效果"菜单下的"变形"命令是比较便捷的方法，而且它在改变对象外观形状的基础上，永久保留对象的原始几何形状。变形的对象包括路径、文本、网格、混合图像及位图图像。而Illustrator CC将"变形效果"设置为实时的，这就意味着用户可以随时修改或删除效果。

选中一个对象，执行"效果＞变形"命令，在子菜单中，包括"弧形""下弧形""上弧形""拱形""凸出""凹壳""凸壳""旗形""波形""鱼形""上升""鱼眼""膨胀""挤压""扭转"15种效果，如图12-22所示。

选择子菜单中的任一变形命令，弹出"变形选项"对话框，此时对话框中的"样式"设置为刚刚选择的变形选项，如图12-23所示。在对话框中选择变形方向，并指定要应用的"扭曲"值，单击"确定"按钮，完成变形效果的添加。

 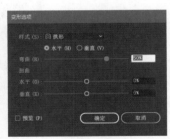

图12-22 15种变形效果　　　图12-23 "变形选项"对话框

Tips

该对话框与本书第 5 章 5.5 节中介绍的执行"对象 > 封套扭曲 > 用变形建立"命令所弹出的"变形选项"对话框完全相同，此处不再赘述。

12.2.4 扭曲和变换

"效果"菜单下的"扭曲和变换"命令组主要用于扭曲对象的形状，或者改变对象的大小、方向和位置等。

执行"效果 > 扭曲和变换"命令，打开包含7种变化效果的子菜单，如图12-24所示。通过这些命令可以为对象创建各种扭曲效果，其中执行"变换"命令与执行"对象 > 变换 > 分别变换"命令基本相同。

● 变换

执行"变换"命令时，通过在对话框中重设大小、移动、旋转、镜像（翻转）和复制的方法，改变对象的形状。执行"效果 > 扭曲和变换 > 变换"命令，弹出"变换效果"对话框，如图12-25所示。

图12-24 包含7种变化效果的子菜单　图12-25 "变换效果"对话框

⬤ 缩放：在该选项组中，可以设置选中对象在水平和垂直方向的缩放效果。

⬤ 移动：在该选项组中，可以设置选中对象在水平和垂直方向的移动距离。

⬤ 旋转：在该选项组中，可以设置选中对象的旋转角度。

⬤ 副本：在文本框中输入数值，控制"变换"对象所产生的副本数量。

⬤ 预览：选择该复选框，可以在文档窗口中预览修改参数后的对象效果。

在"变换效果"对话框中设置各项参数，设置完成后单击"确定"按钮，即可完成对象的扭曲变换效果。图12-26所示为对象的原始效果和变换效果。

图12-26 对象的原始效果和变换效果

● 扭拧

使用"扭拧"命令可以随机地向内或向外弯曲和扭曲路径段。选中一个对象，执行"效果 > 扭曲和变换 > 扭拧"命令，弹出"扭拧"对话框，如图12-27所示。在该对话框中设置好参数后，单击"确定"按钮，使对象随机地产生向内或向外的扭曲效果。图12-28所示为应用"扭拧"效果前后的对象外观。

图12-27 "扭拧"对话框 图12-28 应用"扭拧"效果前后的对象外观

● 数量：在"水平""垂直"文本框中输入数值或拖曳圆点，设置选中对象在水平和垂直方向上进行扭拧变形时，所产生的位移大小。

● 相对/绝对：指定产生扭拧效果的方式。

● 修改：用来设置选中对象进行扭拧变形时可以修改的锚点属性。

● 锚点：选择该复选框，可将选中对象上的锚点进行移动扭拧变形。

● "导入"控制点：选择该复选框，可以将选中对象上的控制点向路径上的锚点移动。

● "导出"控制点：选择该复选框，可以将选中对象上的控制点向路径锚点外移动。

● 扭转

　　使用"扭转"命令可以将选中对象将进行顺时针或逆时针的扭转变形。选中一个对象，执行"效果>扭曲和变换>扭转"命令，弹出"扭转"对话框，设置"角度"参数，如图12-29所示。单击"确定"按钮，完成对象的扭转操作。图12-30所示为应用"扭转"效果前后的对象外观。

图12-29 设置参数 图12-30 应用"扭转"效果前后的对象外观

● 角度：在文本框中输入数值，选中对象将按照数值从中心开始旋转。并且中心的旋转程度比边缘的旋转程度要大。输入一个正值，将顺时针扭转对象；输入一个负值，将逆时针扭转对象。

● 收缩和膨胀

　　使用"收缩和膨胀"命令，可以使选中对象以其锚点为编辑点，产生向内凹陷或者向外膨胀的变形效果。

　　选中一个对象，执行"效果>扭曲和变换>收缩和膨胀"命令，弹出"收缩和膨胀"对话框，如图12-31所示。在对话框中设置参数，单击"确定"按钮。图12-32所示为应用了"收缩和膨胀"效果的对象外观。

 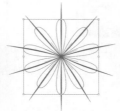 

收缩：－90% 膨胀：90%

图12-31 "收缩和膨胀"对话框 图12-32 应用"收缩和膨胀"效果的对象外观

收缩/膨胀：在文本框中输入负值或向左拖曳圆点，将向外拉出矢量对象的锚点并产生收缩效果；在文本框中输入正值或向右拖曳圆点，将向内拉入锚点并产生膨胀效果。两个选项都是相对于对象的中心点进行拉伸的。

● 波纹效果

使用"波纹效果"命令，可以将选中对象的路径变换为同样大小的波纹，从而形成带锯齿和波形的图形效果。

选中一个对象，执行"效果 > 扭曲和变换 > 波纹效果"命令，弹出"波纹效果"对话框，如图12-33所示。在该对话框中设置参数，单击"确定"按钮，即可使选中对象产生波纹扭曲效果。图12-34所示为应用"波纹效果"前后的对象外观。

图12-33 "波纹效果"对话框　　　　图12-34 应用"波纹效果"前后的对象外观

● 大小：在文本框中输入数值或拖曳圆点，用以将对象的路径段变换为同样大小的尖峰、由凹谷形成的锯齿及波形数组。

● 相对/绝对：使用相对大小或绝对大小设置尖峰与凹谷之间的长度。

● 每段的隆起数：设置每个路径段的脊状数量。

● 平滑：选中该单选按钮，形成波形边缘。

● 尖锐：选中该单选按钮，形成锯齿边缘。

Tips

应用该效果后，系统会自动在选中的对象上添加锚点，使其产生上下位移，从而形成波纹效果。

● 粗糙化

使用"粗糙化"命令，可以将选中对象的外形进行不规则的变形处理。一般情况下，都是将矢量对象外形的尖峰和凹谷变换为各种大小的锯齿数组。

选中一个对象，执行"效果 > 扭曲和变换 > 粗糙化"命令，弹出"粗糙化"对话框，如图12-35所示。在该对话框中设置参数，单击"确定"按钮，完成对象的粗糙化变换效果。图12-36所示为应用了"粗糙化"效果前后的对象外观。

图12-35 "粗糙化"对话框　　　　图12-36 应用"粗糙化"效果前后的对象外观

● 细节：在文本框中输入数值或拖曳圆点，用于设置每英寸锯齿边缘的密度。

● 自由扭曲

使用"自由扭曲"命令，用户可以通过拖曳4个边角调整锚点的方式来改变矢量对象的形状。由此可见，"自由扭曲"命令与"自由变换工具"命令所产生的效果相似，都是通过拖曳控制对象的4个锚点来改变对象形状的。

选中一个对象，执行"效果＞扭曲和变换＞自由扭曲"命令，弹出"自由扭曲"对话框。在对话框中调整锚点位置，如图12-37所示。单击"确定"按钮，应用"自由扭曲"效果的对象外观如图12-38所示。

图12-37 调整锚点位置　　　　　图12-38 对象外观

如果在调整过程中出现意外情况或不满意现有调整，可以单击"自由扭曲"对话框中的"重置"按钮，将调整效果恢复为未调整之前；如果想要取消调整，单击"取消"按钮即可。

应用案例　使用"变换"命令制作梦幻背景

源文件：源文件\第12章\12-2-4-1.ai　视频：视频\第12章\使用"变换"命令制作梦幻背景.mp4

STEP 01 新建一个Illustrator文件，使用"星形工具"在画板中绘制一个五角星并使用色谱色板填色，如图12-39所示。

STEP 02 执行"效果＞扭曲和变换＞变换"命令，弹出"变换效果"对话框，设置各项参数，如图12-40所示。

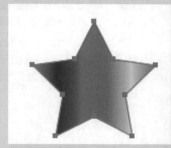

图12-39 绘制五角星并填充色谱　　图12-40 设置各项参数

STEP 03 单击"确定"按钮，变换效果如图12-41所示。使用"矩形工具"在画板中绘制一个与画板等大的矩形，如图12-42所示。

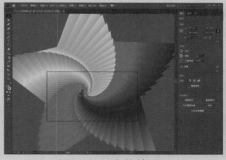

图12-41 变换效果　　　　　　　　图12-42 绘制矩形

STEP 04 拖曳选中五角星和矩形，执行"对象 > 剪切蒙版 > 建立"命令，如图12-43所示。完成后的梦幻背景效果如图12-44所示。

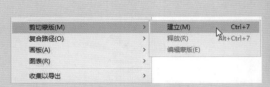
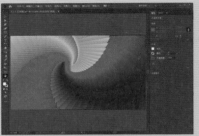

图12-43 创建剪切蒙版　　　　　　　　　图12-44 梦幻背景效果

应用案例

使用"粗糙化"命令绘制毛绒效果

源文件：源文件\第12章\12-2-4-2.ai　视频：视频第12章\使用"粗糙化"命令绘制毛绒效果.mp4

STEP 01 打开素材文件"眼睛.ai"，如图12-45所示。双击工具箱中的"渐变工具"按钮，在打开的"渐变"面板中设置径向渐变参数，如图12-46所示。

图12-45 打开文件　　　　　　图12-46 设置径向渐变参数

STEP 02 使用"星形工具"在画板中单击并拖曳鼠标创建图形，如图12-47所示。使用"直接选择工具"选中对象并拖曳控制点，将转角调整为圆角，如图12-48所示。

图12-47 创建图形　　　图12-48 将转角调整为圆角

STEP 03 使用"选择工具"单击并拖曳鼠标复制图形，等比例缩小图形，如图12-49所示。双击工具箱中的"混合工具"按钮，弹出"混合选项"对话框，设置参数如图12-50所示，单击"确定"按钮。

图12-49 复制并缩小图形　　　图12-50 设置参数

STEP **04** 使用"选择工具"拖曳选中两个图形，按【Alt+Ctrl+B】组合键建立混合，效果如图12-51所示。执行"效果＞扭曲和变换＞收缩和膨胀"命令，在弹出的"收缩和膨胀"对话框中设置参数，如图12-52所示。

图12-51 混合效果　　　　　　　图12-52 设置参数

STEP **05** 单击"确定"按钮，扭曲效果如图12-53所示。执行"效果＞扭曲和变换＞粗糙化"命令，弹出"粗糙化"对话框，设置参数如图12-54所示。

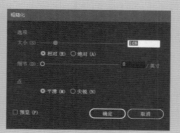

图12-53 扭曲效果　　　　　　　图12-54 设置参数

STEP **06** 单击"确定"按钮，效果如图12-55所示。使用"选择工具"双击混合对象中较小的图形将其选中，进入"隔离"模式，向上拖曳移动位置，如图12-56所示。

STEP **07** 退出"隔离"模式，使用"选择工具"将画板左上方的图形移入毛绒图形中，效果如图12-57所示。

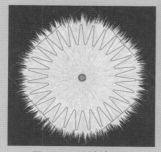

图12-55 毛糙效果　　　图12-56 移动位置　　　图12-57 毛绒效果

12.2.5 栅格化

使用"栅格化"命令与执行"对象＞栅格化"命令产生的效果相似。但"效果"菜单下的"栅格化"命令并不是将矢量图形转换为位图，而是给对象应用了一种类似"转换成位图"的外观效果。

选中一个对象，执行"效果＞栅格化"命令，弹出"栅格化"对话框，如图12-58所示。在该对话框中设置各项参数，单击"确定"按钮，即可为选中对象应用"栅格化"效果，如图12-59所示。

图12-58 "栅格化"对话框　　图12-59 为选中对象应用"栅格化"效果

12.2.6　裁剪标记

"效果"菜单下的"裁剪标记"命令也被称为"裁剪符号"，是用来打印文档时沿图形边缘进行剪切的细线。"裁剪标记"的使用方法将在本书的第13章中进行详细讲解。

12.2.7　路径

执行"效果 > 路径"命令，打开包含3个命令的子菜单，如图12-60所示。子菜单中的"偏移路径"命令与"对象 > 路径 > 偏移路径"命令的功能完全相同。

子菜单中的"轮廓化描边"命令与"对象 > 路径 > 轮廓化描边"命令的功能相同，都是将对象中的描边转换为填色；区别在于为对象应用"效果"菜单下的"轮廓化描边"命令后，用户可在"外观"面板中编辑"轮廓化描边"选项和转换后的"描边"选项，"外观"面板如图12-61所示。

子菜单中的"轮廓化对象"命令与"文字 > 创建轮廓"命令拥有相同的功能，都是将所选文字对象转换为矢量图形并让其可以应用更多效果。两个命令存在一些细微区别，为文字对象应用"创建轮廓"命令后，对象完全转换为矢量图形，不再拥有文字的编辑功能；而为文字对象应用"轮廓化对象"命令后，用户还可以在"外观"面板中编辑选项，如图12-62所示。

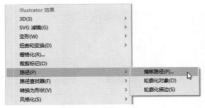

图12-60 子菜单　　图12-61 "外观"面板　图12-62 可在面板中编辑选项

12.2.8　路径查找器

"效果"菜单下的"路径查找器"命令中的子菜单，其功能与第5章5.7节介绍的"路径查找器"面板中各个按钮的功能和作用完全相同。此处不再赘述，如果想要复习相关命令的使用方法，可参考本书第5章5.7节的内容。

12.2.9　转换为形状

使用"转换为形状"命令，可以将选中对象转换为矩形、圆角矩形或椭圆形。转换后的对象只是外观发生变化，对象本身的路径形状不会发生改变。

选中要转换的对象，执行"效果＞转换为形状＞矩形"命令，弹出"形状选项"对话框，如图12-63所示。在该对话框中设置各项参数，单击"确定"按钮，即可将选中对象转换为指定形状。图12-64所示为由五角星转换为圆角矩形的对象。

图12-63 "形状选项"对话框

图12-64 五角星转换为圆角矩形

🔘 形状：单击该选项，可在打开的下拉列表框中选择将矢量对象的形状转换为矩形、圆角矩形或椭圆。

🔘 大小：使用绝对大小或相对大小设置形状的尺寸。

🔘 额外宽度/额外高度：在文本框中输入具体数

值，用以指定为转换后的形状（在原有基础上）添加相应数值的宽度和高度。

🔘 圆角半径：当"形状"设置为"圆角矩形"选项时，"圆角半径"选项为启用状态。此时，可为转换后的圆角矩形指定圆角半径的值，用以确定圆角边缘的曲率。

12.2.10 风格化

在Illustrator CC中，执行"效果＞风格化"子菜单中的命令，可以为对象添加"投影""内发光""外发光""圆角""涂抹""羽化"效果，如图12-65所示。

● 投影

选中一个对象/组或在"图层"面板中定位一个图层，执行"效果＞风格化＞投影"命令，弹出"投影"对话框，如图12-66所示。用户可在该对话框中设置参数，完成后单击"确定"按钮。

图12-65 "风格化"子菜单　　图12-66 "投影"对话框

🔘 模式：可在打开的下拉列表框中为投影指定混合模式。

🔘 不透明度：设置投影的不透明度。

🔘 X位移/Y位移：为对象的投影效果指定偏离的X轴距离或Y轴距离。

🔘 模糊：为投影效果指定模糊程度。

● 内发光/外发光

选中一个对象/组或在"图层"面板中定位一个图层，执行"效果＞风格化＞内发光"或"效果＞

🔘 颜色：指定投影的颜色。

🔘 暗度：指定投影添加的黑色深度百分比。在CMYK文档中，如果将此值设置为100%，并且所选对象包含除黑色以外的其他填色或描边时，则会生成一种混合色黑影。如果将此值设置为0%，则会创建一种与所选对象颜色相同的投影。

风格化＞外发光"命令，弹出"内发光"对话框或"外发光"对话框，如图12-67所示。在对话框中单击"模式"选项旁边的颜色方块，弹出"拾色器"对话框。用户可在"拾色器"对话框中指定发光颜色。继续在对话框中设置其他选项，完成后单击"确定"按钮。

图12-67 "内发光"对话框和"外发光"对话框

- 模式：指定发光效果的混合模式。
- 不透明度：指定发光效果的不透明度。
- 模糊：指定发光效果的模糊程度。
- 中心：应用从选区中心向外发散的发光效果（仅适用于内发光）。

- 边缘：应用从选区内部边缘向外发散的发光效果（仅适用于内发光）。

Tips

使用"内发光"命令为对象进行扩展时，内发光本身会呈现为一个不透明蒙版；如果使用"外发光"命令为对象进行扩展，外发光会变成一个透明的栅格对象。

- 圆角

选中一个对象/组或在"图层"面板中定位一个图层，如图12-68所示。执行"效果＞风格化＞圆角"命令，弹出"圆角"对话框，设置"半径"参数，如图12-69所示。单击"确定"按钮，即可为所选对象应用圆角效果，如图12-70所示。

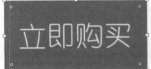  

图12-68 选中对象　　　　图12-69 设置"半径"参数　　　　图12-70 应用圆角效果

- 半径：在文本框中输入数值，为所选对象指定圆滑曲线的曲率。
- 预览：选择该复选框，用户能够在"圆角"对话框打开的情况下，在文档窗口中查看所选对象应用了圆角效果的外观。

- 涂抹

选中一个对象/组或在"图层"面板中定位一个图层，执行"效果＞风格化＞涂抹"命令，弹出"涂抹选项"对话框，如图12-71所示。

如果要使用预设的涂抹效果，单击"设置"选项，将打开如图12-72所示的下拉列表框，在其中选择一种涂抹预设，单击"确定"按钮，即可为选中对象应用该涂抹效果。

如果用户想要创建一个自定涂抹效果，首先要选择"设置"选项中的一种预设，然后在预设选项的参数基础上调整"涂抹"选项，调整完成后单击"确定"按钮，即可为所选对象应用自定涂抹效果。

图12-71 "涂抹选项"对话框　　图12-72 下拉列表框

● 角度：单击角度图标上的点，也可以围绕角度图标拖曳角度线，还可以在角度图标后的文本框中输入数值，用于控制涂抹线条的方向。取值范围为 −179°～180°。

● 路径重叠：用于控制涂抹线条在路径边界内部距离路径边界的长度或在路径边界外距离路径边界的长度。当选项设置为负值时，涂抹线条将被控制在路径边界内部；当选项设置为正值时，则涂抹线条将被延伸至路径边界外部。

● 变化：用于控制涂抹线条相互之间的长度差异。

● 描边宽度：用于控制涂抹线条的宽度。

● 曲度：用于控制涂抹曲线在改变方向之前的弯曲程度。

● 变化：用于控制涂抹曲线彼此之间的相对曲度差异大小。

● 间距：用于控制涂抹线条之间的折叠间距大小。

● 变化：用于控制涂抹线条之间折叠间距的差异大小。

● 羽化

选中一个对象或组，如图12-73所示。执行"效果 > 风格化 > 羽化"命令，弹出"羽化"对话框。用户可在该对话框中设置"半径"参数，如图12-74所示。单击"确定"按钮，应用了"羽化"效果的对象外观如图12-75所示。

图12-73 选中对象或组　　　　图12-74 设置"半径"参数　　图12-75 应用"羽化"效果的对象外观

● 半径：在文本框中输入具体数值，用于为对象设置从不透明渐隐到透明的中间距离。

12.3 添加Photoshop效果

"效果"菜单的下半部分命令主要应用于位图图像，并使用方法与在Photoshop CC中为图像添加滤镜的方法类似。这些菜单命令包括"效果画廊""像素化""扭曲""模糊""画笔描边""素描""纹理""艺术效果""视频""风格化"。

 Tips

Illustrator CC 中的所有 Photoshop 效果都是栅格效果，所以无论何时对矢量对象应用这些效果，矢量对象都将应用"文档栅格效果设置"命令。

12.3.1 效果画廊

选中一个对象，执行"效果 > 效果画廊"命令，如果是第一次使用该命令，将弹出"滤镜库"对话框，如图12-76所示。对话框左侧是图像预览区域，对话框右侧是"效果"选项列表。

选择任一"效果"选项，展开效果选项的子菜单。选择子菜单中的一种效果，对话框右侧出现相应的参数设置，单击对话框左下角的■或■按钮，可以缩小或放大图像的预览效果，设置参数如图12-77所示。完成后单击"确定"按钮，该效果即可被应用到所选对象上。

图12-76 "滤镜库"对话框　　　　　　图12-77 设置参数

在Illustrator CC中，选择"效果"菜单下的"画笔描边""素描""纹理""风格化""艺术效果""扭曲"命令中的子菜单命令，系统都会弹出"滤镜库"对话框，并且对话框左上角会显示选中子菜单选项的名称。

在打开的对话框中，用户可以随时切换以上6种效果中的任意一种效果，方便用户进行不同效果的对比和应用。

12.3.2　像素化

使用"像素化"命令可以调整图像中像素的颜色模式和排列方式等属性，使图像产生轮廓或者某些特殊的视觉效果。

● 彩色半调

为所选对象应用"彩色半调"效果，系统会模拟在图像的每个通道上使用放大的半调网屏效果。对于对象中的每个通道，效果都会将图像划分为多个矩形，再用圆形替换矩形。

选中一个对象，执行"效果>像素化>彩色半调"命令，弹出"彩色半调"对话框，如图12-78所示。在该对话框中设置好各项参数后，单击"确定"按钮，应用"彩色半调"效果图像前后的对比图如图12-79所示。

图12-78 "彩色半调"对话框　　　图12-79 应用"彩色半调"效果的图像前后对比

● 最大半径：在文本框中输入数值，用以控制产生的彩色半调网点的半径大小。

● 网角（度）：可以分别为4个不同的通道设置角度。通道使用的数量与当前选择对象的颜色模式有关。

● 晶格化

使用"晶格化"命令可以将图像或图形上的颜色集结成块，而每个颜色块的轮廓类比多边形，因此会使图形或图像产生类似于多边形晶体的效果。

选中一个对象，执行"效果>像素化>晶格化"命令，弹出"晶格化"对话框，如图12-80所示。在"单元格大小"文本框中输入数值，为组成图像的多边形设置大小。设置完成后，单击"确定"按钮，效果如图12-81所示。

图12-80 "晶格化"对话框　　图12-81 应用"晶格化"命令图像前后对比效果

● 点状化

使用"点状化"命令可以将图像的颜色分解成随机分布的颜色点，并让白色作为网点之间的画布区域，使图像产生类似网点的效果。

选中一个对象，执行"效果>像素化>点状化"命令，弹出"点状化"对话框，如图12-82所示。在"单元格大小"文本框中输入数值，用于控制图像产生的颜色点大小。单击"确定"按钮，对象应用"点状化"效果前后的对比如图12-83所示。

图12-82 "点状化"对话框　　图12-83 对象应用"点状化"效果的前后对比

● 铜版雕刻

使用"铜版雕刻"命令可使将图像随机产生金属质感的效果。

选中一个对象，执行"效果>像素化>铜板雕刻"命令，弹出"铜版雕刻"对话框，如图12-84所示。单击"类型"选项，打开下拉列表框，共有10个类型供用户选择。选择任意一种铜版雕刻类型，单击"确定"按钮，系统会自动按照所选类型对图像进行处理。图12-85所示为对象应用"长描边""短直线"类型的铜版雕刻效果。

图12-84 "铜版雕刻"对话框　图12-85 应用"长描边""短直线"类型的铜版雕刻效果

12.3.3 扭曲

使用"扭曲"命令可以对图像进行几何扭曲，或者改变对象形状。选中一个对象，执行"效果 > 扭曲"命令，打开如图12-86所示的子菜单。选择任一命令，弹出相应的对话框，如图12-87所示。用户可以在该对话框中为所选效果设置参数，也可以更改效果选项。完成后单击"确定"按钮，所选对象将应用相应的"扭曲"效果。

图12-86 子菜单命令　　　　　　图12-87 弹出相应的对话框

● 扩散亮光

为对象应用"扩散亮光"效果，系统将透明的白杂色添加到图像上，并从图像的中心向外渐隐亮光，最终形成一个使用户如同透过一个柔和的扩散滤镜观看的图像。图12-88所示为应用了"扩散亮光"效果的对象。

● 海洋波纹

为对象应用"海洋波纹"效果，系统会将随机分隔的波纹添加到图稿上，使对象看上去像是在水中。图12-89所示为应用了"海洋波纹"效果的对象。

● 玻璃

为对象应用"玻璃"效果，让用户如同透过不同类型的玻璃观看图像。用户可以在弹出的"玻璃"对话框中选择一种预设的玻璃效果，也可以在预设的玻璃效果基础上，修改"扭曲度""平滑度""纹理""缩放"等参数，创建自定玻璃效果。图12-90所示为应用了"玻璃"效果的对象。

图12-88 "扩散亮光"效果　　　图12-89 "海洋波纹"效果　　　图12-90 "玻璃"效果

12.3.4 模糊

使用"模糊"子菜单中的命令，系统会在图像中对指定线条和阴影区域的轮廓边线旁的像素进行平衡，从而润色图像，使图像过渡变得柔和，增加图像景深感的同时，去除图像中的一些小瑕疵。

● 径向模糊

"径向模糊"是一种模拟摄影过程中对照相机进行缩放或旋转操作时，让图像产生的动态模糊效果。

选中一个对象，执行"效果 > 模糊 > 径向模糊"命令，弹出"径向模糊"对话框，如图12-91所示。在该对话框中设置参数，单击"确定"按钮，即可完成为对象添加"径向模糊"效果的操作。图12-92所示为对象应用"径向模糊"效果前后的对比图。

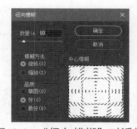
图12-91 "径向模糊"对话框

图12-92 应用"径向模糊"效果前后的对比图

🔵 数量：在文本框中输入数值，用于控制图像的模糊程度。

🔵 模糊方法：有两种模糊方法供用户选择。

● 旋转：使图像产生沿同心圆环形模糊的效果，单击"中心模糊"预览区域，可以指定模糊的中心点。

● 缩放：使图像产生沿径向线模糊的效果，单击

"中心模糊"预览区域，同样可以指定模糊的中心点。

🔵 品质：有3种品质类型供用户选择。选择"草图"单选按钮，将使用最快的处理速度，但是模糊效果会存在颗粒化；选择"好"或"最好"，都可以产生平滑的模糊效果，但是相对需要较长的处理时间。

● 特殊模糊

使用"特殊模糊"命令可以精确地模糊图像的中心位置，而不影响和改变图像边缘的内容。

选中一个对象，执行"效果 > 模糊 > 特殊模糊"命令，弹出"特殊模糊"对话框，如图12-93所示。在该对话框中设置各项参数，完成后单击"确定"按钮。图12-94所示为对象应用"特殊模糊"效果前后的对比图。

图12-93 "特殊模糊"对话框

图12-94 应用"特殊模糊"效果前后的对比图

🔵 半径：在文本框中输入数值，可以控制模糊效果的范围。数值越大，模糊的范围就越大。

🔵 阈值：在文本框中输入数值，用以控制模糊效果对图像的影响程度。数值越大，效果对图像的影响就越大。

● 品质：打开该选项，打开包含"低""中""高"3个选项的下拉列表框。选择任一选项，系统

将按照该品质完成处理。品质越低，处理速度越快，处理后的图像效果也就越不平滑，反之亦然。

● 模式：单击该选项，打开包含"正常""仅限边缘""叠加边缘"3种模式的下拉列表框。选择任一选项，系统将按照所选模式呈现效果。不同模式呈现的模糊效果也不同。

● 高斯模糊

使"高斯模糊"命令可以快速模糊图像并使其产生一种朦胧的效果,处理后的图像将失去一些高频细节。

选中一个对象,执行"效果 > 模糊 > 高斯模糊"命令,弹出"高斯模糊"对话框,如图12-95所示。用户可以在该对话框中设置"半径"参数,数值越大,图像的模糊效果越明显。单击"确定"按钮,系统为所选对象应用"高斯模糊"效果。图12-96所示为对象应用"高斯模糊"效果前后的对比图。

图12-95 "高斯模糊"对话框　　图12-96 对象应用"高斯模糊"效果前后的对比图

应用案例

绘制切割文字的发光效果

源文件:源文件\第12章\12-3-4.ai 视频:视频\第12章\绘制切割文字的发光效果.mp4

STEP 01 新建一个Illustrator文件,使用"文字工具"在画板中输入文字内容并设置字符参数,如图12-97所示。打开"外观"面板,单击面板底部的"添加新描边"按钮,设置参数如图12-98所示。

图12-97 输入文字　　　　　　图12-98 设置参数

STEP 02 执行"对象 > 扩展外观"命令,再执行"对象 > 扩展"命令,弹出"扩展"对话框,如图12-99所示,单击"确定"按钮。单击"路径查找器"面板中的"联集"按钮,设置"填色"选项,文字效果如图12-100所示。

图12-99 "扩展"对话框　　　　　图12-100 文字效果

STEP 03 使用"矩形工具"在文字上创建一个细长的矩形,并旋转一定的角度,如图12-101所示。使用"选择工具"拖曳选中文字和矩形,单击"路径查找器"面板中的"差集"按钮,文字效果如图12-102所示。

图12-101 创建一个矩形并选转 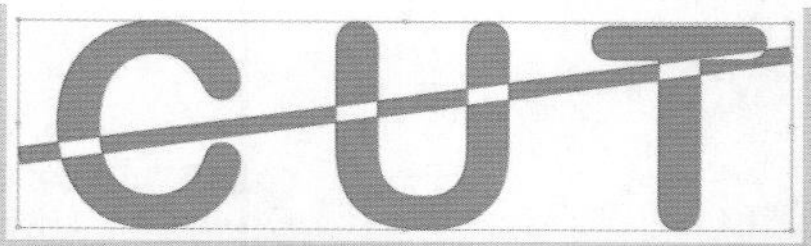　　　　　图12-102 文字效果

STEP 04 单击鼠标右键，在弹出的快捷菜单中选择"取消编组"命令，多次使用"选择工具"选中图形并按【Delete】键删除，如图12-103所示。

STEP 05 使用"选择工具"拖曳选中文字图形，执行"效果＞3D＞凸出和斜角"命令，弹出"3D凸出和斜角选项"对话框，设置参数如图12-104所示。

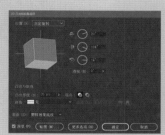

图12-103 取消编组并删除图形　　　　　图12-104 设置参数

STEP 06 单击"确定"按钮，保持文字图形为选中状态，扩展外观后取消编组，如图12-105所示。使用"选择工具""吸管工具"为各个图形设置填色，调整图形位置后选中所有图形，如图12-106所示。

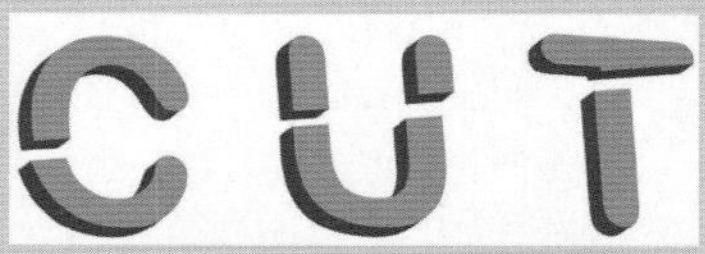

图12-105 扩展外观后取消编组 　　　　　图12-106 选中所有图形

STEP 07 按【Ctrl+G】组合键将其编为一组，再按【Ctrl+C】组合键复制编组图形，再按【Shift+Ctrl+V】组合键就地粘贴图形，执行"效果＞模糊＞高斯模糊"命令，弹出"高斯模糊"对话框，设置参数如图12-107所示。

STEP 08 单击"确定"按钮，切割文字的发光效果如图12-108所示。

图12-107 设置参数　　　　　图12-108 发光效果

12.3.5　画笔描边

　　使用"画笔描边"命令可以为图像创建绘画效果或美术效果。选中一个对象，执行"效果＞画笔描边"命令，打开如图12-109所示的子菜单。选择任一命令，弹出相应的对话框，如图12-110所示。

用户可以在该对话框中为所选效果设置参数，也可以更改效果选项。完成后单击"确定"按钮，所选对象的应用相应的画笔描边效果。

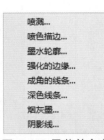

图12-109 子菜单命令　　　　　　　图12-110 弹出相应的对话框

● 喷溅

使用"喷溅"命令，系统会模拟喷溅或喷枪的方式处理图像。在弹出的"喷溅"对话框中增加"喷溅半径"选项数值，可以简化图像的整体效果。图12-111所示为应用了"喷溅"效果的对象。

● 喷色描边

使用"喷色描边"命令，系统会使用图像的主导色及成角或喷溅线条重新绘制图像。图12-112所示为应用"喷色描边"效果的对象。

● 墨水轮廓

使用"墨水轮廓"命令，系统会用纤细的线条在原始图像的细节上重新绘制，绘制完成的图像风格类似钢笔画风格。图12-113所示为应用了"墨水轮廓"效果的对象。

● 强化的边缘

为对象应用"强化的边缘"效果时，将"强化的边缘"对话框中的"边缘亮度"选项设置为较高值，强化效果与白色粉笔类似。而将"边缘亮度"选项设置为较低值，强化效果与黑色油墨类似。图12-114所示为应用了"强化的边缘"效果的对象。

图12-111 "喷溅"效果　图12-112 "喷色描边"效果　图12-113 "墨水轮廓"效果　图12-114 "强化的边缘"效果

● 成角的线条

使用"成角的线条"命令，系统将使用对角描边线条重新绘制图像，并且在绘制过程中，使用一个方向的线条绘制图像亮区，再用相反方向的线条绘制图像暗区。图12-115所示为应用了"成角的线条"效果的对象。

● 深色线条

为对象应用"深色线条"效果，系统会使用黑色的短线条绘制图像中的暗区，再用白色的长线条绘制图像中的亮区。图12-116所示为应用了"深色线条"效果的对象。

● 烟灰墨

使用"烟灰墨"命令，将以蘸满黑色油墨的湿画笔在宣纸上绘画，用非常黑的颜色柔化模糊边缘，且风格与日式漫画风格类似。图12-117所示为应用了"烟灰墨"效果的对象。

● 阴影线

使用"阴影线"命令，将保留原始图像的细节和特征，再用类似于铅笔的阴影线为图像添加纹理，使图像中的彩色区域边缘变粗糙。用户可在弹出的"阴影线"对话框中设置"强度"选项，用于控制阴影线的数目。图12-118所示为应用了"阴影线"效果的对象。

图12-115 "成角的线条"效果　图12-116 "深色线条"效果　图12-117 "烟灰墨"效果　图12-118 "阴影线"效果

 12.3.6 素描

使用"素描"命令可以为图像添加纹理，使图像看起来如同素描画一样。用户也可以使用"素描"命令的子命令创建美术效果或手绘效果的图像。

选中一个对象，执行"效果 > 素描"命令，打开如图12-119所示的子菜单。选择任一命令，可以弹出相应的对话框，如图12-120所示。用户可在该对话框中为所选效果设置参数，也可以更改效果选项。完成后单击"确定"按钮，为所选对象应用相应的素描效果。

图12-119 子菜单命令　　　图12-120 弹出相应的对话框

● 便条纸

使用"便条纸"命令，可以创建使用手工纸张构建的图像。使用此命令不仅可以简化图像，还可以将"颗粒"效果与浮雕外观进行合并。图12-121所示为应用了"便条纸"效果的对象。

● 半调图案

为对象应用"半调图案"效果，可以使图像在保持（连续的）色调范围的同时，模拟半调图案的效果。图12-122所示为应用了"半调图案"效果的对象。

● 图章

使用"图章"命令，可以使图像呈现出使用橡皮或木制图章盖印的视觉效果。如果用户想要简化图像或将图像调整为黑白色调，此命令的成像效果最佳。图12-123所示为应用了"图章"效果的对象。

● 基底凸现

使用"基底凸现"命令，使图像呈现出雕刻状和突出光照下变化各异的视觉效果。应用效果后，图像中的深色区域被处理为黑色，较亮区域则被处理为白色。图12-124所示为应用了"基底凸现"效果的对象。

图12-121 "便条纸"效果　图12-122 "半调图案"效果　图12-123 "图章"效果　图12-124 "基底凸现"效果

● 影印

使用"影印"命令，可以使图像产生模拟影印的效果。大的暗区趋向于只复制边缘四周，而中间色调要么为纯黑色，要么为纯白色。图12-125所示为应用了"影印"效果的对象。

● 撕边

使用"撕边"命令，可以使图像产生撕碎的纸片效果，再使用黑色和白色为图像上色，完成后的图像效果比较粗糙。图12-126所示为应用了"撕边"效果的对象。

● 水彩画纸

为对象应用"水彩画纸"效果时，系统将使用有污渍的画笔在湿润、有纹路的纸张上涂抹，使颜色渗出并混合。图12-127所示为应用了"水彩画纸"效果的对象。

● 炭笔

为对象应用"炭笔"效果时，图像将被重绘，并产生色调分离及涂抹的效果。在重绘过程中，图像的主要边缘用粗线条绘制，而中间色调用对角描边进行绘制；同时将炭笔处理为黑色，纸张处理为白色。图12-128所示为应用了"炭笔"效果的对象。

图12-125 "影印"效果　图12-126 "撕边"效果　图12-127 "水彩画纸"效果　图12-128 "炭笔"效果

● 炭精笔

使用"炭精笔"命令，可以使图像产生模拟浓黑和纯白的炭精笔纹理效果，在处理过程中，将使用黑色描摹暗色区域，再使用白色描摹亮色区域。图12-129所示为应用了"炭精笔"效果的对象。

● 石膏效果

为对象应用"石膏效果"时，系统会对图像应用类似石膏的线条使其成像，再使用黑色和白色为结果图像上色。在上色过程中暗区凸起，亮区凹陷。图12-130所示为应用了"石膏效果"效果的对象。

● 粉笔和炭笔

使用"粉笔和炭笔"命令，将重绘图像的高光和中间调，且使用粗糙的粉笔绘制背景中的纯中间调。在重绘过程中，使用对角炭笔线条替换阴影区域；炭笔为黑色，粉笔为白色。图12-131所示为应用了"粉笔和炭笔"效果的对象。

● 绘图笔

为对象应用"绘图笔"效果时，系统将使用纤细的线性油墨线条重绘原始图像的细节。在重绘过程中，将使用黑色（代表油墨）和白色（代表纸张）来替换原始图像中的颜色。图12-132所示为应用了"绘图笔"效果的对象。

图12-129 "炭精笔"效果　图12-130 "石膏效果"效果　图12-131 "粉笔和炭笔"效果　图12-132 "绘图笔"效果

 Tips

如果图像由文本或对比度高的对象组成，使用"撕边"命令很有用。使用"绘图笔"命令处理扫描图像，可以得到十分出色的图像效果。

● 网状

使用"网状"命令处理图像时，系统将模拟乳胶的可控收缩和扭曲来创建图像，使图像的暗调区域呈现块状，高光区域呈现颗粒化。图12-133所示为应用了"网状"效果的对象。

● 铬黄

为对象应用"铬黄"效果时，系统可以将图像处理为锃亮的铬黄表面。高光在反射表面上是高点，而暗调在反射表面上是低点。图12-134所示为应用了"铬黄"效果的对象。

 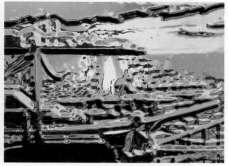

图12-133 "网状"效果　　　　　图12-134 "铬黄"效果

 纹理

使用"纹理"命令可以为图像表面添加有机纹理，让图像表面具有深度感或质地感，使处理后的图像在造型上展示曲线或生物形态的有机风格。

选中一个对象，执行"效果 > 纹理"命令，打开如图12-135所示的子菜单。选择任一命令，将弹出相应的对话框，如图12-136所示。用户可在该对话框中为所选效果设置参数，也可以更改效果选项。完成后单击"确定"按钮，所选对象将应用相应的纹理效果。

图12-135 子菜单命令　　　　图12-136 弹出相应的对话框

- 拼缀图

为对象应用"拼缀图"效果，图像将被分解为若干方形图块，图块的颜色由分解区域的主色决定，并且会随机减少或增加拼贴的深度，用以复现图像的高光和暗调。图12-137所示为应用了"拼缀图"效果的对象。

- 染色玻璃

使用"染色玻璃"命令将重新绘制图像，重绘后的图像由许多相邻单色单元格组成，单元格边框使用黑色。图12-138所示为应用了"染色玻璃"效果的对象。

- 纹理化

选中一个对象，执行"效果 > 纹理 > 纹理化"命令，弹出"纹理化"对话框。在该对话框中单击"纹理"选项，在打开的下拉列表框中选择不同的纹理预设，单击"确定"按钮，即可为图像应用所选纹理。图12-139所示为应用了"纹理化"效果的对象。

图12-137 "拼缀图"效果　　　图12-138 "染色玻璃"效果　　　图12-139 "纹理化"效果

- 颗粒

为对象应用"颗粒"效果，系统会通过模拟不同种类的颗粒为图像添加纹理，颗粒种类包括"常规""柔和""喷洒""结块""强反差""扩大""点刻""水平""垂直""斑点"。图12-140所示为应用了"颗粒"效果的对象。

- 马赛克拼贴

使用"马赛克拼贴"命令绘制图像，处理后的图像由小的碎片拼贴而成，并且各个碎片之间存在缝隙。图12-141所示为应用了"马赛克拼贴"效果的对象。

- 龟裂缝

为对象应用"龟裂缝"效果时，系统会将图像绘制在一个高处凸显的模型表面上，并根据图像的等高线生成精细的网状裂缝。如果是包含多种颜色值或灰度值的图像，使用此效果可以为图像创建浮雕效果。图12-142所示为应用了"龟裂缝"效果的对象。

图12-140 "颗粒"效果

图12-141 "马赛克拼贴"效果

图12-142 "龟裂缝"效果

12.3.8 艺术效果

使用"艺术效果"命令，系统将在传统介质上模拟或应用绘画效果。选中一个对象，执行"效果 > 艺术效果"命令，打开如图12-143所示的子菜单。选择列任一命令，将弹出相应的对话框，如图12-144所示。

图12-143 子菜单命令　　　图12-144 弹出相应的对话框

用户可以在该对话框中为所选效果设置参数，也可以更改效果选项。完成后单击"确定"按钮，所选对象将应用相应的艺术效果。

● 塑料包装

使用"塑料包装"命令，可以为图像添加一层光亮塑料，用以强调图像的表面细节。图12-145所示为应用了"塑料包装"效果的对象。

● 壁画

为对象应用"壁画"效果，系统将用短而圆的描边绘制图像，使处理后的图像看上去是以粗糙的方式完成绘制的。图12-146所示为应用了"壁画"效果的对象。

● 干画笔

为对象应用"干画笔"效果，系统将使用干画笔技巧绘制图像边缘。干画笔是介于油彩和水彩之间的一种画笔，其原理是通过减小图像的颜色范围来简化图像。图12-147所示为应用了"干画笔"效果的对象。

● 底纹效果

使用"底纹效果"命令时，系统会先在带纹理的背景上绘制图像，再将最终图像绘制在该图像上。图12-148所示为应用了"底纹效果"的对象。

图12-145 "塑料包装"效果

图12-146 "壁画"效果

图12-147 "干画笔"效果

图12-148 底纹效果

● 彩色铅笔

　　为对象应用"彩色铅笔"效果时，系统会使用彩色铅笔在纯色背景上绘制图像，并且保留重要边缘。处理完成后的图像的外观呈现粗糙的阴影线，同时纯色背景将透过比较平滑的区域进行显示。图12-149所示为应用了"彩色铅笔"效果的对象。

● 木刻

　　使用"木刻"命令，可将图像描绘成由彩色剪纸组成的效果，并且效果边缘是较粗糙的剪纸片。具有高对比度的图像应用此效果将呈现剪影状，而彩色图像应用此效果后，则由几层彩纸组成。图12-150所示为应用了"木刻"效果的对象。

● 水彩

　　为对象应用"水彩"效果时，系统会使用蘸了水和颜色的中号画笔绘制图像，在绘制过程中会简化图像细节。处理后的图像效果与水彩画风格类似，并且当图像边缘有显著的色调变化时，应用此效果会使图像的颜色更加饱满。图12-151所示为应用了"水彩"效果的对象。

● 海报边缘

　　为对象应用"海报边缘"效果时，系统会根据设置的"海报化"选项值减少图像中的颜色数，再找到图像的边缘，并在边缘上绘制黑色线条。处理后图像中的较宽区域将带有简单的阴影，而细小的深色细节将填充整个图像。图12-152所示为应用了"海报边缘"效果的对象。

图12-149 "彩色铅笔"效果　　图12-150 "木刻"效果　　　图12-151 "水彩"效果　　图12-152 "海报边缘"效果

● 海绵

　　为对象应用"海绵"效果时，系统将使用颜色对比强烈、纹理较重的区域创建图像，使处理后的图像效果好像是用海绵绘制而成。图12-153所示为应用了"海绵"效果的对象。

● 涂抹棒

　　为对象应用"涂抹棒"效果时，系统会使用短的对角描边涂抹图像的暗区，用以柔化图像，使亮区变得更亮的同时失去一些细节。图12-154所示为应用了"涂抹棒"效果的对象。

● 粗糙蜡笔

　　使用"粗糙蜡笔"命令，可以使图像具有使用彩色蜡笔在纹理背景上描出的视觉效果。处理后图像的亮色区域蜡笔痕迹相对较厚，几乎看不见纹理；而在图像的深色区域几乎没有蜡笔痕迹，使纹理显露。图12-155所示为应用了"粗糙蜡笔"效果的对象。

● 绘画涂抹

　　使用"绘画涂抹"命令处理图像，可以选择各种大小和类型的画笔为图像创建绘画效果。画笔类型包括"简单""未处理光照""未处理深色""宽锐化""宽模糊""火花"。图12-156所示为应用了"绘画涂抹"效果的对象。

图12-153 "海绵"效果　图12-154 "涂抹棒"效果　图12-155 "粗糙蜡笔"效果　图12-156 "绘画涂抹"效果

- 胶片颗粒

为对象应用"胶片颗粒"效果时，系统会将平滑图案应用于图像的暗色调和中间色调，并将一种更加平滑和饱和度更高的图案添加到图像的较亮区域。图12-157所示为应用了"胶片颗粒"效果的对象。

- 调色刀

使用"调色刀"命令处理图像，可以减少图像中的细节，生成描绘轻淡的画布效果，方便显示画布下面的纹理。图12-158所示为应用了"调色刀"效果的对象。

- 霓虹灯光

使用"霓虹灯光"命令，可以为图像中的对象添加各种不同类型的灯光效果。用户可在弹出的"霓虹灯光"对话框中单击"发光颜色"选项后面的颜色块，弹出"拾色器"对话框，可以在该对话框中为对象指定一种发光颜色。图12-159所示为应用了"霓虹灯光"效果的对象。

图12-157 "胶片颗粒"效果　　图12-158 "调色刀"效果　　图12-159 "霓虹灯光"效果

 Tips

想要将各种来源的要素在视觉上进行统一，以及消除混合的条纹时，"胶片颗粒"效果非常有用。

12.3.9 视频

使用"视频"命令，可以将从视频中捕获的图像或用于电视放映的图稿进行优化处理，处理后的图像更利于在电视中播放。

- NTSC颜色

使用"NTSC颜色"命令可以为图像匹配适合NTSC视频标准的色域，以使图像可以被电视接收，它的实际色彩范围比RGB小。如果一个RGB图像能够用于视频或多媒体，可以使用该效果，它能够会将由于饱和度过高而无法正确显示的色彩，转换为NTSC系统可以显示的色彩。

- 逐行

使用"逐行"命令可以删除视频图像中奇数行或偶数行的交错线，使在视频中捕捉到的运动图像变得更加平滑。

执行"效果＞视频＞逐行"命令，弹出"逐行"对话框，如图12-160所示。可以在该对话框中设置消除区域及创建新场的方式，完成后单击"确定"按钮。

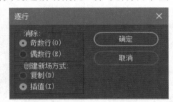

图12-160 "逐行"对话框

● 消除：在该选项组中可以选择要消除掉的扫描区域。

● 奇数行：选择该单选按钮，将扫描并消除单数

区域。

● 偶数行：选择该单选按钮，将扫描并消除双数区域。

● 创建新场方式：该选项组中包含两种创建新场的方式。

● 复制：选择该单选按钮，将采用复制的方式填补空白区域。

● 插值：选择该单选按钮，以边缘颜色作为中间值插入的方式填补空白区域。

12.3.10 风格化

执行"效果＞风格化"命令，打开只包含"照亮边缘"命令的子菜单。"照亮边缘"命令通过替换像素，以及查找和提高图像对比度的方法，为选区生成绘画效果或印象派效果。

选中一个对象，执行"效果＞风格化＞照亮边缘"命令，弹出"照亮边缘"对话框，如图12-161所示。在该对话框中设置各项参数，完成后单击"确定"按钮，系统开始处理图像。首先标识图像的颜色边缘，再向其添加类似霓虹灯的光亮，处理后的效果如图12-162所示。

图12-161 "照亮边缘"对话框

图12-162 "照亮边缘"效果

12.4 添加样式

图形样式是一组可反复使用的外观属性，其作用是快速更改对象的外观，而且应用图形样式进行的更改是完全可逆的。用户可以将图形样式应用于对象、组或图层。将图形样式应用于组或图层时，组和图层内的所有对象都将具有图形样式的属性。

12.4.1 "图形样式"面板

在Illustrator CC中，用户可以使用"图形样式"面板来创建、命名和应用外观属性集。执行"窗口＞图形样式"命令或按【Shift+F5】组合键，打开"图形样式"面板，此时面板中只包含一组默认的图形样式，如图12-163所示。

图12-163 "图形样式"面板

在"图形样式"面板中，没有设置填色和描边的图形样式，其缩览图会以黑色轮廓和白色填色的形式进行显示，并且缩览图的斜对角会显示一条细小的红线，提醒用户该样式没有填色或描边。

应用案例

更换"图形样式"的预览方式

源文件：源文件：无　　　　视频：视频\第12章\更换"图形样式"的预览方式.mp4

STEP 01 打开"图形样式"面板，单击面板右上角的"面板菜单"按钮，在打开的面板菜单中选择"使用文本进行预览"命令，如图12-164所示。

STEP 02 "图形样式"面板中的样式缩览图从正方形变为字母，如图12-165所示。此预览方式为应用于文本的样式提供更准确的直观描述。

图12-164 选择"使用文本进行预览"命令　图12-165 使用文本进行预览

 Tips

如果想要恢复使用正方形或在创建的对象上预览图形样式，在面板菜单中选择"使用方格进行预览"命令即可。

为什么在不同文档中"图形样式"面板的样式内容不同？

如果用户在编辑文档的过程中创建并存储了一个或多个图形样式，那么用户再次打开并编辑文档时，随同该文档一起存储的图形样式会显示在"图形样式"面板中。这就是不同文档其"图形样式"面板包含不同内容的原因。

STEP 03 单击"图形样式"面板右上角的"面板菜单"按钮 ，打开包含3种视图显示方式的面板菜单，如图12-166所示。

STEP 04 选择"小列表视图"命令时，面板将显示包含小型缩览图的样式列表，如图12-167所示。而选择"大列表视图"命令时，面板将显示包含大型缩览图的样式列表，如图12-168所示。

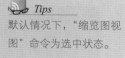 *Tips*

默认情况下，"缩览图视图"命令为选中状态。

图12-166 面板菜单　图12-167 小列表视图　图12-168 大列表视图

STEP 05 在"图形样式"面板中，将光标悬停在图形样式的缩览图上，长按鼠标右键，样式缩览图右下方将出现弹出式缩览图，如图12-169所示。

STEP 06 在画板中选中一个对象，将光标移至图形样式缩览图上，长按鼠标右键，缩览图右下方将出现选中对象应用了图形样式后的弹出式缩览图，如图12-170所示。

STEP 07 将图形样式拖至其他位置，并且当所需位置出现一条比较粗的蓝色线条时，释放鼠标键即可将该图形样式调整到当前位置，如图12-171所示。

图12-169 弹出式缩览图　图12-170 预览选中对象应用的图形样式　　　图12-171 调整图形样式的位置

 Tips

从面板菜单中选择"按名称排序"命令，面板中的图形样式将按照字母或数字顺序进行排列。

12.4.2 创建图形样式

在Illustrator CC中，用户可以通过为对象应用外观属性来重新创建图形，也可以基于其他图形样式来创建图形样式，还可以复制现有的图形样式。

● 创建图形样式

创建或选中一个对象，对其应用外观属性组合，包括填色、描边、各种效果和透明度设置等，如图12-172所示。完成后保持对象为选中状态，有下列4种方法可以将选中对象的外观属性组合创建为图形样式。

 Tips

为对象应用外观属性组合后，可以使用"外观"面板调整和排列外观属性，并创建多种填充和描边。例如，可以为对象应用3种填充，并且每种填充都带有不同的不透明度和混合模式，那么使用该对象创建的图形样式也包含3种填充，以及每种填充的不同属性。

①单击"图形样式"面板底部的"新建图形样式"按钮 ，即可将选中对象包含的外观属性组合创建为一个图形样式，创建好的图形样式出现在"图形样式"面板视图列表的尾端，如图12-173所示。

②单击"图形样式"面板右上角的面板菜单按钮，在打开的面板菜单中选择"新建图形样式"命令，弹出"图形样式选项"对话框，如图12-174所示。用户可在该对话框中输入名称，单击"确定"按钮，即可完成创建图形样式的操作。

图12-172 应用外观属性　　图12-173 创建图形样式　　图12-174 "图形样式选项"对话框

 Tips

如果在创建图形样式的过程中没有弹出"图形样式选项"对话框，那么该图形样式将应用系统默认的排序名称进行命名。

③将"外观"面板左上角的缩览图拖至"图形样式"面板中，如图12-175所示，当面板中的视图列表之间出现较粗的蓝色线条时，释放鼠标键即可完成创建图形样式的操作。或者将文档窗口中的对象拖

至"图形样式"面板中，如图12-176所示，同样是当面板中的视图列表之间出现较粗的蓝色线条时，释放鼠标键，完成创建图形样式的操作。

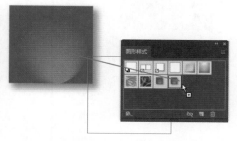

图12-175 拖曳缩览图到"图形样式"面板　　　　图12-176 拖曳对象到"图形样式"面板

④按住【Alt】键的同时单击"新建图形样式"按钮，在弹出的"图形样式选项"对话框中输入图形样式的名称，单击"确定"按钮，即可完成创建图形样式的操作，如图12-177所示。

图12-177 创建图形样式

● 用现有的样式创建新的图形样式

在"图形样式"面板上，按住【Ctrl】键的同时单击两个或两个以上的现有图形样式，可以选中多个现有样式。单击"面板菜单"按钮，在打开的面板菜单中选择"合并图形样式"命令，如图12-178所示。

弹出"图形样式选项"对话框，为在"样式名称"文本框中输入名称，单击"确定"按钮，完成创建新图形样式的操作，如图12-179所示。新建的图形样式将包含所选图形样式的全部属性，并被添加到面板图形样式列表的尾端。

图12-178 选择"合并图形样式"命令　　　　图12-179 创建图形样式

● 复制图形样式

在"图形样式"面板中，选中某个图形样式，单击"面板菜单"按钮，在打开的面板菜单中选择"复制图形样式"命令，如图12-180所示。或者将图形样式拖至"新建图形样式"按钮上，如图12-181所示。释放鼠标键后，通过复制得到的新的图形样式出现在"图形样式"面板的视图列表尾端。

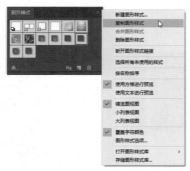

图12-180 选择"复制图形样式"命令　图12-181 将图形样式拖至"新建图形样式"按钮上

应用案例

为对象应用图形样式

源文件：源文件\第12章\12-4-2.ai　视频：视频\第12章\为对象应用图形样式.mp4

STEP 01 使用"选择工具"选中画板中的一个对象/组，单击"控制"面板中的"图形样式面板"按钮，打开"图形样式"面板，选择面板上的某一样式或图形样式库中的某一样式，如图12-182所示。

STEP 02 或者在打开的"图形样式"面板或图形样式库中选择一种样式，也可以为选中对象或组应用该图形样式，如图12-183所示。

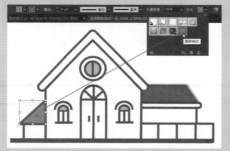

图12-182 为选中对象应用图形样式　　　　　图12-183 应用图形样式

STEP 03 在没有选中对象的提前下，将"图形样式"面板中的某个图形样式拖至对象上，如图12-184所示。释放鼠标键后，即可为对象应用该图形样式，如图12-185所示。

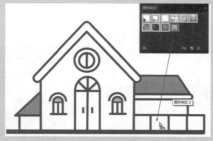

图12-184 拖曳图形样式到对象上　　　　　图12-185 应用图形样式

12.4.3　合并或应用多个图形样式

按住【Alt】键不放，将样式从"图形样式"面板拖至对象上，释放鼠标键后，即可将对象上的现有样式属性与拖至对象上的图形样式合并。

选中一个对象或组，按住【Alt】键的同时在"图形样式"面板中单击多个图形样式，即可为选中对象应用多个样式。

 Tips

如果想要在应用图形样式时保留文字的颜色，需要在应用样式前，取消选择面板菜单中的"覆盖字符颜色"命令。

12.4.4 使用"图形样式库"

"图形样式库"是Illustrator CC为用户提供的多组图形样式预设集合。当用户打开一组图形样式预设集合时，该组图形样式预设集合会出现在一个新的面板而非"图形样式"面板上。用户可以对"图形样式库"中的项目进行选择、排序和查看等操作，其操作方式与"图形样式"面板的操作方式一样。但是用户无法在"图形样式库"中添加、删除或编辑项目。

● 打开"图形样式库"

执行"窗口 > 图形样式库"命令，打开包含多组图形样式预设集合的子菜单，如图12-186所示。在子菜单中选择任一命令，即可在新面板中打开该组图形样式预设合集，如图12-187所示。

图12-186 "图形样式库"子菜单　　图12-187 图形样式预设合集

 Tips

如果用户想要在启动 Illustrator CC 时自动打开一组图形样式预设合集，需要在"图形样式库"的面板菜单中选择"保持"命令。

用户也可以单击"图形样式"面板底部的"图形样式库菜单"按钮 ，打开"图形样式库"下列选列表框，如图12-188所示。

或者单击"图形样式"面板右上角的"面板菜单"按钮，在打开的面板菜单中选择"打开图形样式库"命令，也可以打开"图形样式库"子菜单，如图12-189所示。在子菜单中选择任一命令，也可在新面板中打开该组图形样式预设合集，如图12-190所示。

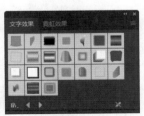

图12-188 "图形样式库"子菜单　　图12-189 "图形样式库"子菜单　　图12-190 打开一组图形样式预设合集

单击"图形样式库"中的任一图形样式，即可将该图形样式添加到"图形样式"面板中，也可以在"图形样式"面板中移除不需要的图形样式。

Tips

如果要选择文档中所有未使用的图形样式，选择"图形样式"面板菜单中的"选择所有未使用的样式"命令即可。

● 将库中样式添加到"图形样式"面板

　　打开"图形样式库"面板，选择一个或多个图形样式，将其拖至"图形样式"面板中，如图12-191所示。当"图形样式"面板中的视图列表之间出现较粗的蓝色线条后，立即释放鼠标键，即可将一个或多个图形样式添加到"图形样式"面板中，如图12-192所示。

图12-191 选中并拖曳图形样式　　　图12-192 添加图形样式

　　用户也可以在"图形样式库"面板上选择要添加的图形样式，再单击"面板菜单"按钮，在打开的面板菜单中选择"添加到图形样式"命令。

　　用户还可以将"图形样式库"面板中的图形样式应用到文档中的对象上，被应用的图形样式将会自动添加到"图形样式"面板中。

应用案例　创建"图形样式库"

源文件：无　　　　　　视频：视频\第12章\创建"图形样式库".mp4

STEP 01 在"图形样式"面板中选择一个创建好的图形样式，选择"图形样式库"下拉列表框中的"保存图形样式"选项，如图12-193所示。

STEP 02 弹出"将图形样式存储为库"对话框，在该对话框中为"图形样式库"命名，如图12-194所示。

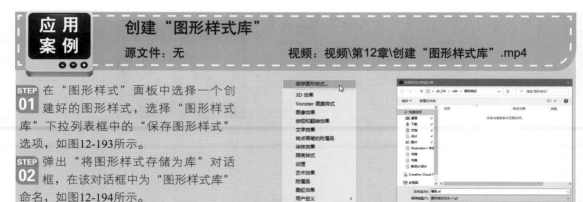

图12-193 选择"保存图形样式"选项　图12-194 为"图形样式库"命名

 Tips

用户也可以通过选择"图形样式"面板菜单中的"存储图形样式库"命令，打开"将图形样式存储为库"对话框。

STEP 03 继续在该对话框中设置图形样式库文件的存储位置，如果将库文件存储在默认位置，单击"保存"按钮，图形样式名称会出现在"图形样式库"下拉列表框及"打开图形样式库"菜单的"用户定义"子菜单中，如图12-195所示。

图12-195 图形样式名称会出现在"用户定义"子菜单中

12.4.5 编辑图形样式

用户可以在"图形样式"面板中,对图形样式进行重命名、删除、断开图形样式链接,以及替换图形样式属性等操作。

● 重命名图形样式

选中"图形样式"面板中的图形样式,单击"面板菜单"按钮,在打开的面板菜单中选择"图形样式选项"命令,弹出"图形样式选项"对话框,在该对话框中输入新的名称,如图12-196所示。单击"确定"按钮,完成对图形样式的重命名操作。

● 删除图形样式

选中"图形样式"面板中的图形样式,单击"面板菜单"按钮,在打开的面板菜单中选择"删除图形样式"命令,弹出"Adobe Illustrator"警告框,如图12-197所示,单击"是"按钮,即可删除图形样式。

或者将选中样式拖至"图形样式"面板底部的"删除"按钮上 🗑,释放鼠标键即可删除图形样式。

图12-196 输入新的名称　　　图12-197 警告框

应用了图形样式的任何对象、组或图层被删除图形样式后,都将保留图形样式的外观属性,但是该对象的这些属性不再与图形样式关联。

● 断开图形样式链接

选择应用了图形样式的对象、组或图层后,单击"图形样式"面板中的"面板菜单"按钮,在打开的面板菜单中选择"断开图形样式链接"命令,如图12-198所示。或者单击面板底部的"断开图形样式链接"按钮 🔗,释放鼠标键后,不会改变对象的外观,但是所选对象与图形样式将断开链接。

断开链接后,选中应用了图形样式的对象,"图形样式"面板上的"断开图形样式链接"按钮为禁用状态,如图12-199所示。

图12-198 选择"断开图形样式链接"选项　　　图12-199 "断开图形样式链接"按钮为禁用状态

用户也可以更改应用了图形样式对象的外观属性,包括填色、描边、透明度或效果等,更改完成后所选对象与图形样式同样会断开链接。此时,所选对象、组或图层将保留原来的外观属性,并且可以对其进行独立编辑。

● 替换图形样式属性

按住【Alt】键不放,将"图形样式库"面板中的图形样式拖至"图形样式"面板的图形样式上,如图12-200所示。释放鼠标键后,"图形样式"面板上的图形样式将被替换,如图12-201所示。

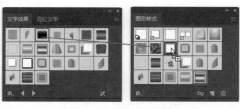 

图12-200 拖曳图形样式　　　　　图12-201 图形样式被替换

选中一个具有属性的对象，按住【Alt】键不放，将"外观"面板顶部的缩览图拖至"图形样式"面板的图形样式上，如图12-202所示。释放鼠标键后，"图形样式"面板中的图形样式将被替换，如图12-203所示。

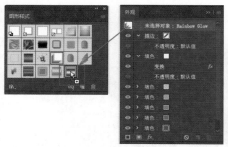 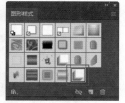

图12-202 拖曳缩览图　　　　　图12-203 替换图形样式

在"图形样式"面板中选择要替换的图形样式，在画板中选择具有属性的对象/组或者在"图层"面板中定位一个图层/项目，单击"外观"面板右上角的"面板菜单"按钮，在打开的面板菜单中选择"重新定义图形样式'样式名称'"命令，如图12-204所示。释放鼠标键后，"图形样式"面板中的图形样式将被替换，如图12-205所示。

图12-204 选择"重新定义图形样式'样式名称'"命令　图12-205 图形样式被替换

被替换的图形样式其名称不变，但应用的却是新的外观属性，并且Illustrator CC当前文档内所有使用此图形样式的对象都将更新为新属性。

12.4.6　从其他文档导入图形样式

如果用户想从其他文档导入图形样式，执行"窗口 > 图形样式库 > 其他库"命令，或者从"图形样式"面板菜单中选择"打开图形样式库 > 其他库"选项，都可弹出"选择要打开的库"对话框，如图12-206所示。

在该对话框中选中一个文件，单击"打开"按钮，图形样式将出现在"图形样式库"面板中，如图12-207所示。

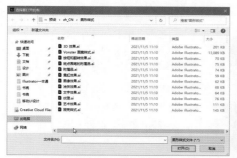

图12-206 "选择要打开的库"对话框

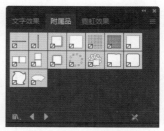

图12-207 导入图形样式

12.5 图形的外观属性

外观是指对象的外在表现形式。为对象应用外观属性不会改变对象的基本结构，只会影响对象的外在视觉效果。也就是说，如果为某个对象应用了外观属性后又编辑或删除这个属性，该对象的基本结构及对象上的其他属性都不会发生改变。

在Illustrator CC中，外观属性包括填色、描边、不透明度和效果等内容。用户可以通过使用"外观"面板灵活地编辑对象的外观属性，使对象的视觉效果变得更加丰富。

12.5.1 了解"外观"面板

为对象、组或图层添加外观属性后，可以通过"外观"面板对其进行查看、管理和编辑等操作。

绘制一个形状并保持其为选中状态，执行"窗口 > 外观"命令，打开"外观"面板，如图12-208所示。在"外观"面板中，"描边""填色"属性按堆栈顺序列出，还可以在面板中为所选对象添加新的填色、描边及效果，也可以对其他属性进行编辑和修改。

单击面板右上角的"面板菜单"按钮，打开如图12-209所示的面板菜单，选择任一命令，即可完成相应操作。

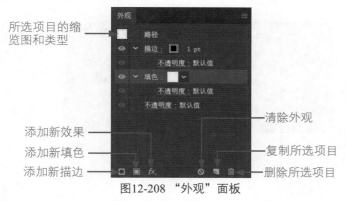

图12-208 "外观"面板 图12-209 面板菜单

如果项目还应用了其他效果，各种效果将按其在图稿中的应用顺序从上到下进行排列，即面板中各属性从上到下的顺序对应图稿中的上下顺序。

 Tips

因为在 Illustrator CC 中可以将外观属性应用于图层、组和对象以及对象的填色和描边上，所以有些图稿的外观属性层次可能十分复杂。

记录外观属性

为对象设置外观属性时，根据不同的选择对象，系统将在"外观"面板中呈现不同的记录内容。

● 单个项目

选中单个对象并为其设置外观属性时，Illustrator CC会自动将这些外观属性及其参数设置记录到"外观"面板中。选中该项目，即可在"外观"面板中查看和编辑记录面板中的外观属性，如图12-210所示。

创建路径或添加文字后，该项目的基本外观属性（单一的填色和描边及默认的透明度）会显示在"外观"面板中，此时，面板菜单中的"新建图稿具有基本外观"命令为启用状态，如图12-211所示。否则新绘制的对象将沿用上一个选中对象所具有的外观属性。

图12-210 选中单个对象的"外观"面板　　　　图12-211 "新建图稿具有基本外观"命令为启用状态

 Tips

如果属性名称前面有三角按钮，表示该选项有隐藏的子选项，用户可以通过单击三角按钮展开或折叠隐藏的子选项。

● 文字项目

选中文字并为其添加各项外观属性时，Illustrator CC会自动将这些外观属性及其参数设置记录到"外观"面板中，用户也可在面板中查看和编辑这些外观属性。

选中文本对象，"外观"面板中的外观属性显示为"字符"项目，如图12-212所示。双击面板中的"字符"项目，面板将显示字符的混合外观和外观属性，如图12-213所示；单击面板顶部的"文字"项目，返回面板主视图。

 *Tips*

如果想要查看具有混合外观的文本的各个字符属性，选中单个字符即可。

图12-212 "字符"项目　　　　图12-213 字符的混合外观和外观属性

● 编组项目

在绘制图形的过程中，经常需要将多个对象编为一组以便操作。编组后的对象也可以进行外观属性设置，Illustrator CC同样会将编组对象的各项外观属性记录到"外观"面板中，用户也可以在面板中查看和编辑这些外观属性。

选中编组项目，"外观"面板中的外观属性显示为"内容"项目，如图12-214所示。双击面板中的"内容"项目，面板将显示编组中的"混合对象""混合外观"，如图12-215所示；单击面板顶部的"编组"项目，即可返回面板主视图。

图12-214 "内容"项目   图12-215 显示编组中的"混合对象"和"混合外观"

● 图层项目

在Illustrator CC中，可以将整个图层当作添加外观属性的对象。打开"图层"面板，单击图层中的"定位"按钮 ⊙，按钮变为 ◉ 状态后，表示图层上的所有内容被选中，如图12-216所示。选中图层后，可以为该图层添加各种外观属性，这些外观属性会被被记录到"外观"面板中，并显示为"内容"项目，"外观"面板如图12-217所示。

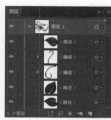

图12-216 选中图层   图12-217 "外观"面板

"图层"面板中的"定位"按钮用于指示图层项目是否具有外观属性，以及该图层是否被定位。

当"定位"按钮显示为 ⊙ 状态，表示项目未被定位，且不具有除单一填充和单一描边以外的外观属性。当"定位"按钮显示为 ◉ 状态，表示项目未被定位，但具有外观属性。

当"定位"按钮显示为 ⊙ 状态，表示项目已被定位，但不具有除单一填充和单一描边以外的外观属性。当"定位"按钮显示为 ◉ 状态，表示项目已被定位，且具有外观属性。

12.5.3 应用外观属性

用户可以在"外观"面板中为选中对象应用单一或多重的外观属性，包括填色、描边、不透明度及各种效果等。

● 添加新填色

选中一个对象，单击"外观"面板底部的"添加新填色"按钮 ▣，或者选择"外观"面板菜单中的"添加新填色"命令，可以为选中对象增加一个新的"填色"选项，并且新添加的填色与原填色参数相同，如图12-218所示。单击"填色"选项后的颜色块，用户可以在打开的色板中选择一个新颜色，如图12-219所示。

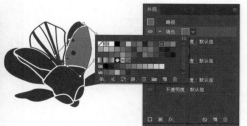

图12-218 添加"填色"   图12-219 选择新颜色
选项

对象的填色、描边外观属性可以多重操作，也就是说可以为一个对象创建多个"填色""描边"选项，从而产生多个填充内容和描边叠加的效果。

Tips

用户可以通过"外观"面板中的"添加新填色""添加新描边""复制所选项目"等选项，为选中对象添加多个填色和描边。

● 不透明度

不管选中对象是什么类型，用于控制项目整体透明度的"不透明度"选项始终位于"外观"面板主视图中，且排列在属性选项列表底部，如图12-220所示。而且除了可以控制整体项目的"不透明度"选项，项目中的每个"填色""描边"属性选项都包含一个"不透明度"子选项，如图12-221所示。

单击面板底部的"不透明度"选项，或者单击"填色""描边"选项下方的"不透明度"子选项，都可打开"不透明度"面板。在面板中修改不透明度参数，完成后具体的参数数值将显示在"外观"面板中，如图12-222所示。

图12-220 "不透明度"选项 图12-221 "不透明度"子选项 图12-222 修改"不透明度"参数

Tips

为对象添加新描边外观属性的操作方式与添加新填色外观属性的操作方式完全相同，因此不再赘述。

● 添加新效果

选中一个项目，单击"外观"面板底部的"添加新效果"按钮 **fx.**，在打开的下拉列表框中选择想要添加的效果选项，如图12-223所示。释放鼠标键后弹出相应的对话框，在对话框中设置各项参数，单击"确定"按钮，"外观"面板将自动添加效果选项的名称和参数，如图12-224所示。

图12-223 选择效果选项 图12-224 添加新效果

● 编辑外观属性

如果想要编辑选中对象的某个属性，在"外观"面板中单击该属性的名称或者双击该属性，都可打开相应的对话框或面板，用户可在对话框或面板中修改参数，如图12-225所示。完成后单击"确定"按钮或在画板空白处确认调整，效果如图12-226所示。

图12-225 修改参数　　　　　　　　图12-226 调整效果

　　当外观属性处于编辑状态时，"外观"面板中的属性选项显示为蓝色，如图12-227所示。对于名称中没有下画线的填充外观属性来说，用户想要对其进行修改，有两种方法：第一种是单击选项将其选中后，再单击选项后的颜色块，或者按住【Shift】键的同时单击颜色块，即可打开"色板"面板，以及替代色板的"颜色"面板，如图12-228所示；第二种则是双击"外观"面板中的属性选项，也可打开"颜色"面板。

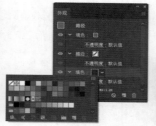

图12-227 编辑状态　　　　　　图12-228 打开相应的日面板

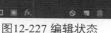

● 为描边、填色属性添加效果

　　Illustrator CC允许用户直接向对象的描边、填色外观属性添加效果，而且不会对其他外观属性产生影响，此功能会使图形的外观效果在应用上更加灵活多变。

　　在"外观"面板中选择要添加效果的"描边"或"填色"选项，如图12-229所示。再单击面板底部的"添加新效果"按钮，在打开的下拉列表框中选择任一效果并设置参数，完成后的效果名称出现在所选"描边"或"填色"外观属性的子选项列表中，如图12-230所示。

图12-229 选择"描边"选项　　　图12-230 添加效果

删除和清除外观属性

源文件：源文件\第12章\12-5-4.ai　视频：视频\第12章\删除和清除外观属性.mp4

STEP 01 选中一个具有外观属性的对象，单击"外观"面板底部的"清除外观"按钮 ⊘ 或在面板菜单中选择"清除外观"命令，如图12-231所示。

STEP 02 释放鼠标键后，选中的编组对象的外观属性将删除至基本外观，效果如图12-232所示。

图12-231 选择"清除外观"命令　　　　　　图12-232 清除外观后的效果

Tips

如果是单个对象，即可将选中对象的外观属性完全删除，对象的"填色""描边"都为无状态。

STEP 03 选中"外观"面板中的某个属性选项，单击"外观"面板底部的"删除所选项目"按钮 🗑 或将其拖至该按钮上，也可以在面板菜单中选择"清除项目"命令，如图12-233所示。

STEP 04 释放鼠标键后，都可以删除选中的外观属性，如图12-234所示。

图12-233 移去项目　　　　　　　　图12-234 删除单个外观属性

12.5.4 管理外观属性

　　用户可以在"外观"面板中轻松管理各种外观属性，包括启用属性、禁用属性、复制属性、删除属性、清除属性、简化属性及显示/隐藏缩览图等。

● 启用/禁用外观属性

　　如果想要启用或禁用选中对象的单个属性，单击"外观"面板中该属性选项前面的"眼睛"按钮 👁 即可，如图12-235所示。如果想要启用所有隐藏属性，选择"外观"面板菜单中的"显示所有隐藏的属性"命令，如图12-236所示。

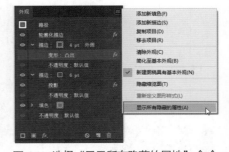

图12-235 显示或隐藏单个属性　　图12-236 选择"显示所有隐藏的属性"命令

● 显示/隐藏缩览图

　　在"外观"面板中，当面板左上角显示选中对象的缩览图时，面板菜单中的命令显示为"隐藏缩览图"，选择该命令即可隐藏缩览图，如图12-237所示。此时，"外观"面板左上角无内容且面板菜单中的命令显示为"显示缩览图"，选择该命令即可将缩览图恢复为显示状态，如图12-238所示。

图12-237 选择"隐藏缩览图"命令　　　　图12-238 选择"显示缩览图"命令

● 复制外观属性

　　使用"外观"面板可以将一个对象上的外观属性复制到另一个对象上。

　　选中一个具有外观属性的对象，单击"外观"面板左上角的缩览图图标，并将其拖至需要添加外观属性的对象上，如图12-239所示。释放鼠标键后，目标对象将应用选中对象的外观属性，如图12-240所示。

图12-239 拖曳缩览图图标　　　　图12-240 复制外观属性

● 简化至基本外观

　　选中一个具有外观属性的对象，单击"外观"面板右上角的"面板菜单"按钮，在打开的面板菜单中选择"简化至基本外观"命令，将选中对象的外观属性删减到只保留基本外观的状态，如图12-241所示。

图12-241 只保留基本外观

Tips

如果要在"外观"面板中调整外观属性的顺序，先选中需要调整的属性选项，再将其向上或向下拖至合适的位置，释放鼠标键即可完成操作。

应用案例

使用"外观"面板绘制文字按钮

源文件：源文件\第12章\12-5-4.ai　视频：视频\第12章\使用"外观"面板绘制文字按钮.mp4

STEP 01　新建一个Illustrator文件，使用"文字工具"在画板上输入文字，在工具箱中设置其填色、描边为无，如图12-242所示。打开"外观"面板，单击面板底部的"添加新填色"按钮，设置"填色"为渐变，如图12-243所示。

图12-242 输入文字并设置其填色、描边　　　　图12-243 添加新填色

STEP 02 打开"色板"面板，将新的渐变填色设置为色板并命名为"红黑渐变"，如图12-244所示。继续在"外观"面板上设置"描边"，具体参数如图12-245所示。

STEP 03 单击面板底部的"添加新效果"按钮，在打开的效果列表框中选择"路径 > 偏移路径"选项，弹出"偏移路径"对话框，设置参数如图12-246所示。

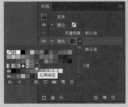

图12-244 设置色板　　　　图12-245 具体参数　　　　图12-246 设置参数

STEP 04 单击"确定"按钮，文字效果如图12-247所示。打开"图形样式"面板，单击面板底部的"图形样式库菜单"按钮，在打开的下拉列表中选择"文字效果"选项，打开"文字效果"面板，如图12-248所示。

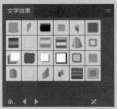

图12-247 文字效果　　　　　　　　　　图12-248 "文字效果"面板

STEP 05 使用"选择工具"单击画板中的空白处，选择"文字效果"面板中的"金属银"效果，将"填色"设置为新色板，如图12-249所示。选中文字并使用"外观"面板添加新的描边，设置参数如图12-250所示。

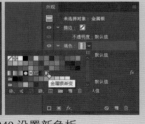

图12-249 设置新色板　　　　　图12-250 设置参数

图12-251 文字效果

STEP 06 设置完成后，文字效果如图12-251所示。再次单击面板底部的"添加新效果"按钮，在打开的效果列表框中选择"风格化 > 投影"选项，弹出"投影"对话框，设置参数如图12-252所示。

图12-252 设置参数

STEP 07 单击"确定"按钮，文字效果如图12-253所示。单击"外观"面板底部的"添加新填色"按钮，将其叠放顺序移至底层，设置参数如图12-254所示。

图12-253 文字效果　　　　图12-254 设置参数

STEP 08 单击面板底部的"添加新效果"按钮，在打开的效果列表框中选择"转换为形状 > 圆角矩形"选项，弹出"形状选项"对话框，设置参数如图12-255所示。单击"确定"按钮，文字按钮的效果如图12-256所示。

图12-255 设置参数

图12-256 文字按钮的效果

12.6 专家支招

Illustrator CC中的效果功能与Photoshop中的滤镜功能有异曲同工之处，但是由于Illustrator CC本身的矢量绘图性质，使软件中的效果应用在矢量对象和位图对象上存在一定差别。因此，用户只有明确各自的不同，才能事半功倍地使用各个命令。

12.6.1 为位图应用效果

在Illustrator CC中，用户可以将特殊的外观效果应用于位图图像和矢量对象。例如，用户可以为对象应用印象派外观、光线变化或者对图像进行扭曲，还可以生成其他诸多有趣的可视效果。但是为位图对象应用效果时，需要考虑以下几个情况

● 效果对于链接的位图对象不起作用。如果对链接的位图应用一种效果，则此效果将应用于嵌入的位图副本，而非原始位图。如果想要对原始位图应用效果，要将原始位图嵌入文档中。

● Illustrator CC支持使用来自其他Adobe产品（如Adobe Photoshop）和非Adobe软件开发商设计的增效效果。用户可以在网络中下载所需的增效效果，大多数的增效效果在安装后都会出现在"效果"菜单中，并且与内置效果的工作方式相同。

● 为位图对象应用效果时，一些效果可能会占用大量内存，尤其是为拥有高分辨率的位图对象应用效果时，此问题更加明显。

12.6.2 如何改善效果的性能

在为对象添加效果时，用户会发现Illustrator CC中的一些效果会占用非常大的内存。在应用这些效果时，下列技巧可以帮助用户改善其性能。

● 为对象添加多个效果时，应该在打开的"效果"对话框中选择"预览"复选框，用以节省时间并防止软件出现意外。

● Illustrator CC中的某些效果命令极耗内存，如"玻璃"命令。对于这些极耗内存的效果，用户可以在应用时尝试不同的设置以提高软件的运行速度。

● 如果用户想要在灰度打印机上打印图像，最好在应用效果之前先将位图图像的一个副本转换为灰度图像，再对其进行相应的操作。这是因为在某些情况下，对彩色位图图像应用效果后再将其转换为灰度图像所得到的结果，与直接对图像的灰度版本应用同一效果所得到的结果可能有所不同。

12.7　总结扩展

使用Illustrator CC中的效果、外观属性和图形样式等功能，可以帮助用户完成丰富多彩的复杂图形的绘制，从而有效地提升用户作品的美观度。

12.7.1　本章小结

本章详细介绍了Illustrator CC中各项效果的表现形式和使用方法，还介绍了对象的外观属性及"外观"面板的使用方法。同时详细介绍了图形样式的创建、应用和编辑，并且针对"图形样式"面板的使用方法进行了介绍。通过本章内容的学习，用户可以快速掌握效果、外观属性和图形样式的使用方法。

12.7.2　举一反三——绘制酷炫花纹

源　文　件：	源文件\第12章\12-7-2.ai
视　　　频：	视频\第12章\绘制酷炫花纹.mp4
难易程度：	★ ★ ☆ ☆ ☆
学习时间：	8分钟

① ②

③ ④

1　创建一个星形，并执行"效果＞扭曲和变换"命令，对其进行变形。

2　使用"直接选择工具"拖曳星形的控制点。

3　创建一个圆形，并执行"效果＞扭曲和变换"命令，对其进行变形。

4　再次执行"收缩与膨胀"命令，对其进行变形。

第13章 作品的输出与打印

完成作品的设计后，可以使用Illustrator CC将图稿输出为各种常见的格式，从而最大限度地与其他软件兼容。在实际工作中，完成作品设计后，不仅需要将作品输出为电子文件，有时也需要对作品进行打印，因此了解如何使用Illustrator CC打印作品也非常重要。

13.1 输出作品

使用Illustrator CC完成广告图稿的制作后，需要将图稿根据不同的用途输出为不同的格式。执行"文件 > 导出 > 导出为"命令，弹出"导出"对话框，在对话框中的"保存类型"下拉列表框中选择一种格式。

单击"导出"按钮，将弹出"XXX选项"对话框，用户需要在对话框中为文件格式设置各项参数，设置完成后单击"确定"按钮，完成输出不同格式文件的操作。

13.1.1 AutoCAD导出选项

如果选择的文件格式为"AutoCAD交换文件（*.DXF）"或"AutoCAD绘图（*.DWG）"，单击"导出"按钮后将弹出"DFX/DWG导出选项"对话框，如图13-1所示。

图13-1 "DFX/DWG导出选项"对话框

- AutoCAD版本：在该选项的下拉列表框中可以为导出文档指定AutoCAD版本。

- 缩放：在文本框中输入具体数值，可以指定在写入AutoCAD文件时Illustrator CC如何解释长度数据。

- 缩放线条粗细：选择该复选框后，导出文件时文件中的线条粗细将与绘图其余部分一起缩放。

- 颜色数目：用以确定导出文件的颜色深度。该选项的下拉列表框中包含"8""16""256""真彩色"4种类型。

- 栅格文件格式：指定导出过程中栅格化图像和对象后是否以PNG或JPEG格式存储。由于只有PNG格式支持透明度，所以如果需要最大程度地保留外观，应选择"PNG"选项。

- 保留外观：选中该单选按钮，可以保留外观，但导出后的文件无法进行编辑，可能会导致文件的可编辑性严重受损。

- 最大可编辑性：如果编辑AutoCAD文件的需求比保留外观的需求更为强烈，则需要选中该单选按钮。未选中该单选按钮就导出，可能会导致图稿外观严重受损，特别是在已经应用了样式效果的情况下。

- 仅导出所选图稿：选择该复选框，系统只会导出选定文件中的图稿。如果未选定图稿，将导出空文件。
- 针对外观改变路径：改变AutoCAD中的路径以保留原始外观。例如，在导出过程中，某个路径与其他对象重叠并更改这些对象的外观，选择该复选框后，系统将改变此路径以保留对象的外观。
- 轮廓化文本：选择该复选框，导出之前将所有文本转换为路径以保留外观。如果需要编辑AutoCAD中的文本，无须选择该复选框。

13.1.2 JPEG导出选项

如果用户要导出的文档包含多个画板，在单击"导出"对话框中的"导出"按钮前，需要为导出的画板指定范围。

如果选择的文件格式为"JPEG（*.JPG）"，并且要导出的文档包含多个画板，应该选择"导出"对话框底部的"使用画板"复选框，并选中"全部"单选按钮。如果只想导出某一范围内的画板，应该选中"范围"单选按钮，并在文本框内指定范围。完成后单击"导出"按钮，弹出"JPEG选项"对话框，如图13-2所示。

图13-2 "JPEG选项"对话框

- 颜色模型：可以在该选项的下拉列表框中为JPEG文件选择颜色模型。
- 品质：为输出的JPEG文件指定其品质程度。可以从"品质"选项的下拉列表框中选择一个选项或在"品质"文本框中输入一个0～10的值。
- 压缩方法：选择"基线（标准）"选项，将使用大多数Web浏览器都识别的格式；选择"基线（优化）"选项，将获得优化的颜色和稍小的文件大小；选择"连续"选项，在图像下载过程中将显示一系列越来越详细的扫描。需要注意的是，并不是所有的Web浏览器都支持"基线（优化）""连续"的JPEG图像。
- 分辨率：为输出文件指定分辨率。可以选择预设选项，也可以自己输入分辨率。
- 消除锯齿：通过超像素采样消除图稿中的锯齿边缘。栅格化线状图时选择"无"选项，有助于维持其硬边缘。
- 图像映射：选择该复选框，为图像映射生成代码。选择"客户端（.html）"或"服务器端（.map）"决定生成文件的类型。
- 嵌入ICC配置文件：选择该复选框，可以在JPEG文件中存储ICC配置文件。

13.1.3 Photoshop 导出选项

如果要导出的文档包含多个画板，又想将每个画板导出为独立的PSD文件，用户可以在"导出"对话框的"保存类型"下拉列表框中选择"Photoshop（*.PSD）"格式。

为文档设置保存类型后，选择对话框底部的"使用画板"复选框。此时，用户可以选中"全部"单选按钮或"范围"单选按钮并指定导出范围，完成后单击"导出"按钮，弹出"Photoshop导出选项"对话框，如图13-3所示。

图13-3 "Photoshop导出选项"对话框

- 颜色模型：为导出文件指定颜色模型。将CMYK文档导出为RGB文档，可能在透明区域外观引起意外的变化，尤其是包含混合模式的区域。如果用户想要更改颜色模型，要将图稿导出为平面化图像（"写入图层"单选按钮将不可用）。

● 分辨率：为导出文件指定分辨率。

● 平面化图像：选中该单选按钮，会合并所有图层并将Illustrator图稿导出为栅格化图像。使用该单选按钮可保留图稿的视觉外观。

● 写入图层：将组、复合形状、嵌套图层和切片导出为单独的、可编辑的Photoshop图层。嵌套层数超过5层将被合并为单个Photoshop图层。

● 保留文本可编辑性：选中该复选框，画板中的文字将作为导出PSD文件中的单个图层导出。取消勾选该复选框，画板中的文字将被自动栅格化为导出PSD文件中的一个图层。

● 最大可编辑性：选择"最大可编辑性"复选框，可将透明对象导出为实时的、可编辑的Photoshop图层。将每个顶层子图层写入单独的Photoshop图层，顶层图层将成为Photoshop图层组。还将为顶层图层中的每个复合形状创建一个Photoshop形状图层。注意：Illustrator无法导出应用了图形样式、虚线描边或画笔的复合形状，此类复合形状导出后将成为栅格化形状。

● 消除锯齿：通过超像素采样消除图稿中的锯齿边缘。

● 嵌入ICC配置文件：选择该复选框，将创建色彩受管理的文档。

13.1.4 PNG导出选项

如果要导出的文档包含多个画板，又想将每个画板导出为独立的PNG文件，用户可以在"导出"对话框的"保存类型"下拉列表框中选择"PNG（*.PNG）"格式。

为文档设置保存类型后，选择对话框底部的"使用画板"复选框。此时，用户可以选中"全部"单选按钮或"范围"单选按钮并指定导出范围。完成后单击"导出"按钮，弹出"PNG选项"对话框，如图13-4所示。

图13-4 "PNG选项"对话框

● 分辨率：为栅格化图像指定分辨率。分辨率越大，图像品质越好，但文件大小也越大。需要注意的是，无论用户指定何种分辨率，某些应用程序都会以72ppi打开PNG文件。因此，用户应该在了解目标应用程序支持非72ppi分辨率后，才可更改分辨率。

● 消除锯齿：通过超像素采样消除图稿中的锯齿边缘。

● 交错：选择该复选框，在文件下载过程中会在浏览器中显示图像的低分辨率版本。"交错"选项会使下载时间变得较短，但也会增加文件大小。

● 背景色：指定填充透明度的颜色。选择"透明"选项可保留透明度；选择"白色"选项将使用白色填充透明度；选择"黑色"选项将使用黑色填充透明度。

应用案例

输出PNG格式文件

源文件：源文件\第13章\13-1-4.ai　视频：视频\第13章\输出PNG格式文件.mp4

STEP 01 执行"文件＞打开"命令，将"素材\第13章\13-1-4.ai"文件打开，图像效果如图13-5所示。执行"文件＞导出＞导出为"命令，弹出"导出"对话框，设置"保存类型"为"PNG（*.PNG）"格式，如图13-6所示。

图13-5 打开图像

图13-6 设置保存类型

STEP 02 完成后单击"导出"按钮，弹出"PNG选项"对话框，如图13-7所示。单击"确定"按钮，将文件导出为PNG格式。打开导出文件所在的文件夹，PNG格式的文件效果如图13-8所示。

图13-7 "PNG选项"对话框　　　　图13-8 PNG格式的文件效果

13.1.5 TIFF导出选项

如果要导出的文档包含多个画板，又想将每个画板导出为独立的TIFF文件，用户可以在"导出为"对话框的"保存类型"下拉列表框中选择"TIFF（*.TIF）"格式。

为文档设置保存类型后，选择对话框底部的"使用画板"复选框。此时，用户可以选中"全部"单选按钮或"范围"单选按钮并指定导出范围。完成后单击"导出"按钮，弹出"TIFF选项"对话框，如图13-9所示。

图13-9 "TIFF选项"对话框

● 颜色模型：为导出文件指定颜色模型。

● 分辨率：为栅格化图像指定分辨率。

● 消除锯齿：通过超像素采样消除图稿中的锯齿边缘。

● LZW压缩：LZW压缩是一种不会丢弃图像细节的无损压缩方法。选择该复选框，将产生较小的文件。

● 嵌入ICC配置文件：选择该复选框，创建色彩受管理的文档。

 输出TIFF格式文件

源文件\第13章\13-1-5.tif　　　　视频：视频\第13章\输出TIFF格式文件.mp4

STEP 01 执行"文件＞打开"命令，弹出"打开"对话框，选中"素材\第13章\13-1-5.psd"文件，如图13-10所示。单击"打开"按钮，弹出"Photoshop导入选项"对话框，设置参数如图13-11所示。

图13-10 选中素材文件　　　　图13-11 设置参数

STEP 02 设置完成后，单击"确定"按钮。执行"文件 > 导出 > 导出为"命令，弹出"导出"对话框，设置"保存类型"为"TIFF（ *.TIF ）"格式，如图13-12所示。单击"导出"按钮，弹出"TIFF选项"对话框，如图13-13所示。

图13-12 设置保存类型　　　　　图13-13 "TIFF选项"对话框

STEP 03 单击"确定"按钮，弹出"进度"对话框，如图13-14所示，即可将PSD格式文件导出为TIFF格式文件。打开导出文件所在的文件夹，TIFF格式文件如图13-15所示。

图13-14 "进度"对话框　　　图13-15 TIFF格式文件

【13.2 收集资源并批量导出

在Illustrator CC中，"导出为多种屏幕所用格式"工作流程是一种全新的输出方式，可以通过一步操作生成不同大小和不同文件格式的资源；而使用"资源导出"面板，则可以快速收集并批量导出资源。

13.2.1 导出资源

想要导出整个画板或单个图稿，执行"文件 > 导出 > 导出为多种屏幕所用格式"命令或按【Alt+Ctrl+E】组合键，弹出"导出为多种屏幕所用格式"对话框。

也可以单击鼠标右键，在弹出的快捷菜单中选择"收集以导出"命令，打开如图13-16所示的子菜单。选择子菜单中的任一命令，即可打开"资源导出"面板，如图13-17所示。用户可以单击"资源导出"面板底部的 按钮，打开"导出为多种屏幕所用格式"对话框。

图13-16 "收集以导出"子菜单　　图13-17 "资源导出"面板

还可以选中图稿后，执行"文件＞导出所选项目"命令，也可以弹出"导出为多种屏幕所用格式"对话框。或者选中图稿后单击鼠标右键，在弹出的快捷菜单中选择"导出所选项目"命令，同样可以打开"导出为多种屏幕所用格式"对话框，如图13-18所示。

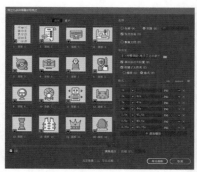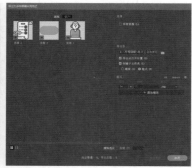

图13-18 "导出为多种屏幕所用格式"对话框

在"导出为多种屏幕所用格式"对话框中，用户可以根据自己的需求对导出图稿进行设置，并且可以在对话框中选择要导出的范围。Illustrator CC为用户提供了两个选项卡："画板""资产"。

- 画板：从可导出的画板中进行选择。单击画板可将其选中或取消选中。此外，还可以使用鼠标配合【Shift】键选择多个项目。
- 资产：在"资源导出"面板收集的资源中进行选择。

根据用户所选择的选项卡，选择要导出为文件的项目。画板或资源缩览图左下角的复选框代表其是否处于选中状态。图13-19所示为不同选项卡下项目的选择范围。

图13-19 不同选项卡下项目的选择范围

选择"画板"选项卡

- **全部**：选中该单选按钮，将导出文档中的所有画板，并且导出后每个画板都保持独立状态。
- **范围**：选中该单选按钮，可在当前文档内的可用画板中选择要导出的单个画板并在文本框中填写。例如，在文本框中填写"1/2/4-6"，将导出文档内的画板1/画板2/画板4、画板5和画板6。
- **整篇文档**：选中该单选按钮，可以将整篇文档

完成导出范围的指定后，继续在对话框的"导出至"选项内为导出项目指定导出后文件所处的位置，如图13-20所示。

图13-20 指定导出位置

导出为一个图稿。

选择"资产"选项卡

- **所有资源**：选择该复选框，可导出在"资产"选项卡中收集到的所有资源。

 Tips

如果想要重新开始，单击对话框底部的"清除选区"按钮，可以取消选中所有收集的资源。然后单击缩览图，重新选择想要输出的图稿。

- **位置**：指定导出文件存放的文件夹位置。
- **导出后打开位置**：如果用户希望使用文件浏览器（资源管理器或Finder）打开包含导出资源的文件夹，应该选择该复选框。
- **创建子文件夹**：选择该复选框，导出后将以缩放大小为分类依据，将导出内容置于新创建的多个子文件夹中。

完成导出位置的设置后，接下来在对话框的"格式"选项内为导出项目指定预设类型、缩放、后缀和格式等，如图13-21所示。

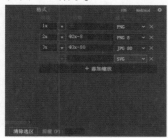

图13-21 指定预设类型

○ iOS：单击可添加iOS设备通常所需的预设文件输出类型。

○ Android：单击可添加Android设备通常所需的预设文件输出类型。

● 缩放：指定输出文件的缩放尺寸。

● 后缀：提供一个后缀以确保输出文件拥有唯一名称。

● 格式：为输出文件指定格式，如".png"".svg"".jpg"".pdf"。

● 删除：单击"×"按钮可删除该缩放尺寸的输出预设。

● 添加缩放：单击"添加缩放"按钮，可添加其他尺寸的输出预设。

● 前缀：在文本框中填写字符串，为生成的文件名称提供开头内容。

以上内容全部设置完成后，单击"导出画板"或"导出资源"按钮，系统会在后台完成项目或资源的导出操作。

13.2.2 后台导出

当使用"文件＞导出＞导出为多种屏幕所用格式"命令从文件导出资源时，Illustrator CC会在后台运行导出进程。因此，即使系统正在进行导出操作，用户也可以继续完成自己的工作。

导出文件比较小，导出进程的时间相对短，该进程对用户的帮助可能比较小。而导出文件大，导出时间也会加长，则该进程可以为用户节省大量时间并提高工作效率。

如果在后台导出过程中想要检查导出进度，可以单击菜单栏中的"正在导出"按钮，如图13-22所示。打开导出进程的信息面板，如图13-23所示。

图13-22 单击"正在导出"按钮

图13-23 信息面板

如果使用Illustrator CC同时在后台导出多个文件，会单独显示每个文件的进度。导出完成后用户将收到一条消息，消息会以绿色文本框的形式显示在文档窗口顶部，如图13-24所示。如果想要停止文件的导出进程，单击导出进程信息面板中的"取消"按钮即可。

图13-24 提示导出完成的消息

默认情况下，使用"导出为多种屏幕所用格式"命令导出文件时，导出进程将始终在后台进行。如果要关闭后台导出，执行"编辑＞首选项＞文件处理和剪贴板"命令，在弹出的"首选项"对话框中取消选择"在后台导出"复选框即可。

目前的 Illustrator CC 版本，后台导出功能只支持栅格文件格式（PNG 、JPG ）。而 SVG、PDF 格式的文件还需要遵循标准的导出步骤才能完成导出操作。

"资源导出"面板

Illustrator CC中的"资源导出"面板显示了用户从图稿中收集的资源。一般情况下，要将资源添加到"资源导出"面板中，以便将其作为多个资源或单个资源进行导出。例如，在移动设备应用程序开发情景中，用户体验设计师如果需要频繁重新生成新的图标和徽标，就可以将这些图标和徽标添加到"资源导出"面板中，然后单击一次按钮，将其导出为多种文件类型和大小。

● 收集作为多个资源导出的图稿

如果用户想要收集作为多个资源导出的对象或图层，执行"窗口 > 资源导出"命令，打开"资源导出"面板。使用"选择工具"将图稿拖至"资源导出"面板中，如图13-25所示。释放鼠标键，即可将它们添加到"资源导出"面板中，如图13-26所示。

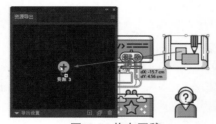 

图13-25 拖曳图稿　　　　　图13-26 添加资源

也可以选中图稿后单击鼠标右键，在弹出的快捷菜单中选择"收集以导出 > 作为多个资源"命令，如图13-27所示，或者在选中图稿后，单击"资源导出"面板中的"从选区生成多个资源"按钮 ，都可以将选中图稿作为多个资源添加到"资源导出"面板中，如图13-28所示。

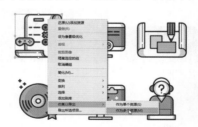 

图13-27 选择"作为多个资源"命令　　图13-28 添加资源

还可以在"图层"面板中选中作为多个资源的图层并突出显示，如图13-29所示。单击"图层"面板底部的"收集以导出"按钮 ，将突出显示的图层添加为资源并显示在"资源导出"面板中，如图13-30所示。

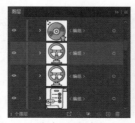 

图13-29 选中图层并突出显示　　图13-30 添加资源

Tips

每次将图稿拖至"资源导出"面板中时，都可"收集"一个资源，但此方式不会在画板上或 Illustrator CC 库中创建重复对象。更新文档中的图稿时，相应的资源也会在"资源导出"面板中自动更新。

● 收集作为单个资源导出的图稿

按住【Alt】键的同时使用"选择工具"将图稿拖至"资源导出"面板中，释放鼠标键即可将图稿添加到"资源导出"面板中。

也可以选中图稿后单击鼠标右键，在弹出的快捷菜单中选择"收集以导出 > 作为单个资源"命令。或者在选中图稿后，按住【Alt】键的同时单击"资源导出"面板中的"从选区生成单个资源"按钮⊞。这两种方式都可将选中图稿作为单个资源添加到"资源导出"面板中。

● "资源导出"面板的工作流程

保持"资源导出"面板为打开或启动状态，并在"资源导出"面板中查看所收集的资源。已选中要导出的资源，其缩览图周围会有一个蓝色边框作为标记。

 Tips

只有包含蓝色边框的资源才会被导出，选择或取消选择资源的方法也很简单，单击缩览图即可。

单击"资源导出"面板中的"导出设置"左侧的三角形▶按钮，当三角形按钮变为▼状态时，"资源导出"面板将展开"导出设置"选项，用以查看或添加导出文件的格式/大小，如图13-31所示。

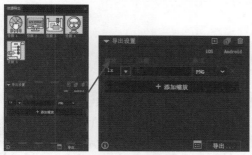

图13-31 导出设置

 Tips

因为这些导出设置的各项参数与"导出为多种屏幕所用格式"对话框中的"格式"选项参数一致，所以此处不再赘述。

单击"资源导出"面板右上角的"面板菜单"按钮☰，打开面板菜单，如图13-32所示。

🔘 格式设置：选择"格式设置"命令，弹出"格式设置"对话框，如图13-33所示。用户可在该对话框中指定导出文件格式的输出设置。

🔘 导出后打开位置：选择"导出后打开位置"命令，可以在完成导出工作流程后立即查看导出的文件。

图13-32 面板菜单

图13-33 "格式设置"对话框

设置完成后，单击面板右下角的"导出"按钮，系统会自动生成文件。在导出资源的过程中，默认情况下Illustrator CC会根据用户选择的缩放选项，在导出位置创建相应的子文件夹。

Tips

如果不想在文件导出过程中创建任何子文件夹，取消选择"资源导出"面板菜单或"导出为多种屏幕所用格式"对话框中的"创建子文件夹"选项即可。

应用案例

批量导出资源

源文件：源文件\第13章\1X、1.5X、2X、3X、4X

视频：视频\第13章\批量导出资源.mp4

STEP 01 执行"文件＞打开"命令，将"素材\第13章\13-2-3.ai"文件打开，如图13-34所示。使用"选择工具"选中一个图标，单击鼠标右键，在弹出的快捷菜单中选择"收集以导出＞作为单个资源"命令，如图13-35所示。

图13-34 打开文件　　　图13-35 选择"作为单个资源"命令

STEP 02 释放鼠标键后，选中图标作为资源被添加到打开的"资源导出"面板中，"资源导出"面板如图13-36所示。使用"选择工具"再次选中一个图标，单击"资源导出"面板中的"从选区生成单个资源"按钮，选中图标被添加为资源，如图13-37所示。

STEP 03 使用刚刚讲解的两种资源添加方法，将画板中的其余图标逐一添加到"资源导出"面板中，如图13-38所示。

图13-36 "资源导出"面板　　　图13-37 添加资源　　　图13-38 "资源导出"面板

STEP 04 全部添加为资源后，单击"资源导出"面板中的 按钮，如图13-39所示。释放鼠标键后即可启动"导出为多种屏幕所用格式"对话框，设置参数如图13-40所示。

图13-39 单击相应的按钮　　　图13-40 设置参数

STEP 05 完成后单击对话框右下角的"导出"按钮，系统开始导出资源。导出完成后，打开导出资源所在的文件夹，资源的每个缩放格式都创建了子文件夹，如图13-41所示。

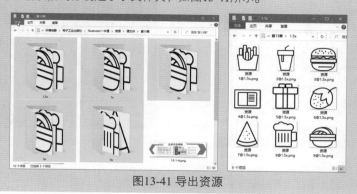

图13-41 导出资源

【13.3 创建PDF文件】

PDF是一种通用的便携文件格式，这种文件格式可以在各种软件和平台上保留创建的文本、图像和版面。因为Adobe PDF文件小却完整，并且使用Adobe Reader软件的人都可以对其进行共享、查看和打印，所以Adobe PDF成为全球范围内电子文档和表单进行安全可靠的分发及交换的标准。

13.3.1 关于Adobe PDF

在印刷出版工作流程中，Adobe PDF非常高效。用户通过将复合图稿存储在Adobe PDF中，能够创建一个供用户或用户的服务提供商查看、编辑、组织和校样的小且可靠的文件。而且用户的服务提供商可以直接输出Adobe PDF文件，或者使用各个来源的工具处理它，便于完成后期的工作任务，包括准备检查、陷印、拼版或分色。

当用户以Adobe PDF格式存储图稿或文件时，可以选择创建一个符合PDF/X规范的文件。PDF/X（便携文档格式交换）是Adobe PDF的子集，其优势是能够消除导致打印问题的颜色、字体和陷印变量。而且无论是工作流程中的创作还是输出阶段，只要软件和输出设备支持PDF/X，PDF/X随时可以作为印刷制作的"Digital Master"，用于PDF文件进行交换。

13.3.2 导出PDF文件

用户可以在Illustrator中创建不同类型的PDF文件，包括单页PDF、多页PDF、包含图层的PDF、PDF/X兼容的文件及简洁的PDF文件。包含图层的PDF是指存储一个包含可在不同上下文中使用的图层PDF；而PDF/X兼容的文件则可减少颜色、字体和陷印问题的出现。

● 创建PDF文件

执行"文件 > 存储为"或"文件 > 存储副本"命令，弹出"存储为"或"存储副本"对话框，输入文件名并选择存储文件的位置。再在"保存类型"下拉列表框中选择"Adobe PDF（*.PDF）"文件格式，如图13-42所示。

完成后单击"保存"按钮，弹出"存储 Adobe PDF"对话框，如图13-43所示。在"Adobe PDF 预设"下拉列表框中选择一个预设，或者从对话框左侧列表框中选择一个类别，然后自定选项。单击"存储PDF"按钮，完成在Illustrator CC中创建PDF文件的操作。

图13-42 选择保存类型

图13-43 "存储 Adobe PDF"对话框

● 创建多页PDF文件

如果一个文档中包含了多个画板，执行"文件＞存储为"命令，弹出"存储为"对话框并将"保存类型"设置为"Adobe PDF（*.PDF）"选项，画板范围为启用状态，如图13-44所示。如果想要将所有画板存储到一个PDF文件中，选中"全部"单选按钮；而如果想要将部分画板存储到一个PDF文件中，选中"范围"单选按钮，并在文本框中填写画板范围即可。

图13-44 画板范围为启用状态

选择完成后，单击"保存"按钮，在弹出的"存储 Adobe PDF"对话框中设置其他PDF选项。设置完成后单击"存储 PDF"按钮，完成从Illustrator CC中创建多页PDF文件的操作。

● 创建多图层的Adobe PDF

Adobe InDesign和Adobe Acrobat都提供了更改Adobe PDF文件中图层可视性的功能。通过在Illustrator CC中存储图层式PDF文件，用户可以将插图用于不同的上下文。例如，用户要对图稿进行多语言发布，不必再为同一插图创建多个版本，而是可以创建一个包含所有语言文本的PDF文件。

想要创建多图层的PDF文件，就要设置用户的可调整元素（希望显示和隐藏的元素）位于不同图层的最上方，而不是嵌套在子图层中。

然后以Adobe PDF格式存储文件，并在"存储 Adobe PDF"对话框中设置"兼容性"选项为"Acrobat 8（PDF1.7）"或"Acrobat 7（PDF1.6）"，最后选择"从顶层图层创建Acrobat图层"复选框，如图13-45所示，并设置其他PDF选项。设置完成后单击"存储 PDF"按钮，完成在Illustrator CC中创建多图层PDF文件的操作。

● 创建Adobe PDF/X兼容文件

图13-45 选择相应的复选框

PDF/X（便携文档格式交换）是图形内容交换的ISO标准，其可以消除导致出现印刷问题的许多颜色、字体和陷印变化。Illustrator CC支持PDF/X－1a、PDF/X－3和PDF/X－4。在存储PDF文件的过程中，用户也可以创建一个PDF/X兼容文件。

具体方法是在"存储Adobe PDF"对话框中选择一个PDF/X预设，或在"标准"下拉列表框中选择一个PDF/X格式，如图13-46所示。继续在"存储Adobe PDF"对话框左侧的列表框中选择"输出"选项，然后设置PDF/X选项，如图13-47所示。设置完成后单击"存储PDF"按钮，完成在Illustrator CC中创建Adobe PDF/X兼容文件的操作。

图13-46 选择PDF/X预设 　　　　　图13-47 设置"输出"选项

● 创建简洁的PDF文件

Illustrator CC提供了以最小的文件大小保存文件的功能。如果使用了此功能，用户可以从Illustrator CC中生成简洁的PDF文件。

执行"文件 > 存储为"命令，弹出"存储为"对话框，将"保存类型"设置为"Adobe PDF（*.PDF）"选项，单击"保存"按钮。弹出"存储Adobe PDF"对话框，在"Adobe PDF预设"下拉列表框中选择"最小文件大小"选项。确保已取消选择"保留Illustrator编辑功能"复选框，避免在保存文档的同时保存Illustrator资源。设置完成后单击"存储PDF"按钮，完成在Illustrator CC中创建简洁PDF文件的操作。

应用案例

存储为PDF文件

源文件：源文件\第13章\13-3-2.pdf 　　　视频：视频\第13章\存储为PDF文件.mp4

STEP 01 执行"文件 > 打开"命令，弹出"打开"对话框，选中"素材\第13章\13-3-2.ai"文件，单击"打开"按钮，弹出"缺少字体"对话框，如图13-48所示。单击"关闭"按钮，打开的文件效果如图13-49所示。

图13-48 "缺少字体"对话框 　　　　图13-49 文件效果

STEP 02 执行"文件 > 存储为"命令，弹出"存储为"对话框，设置"保存类型"为"Adobe PDF（*.PDF）"格式选项，如图13-50所示。设置完成后单击"保存"按钮，弹出"存储Adobe PDF"对话框，设置参数如图13-51所示。

图13-50 选择格式　　　　　　　　图13-51 设置参数

STEP 03 设置完成后，单击"存储PDF"按钮，打开用默认浏览器浏览的PDF格式文件，如图13-52所示。打开存储文件所在的文件夹，PDF格式的文件效果如图13-53所示。

图13-52 浏览PDF格式文件　　　　　　图13-53 文件效果

13.3.3　Adobe PDF预设

　　用户在创建PDF文件时，可以根据自己的需要在"存储 PDF"对话框中选择一种PDF预设。PDF预设是一组影响创建PDF处理的设置，这些设置用于平衡文件大小和品质。用户可在Adobe Creative Suite组件间共享预定义的大多数预设，也可以针对自己特有的输出要求创建和共享自定义预设，Illustrator CC中的Adobe PDF预设类型如图13-54所示。

图13-54 Adobe PDF预设类型

🔵 [Illustrator默认值]：创建保留所有 Illustrator 数据的 PDF 文件。可以在 Illustrator 中重新打开使用此预设创建的 PDF 文件，而不丢失任何数据。

🔵 [高质量打印]：为在桌面打印机和打印设备上进行高质量打印创建的PDF。本预设使用PDF

1.4，将彩色和灰度图像像素缩减到300 ppi和将单色图像像素采样缩减到1200 ppi，嵌入所有字体子集，保持颜色不变和不拼合透明度。使用此预设创建的PDF文件可以在Acrobat 5.0和Acrobat Reader 5.0及更高版本中打开。同时在InDesign中，此预设还会创建加标签的PDF。

🔵 [MAGAZING Ad 2006]：此预设基于数字数据传送委员会设计的创建规则，完成PDF文件的创建。

🔵 [PDF/X－1a：2001]：PDF/X－1a要求嵌入所有字体、指定适当的标记和出血，并且颜色显示为CMYK或专色。符合规范的文件必须包含其适用的打印条件的相关信息。可以在Acrobat 4.0和Acrobat Reader 4.0及更高版本中打开按照PDF/X－1a规范创建的PDF文件。

- [PDF/X－3：2002]：此预设基于 ISO 标准 PDF/X－3:2002创建PDF。可以在 Acrobat 4.0 和 Acrobat Reader 4.0 及更高版本中打开使用此设置创建的PDF。

- [PDF/X－4：2008]：此预设创建ISO PDF/X－4:2008文件，支持实时透明度和ICC色彩管理。使用此预设导出的PDF文件格式为PDF 1.4格式。图像将进行缩减像素采样和压缩，并使用与PDF/X－1a和PDF/X－3设置相同的方式嵌入字体。Acrobat 9 Pro提供了用于验证和印前检查PDF文件是否符合PDF/X－4:2008的工具，以及将非PDF/X文件转换为PDF/X－4:2008的工具。Adobe建议将PDF/X－4:2008作为最佳的PDF文件格

式，用以实现可靠的PDF印刷出版工作流程。

- 印刷质量：创建用于高质量印刷制作（包括数码印刷、分色到照排机或直接制版机）的文件，但不会创建符合PDF/X的文件。在这种情况下，内容的质量是最重要的因素。目标是保持印刷商或印前服务提供商为了正确印刷文档所需的PDF文件中的所有信息。

- 最小文件大小：创建PDF文件，用以在Web或Intranet上显示或者通过电子邮件分发。这组预设选项使用压缩、缩减像素采样及较低的图像分辨率。它将所有颜色转换为sRGB，并嵌入字体，它还为字节级服务优化文件。为了获得最佳效果，打印PDF文件时应该避免使用此预设。

13.3.4 自定PDF预设

Illustrator CC为用户提供系统已经设置好的PDF预设文件，虽然这些PDF预设是系统基于最佳做法而完成的设置，但是用户在使用过程中仍然可能会发现自己的工作流程或者印刷商的工作流程需要专门设置PDF，而该设置无法通过任何内置预设获得。遇到这种情况，Illustrator CC的优势便显现出来，因为其允许用户自定义PDF预设，所以用户完全可以创建自定预设来满足自己的工作需要。

执行"编辑 > Adobe PDF预设"命令，弹出"Adobe PDF预设"对话框，如图13-55所示。如果用户要创建新的预设，单击"新建"按钮，弹出"新建PDF预设"对话框，如图13-56所示。如果想要基于现有预设而创建新的预设，需要在创建预设前选中现有预设。

图13-55 "Adobe PDF预设"对话框　　图13-56 "新建PDF预设"对话框

如果想要编辑现有自定预设，需要在"Adobe PDF预设"对话框中选择该自定预设，然后单击"编辑"按钮，弹出"编辑PDF预设"对话框，在该对话框中完成预设的调整。

如果想要删除现有自定预设，需要在"Adobe PDF预设"对话框中选择该自定预设并单击"删除"按钮。

如果想要将自定预设存储到非Adobe PDF文件夹中的默认Settings文件夹位置，需要选择该自定预设并单击"导出"按钮，如图13-57所示。弹出"将Adobe PDF 设置存储为"对话框，如图13-58所示。在该对话框中指定预设名称和存储位置，完成后单击"保存"按钮。返回"Adobe PDF预设"对话框中，设置PDF选项，然后单击"确定"按钮。

图13-57 单击"导出"按钮　　图13-58 "将Adobe PDF 设置存储为"对话框

用户也可以在存储PDF文件的过程中，在弹出的"存储Adobe PDF"对话框中单击"Adobe PDF预设"选项右侧的"存储预设"按钮 ![], 弹出"将Adobe PDF设置存储为"对话框, 如图13-59所示。为预设命名后单击"确定"按钮, 完成创建自定预设的操作。

图13-59 "将Adobe PDF 设置存储为"对话框

Tips

如果要与他人共享自定预设，需要选择一个或多个预设，单击"导出"按钮，将预设存储到单独的".joboptions"文件中，然后就可以通过网络将文件传输给想要分享的用户。

13.3.5 载入PDF预设

用户不仅可以将自定的PDF预设共享给他人，也可以从服务提供商和其他用户处获得他们的自定PDF预设文件。如果用户想要使用从其他地方获得的PDF预设文件，需要将其载入到相应的软件中。

如果用户想要将PDF预设载入到所有Adobe Creative Suite软件中，可以在存放自动PDF预设的文件夹中双击带有".joboptions"扩展名的文件，然后在弹出的对话框中选择一个想要打开预设的软件，即可将该预设添加到软件中。

用户也可以在软件中执行"编辑＞Adobe PDF预设"命令，弹出"Adobe PDF预设"对话框，单击"导入"按钮，如图13-60所示。弹出"载入Adobe PDF 设置文件"对话框，如图13-61所示。找到存放自定PDF预设文件的文件夹，选择要载入的".joboptions"文件，单击"打开"按钮即可将PDF预设载入。

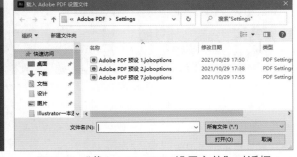

图13-60 "导入"按钮　　　图13-61 "载入Adobe PDF 设置文件"对话框

13.4 "文档信息"面板

使用"文档信息"面板可以查看常规文件信息和对象特征的列表，以及图形样式、自定颜色、图案、渐变、字体和置入图稿的数量和名称。

执行"窗口＞文档信息"命令，即可打开"文档信息"面板，如图13-62所示。

如果想要查看不同类型的信息，单击"文档信息"面板右上角的"面板菜单"按钮，打开面板菜单，如图13-63所示。从面板菜单中选择一个命令，即可查看对应的文档信息。

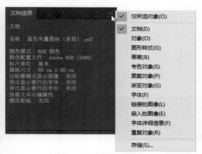

图13-62 "文档信息"面板　　　　图13-63 面板菜单

如果要仅查看有关选定对象的信息，应该从面板菜单中选择"仅所选对象"命令。如果不选择此命令，面板将列出整个文档的信息；如果要将文件信息的副本存储为文本文件，应该从面板菜单中选择"存储"命令；如果要查看画板尺寸，应该从面板菜单中选择"文档"命令，然后使用"画板工具"单击想要查看的画板即可。

13.5 叠印与陷印

叠印是指在两个重叠的对象中，将一个颜色印在另一个颜色之上，它们之间进行油墨混合。陷印则是为了解决油墨混合所产生的问题的一种技术。在实际的工作中，叠印和陷印是为了更好地印刷作品，所以在讲解打印作品前，先来了解叠印与陷印的概念与操作。

13.5.1 叠印

默认情况下，如果打印的图稿包含不透明的重叠颜色时，上方颜色会挖空下方颜色的区域。基于此种情况，可使用叠印防止挖空，原理是让顶层的叠印油墨对于底层油墨来说是透明的。由于打印时的透明度取决于所用的油墨、纸张和打印方法等，所以印刷时必须获知这些内容，用以确定打印图稿后的最终效果。

以下是两种可能用到叠印的情况。

● 叠印黑色油墨，用以帮助套准。因为黑色油墨不透明，并且通常在最后打印，当叠印在某种颜色上时，相对于白色背景不会有较大反差。叠印黑色可以防止图稿中的黑色和着色区域之间出现间隙。

● 当图稿不能共用通用油墨色但又希望创建陷印或覆盖油墨效果时，应该使用叠印。当叠印印刷混合色或不能共用通用油墨色的自定颜色时，叠印色会被添加到背景色中。例如，将100%的洋红填色打印到100%的青色填色上，则叠印填色呈现紫色而非洋红色。

设置好叠印选项后，应该使用"叠印预览"模式来查看叠印色彩的近似打印效果。执行"视图＞叠印预览"命令，还应使用整体校样（每种分色对齐显示在一张纸上）或叠加校样（每种分色对齐显示在相互叠置的分立塑料膜上）仔细检查分色图稿上的叠印色。

中文版Illustrator图形设计
完全自学一本通

● 设置叠印

使用"选择工具"选中想要叠印的一个或多个对象，执行"窗口 > 特性"命令或按【Ctrl+F11】组合键，打开"特性"面板，如图13-64所示。在"特性"面板中选择"叠印填充""叠印描边"复选框，选中前后的对比效果如图13-65所示。

图13-64 "特性"面板　　　　　　　图13-65 对比效果

 Tips

如果在 100% 黑色描边或填色上使用"叠印"选项，黑色油墨的不透明度可能不足以阻止下层的油墨色透显出来。如果要避免透显问题，可以使用四色黑色（四色黑色是指黄 100、红 100、蓝 100、黑 100，四色叠加在一起印出来的一种黑色）而不要使用 100% 黑色。

● 叠印黑色

如果要叠印图稿中的所有黑色，应该在创建分色时选择"打印"对话框中的"叠印黑色"复选框，如图13-66所示。该选项适用于所有使用了K色通道的对象。但是，该选项对设置了透明度或图形样式的黑色的对象不起作用。

也可以使用"叠印黑色"命令为包含特定百分比黑色的对象设置叠印。选择要叠印的所有对象，执行"编辑 > 编辑颜色 > 叠印黑色"命令，弹出"叠印黑色"对话框，如图13-67所示。在该对话框中输入要叠印的百分数，具有指定百分比的所有对象都会叠印。

图13-66 "叠印黑色"复选框　　　　图13-67 "叠印黑色"对话框

选择对话框中的"填色""描边"复选框或者两者选其一，用以为对象指定叠印的方式。如果叠印包含青色、洋红色或黄色，以及指定百分比黑色的印刷色，选择对话框中的"包括黑色和CMY"复选框。

如果要叠印其等价印刷色中包含指定百分比的黑色专色，选择对话框中的"包括黑色专色"复选框。而如果要叠印包含印刷色，以及指定百分比黑色的专色，需要同时选择"包括黑色和CMY""包括黑色专色"两个复选框。

 Tips

如果要从包含指定百分比黑色的对象中删除叠印，可以在"叠印黑色"对话框中将"添加黑色"选项更改为"移去黑色"选项。

● 模拟或放弃叠印

大多数情况下，只有分色设备支持叠印。当打印到复合输出或当图稿中包含透明度对象的叠印对象时，应该选择模拟或放弃叠印选项。

执行"文件 > 打印"命令，弹出"打印"对话框，选择左侧的"高级"选项。单击"叠印"选项，在打开的下拉列表框中选择"放弃"或"模拟"选项，如图13-68所示。然后后单击"打印"按钮，完成模拟或放弃叠印的操作。

图13-68 选择"放弃"或"模拟"选项

● 白色叠印

在Illustrator CC中创建的图稿可能具有无意应用叠印的白色对象。只有当打开叠印预览或打印分色时，该问题才会显现出来。这个问题可能延误生产进度，并且必要时需要重新印刷。尽管Illustrator CC在白色对象应用了叠印时会弹出警告框提示用户，但如果用户没有注意，仍然可能发生白色叠印的情况。

在Illustrator CC中，可以使用"放弃白色叠印"选项来移除"文档设置""打印"对话框中的白色叠印属性。默认情况下，此选项在两个对话框中处于打开状态。如果未在"文档设置"对话框中选中"放弃输出中的白色叠印"复选框，如图13-69所示，可以在"打印"对话框中选择"放弃白色叠印"复选框覆盖前者，如图13-70所示。

图13-69 未选择相应的复选框　　　图13-70 选择相应的复选框

两种不同情况的白色叠印？

1. 选中一个具有叠印的对象，然后创建一个具有白色填充/描边的新对象。在这种情况下，先前所选对象的外观属性被复制到新的对象中，导致对使用白色填充的对象应用了叠印。

2. 具有叠印的非白色对象更改为具有白色填充的对象。为了解决这个问题，在各项操作期间从白色对象中去除叠印属性。这让用户能够在使用打印和输出时，无须检查和更正图稿中的白色对象叠印。此方法是在大多数情况下的最佳选择，包括旧版图稿、新版图稿及非白色对象，将应用叠印的对象更改为白色。

需要注意的是，叠印的专色白色对象不受此操作影响。此设置仅影响已保存的文件或Illustrator文件的输出。同时，图稿也不受此设置的影响。

应用案例　设置叠印

源文件：无　　　　　　　　　　视频：视频\第13章\设置叠印.mp4

STEP 01 执行"文件 > 打开"命令，将"素材\第3章\13-5-1.ai"文件打开，如图13-71所示。可以看到图稿中的圆环处于重叠状态，使用"选择工具"选中蓝色的半个圆环，如图13-72所示。

图13-71 打开素材

图13-72 选中重叠对象

STEP 02 执行"窗口>特性"命令，打开"特性"面板，选择"叠印填充"复选框，如图13-73所示。此时无法看出叠印填充的效果，执行"视图>叠印预览"命令，叠印填充的预览效果如图13-74所示。

图13-73 选中复选框　　　　图13-74 叠印填充的预览效果

13.5.2 陷印

　　从单独印版打印的颜色会产生重叠或彼此相连，使印刷套不准，导致最终输出过程中各颜色之间存在间隙问题。为了补偿图稿中各颜色之间的潜在间隙，印刷商会使用陷印技术，即在两个相邻颜色之间创建一个小重叠区域，用以消除间隙问题。用户可以使用独立的专用陷印程序自动创建陷印，也可以使用Illustrator CC手动创建陷印。

　　陷印有两种，分别是外扩陷印和内缩陷印。外扩陷印是将浅色的对象重叠在深色的背景上，看起来像是扩展到背景中，如图13-75所示；而内缩陷印则是将浅色背景重叠陷入背景中深色的对象，看上去像是挤压或缩小该对象，如图13-76所示。

图13-75 外扩陷印　　　　图13-76 内缩陷印

 为什么使用相同颜色的重叠对象无须创建陷印防止间隙？

当重叠的绘制对象共用一种颜色时，如果两个对象的共用颜色可以创建自动陷印，则不一定要使用陷印功能。例如，两个重叠对象都包含青色，青色作为 CMYK 颜色值的一部分，使得二者之间的任何间隙都会被下方对象的青色成分所覆盖。

　　使用"陷印"命令可以通过识别浅色的图稿并将其陷印到深色的图稿中，为简单对象创建陷印。在Illustrator CC中有两种方法应用"陷印"：从"路径查找器"面板中应用"陷印"命令或者将其作为效果进行应用。使用"陷印"效果的优势是可以随时修改陷印设置。

　　如果图稿中的上下方对象具有相似的颜色密度，即两种颜色没有明显的深浅区别。基于此种情况，

"陷印"命令可根据颜色的微小差异来确定陷印；如果"陷印"对话框指定的陷印不符合要求，可以使用"反向陷印"选项切换"陷印"命令对两个对象的陷印方式。

 Tips

由于任何不整齐的文字段落都会增加文字的辨认难度，所以不要在磅值很小的文字上应用混合印刷色或印刷色的色调。同样，陷印磅值很小的文字也会导致文字难以辨认。

如果当前文档为RGB模式，执行"文件 > 文档颜色模式 > CMYK颜色"命令，可以将文档转换为CMYK模式。

选择两个或两个以上对象，执行"效果 > 路径查找器 > 陷印"命令，可能会弹出如图13-77所示的"Adobe Illustrator"警告框。单击"确定"按钮，弹出"路径查找器选项"对话框，如图13-78所示，在该对话框中设置陷印选项。完成后单击"确定"按钮，即可将该命令作为效果进行应用。

图13-77 "Adobe Illustrator"警告框　图13-78 "路径查找器选项"对话框

 Tips

如果用户想要更精确地控制陷印及陷印复杂对象，可以为对象添加描边然后将该描边，设置为叠印的方法来创建陷印效果。

13.6 打印作品

当用户想要打印作品时，首先应该了解打印的相关知识，包括打印机分辨率、网频，如何更改页面大小，如何添加标记、出血，裁剪标记的使用方法、颜色管理和制作分色等。

13.6.1 设置打印文档

在Illustrator CC中，执行"文件 > 打印"命令，弹出"打印"对话框，用以完成打印工作流程。

● 打印复合图稿

复合图稿是一种单页图稿，与用户在文档窗口中看到效果的一致。简单来说，打印复合图稿就是直观地进行打印作业。复合图稿还可用于校样整体页面设计、验证图像分辨率，以及查找照排机上可能发生的问题（包括PostScript错误）等操作。

执行"文件 > 打印"命令或按【Ctrl+P】组合键，弹出"打印"对话框，如图13-79所示。可以在"打印机"下拉列表框中选择一种打印机，如果要打印到文件而不是打印机，应该选择下拉列表框中的"Adobe PostScript® 文件"或"Adobe PDF"选项。

如果用户想要在一页上打印所有内容，应在"常规"选项卡下选择"忽略画板"复选框；而如果要分别打印每个画板，应取消选择"忽略画板"复选框，并选中"全部页面"（打印所有画板）单选按钮或"范围"（打印特定范围）单选按钮。

完成后选择"打印"对话框左侧的"输出"选项，将对话框的参数切换到"输出"选项，设置"模式"为"复合"，如图13-80所示。设置其他打印选项，单击"打印"按钮即可完成操作。

图13-79 "打印"对话框　　　　　　图13-80 设置"模式"为"复合"

"打印"对话框的每个选项下的参数都是系统为了指导用户完成文档的打印过程而设计的，同时对话框中的很多选项是由启动文档时选择的启动配置文件预设的。如果想要显示一组选项，只需选择对话框左侧的选项名称即可。

- 常规：设置页面大小和方向，指定要打印的页数、缩放图稿，指定拼贴选项及选择要打印的图层。
- 标记和出血：选择印刷标记与创建出血。
- 输出：创建分色。
- 图形：设置路径、字体、PostScript文件、渐

变、网格和混合的打印选项。
- 颜色管理：选择一套打印颜色配置文件和渲染方法。
- 高级：控制打印期间的矢量图稿拼合或可能栅格化的元素和图稿。
- 小结：查看和存储打印设置小结。

Tips

如果文档中包含多个图层，则用户在打印时还可以指定要打印哪些图层。单击"打印"对话框中的"打印图层"选项，在打开的下拉列表框中选择一个选项即可，下拉列表包括"可见图层和可打印图层""可见图层""所有图层"。

- 使图稿不可打印

在Illustrator CC中，"图层"面板简化了打印不同图稿版本的过程。例如，为了校样文本，用户可以选择只打印文档中的文字对象；用户还可以向图稿添加不可打印的元素，用以记录重要信息。

如果想要禁止在文档窗口中显示、打印和导出图稿，可以在"图层"面板中隐藏相应的图层或元素。

如果要禁止打印图稿，同时又允许在画板上显示或导出图稿，可以在"图层"面板中双击该图层的名称，弹出"图层选项"对话框，如图13-81所示。在"图层选项"对话框中，取消选择"打印"复选框，然后单击"确定"按钮。"图层"面板中的图层名称将变为斜体，表示该图层不可打印，如图13-82所示。

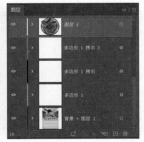

图13-81 "图层选项"对话框　　　　图13-82 图层不可打印

如果想要创建能在画板上显示但不能打印或导出的图稿，应该在"图层选项"对话框中选择"模板"复选框。

● 移动可打印区域

在"打印"对话框中，预览图像显示了页面中图稿的打印位置。执行"文件 > 打印"命令，弹出"打印"对话框，在对话框左下角的预览图像中拖曳图稿，直接移动位置，如图13-83所示；也可以单击"位置"右侧定界框图标上的方块，指定将图稿与页面对齐的原点，还可以在选项后的文本框中为"原点X""原点Y"输入数值，以微调图稿的位置，如图13-84所示。

图13-83 直接移动位置　　　图13-84 微调图稿的位置

如何在画板中移动可打印区域？

如果想要直接在画板上移动可打印区域，单击工具箱中的"打印拼贴工具"按钮，文档窗口中的可打印区域会出现嵌套的虚线范围框；在拖曳过程中，虚线范围框会随光标的移动而移动。将光标移至想要放置打印区域处，释放鼠标键即可将打印区域移至该位置，需要注意的是，任何超出可打印区域边界的页面部分都无法被打印出来。

● 打印多个画板

如果创建的文档具有多个画板，用户可以通过多种方式打印该文档。选择"打印"对话框中的"忽略画板"复选框，可以在一页上打印所有内容，如果画板超出了页面边界，那么可能需要拼贴。也可以将每个画板作为一个单独的页面打印：将每个画板作为一个单独的页面打印时，可以选择打印所有画板或打印特定范围的画板。

执行"文件 > 打印"命令，弹出"打印"对话框。如果要将所有画板都作为单独的页面打印，可以在对话框中选中"全部页面"单选按钮，此时可以看到"打印"对话框左下角的预览区域中列出了所有页面，如图13-85所示。

如果想要将画板子集作为单独页面进行打印，选中"打印"对话框中的"范围"单选按钮，然后在文本框中指定要打印的画板，如图13-86所示。而如果想要在一页中打印所有画板上的图稿，需要选择"打印"对话框中的"忽略画板"复选框，根据需要再指定其他打印选项。全部设置完成后单击"打印"按钮即可打印多个画板。

图13-85 预览区域　　　　　图13-86 指定画板

● 打印时自动旋转画板

在Illustrator CC中，文档中的所有画板都可以自动旋转为打印所选介质大小；并且使用Illustrator CC创建的文档，其"自动旋转"复选框在一般情况下处于启用状态。

选择"打印"对话框中的"自动旋转"复选框，可以为打印文档设置自动旋转。例如，文档同时有横向（其宽度超过高度）和纵向（其高度超过长度）介质大小，如果用户在"打印"对话框中将介质大小选择为纵向，则打印时横向画板会自动旋转为纵向介质。

 Tips

如果已经选择"打印"对话框中的"自动旋转"复选框，则无法更改页面方向。

● 在多个页面上拼贴图稿

如果打印单个画板中的图稿或在忽略画板的情况下进行打印，发现一个页面中无法容纳要打印的内容，则可以拼贴图稿到多个页面上。

基于上述情况，执行"文件＞打印"命令，在弹出的"打印"对话框中设置"缩放"选项为"拼贴整页"，将画板划分为全介质大小的页面后进行输出；也可以设置"缩放"选项为"拼贴可成像区域"，系统将根据所选设备的可成像区域，将画板划分为一些页面。

在输出设备大于可处理的图稿时，此选项非常有用，因为用户可以将拼贴的部分重新组合成比原来更大的图稿。需要注意的是，如果选择了"拼贴整页"选项，则必须设置"重叠"选项，用以指定页面之间的重叠量。图13-87所示为选择"拼贴整页"选项。

图13-87 选择"拼贴整页"选项

 Tips

如果文档有多个画板，要先选择"忽略画板"复选框或在"范围"选项中指定1个页面，并设置"缩放"为"调整到页面大小"选项。

● 为打印缩放文档

为了把一个超大文档置入小于图稿实际尺寸的纸张内，可以使用"打印"对话框中的对称或非对称方式调整文档的宽度和高度。由于缩放并不影响文档中页面的大小，只是改变文档打印的比例，因此非对称缩放非常有用。

执行"文件＞打印"命令，在弹出的"打印"对话框中，如果要禁止缩放，在"打印"对话框中设置"缩放"为"不要缩放"选项；如果要自动缩放文档并使其适合页面，需要在"打印"对话框中设置"缩放"为"调整到页面大小"选项，此时的缩放百分比由所选PPD定义的可成像区域决定。

如果要激活"宽度""高度"文本框，需要设置"缩放"为"自定"选项，两个文本框变为启用状态，文本框的输入值是1～1000。单击两个文本框中间的"保持间距比例"按钮，如图13-88所示，当按钮变为状态时，用户可以任意修改文档的宽高，此时的宽度和高度不再成比例缩小或扩大。

图13-88 单击"保持间距比例"按钮

13.6.2 更改打印机的分辨率和网频

在Illustrator CC中使用默认的打印机分辨率和网频时，打印效果又好又快。但是遇到一些特殊情况，就需要更改打印机的分辨率和网频。例如，用户在图稿中绘制了一条很长的曲线路径，此时出现因极限检验错误而不能打印、打印速度缓慢或者打印时渐变和网格有色带的情况，就应该调整打印机的分辨率和网频。

执行"文件 > 打印"命令，弹出"打印"对话框，设置"打印机"为"Adobe PostScript® 文件"或"Adobe PDF"选项，如图13-89所示。完成后选择"打印"对话框左侧的"输出"选项。单击"打印机分辨率"选项，在打开的下拉列表框中选择一个"lpi/dpi"（网频打印机分辨率）组合，如图13-90所示。

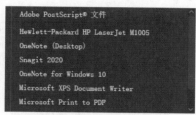

图13-89 设置"打印机"选项　　　　图13-90 选择一个"lpi/dpi"组合

打印机分辨率以每英寸产生的墨点数（dpi）进行度量。不同打印设备的分辨率也不相同，如表13-1所示。

表13-1 不同打印设备的分辨率

设备	分辨率
多数桌面激光打印机	600dpi
照排机	1200dpi或更高
多数喷墨打印机（实际上产生的是细小的油墨喷雾）	300～720dpi

当打印设备为桌面激光打印机尤其是照排机时，还要考虑网频参数。网频是打印灰度图像或分色稿时，所使用的每英寸半色调网点数，因此网频又被称为"网屏刻度"或"线网"，以半色调网屏中的每英寸线数（lpi，即每英寸网点的行数）进行度量。

较高的网频（150lpi）会密集排列构成图像的点，使印刷机印出的图像渲染细密；而较低的网频（60～85lpi）会疏松排列图像中的点，使印刷机印出的图像较为粗糙。网频的高低还决定着这些点的大小，较高的网频使用较小的网点；而较低的网频则使用较大的网点。选择网频参数时，最重要的因素就是用户作业所用的印刷机类型。如果不清楚印刷机的类型，应该向已知人员询问其印刷机能使用何种网频，然后进行相应的选择。

高分辨率照排机的PPD文件提供可用网频的范围非常大，用以匹配不同的照排机分辨率；而低分辨率打印机的PPD文件一般只有几种网频参数可供选择，并且是53l～85lpi之间的粗线网屏。但是如果使用较低分辨率的打印机去匹配较粗的网屏，可以获得最佳的打印结果。这是因为对于给定的分辨率，增加lpi数会使可重现的颜色数减少。例如，使用较低分辨率的打印机进行最终输出，那么使用100lpi的较细网屏实际上会降低图像的画质。

Tips

PPD（PostScript Printer Definition）文件是 Adobe 公司用于 PostScript 打印机的一个标准。

更改页面大小和方向

Illustrator CC通常使用所选打印机的PPD文件定义默认页面的大小，但是在调整参数的过程中，也可以将介质尺寸改为PPD文件中所列的任一尺寸，并且可以指定是纵向（垂直）还是横向（水平）。而可指定的最大页面的大小取决于照排机的最大可成像面积。

Tips

在"打印"对话框中更改页面大小和方向，只能用于打印。如果想要更改画板的大小或方向，需要在"画板选项"对话框或控制面板中的"画板"选项中进行设置。

指定页面大小和方向时需要注意以下4个方面的内容。

● 因为预览窗口显示的是所选介质的整个可成像区域，因此如果选择不同的介质尺寸，则预览窗口中的图稿会重新定位，如图13-91所示。而当介质大小发生变化时，预览窗口会自动缩放以包括可成像区域，如图13-92所示。

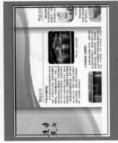

图13-91 图稿会重新定位　　　　　　　　　　　　图13-92 自动缩放

 Tips

即使"介质尺寸"相同（如US Letter），可成像区域也会因PPD文件而异，因为不同打印机或照排机对其可成像区域大小的定义不同。

● 页面在胶片或纸张中的默认位置取决于打印页面所用的照排机。

● 确保介质的大小可以容纳所有图稿、裁切标记、套准标记及其他必要的打印信息。同时，如果要保存照排机胶片或纸张，应该选择可容纳图稿及必要打印信息的最小页面尺寸。

● 如果照排机能容纳可成像区域的最长边，则可以通过使用"横向"打印或改变打印图稿的方向等方式，保存相当数量的胶片或纸张。

执行"文件＞打印"命令，弹出"打印"对话框，在"介质大小"下拉列表框中选择一种页面大小。介质大小是由当前打印机和PPD文件决定的。如果打印机的PPD文件允许，用户可以选择"自定"选项，用以在"宽度""高度"文本框中指定一个自定页面大小。取消选择"自动旋转"复选框，设置页面方向的各个按钮为启用状态，如图13-93所示。

图13-93 设置页面方向的各个按钮为启用状态

● 纵向朝上 ▣：单击该按钮，将纵向打印图稿，打印后图稿正面朝上。

● 横向左转 ▣：单击该按钮，将横向打印图稿，打印后图稿向左旋转。

● 纵向朝下 ▣：单击该按钮，将纵向打印图稿，打印后图稿正面朝下。

● 横向右转 ▣：单击该按钮，将横向打印图稿，打印后图稿向右旋转。

● 横向：选择"横向"复选框，使打印图稿旋转90°。如果用户想要使用此选项，必须使用支持横向打印和自定页面大小的PPD文件，复选框才会变为启用状态。

13.6.4　印刷标记和出血

在打印图稿时，还可以在"打印"对话框中为打印后的图稿添加印刷标记和出血值，便于将图稿交付给印刷人员。

● 印刷标记

在准备打印图稿时，打印设备需要几种标记来精确套准图稿元素并校验正确的颜色。在Illustrator CC中，图稿可以添加4种印刷标记，包括"裁切标记""套准标记""颜色条""页面信息"。

执行"文件＞打印"命令，弹出"打印"对话框，在左侧选择"标记和出血"选项，如图13-94所示。用户可在该对话框中选择需要添加的印刷标记种类，还可以选择使用西式标记或日式标记的形式展示标记。

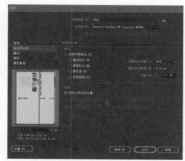

图13-94 选择"标记和出血"选项

🔵 **裁切标记**：选择该复选框，可印刷区域四周会出现水平和垂直细标线，用来划定对页面进行修边的位置。裁切标记还能够帮助各分色相互对齐。选择"裁切标记"复选框后，可以为裁

切标记指定线条粗细，以及裁切标记相对于图稿的位移距离。

🔵 **套准标记**：选择该复选框，可印刷区域四周边角出现小靶标，用于对齐彩色文档中的各分色。

🔵 **颜色条**：选择该复选框，可印刷区域外围出现列表式的彩色小方块，用于表示CMYK油墨和色调灰度（以10%增量进行递增）。印刷人员使用这些标记调整印刷机上的油墨密度。

🔵 **页面信息**：选择该复选框，为胶片标出画板编号的名称、输出时间和日期、所用线网数、分色网线角度及各个版的颜色，这些标签位于印刷区域外围的上方。

🔵 **位移**：标记与印刷区域之间的距离。

 Tips
打印时一定要注意，为避免把印刷标记画到出血边上，用户输入的"位移"值一定要大于"出血"值。

● 出血

出血是指图稿打印后落在印刷边框外的或位于裁切标记和裁切标记外的特定范围。简单来说，出血是允许出现公差的范围并被包含在图稿中，用以保证在页面切边后仍可把油墨打到页面边缘上，或者保证将图像放入文档中的准线内。

使用Illustrator CC创建图稿，可为其指定出血程度。如果增加了图稿的出血量，使用Illustrator CC打印出的图稿也会拥有更多位于裁切标记之外的内容。但不管图稿的出血量如何改变，裁切标记定义的打印边框始终如一。

如何决定打印图稿的出血值？
打印图稿所用的出血大小取决于其用途。如果是印刷出血，即溢出印刷页边缘的图像，至少需要18磅。如果使用出血的用途是确保图像适合准线，则不应超过2～3磅。当用户不具备相关知识时，可以咨询印刷专业人员，他们会根据特定作业所需的出血大小提出专业建议。

执行"文件＞打印"命令，弹出"打印"对话框，择左侧的"标记和出血"选项，如图13-95所示。用户可以在该对话框中为打印图稿设置出血值，完成后单击"打印"按钮。

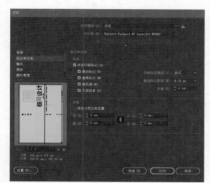

图13-95 选择"标记和出血"选项

🔵 **使用文档出血设置**：选择该复选框，可使用在

"新文档"对话框中定义的出血设置。

🔵 **顶/左/底/右**：在文本框中输入相应的数值，用以指定出血标记的位置。出血值的设置范围为0～72mm。

🔵 **使所有设置相同**：单击该按钮，将变为状态，所有出血值变为相同的数值。

 Tips
如果用户未在新建文件时添加出血，则"出血"选项下的各个选项为启用状态；反之对话框中的"使用文档出血设置"复选框则为选中状态，用户需要取消选中，才可以为图稿设置出血值。

13.6.5　裁剪标记

除了使用"打印"对话框中的裁切标记，还可以使用"创建裁切标记""裁剪标记"命令为画板中的图稿添加裁剪标记，帮助用户完成拼版工作。创建裁剪标记后，它不仅可以指示所需打印纸张的剪切位置，还可以对齐已导出到其他软件的Illustrator CC图稿。

🎯 *Tips*

"创建裁切标记"命令和"裁剪标记"命令与"打印"对话框中的裁切标记功能虽具有共通之处，但其作用有一定的差异性。

● 创建裁切标记/裁剪标记

在Illustrator CC中，用户能够创建可编辑的裁切标记。使用"选择工具"选中对象，执行"对象 > 创建裁切标记"命令，裁切标记如图13-96所示。

如果想在Illustrator CC中创建具有实时效果的裁剪标记，首先需要选中对象，执行"效果 > 裁剪标记"命令，即可创建拥有实时效果的裁剪标记，如图13-97所示。

图13-96 裁切标记　　　　图13-97 裁剪标记

● 编辑裁切标记

使用"创建裁切标记"命令为对象创建标记后，如果用户想要为之后的拼版工作预留更多的空间，可以使用"直接选择工具"逐一缩小裁切标记的长度，还可以使用"编组选择工具"拉近裁切标记与对象之间的距离，如图13-98所示。

完成对裁切标记的编辑后，使用"选择工具"选中裁切标记和全部对象，按【Ctrl+G】组合键将其编为一组，按住【Alt】键的同时向任意方向拖曳复制对象，连续复制多次并摆放在合适位置，即可完成拼版工作，如图13-99所示。

图13-98 编辑裁切标记　　　　图13-99 拼版

● 删除裁切标记/裁剪标记

如果要删除可编辑的裁切标记，可以使用"选择工具"选中该裁切标记，按【Delete】键即可将其删除。而想要删除裁剪标记，需要打开"外观"面板并选中面板中的"裁剪标记"项目，单击"删除所选项目"按钮或者将项目拖至"删除所选项目"按钮上，都可以删除所选项目，如图13-100所示。

● 使用日式裁剪标记

执行"编辑 > 首选项 > 常规"命令或按【Ctrl+K】组合键，打开"首选项"对话框，选择"使用日式裁剪标记"复选框，如图13-101所示。

图13-100 删除裁剪标记　　图13-101 选择"使用日式裁剪标记"复选框

然后单击"确定"按钮，设置完成后，裁剪标记和裁切标记都使用日式裁剪标记进行显示，而日式裁剪标记的显示方式为双实线，并以可视方式将默认出血值定义为8.5磅（3毫米）。图13-102所示为使用日式裁剪标记的裁切标记和裁剪标记。

图13-102 使用日式裁剪标记的裁切标记和裁剪标记

13.6.6 颜色管理

当使用色彩管理进行打印时，一般情况下让Illustrator CC来管理色彩或者让打印机来管理色彩，是比较稳妥和可靠的。

● 让Illustrator CC管理颜色

执行"文件 > 打印"命令，弹出"打印"对话框，单选择左侧的"颜色管理"选项，如图13-103所示。默认情况下，对话框中的"颜色处理"设置为"让Illustrator确定颜色"选项。完成后继续设置"打印机配置文件"选项，需要选择与输出设备相应的配置文件。配置文件对输出设备行为和打印条件的描述越精确，色彩管理系统对文档中实际颜色值的转换也就越精确。图13-104所示为"打印机配置文件"选项的下拉列表框。

图13-103 选择"颜色管理"选项　　图13-104 "打印机配置文件"下拉列表框

接下来设置"渲染方法"选项，以指定应用程序将颜色转换为目标色彩空间的方式。大多数情况下，使用默认渲染方法是最好的选择。单击"打印"对话框左下角的"设置"按钮，弹出"Adobe Illustrator"警告框，如图13-105所示。单击"继续"按钮，弹出"打印"对话框，如图13-106所示，在该对话框中用户可以访问操作系统中的打印设置。

图13-105 警告框　　　　　　　图13-106 "打印"对话框

如果想要访问打印机驱动程序的色彩管理设置，在使用的打印机处单击鼠标右键，在弹出的快捷菜单中选择属性并找到打印机驱动程序的色彩管理设置，对于多数打印机驱动程序，色彩管理设置都标为色彩管理或ICM。每种打印机驱动程序都有不同的色彩管理选项。设置完成后关闭打印机驱动程序的色彩管理，返回Illustrator CC中的"打印"对话框，单击右下角的"打印"按钮，完成打印操作。

● 让打印机管理颜色

执行"文件 > 打印"命令，弹出"打印"对话框，要打印到文件而不是打印机，在"打印机"下拉列表框中选择"Adobe PostScript® 文件"或"Adobe PDF"选项。然后选择"打印"对话框左侧的"颜色管理"选项。设置"颜色处理"为"让PostScript® 打印机确定颜色"，如图13-107所示。

设置完成后，不管用户选择如图13-108所示的哪种"渲染方法"，"保留CMYK颜色值"复选框将始终为选中状态。该复选框是让图稿在打印时保留RGB或CMYK颜色值，用以适用于RGB或CMYK输出。目的是确定Illustrator如何处理那些颜色配置不具有关联性的文件的颜色。大多数情况下，最好使用默认设置。

● 当选择该复选框时，Illustrator 直接向输出设备发送颜色值。

● 当取消选择该复选框时，Illustrator 首先将颜色值转换为输出设备的色彩空间。

● 当遵循安全的CMYK工作流程时，建议用户保留这些颜色值。对于RGB文档打印，不建议保留颜色值。

图13-107 设置"颜色处理"选项　　　　图13-108 选择渲染方式

使用相同的方法设置对话框中的其余选项参数，单击对话框右下角的"打印"按钮，完成打印操作。

13.6.7 制作分色

为了重现彩色和连续色调图像，专业的印刷操作通常将图稿分为4个印版，分别用青色、洋红色、黄色和黑色4种原色印刷到每一个印版上，这些原色被称为"印刷色"，也可以使用被称为"专色"的自定油墨进行印刷。使用专色进行印刷时，要为每种专色单独创建一个印版。当着色恰当并相互套准打印时，这些颜色组合起来就会重现原始图稿。将图像分成两种或多种颜色的过程称为"分色"，而用来制作印版的胶片被称为"分色片"。

● 颜色管理

使用颜色管理系统进行颜色管理可以确保屏幕色与印刷色之间保持最精确的匹配。想要完成此匹配，可以在打印之前先为显示器和打印机选择颜色配置文件。配置完成后，打印时可以控制从RGB颜色模式到CMYK颜色模式的转换。

要选择一种颜色配置文件，可以在打印之前执行"编辑 > 颜色设置"命令或按【Shift+Ctrl+K】组合键，弹出"颜色设置"对话框，如图13-109所示。用户可以在该对话框中设置色彩管理，一般情况下，并不需要对颜色设置的选项进行更改。除非具备非常丰富的颜色知识，并且有十足的把握可以更改得更加完美，完成后单击"确定"按钮。

图13-109 "颜色设置"对话框

"说明"区域

● 设置：可以在下拉列表框中选择一个颜色设置，其决定了应用程序使用的颜色工作空间。也可以使用"载入"按钮打开配置文件或使用"存储"按钮导出配置文件。

● "工作空间"选项组：用于为每个色彩模型指定工作空间配置文件。"工作空间"选项组可以用于没有色彩管理的文件，以及有颜色管理的新文件。

● "颜彩管理方案"选项组：用于设置如何管理特定的颜色模型中的颜色。它处理颜色配置文件的读取和嵌入，嵌入颜色配置文件和工作区的不匹配，还处理从一个文件到另一个文件间的颜色移动。

● "说明"区域：将光标移至选项上方时，该区域就会显示悬停选项的相关说明。

● 预览分色

用户可以使用"分色预览"面板预览分色和叠印效果。在显示器上预览分色，可预览文档中的专色对象并检查以下内容。

执行"窗口 > 分色预览"命令，打开"分色预览"面板，如图13-110所示。选择"叠印预览"复选框，复选框下方的各个分色变为可查看状态。

● 复色黑：预览分色可识别打印后，为复色黑或为与彩色油墨混合以增加不透明度和复色的印刷黑色（K）油墨的区域。

● 叠印：可以预览混合、透明度和叠印在分色输出中的显示方式。当输出到复合打印设备时，还可以查看叠印效果。

想在文档窗口中隐藏分色油墨，可以单击分色油墨名称左侧的眼睛图标 ◉ ；再次单击眼睛图标，显示之前隐藏的分色油墨。想在文档窗口中只显示一个分色油墨，按住【Alt】键的同时单击想要显示的分色油墨的眼睛图标，如图13-111所示；按住【Alt】键的同时再次单击眼睛图标，可重新查看所有分色油墨。想要同时查看所有印刷色印版，单击CMYK名称左侧的眼睛图标即可；而想要返回普通视图，取消选择"叠印预览"复选框即可。

图13-110 "分色预览"面板　　　图13-111 只显示一个分色油墨

在显示器上预览分色能让用户在不打印分色的情况下检测问题，但是该功能无法预览陷印、药膜选项、印刷标记、半调网屏和分辨率等内容。在Illustrator CC中的"分色预览"面板中将油墨设置为可见或隐藏，不会影响实际的分色过程，但会影响预览时它们显示在屏幕上的方式。

Tips

由于 Illustrator CC 中的"分色预览"面板仅适用于 CMYK 颜色，所以想要使用该面板查看分色时，要先将图稿的颜色模式调整为 CMYK 颜色模式。

● 打印分色

执行"文件 > 打印"命令，弹出"打印"对话框，如果要打印到文件，需要设置"打印机"为"Adobe PostScript ®文件"或"Adobe PDF"选项。选择"打印"对话框左侧的"输出"选项，设置"模式"为"分色（基于主机）"或"In-RIP 分色"选项。继续为分色指定"药膜""图像""打印机分辨率"等参数。最后设置需要进行分色的色版，如图13-112所示。

图13-112 色板设置

🔵 模式：Illustrator CC支持两种常用的PostScript模式用于创建分色，分别是"分色（基于主机）"模式和"In-RIP"分色模式。这两者之间的主要区别在于分色的创建位置，是在主机还是在输出设备的RIP。

🔵 药膜：是指胶片或纸张上的感光层，有"向上（正读）""向下（正读）"两种类型。向上是指面向感光层看时，图像中的文字可读。向下是指背向感光层看时，文字可读。一般情况下，印在纸上的图像是"向上（正读）"打印，而印在胶片上的图像则通常为"向下（正读）"打印。

🔵 图像：是指图稿是作为正片进行打印还是作为负片进行打印。

🔵 禁止打印色板：单击"文档油墨选项"列表中某个颜色旁边的 🔲 按钮，可以禁止打印该色版；再次单击该按钮，可恢复打印该色板。

🔵 将所有专色转换为印刷色：选择"将所有专色转换为印刷色"复选框，可以将所有专色都转换为印刷色，使这些印刷色作为印刷色版的一部分，而不是只在某个分色版上打印。

🔵 转换专色：单击"文档油墨选项"列表中某个颜色前面的 🔘 图标，图标变为四色印刷图标 ❌，可将该专色转化为印刷色，再次单击该颜色可将其恢复为专色。

🔵 叠印黑色：选择"叠印黑色"复选框，即可叠印所有黑色油墨。

🔵 网频/网角/网点形状：单击"文档油墨选项"列表中现有的设置，即可对"网频""角度"和"网点形状"等进行修改。需要注意的是，默认角度和频率是由所选PPD文件决定的。在创建自己的网屏前，应该与印刷人员商定首选频率和角度。

Tips

如果图稿中包含多种专色，尤其两种或多种专色之间会相互影响的话，应该为每种专色指定不同的网角。

　　设置"打印"对话框中的其他选项，包括如何定位、伸缩和裁剪图稿，设置印刷标记和出血，以及为透明图稿选择拼合设置，完成后单击"打印"按钮。

● 在所有印版上打印一个对象

　　如果用户想在所有印版上打印一个对象，包括专色色版，可以将其转换为套版色。转换后将自动为套版色指定套准标记、裁切标记及页面信息等内容。

　　选择对象并打开"色板"面板，单击面板中的"套版色"颜色色板，即可完成转换。一般情况下，套版色位于色板第一行。

 Tips

如果想要更改套版色的默认显示外观（黑色），可以使用"颜色"面板。所指定的颜色将用来表现在屏幕上显示套版色对象。这些对象在复合图像中总是打印成灰色，而在分色中总是把各种油墨打印成同等色调。

应用案例

打印宣传册

源文件：源文件\第13章\13-6-7.pdf　　　　视频：视频\第13章\打印宣传册.mp4

STEP 01 执行"文件＞打开"命令，将"素材\第13章\13-6-7.eps"文件打开，弹出"缺少字体"对话框，如图13-113所示，单击"关闭"按钮，图像效果如图13-114所示。

图13-113 "缺少字体"对话框

图13-114 图像效果

STEP 02 执行"文件＞打印"命令，弹出"打印"对话框，设置"介质大小"选项，如图13-115所示。选择"打印"对话框左侧的"标记和出血"选项，设置"标记"参数，如图13-116所示。

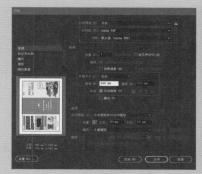

图13-115 设置"介质大小"选项

图13-116 设置"标记"参数

 Tips

一般情况下，用户需要根据设计尺寸的大小选择介质大小，并且介质大小要大于文档的设计尺寸，这样才能将文档内容全部打印出来。

Tips

在实际工作中，不建议用户使用"缩放"选项将文档内容缩放后再打印在较小的纸张上，其打印后的效果容易给客户带来一种错误的视觉效果，因此，打印时介质大小与文档的设计尺寸比例最好为1∶1。

STEP 03 设置完成后选择"打印"对话框左侧的"输出"选项，设置"模式"选项，如图13-117所示。设置完成后选择"打印"对话框左侧的"高级"选项，设置"预设"选项，如图13-118所示。

图13-117 设置"模式"选项

图13-118 设置"预设"选项

STEP 04 全部参数设置完成后，单击"打印"按钮，弹出"打印"进程框，如图13-119所示。继续弹出"另存PDF文件为"对话框，设置"文件名""保存类型"，如图13-120所示。

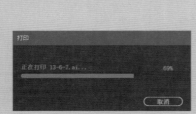

图13-119 "打印"进程框

图13-120 设置"文件名""保存类型"

STEP 05 设置完成后，单击"保存"按钮，弹出"正在创建Adobe PDF"进程框，如图13-121所示。进程完成后，打开默认浏览器预览宣传册的打印效果，如图13-122所示。

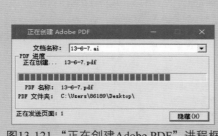

图13-121 "正在创建Adobe PDF"进程框

图13-122 打印效果预览

13.7 打印和存储透明图稿

输出包含透明度的文档或作品时，通常需要对其进行"拼合"处理。拼合操作将包含透明度的作品分割为基于矢量和光栅化的两个区域。如果作品是包含图像、矢量、文字、专色和叠印的复杂图稿，拼合过程及其结果也会比较复杂。

当用户将图稿打印、保存或导出为其他不支持透明的格式时，也可能需要进行拼合操作。因此想要在创建PDF文件时保留透明度而不进行拼合，应该使用Adobe PDF 1.4版本或更高的版来保存文件，即可避免这个问题。

如果无法使用支持透明的版本保存文件，用户可以指定拼合设置后再保存，并为输出图稿应用透明度拼合器预设，透明对象会依据所选拼合器预设中的设置进行拼合。

● 设置打印透明度拼合选项

执行"文件＞打印"命令，弹出"打印"对话框，选择左侧的"高级"选项，从"预设"下拉列表框中选择一种拼合预设，如图13-123所示。

图13-123 "预设"下拉列表框

● 高分辨率：用于最终印刷输出和高质量校样，如基于分色的彩色校样。

● 中分辨率：用于桌面校样，以及要在PostScript彩色打印机上打印的打印文档。

● 低分辨率：用于要在黑白桌面打印机上打印的快速校样，以及要在网页发布的文档或要导出为SVG的文档。

用户也可以单击 "打印"对话框中的"自定"按钮，弹出"自定透明度拼合器选项"对话框，如图13-124所示。在该对话框中设置自定的拼合选项，完成后单击"确定"按钮，返回"打印"对话框。或者执行"对象＞拼合透明度"命令，弹出"拼合透明度"对话框，如图13-125所示。在该对话框中选择预设选项或自定预设，完成后单击"确定"按钮。

图13-124 "自定透明度拼合器选项"对话框　图13-125 "拼合透明度"对话框

● 预设：选择一种预设。

● 栅格/矢量平衡：指定被保留的矢量信息的数量。较高的设置可以保留更多的矢量对象，较低的设置会光栅化更多的矢量对象；中间的设置会以矢量形式保留简单区域而光栅化复杂区域。选择最低设置会光栅化所有图稿，而应用光栅化的数量取决于图稿的复杂程度和重叠对象的类型。

● 线稿图和文本分辨率：为光栅化的所有对象指定分辨率。系统提供的最大线状图和渐变网格为9600ppi。拼合时，该分辨率会影响重叠部

分的精细程度。一般情况下，将该选项设置为600～1200ppi，用以提供较高质量的栅格化。

● 渐变和网格分辨率：为由于拼合而光栅化的渐变和网格对象指定分辨率，值为72～2400ppi。拼合时，该分辨率会影响重叠部分的精细程度。一般情况下，该值的设置范围在150～300ppi之间，这是由于较高的分辨率并不会提高渐变、投影和羽化的品质，反而会增加打印时间和文件大小。

● 将所有文本转换为轮廓：选择该复选框，将所有的文本对象转换为轮廓，并且包含透明度的

页面上的所有文本且其字形信息均被放弃，用以确保文本宽度在拼合过程中保持一致。选择该复选框后，如果在低分辨率打印机上打印或在Acrobat中查看图稿，图稿中的小字体将略微变粗。而在高分辨率打印机或照排机上打印时，此选项并不会影响文字的品质。

● 将所有描边转换为轮廓：选择该复选框，将包含透明度的页面上的所有描边转换为简单的填色路径，用以确保描边宽度在拼合过程中保持一致。

● 剪切复杂区域：选择该复选框，确保矢量作品和光栅化作品间的边界按照对象路径进行延伸。当对象的一部分被光栅化而另一部分保留矢量格式时，选择该复选框会减小两者间的间隙，但是也可能会导致路径过于复杂，使打印机难于处理。

● "拼合器预览"面板

在Illustrator CC中，用户可以使用"拼合器预览"面板突出显示拼合影响的区域，并根据着色提供的信息调整拼合选项。

执行"窗口>拼合器预览"命令，打开"拼合器预览"面板，在"突出显示"下拉列表框中选择要高亮显示的区域类型，如图13-126所示。"突出显示"下拉列表框中的可用选项，取决于作品内容。单击面板右上角的面板菜单按钮，在打开的面板菜单中选择"显示选项"命令，面板将显示全部的选项内容，如图13-127所示。用户也可以在该面板中选择要使用的拼合设置，并实时预览拼合效果。

● 消除栅格锯齿：选择该复选框，可以删除拼合过程中产生的所有锯齿。

● 保留Alpha透明度：选择该复选框，将保留拼合对象的整体不透明度。选择该复选框后，混合模式和叠印都会丢失，但处理后的图稿会保留它们的外观和Alpha透明度级别。

● 保留叠印和专色：选择该复选框，将全面保留专色，在条件允许的情况下也会保留不涉及透明度的叠印。

如果图稿中含有透明度对象的叠印对象，则应该从"叠印"下拉列表框中选择一个选项，包括"保留""模拟""放弃叠印"3个选项。

如何拼合单独对象的透明度？

选中对象后，执行"对象>拼合透明度"命令，弹出"拼合透明度"对话框，通过选择预设或设置特定选项来选择要使用的拼合设置，完成后单击"确定"按钮。

预览区域 ——

图13-126 选择要高亮显示的区域类型　　图13-127 显示全部的选项内容

● 创建或编辑透明度拼合器预设

可以将透明度拼合器预设存储在单独的文件中，这样不仅便于备份，也可以使服务提供商、客户或工作组中的其他成员能够方便地使用这些预设。

执行"编辑>透明度拼合器预设"命令，弹出"透明度拼合器预设"对话框，如图13-128所示。在该对话框中可以创建、编辑和删除新的预设，以及导入或导出预设。

单击对话框中的"新建"按钮，弹出"透明度拼合器预设选项（新建）"对话框，可在其中为新建预设设置名称、分辨率和光栅化等，如图13-129所示。如果要根据预先定义的某个预设建立新预设，首先选中列表中的某个预设，单击"新建"按钮，弹出"透明度拼合器预设选项（新建）"对话框，如图13-130所示。设置完成后，单击"确定"按钮。

图13-128 "透明度拼合器预设"对话框　　　图13-129 新建预设　　　图13-130 根据某个预设建立新预设

　　如果要编辑现有预设，选择该预设后单击"编辑"按钮 ✎，在弹出的"透明度拼合器预设选项（编辑）"对话框中调整拼合选项。完成后单击"确定"按钮，返回"透明度拼合器预设"对话框，再次单击"确定"按钮，完成预设的添加。

　　单击"透明度拼合器预设"对话框中的"删除"按钮 🗑，删除自定的现有预设；单击对话框中的"导入""导出"按钮，为图稿导入或导出自定的现有预设。

13.8 专家支招

　　学习了如何使用Illustrator CC输出与打印作品，也要了解如何使用Adobe PDF解决电子文档的问题，以及保留透明度的文件格式等，然后根据个人需求，有目的地学习，才能对如何使用Illustrator CC输出和打印作品理解得更加透彻。

13.8.1 如何使用Adobe PDF解决电子文档的问题

　　当用户想要查看设计的图稿时，如果出现了一些意外情况，导致用户当前无法使用Illustrator CC软件，Adobe PDF可以解决与电子文档相关的一些问题，如表13-2所示。

表13-2 Adobe PDF可以解决的与电子文档相关的问题

常见问题	Adobe PDF 解决方案
接收者无法打开文件，因为没有用于创建此文件的应用程序	任何用户可以在任何地方打开PDF，所需的只是免费的Adobe Reader软件
合并的纸质和电子文档难以搜索，占用空间，并且需要用来创建文档的应用程序	PDF文件是压缩且完全可搜索的，并且可以使用Adobe Reader随时进行访问。链接使得PDF易于导览
文档在手持设备上显示错误	带标签的PDF允许重排文本，用以在Palm OS®、Symbian™和Pocket PC®设备的移动平台上显示
视力不佳者无法访问格式复杂的文档	带标签的PDF文件包含有关内容和结构的信息，使这类读者可以在屏幕上访问这些文件

13.8.2 保留透明度的文件格式

　　当以特定格式存储Illustrator文件时，文件的原生透明度信息将会被保留。例如，以Illustrator CS或更高版本的EPS格式存储文件时，文件将包含本机的Illustrator数据及EPS数据。当在Illustrator中重新打开该文件时，系统就会自动读取文件中未拼合的原生数据。当把文件放入另一应用程序时，系统也会自动读取拼合的EPS数据。

用户应该尽可能以保留本机透明度数据的格式保存文件，以便在必要时对其进行编辑。

13.9 总结扩展

Illustrator是一款矢量绘图软件，它不仅为用户提供了强大的绘图功能，还为用户提供了完成平面设计后的输出和打印功能，让用户的设计工作更加顺利、完整。

13.9.1 本章小结

本章讲解了使用Illustrator CC输出与打印作品的要点。通过学习，用户需要了解在完成平面设计后，如何输出不同格式的作品，以及如何在打印前为作品添加相应的叠印与陷印设置。还要掌握如何打印作品，以及如何打印和存储带有透明度的作品。

13.9.2 举一反三——输出PSD格式文件

源　文　件：	源文件\第13章\13-9-2[转换].psd
视　　频：	视频\第13章\输出PSD格式文件.mp4
难易程度：	★☆☆☆☆
学习时间：	5分钟

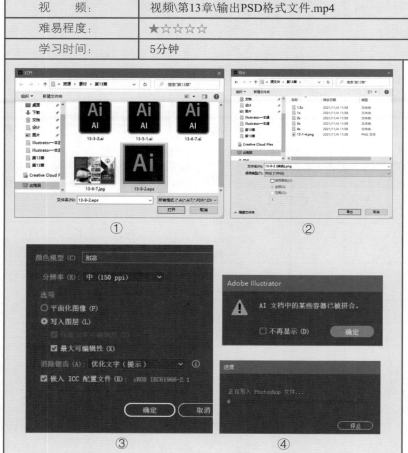

① ②

③ ④

1. 在Illustrator CC中打开EPS格式的素材文件。

2. 执行"文件＞导出＞导出为"命令，设置导出格式为"PNG（*.PNG）"。

3. 在"Photoshop导出选项"对话框中设置导出文件的参数。

4. 导出过程中会弹出各种警告框和进程框，提醒和告知用户各种导出信息。